中国计算机学会通讯

Communications of the CCF

CCCF优秀文章精选

中国计算机学会 主编

清华大学出版社

北京

内容简介

《中国计算机学会通讯》(CCCF)以其专业化程度高、文章质量好、风格独特，在业界具有很大的影响力，读者数量众多，自2005年3月创刊至今已逾十三载，共出版150期，发文2456篇，其中的许多文章发表多年后，依然为读者津津乐道，可见其生命力。适值CCCF出版150期之际，特选出有代表性的50多篇优秀文章，汇集成书，与读者分享，并依据内容，分为"教学篇""观点篇""技术篇""人物篇""奋斗篇"等，向读者展现了计算机界一幅幅技术和人物的画面，从这些文章中不仅可以看出计算技术发展的脉络，也可以窥见计算技术界的心路历程，更可以看出对问题的思辨。

相信这些"过期"的文章对你来说还是很新鲜，因为每篇文章不仅仅是表面上的技术讨论，背后还有更多的故事，会对你有更多的启迪。

图书在版编目(CIP)数据

CCCF优秀文章精选/中国计算机学会主编. —北京：清华大学出版社，2019
ISBN 978-7-302-51506-7

Ⅰ. ①C… Ⅱ. ①中… Ⅲ. ①计算机科学—文集 Ⅳ. ①TP3-53

中国版本图书馆CIP数据核字(2018)第257022号

责任编辑：龙启铭
封面设计：何凤霞
责任校对：焦丽丽
责任印制：丛怀宇

出版发行：清华大学出版社
网　　址：http://www.tup.com.cn，http://www.wqbook.com
地　　址：北京清华大学学研大厦A座　**邮　　编**：100084
社 总 机：010-62770175　**邮　　购**：010-62786544
投稿与读者服务：010-62776969，c-service@tup.tsinghua.edu.cn
质量反馈：010-62772015，zhiliang@tup.tsinghua.edu.cn
课件下载：http://www.tup.com.cn，010-62795954
印 装 者：三河市铭诚印务有限公司
经　　销：全国新华书店
开　　本：170mm×230mm　**印　　张**：28.5　**字　　数**：445千字
版　　次：2019年1月第1版　**印　　次**：2019年1月第1次印刷
定　　价：128.00元

产品编号：080500-01

目录

教学篇

观点篇

奋 斗 篇

人 物 篇

技 术 篇

教 学 篇

斯坦福大学计算机专业的本科教育

孔维昊[1] 康 迪[2]

1. 斯坦福大学

2. 华东师范大学

关键词：斯坦福大学计算机专业 本科教育

成立于1965年的斯坦福大学计算机系，迄今已有50年的历史。现该系大名鼎鼎，已成为世界顶尖的计算机系之一。该系一直拥有强大的教授队伍，比如人们熟知的高德纳(Donald Knuth)、乔佛里·厄尔曼(Jeffrey Ullman)、约翰·麦卡锡(John McCarthy)等都曾在此任教。此外，一些著名高科技公司的创始人也毕业于此，如著名的谷歌创始人拉里·佩奇(Larry Page)和谢尔盖·布林(Sergey Brin)。20世纪90年代曾经如日中天的太阳计算机系统(Sun Microsystems)，其名称就来自斯坦福大学网络。斯坦福大学计算机系每年都会向各大科技公司和高校输送优秀毕业生，几乎所有学生都有能力在毕业后获得10万美元年薪起薪的职位。旧金山湾区(San Francisco Bay Area)不断涌现出的各类科技创业公司的年轻创业者中，也有大量来自于斯坦福计算机专业的本科生。

本科生是大学里的主要群体，本科教育是一所大学的教育基础，也是考察一所大学教育成功与否的重要标准。笔者通过个人经历和调研访问，考察了斯坦福大学计算机专业的本科教育，旨在通过对斯坦福大学整体本科教育体系与计算机专业教育概况的介绍，让读者大致了解这所世界顶尖名校的教育制度和教学方式，汲取其可以借鉴的经验，有助于我们更好地完善国内大学的计算机教育。

招生形式

美国大学本科的招生形式是申请制。申请的材料很简单，包括美国学术能力评估测试(Scholastic Assessment Test, SAT)成绩、高中成绩单、两位老师的评语以及学校推荐信。有些大学还设置了面试环节，不过斯坦福大学没有。全美大多数大学在招收本科生的时候是不分专业的，斯坦福大学也是如此，学生不需要像国内一样在报考大学时就决定在本科阶段要选择什么专业。

值得一提的是，美国一些学生在上大学之前就会自行组织一些计算机相关的俱乐部(有些俱乐部可以获得学校的资金支持)或活动，比如几个人合作编写一个服务器或者参加一些与编程有关的趣味夏令营和竞赛，多数是出于个人兴趣。而国内在青少年计算机趣味的培养上略有欠缺，首先与计算机相关的趣味性活动较少，其次高中生由于课业压力很少能去自发探索一些简单的编程项目。国内高中生参与最多的就是全国青少年信息学奥林匹克联赛(NOIP)。在我本科母校上海交通大学的计算机系里，那些在上本科以前就有编程基础的学生大多数是因为参加过 NOIP。

课程安排

课程与专业

斯坦福大学采取学季制度(Quarter)，即一个学年分为秋、冬、春、夏四个学期。夏季学期的课程比较少，因此多数学生会选择在夏季学期实习，上课主要集中在秋、冬、春三个学期。斯坦福大学要求本科学生毕业时修满 180 个学分，平均每年修 45 个学分，一个学期修 15 个学分，这意味着每人每学期要上 3～4 门课程。

学校几乎所有课程都向本科生开放，所以学生可以在本科阶段自由地选择

喜欢的课程。专业的选择须在本科第二年结束之前完成,因此本科生前两年如何选课对专业选择起着重要作用。假设有一个学生计划以后选择计算机作为自己的专业,那么他就可以在前两年集中去修计算机科学相关的课程,了解这个专业的基础及具体的研究方向,在充分了解的前提下判断自己是否适合该专业;同时,他也可以在前两年去尝试其他学科及领域,看自己是否对计算机科学以外的专业更感兴趣。

专业选择与计算机专业课程要求

斯坦福大学本科的专业和国内专业的概念有些不同。计算机专业叫 CS Major,CS Major 下设不同的 Track,类似于国内的“方向”。专业本身不设置人数限制,可以自由选择,一个学生可以选修一个或多个专业,只要修满符合该专业毕业要求的课程即可。学生还可以随时改变专业,改修其他专业的课程。计算机专业近些年愈加热门,2012—2013 年度斯坦福大学有 273 名学生选择了计算机作为本科专业,而每年该校本科新生的总人数约为 1600 人。

计算机专业的学生需要修 3 门核心课程、3 门理论课程、26 个学分的方向课程及选修课程。选修课既包括本方向的课程,也包括其他方向的课程,难度亦有所区别。其中核心课程包括 Programing Abstraction、Computer Organization and Systems、Principles of Computer Systems;理论课程包括 Mathematical Foundations of Computing、Introduction to Probability for Computer Scientists、Data Structures and Algorithms。计算机专业的方向有人工智能、生物计算、计算机工程、图形学、人机交互、信息学、计算机系统和计算机理论。斯坦福大学计算机系要求每个方向的学生须完成 4~5 门方向课程,不过很多课程的深度各有不同,学生可以根据自己的能力和需求选择。

课号安排及课程介绍

高质量的课程和自由的选课制度是斯坦福大学本科教育的特点。学校是根据课程的深度给课程排号的。如计算机系的课号是 CS0 到 CS599,其中:0~99 号是服务性课程,适合非技术性专业的学生选择;100~199 号是本科生基础课程;200~299 号是高级本科生课程/初级研究生课程;300~399 号是高级研究生课程;后边的课号代表实验和讨论班。首位数字为 2 的课程既是本科生课程,也是研究生课程,比如我做助教讲的是 CS261(Optimization and Algorithmic Paradigms),选修这门课程的学生中,本科生和研究生各占一半。有兴趣和能力的本科生也可以选修首位数字为 3 的高级研究生课程。

斯坦福大学计算机专业的大多数基础课程由讲师(专门负责授课,不做科研)授课,比如 CS106 B/X Programing Abstraction、CS107 Computer Organization and Systems、CS110 Principles of Computer Systems,这 3 门核心课程都是由讲师授课。教授则主要讲授与自己研究相关的高级课程。

CS106 是计算机专业比较重要的一门课程,分为 CS106A、CS106B 和 CS106X 三个难度级别。CS106A 比较简单,不属于本专业核心课程,适合无基础的学生学习基本编程,有利于学生毕业后找工作这也是这门课程成为本专业热门课程的主要原因。作为核心课程的 CS106B 和 CS106X,在课程内容上是一样的,涵盖了程序设计(C++)、基本算法、数据结构、面向对象编程,但是后者在授课和作业方面的难度更大一点。在 2015—2016 年秋季学期中,选修 CS106A 课程的学生有 673 人,选修 CS106B 课程的有 368 人,选修 CS106X 课程的有 95 人。

难易有别的课程安排以及较为自由的选课制度使得学生可以根据个人需求来选修课程。一些应用型或浅显的课程,适合计划本科毕业后从事编程工作的学生,比如 CS106B、CS142 Web Applications、CS193A Android Programming、CS193P iPhone and iPad Application Programming 等;而一些理论型或较深奥的课程,则适合计划本科毕业后继续从事研究工作的学生选修,如 CS261 Optimization and Algorithmic Paradigms、CS254 Computational Complexity Theory 等。计算机专业还有很多课程既是从事科学研究的必备基础,又让学生在企业有用武之地,比如近年来成为热门课程的 CS229 Machine Learning,每学期选修这门课的学生有近 800 人,已经超过了 CS106A;再如 CS255 Introduction to Cryptography,这种有一定理论深度的课程,每年有 150 人左右选修。

斯坦福大学计算机专业的课程设置合理,并且课程质量很高,这些高质量的课程是斯坦福大学计算机专业本科教育的核心部分。

CS140 Operating Systems 课程项目的要求是编写一个可以在 8086 架构上运行的操作系统，支持基本的多线程、用户态程序、虚拟内存、文件系统。尽管是从 Pintos 框架上进行的拓展，但学生仍需要具备很好的 C 语言编程基础，并且对操作系统原理、CPU 架构有正确的理解才能完成。CS144 Introduction to Computer Networking 的课程项目是编写一个路由器程序，支持路由器的基本功能，能在真实的网络中运行，最后在 Amazon EC2 的虚拟网络上进行测试。这些课程项目不仅有机器考核，还有助教对每个学生进行代码可读性评价，纠正学生编程习惯上的一些问题。上述课程的理论内容同国内相应课程区别不大，但课程项目部分难度大很多。好在它们都不是必修课程，选修该课程的一般是以系统为方向或者对其感兴趣的学生，课程虽难但往往能够达到较好的授课效果。CS229 Machine Learning 也有一个期末课程项目，代替了考试。这个项目只要和机器学习相关就可以，理论和应用皆可，学生们在这个项目上总能"脑洞大开"，可大胆发挥想象力和创造力。例如，2014 年有组学生用强化学习的方法训练计算机玩 Flappy Birds，有组学生用强化学习加深度神经网络训练计算机玩 Pacman，还有学生做音乐自动创作，效果都不错。

作业与考核

斯坦福大学的每门课程都设置了作业时间，通常一门 3 学分的课程，要求学生每周花费 3 小时上课，外加 6 个小时做作业，可见学校对于学生作业还是比较重视的。

计算机专业课程的作业题通常由授课教师和助教共同编写，几乎都是原创的新题。作业每 1～2 周安排一次，学生上交的作业由助教负责批改和发放。助教多由研究生担任，除了批改作业外，助教还须随时回答学生的提问。由于选修的学生人数众多，计算机专业的课程一般一门课会设置多名助教。为了辅助学生完成课程和作业，授课教师和每位助教被要求每周至少提供 1.5～2 个小时的互动时间(office hour)，学生可以在此期间咨询与课程内容或作业相关的问题。

课程作业一般都比较难，比如我曾经担任过助教的 CS265 Randomized Algorithms and Probabilistic Analysis 和 CS261 Optimization and Algorithmic Paradigms 两门课的作业，如果每周只花 6 小时通常是不能完成的。

而计算机专业的期中、期末考试则非常简单，考试成绩一般只占这门课最终成绩的25%～50%，因此学生会在每周的听课、讨论和作业上投入很多精力，而对考试只投入较少的时间。

学分学时与毕业要求

与国内大学不同，斯坦福大学本科生与硕士研究生的界限并不分明，学位的获得是由学生修读的学分来决定的。学生如果在本科阶段修满硕士毕业要求的学分，便可取得硕士学位，一般专业"本硕连读"只需4～5年。折算成课程的话，计算机专业的学生只要保证每学期能选修4～5门课，就可以在4年内同时拿到学士学位和硕士学位。

取得计算机专业本科学士学位须达到学校、工程学院和计算机系的学分要求。首先，学校要求所有本科生要修满180个学分，涵盖外语、写作、思维方式/行为方式及思考四个方面；其次，工程学院要求学生必修ENGR40 Introductory Electronics课程、两门数学专业指定的选修课程、两门微积分选修课程、一门力学课程、一门电磁学课程以及1～2门科学类选修课程、一门工程类选修课程、一门科学与社会类选修课程；第三，计算机系要求学生修10门左右计算机专业课程。

由此可见，尽管美国大学的选课相比国内大学自由许多，但还是有一些硬性规定。有意思的是，斯坦福大学计算机专业还开设了一些设置精巧的课程，成为计算机专业本科生的最爱。其中的翘楚就是CS181 Computers, Ethics, and Public Policy，选修该课可以同时满足写作、思维方式、科学与社会类课程三项毕业要求，由于每学期选修的学生过多，这门课不得不限制上课人数，并让大学四年级学生优先选择。

发表论文不是对计算机专业本科生毕业的强制要求，但是他们需要完成一个类似于我国毕业设计的高级项目(senior project)。完成方法一般有三种，分别为三门课程：第一门是CS194，学生需要组队完成一个有意义的编程应用，很多创业公司就是从这个课程里走出来的；第二门是CS210，学生组队在两个学期的时间里解决企业(如Facebook、Yahoo!、Microsoft、BMW)提出的挑战性问题；第三门是CS191，学生跟随学校的一位教授进行一个学期的科研，最后完成一篇可发表的论文。

课外项目与创业愿望

美国大学本科教育比较成功的一方面是大多数本科生在上学阶段就会对毕业后的工作有较明确的规划。学生比较普遍地能选择自己喜欢的专业,并能在毕业后找到与之相关的工作。这与大学本科阶段可以自由选择专业的制度不无关系。计算机作为美国整体就业率最高的专业,在这一点上显得尤为突出。而作为斯坦福大学计算机专业毕业的本科学生,在未来职业规划上还多了一项选择,那便是创业。

近些年,"创业"一词几乎成为斯坦福大学的标签。相比于其他理工类高校,斯坦福大学的高创业率主要得益于周边的高科技环境——地处硅谷,计算机专业的学生自然成为湾区创业的主力军。

学校周围相对丰富的高科技企业资源,为斯坦福在校本科生提供了大量的资金和理念支持,是推动本科生发挥自主创新能力的极大动力。比如课程CS210既是一个毕业设计项目,也是一个与企业合作,为其解决技术难题的机会,其结果有的可以直接应用于企业并成为其产品。

每年都有数以百计的想法在大量斯坦福本科生与高科技企业之间互换,学生除了可以参加很多创造性课程,还可以在企业带给斯坦福的创新气氛的影响下自主进行项目产品的开发。计算机系几乎所有的本科生都会在四年中的某个时间与三五好友一起做一个项目,比如一个网站、一个手机App等。不要小看这些学生自主完成的项目,很多创业公司就是从此开始的,比如雅虎的前身Jerry and David's Guide to the World Wide Web就是其创始人杨致远(Jerry Yang)在校期间与同学大卫·费罗(David Filo)共同创建的。再如Snapchat——阅后即焚聊天软件的鼻祖,也是由三名斯坦福大学的本科生开发的,其创始人之一伊万·斯皮格(Evan Spiegel)是一名产品设计专业的学生,Snapchat是他向一门设计课程提交的课程作业,2014年时Snapchat的用户平均每天会发送7亿个图片和视频。

每年9月底,斯坦福大学计算机系都会组织大规模的校园招聘活动,大量的

IT 公司会走进校园招聘全职员工和暑期实习生。从大一到大四，只要是对做产品感兴趣的本科生都可以参加。以前大一的学生(刚入学两周)由于经验和知识的欠缺，很难进入谷歌、微软、脸谱(脸书)等大公司实习，现在这些公司都有专门针对低年级学生的项目，在暑期对他们进行专门的培养。一般软件工程师暑期实习的起薪是 5000 美元/月，薪资会随着实习生年级的增长而增加。企业的实习经验可以帮助本科生对一些行业和职位有初步的了解，对学生工作能力的培养和就业指导也有很大帮助。

参加项目和实习还可以使本科生认识到自己在专业方面的不足。同时，出于设计自己的项目或完成实习工作的目的去选修一些课程，也能促使学生选修更具针对性和应用性的课程。

斯坦福大学内部也设置了一些针对本科生的科研培养项目，如 CURIS 就是一个专门针对本科生的暑期实习项目，目的是鼓励学生参与计算机学科的科研。在这个项目中，教授需要提供课题供学生选择，学生会在整个暑期(10 周)跟随一位教授和他的团队进行科研，同时会获得一定的生活补助，2015 年暑期补助为 6400 美元。

斯坦福大学一直致力于培养学生的自由性和创造性，得天独厚的环境也与其教育理念相辅相成。斯坦福计算机系自由的培养模式给予学生最少的束缚，实用 而高效的课程给予学生所需的专业训练，加上整个硅谷的创业环境，使学生的创造力能够充分地释放，进而培养出了一批企业界和学术界的领军人物。■

孔维昊

斯坦福大学博士生。主要研究方向为统计学习。kweihao@gmail.com

康　迪

华东师范大学中文系。 appletriii@gmail.com

计算思维：计算机基础教学改革的第三个里程碑

冯博琴

西安交通大学

关键词：计算思维　计算机　教学改革

计算机基础教学改革的两座丰碑

我国计算机基础教学已有30多年的发展历史，期间进行了两次重要的改革。

第一次改革发生在1997年。教育部高等教育司发布了《加强非计算机专业计算机基础教学工作的几点意见》，确立了计算机基础教学的"计算机文化基础-计算机技术基础-计算机应用基础"3个层次的课程体系，同时规划了"计算机文化基础""程序设计语言""计算机软件技术基础""计算机硬件技术基础"和"数据库应用基础"5门课程及教学基本要求，提出了教学手段、方法改革的要求，并提出了建立计算机基础教学归口领导的教学组织和加强教学条件建设的建议。这次改革确立了计算机基础课程的地位，对计算机基础教学改革有深远的影响。

第二次改革起始于2004年。为了适应信息技术发展的新形式，需要对计算机基础教学领域的知识、能力的要求做进一步的梳理。计算机基础教学指导委员会于2009年发布了《关于进一步加强高等学校计算机基础教学的意见暨计算机基础课程教学基本要求》，确立了“4 领域×3 层次”的计算机基础教学内容、知识结构和实验教学内容能力结构的总体构架，构建了“1＋X”的课程设置方案，并将“大学计算机基础”作为一门课程。此项改革使计算机基础教学向科学、规范和成熟的方向前进了一大步。

改革面临的新机遇

当前，计算机基础教学改革面临新的机遇，其改革动力来自三个方面：一是外部需求，毕业生计算机能力的高低越来越影响其自身对经济、社会的贡献度，各专业对计算机基础教学的要求不断提高，不再接受工具应用性的课程；二是技术层面，计算机技术的迅速发展，计算机的应用领域极大扩张，重要性日益凸显；三是教学改革的发展，中学信息技术课程的开展以及高校交叉学科的兴起，对计算机基础课程教学内容不断提出新的要求，大学里的计算机课程应该是让学生受益终身的“授渔”，而非“授鱼”。

随着社会计算机应用水平的提高，高校计算机基础课程不能仅着眼于软件的使用，而应有相对稳定的、体现计算机学科思想和方法的核心内容，同时更加突出思维方法的训练。综合考虑思维培养与技能培养的教学目标，构建新的课程内容，成为计算机基础课程教学改革的紧迫任务。

增强对计算思维能力培养

卡内基梅隆大学计算机科学系主任周以真(Jeannette M. Wing)教授给计算思维的定义是：运用计算机科学的基础概念进行问题求解、系统设计以及人类行为理解。计算思维的本质是抽象和自动化，特征是能行性、构造性和模拟性。它着眼于问题求解和系统实现，是人类改造世界的最基本的思维模式之一。

计算机的出现强化了计算思维的意义和作用，将理论上可以实现的过程变成了在实际中可以实现的过程，实现了从想法到产品过程的自动化、精确化和可控化，实现了对自然现象与人类社会行为的模拟，实现了海量信息处理分析、复杂装置与系统设计、大型工程组织等，大大拓展了人类认识世界和解决问题的能力和范围。计算思维是解决实际问题的一个有效工具，是人人都应具备的思维能力。

加强计算思维能力的培养，已成为当前大学计算机基础教学改革的主旋律，并且得到了教育部高等教育司的重视与支持。2010 年 7 月，由西安交通大学主办的“九校联盟（C9）计算机基础课程研讨会”上，专家们就国内外计算机基础教学的现状和发展趋势进行了交流，并就如何在新形势下提高计算机基础教学的质量、增强计算思维能力的培养进行了讨论。随后正式发表了《九校联盟（C9）计算机基础教学发展战略联合声明》，达成了 4 点共识：

（1）计算机基础教学是培养大学生综合素质和创新能力不可或缺的重要环节，是培养复合型创新人才的重要组成部分；

（2）把“计算思维能力的培养”作为计算机基础教学的核心任务；

（3）进一步确立计算机基础教学的基础地位，加强队伍和机制建设；

（4）加强以计算思维能力培养为核心的计算机基础教学课程体系和教学内容的研究。

该声明对增强计算思维能力培养、提高计算机基础教学的质量寄予厚望。2011 年之后，国内许多高校以计算思维能力培养为切入点，在计算机基础教学课程中进行了探索。南方科技大学、西安交通大学、浙江大学、上海交通大学、哈尔滨工业大学、北京交通大学、同济大学等校已成立试点，并出版了相应教材。

计算思维培养要“落地”

在计算机基础教学能力培养目标中，有两个重要的学科专业能力需要关注：对计算机的认知能力和运用计算机求解问题的能力。计算思维能力是计算机基础教学能力培养的核心内容。计算机基础课程作为大学通识教育的重要组成部分，应像数学、物理一样成为培养大学生认识世界、改造世界的三大基本思维方式（推理思维、实证思维和构造思维）的基础课程，从而在人才的全面素质教育和能力培养中承担重要的职责。

现在许多高校计算机课程偏重于技能教育,教学目标停留在计算机知识与操作技能的培养上。这与当前计算机教育的培养目标有很大差距。我们应当思考这样两个基本问题:当前在计算机应用方面的创新不足,习惯地或无奈地跟着国外的技术发展路线走,缺少原创性成果等现象,是否与计算思维方面的培养缺失有关?学生在解决具体问题时,习惯用现成的技术手段而不是科学的思维方式来寻求解决问题的方法,怎么会有创新?

当前社会的发展,已经越来越多地依赖计算机,将其作为分析和解决问题的工具。在这个过程中,最重要的不是学会解决问题的技巧,而是要学会如何把问题转化成能够用计算机解决的形式,这正是计算思维培养所强调的内容,学会运用计算思维的方法解决问题更加重要。以计算思维意识和方法培养为目标的教学改革,则是着眼于培养学生从本质和全局来建立解决问题的思路,从而达到提高计算机应用水平的目的。

计算思维是所有学生都应该具备的能力,这已在相当大的范围内取得共识。当前的问题是如何将这个理念"落地"?即给学生讲什么、怎么讲?我国计算机教育界当前还缺少培养计算思维的经验,计算思维似乎也难以"捉摸",思维的培养比技能、能力的培养困难得多。开展以计算思维培养为导向的大学计算机课程改革,将是大学计算机课程的第三次重大改革。通过这一轮的改革工作,我们期望达到以下目标:

(1) 从理论层面研究计算思维的内涵、表达形式以及对大学计算机教学的影响;

(2) 从系统层面科学规划大学计算机课程的知识结构和课程体系;

(3) 从操作层面将大学计算机课程建设成为培养学生多元化思维方式之一的有效途径,并建设一批适用的教学资源;

(4) 从实践层面推动一批高校按照不同层次培养目标、不同专业应用需求开展大学计算机课程的改革探索。

在这项改革中,最大难点是计算思维培养教学体系的构建,需要回答:如何表达计算思维的基本内容、描述计算思维相关的知识点及其之间的关系?把计算思维最基本的特征和方法分解到具体的教学内容中去,通过每节课的讲授,使学生在知识能力提高的过程中,逐步理解和掌握计算思维的一些基本内容和方法。在这个教学体系中，要正确处理好技巧、能力和思维的关系。计算思维的培养并不排斥对技巧和能力的培养。相反，它与技巧和能力培养呈现递进的关系。思维培养必须以知识和能力培养为载体，而能力的培养也要置于思维培养的引领之下。计算机课程不仅要教学生有用的知识，更要教学生这些知识背后的思想光芒。思维训练是一个潜移默化的过程，学会了这些思维的方法，就掌握了解决各种问题的有效武器。

“内紧外松”做实事

把计算思维能力的培养作为计算机基础教学的一项教学要求，不论是将其视为教学的核心任务，或是摆在教学要求“之一”的位置，都是一件前无古人的开创性工作，“落地”难度相当大。所幸这一命题已引起了许多有识之士的关注，已取得许多进展：比如《九校联盟(C9)计算机基础教学发展战略联合声明》的发布，第一届“计算思维与大学计算机课程教学改革研讨会”的召开，22 项教育部大学计算机课程改革项目的顺利推进，一批水平较高的研究和实践成果在“计算机课程论坛”和《中国大学教学》等刊物上的发表等。近两届计算机基础教学指导委员会也已做了大量工作，对改革有了初步构想。目前，推进计算思维教育的外部环境已经十分成熟，但是如何落实仍然任重道远，一线教师迫切需要有可以实施的方案、教材和实验项目。

笔者参考了有关资料和文件，谈一下个人的粗浅想法。

教学总体目标的分类分层表述

高校有不同层次的培养目标，专业有不同的应用需求，计算机基础教学改革方向必然是沿着多样化、分层次的思路进行探索。计算机基础教学指导委员会在《关于申报大学计算机课程改革项目的通知》中指出，大学计算机的教学总体目标要求是：“普及计算机文化，培养专业应用能力，训练计算思维能力。”这三句话描绘了计算机基础教学的完整面貌，可以看成三个递进层次，也是一个完整的教学设计。各专业可以根据培养目标，科学地制订本专业的计算机课程的教学要求，做到“递进层次，有所侧重，避免偏废”。

三种模式灵活推动课程改革[1]

方法推动式：课程教学内容不做大的调整，通过改进教学方法（例如专题研讨、问题引导、反思与自我建构等）引导学生体会知识背后所蕴含的计算思维规律和特点。

内容重组式：课程教学的知识点不做大的抽换，但须以计算思维为主线重新组织，课程内容的结构将有大幅度的调整。

全面更新式：将课程教学知识点进行大幅度更新，加大和突出与思维训练有关的知识点，开设类似"计算思维概论"的通识课程。

借助现有体系稳步提升

经过十余年的努力，计算机基础教学的知识传授和能力培养体系已经相当完善。以计算思维能力培养为切入点的计算机基础教学改革，可以借助现有的计算机基础教学课程体系和教学内容，围绕计算机基础教学的目标，在现有课程体系上进行提升，措施包括：合理定位计算机基础教学中稳定、核心的教学内容，突出实践能力与思维能力培养，形成计算机基础教学科学的知识体系、稳定的知识结构，让计算机基础教学成为传授基本知识、培养应用能力、训练计算思维的大学通识教育课程。

培训教师　适应改革需要

在课程中培养计算思维能力，不是将原有的内容贴上计算思维标签，也不是言必称计算思维，而是要提炼并展现隐藏在知识背后的计算思维的光芒，引起学生求知欲望和心理共鸣。这就要求任课教师要精心设计教学内容，改革课程体系结构，采用先进的教学方法，不能简单地认为融入计算思维就是增加一些抽象的知识点或者采用某种教学方法。教师必须对于计算思维有较深入的理解，才可能在教学实践中恰当地把计算机基础的知识、能力和思维巧妙地融合。因此，这一改革的成败关键在"导演"——任课教师。

---

[1] 浙江大学教授何钦铭提出的三种改革模式。

学科融合 引入跨学科元素

当前计算机基础教学不能提升学生学习兴趣的一个原因是：任课老师在介绍技术背景、应用时，往往是就计算机讲计算机，或者讲一些老掉牙的例子。各专业为我们提供了丰富多彩的材料，如果我们能结合专业来讲，不仅能“提神”，而且还可能实现计算机基础教学“掌握计算思维能力解决专业领域问题的思路和做法”的目标。北京大学教授李晓明认为，在教学中有机地引入跨学科元素是培养计算思维能力的一种措施。在他开设的“网络结构与效应原理”课程中，使用图论和博弈论的基本概念，去尝试解决社会学和经济学中与网络有关的若干经典问题，提供了在课程中体现计算思维的一个范例，其组织方式同样可以应用到其他课程中去。

根据学生的专业，将计算思维与专业应用进行融合，有利于在求解问题过程中让学生感受到计算思维的魅力。“大学计算机”课程不必停留在介绍计算机学科本身，可以从更高的角度发现其基本的学科思想在各个学科中的关键应用。这样的一门课程或者一本教材必然会有另一番风景，我们亦很期待。■

致谢：本文引用了计算机基础教学指导委员会的文件、有关专家的论点和西安交通大学计算机教学实验中心的资料，在此表示感谢！

冯博琴

CCF专业会员、杰出演讲者、2012 CCF杰出教育奖获得者。西安交通大学教授。主要研究方向为编译理论与技术。Bqfeng@mail.xjtu.edu.cn

学科交叉、融合创新

史元春

清华大学

关键词：信息论　学科交叉　GIX

香农、信息论和计算机学科的诞生

2016 年是计算机学科的一位先驱——克劳德·艾尔伍德·香农（Claude Elwood Shannon）诞辰百年。香农和计算机学科有着怎样的关系呢？计算机现在已经成为我们日常的工具，它的基本单位是比特（bit），即“binary digit”的缩写。比特作为一个术语，就是由香农于 1948 年在一篇著名的论文《通讯的数学原理》中提出的。那么，什么是信息？香农在这篇文章里指出，“信息是用来消除随机不确定性的东西”。他在论文里明确给出了信息度量的方式（见图 1-1），其

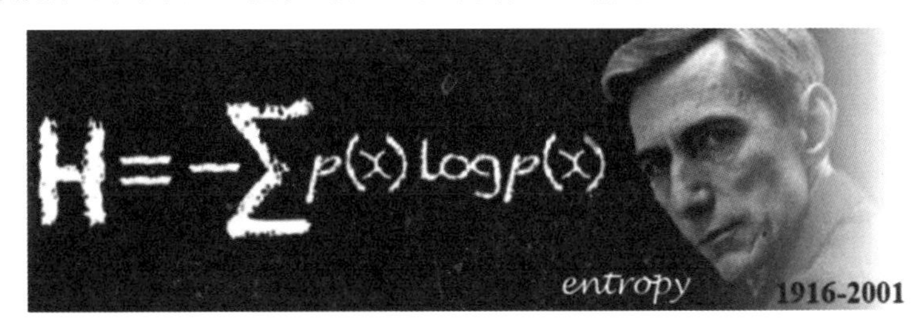

图 1-1　香农与信息度量公式

中对数取 2 为底，单位就是比特。

这个公式与具体对象出现的概率有关；而度量单位则用了“entropy”（熵）。从这个公式里我们可以看到，信息量越大，意味着不确定性越大，消除这种不确定性或者把它搞清楚，所需要的信息量就越大。

这个理论对我所在的计算机学科有很大的贡献：它定义了信息是什么、怎么度量，以及怎么能够保证信息通讯的准确性。这个通讯包括端与端之间、人与机之间的通讯。香农的信息论不仅影响了信息领域的发展，而且在那个时代也引起了其他学科领域中的探讨和应用热潮。

这里还要提到一篇 1954 年发表在《实验心理学》期刊上的文章。这篇文章借用信息论做了一个看似简单的实验——测试人精确操控工具的能力，这个能力通过难度的指标推算出人每次在目标大小和目标距离改变时所需的时间。做这项研究的科学家叫费茨（Fitts），这个实验完全是受香农信息论的影响。研究成果被称为费茨定律。这个定律表达了人的能力、动作所携带的信息。这个定律对我所从事的人机交互研究领域的意义极其深远。今天我们用的手机和电脑，其交互界面都直接或者间接受到这一定律的影响。

香农的另外一项贡献来自他在麻省理工学院的硕士论文：有关电路分析的一套数学工具。他证明了用布尔代数就可以有效地分析、推理、比较相应的电路设计以及验证它的正确性。他的这篇硕士论文被称为 20 世纪最伟大的硕士论文，因为它奠定了我们今天计算机电路设计的基础。因此我们说，香农在信息领域、在计算机学科中有奠基性的贡献。而我希望通过他的贡献来谈谈计算机学科的产生，以及学科交叉的问题。

计算机学科的产生与发展：学科交叉

相对一些更基础、更传统的学科，计算机学科其实很年轻，它在发展中也经历了一些变化的过程。

计算机相关研究在 20 世纪 30—40 年代非常活跃，40 年代有了数字电子计算机后，学科的发展变化轰轰烈烈；但直到 1962 年才开始设置计算机科学学位，最早的学位出现在美国普渡大学。作为一个学科要回答很多问题：这个学科是工科还是理科？只是一门技术的学习吗？对这些问题的争论不止于普渡大学第一次授这个学位之时——在我1984年进入清华时，我们系的名字也不叫现在的“计算机科学与技术系”。

1985年，两个国际学术组织ACM和IEEE-CS，还专门对计算机作为一门学科的存在性进行了讨论。四年后他们做出了一个报告，报告的题目表明，计算机科学是一门学科。文章的结论是，计算机科学中有关于计算机的问题和显著的成就，有一套课程结构，这个课程结构可以使学生了解这个领域的内容、关系、理论、实验方法、设计方法等。可以看到，要论证一门学科的存在就要证明它的研究对象、研究方法和对社会及科学技术的贡献。

每一门学科都有发生、发展的过程，这是科学和学科发展的事实。说到学科交叉，当时香农的研究任务本身的复杂性需要他有相应的交叉研究，吸取其他学科的研究方法，解决具体的问题，再进行总结、推广，并产生影响。所以说，计算机学科其实是学科交叉的结果，它也会再和别的学科交叉，产生进一步的研究空间和创新成果。

学科交叉是创新思想的源泉

回顾历史可以发现，其实最早的科学研究是不分学科的。清华艺术博物馆现有《对话达·芬奇》展览。达·芬奇是被誉为“文艺复兴时期人类智慧象征”的著名科学家、艺术家，他在艺术与科学方面都做出了卓绝的贡献，是艺术与科学完美结合的先驱伟人。展览中可以看到达·芬奇关于地理学、植物学、天文学、飞行学、水利学、文学、建筑、军事、仪器制造等方面的设计和创造。他的研究也说明，早期的科学本身就是相互融合、不区分学科的。我们今天的学科体系也经历着融合、分化、再综合的演化过程。

我们来看看今天的学科门类。我国有学科门类的划分标准：根据研究对象、研究特征、研究方法、学科派生的来源、研究的目的和目标，把学科分为五个大类——自然科学、农业科学、医学科学、医药科学、工程与技术科学、人文与社会科学。而教育部2011年出版的《学位授予和人才培养的学科目录》中有13个学科门类和110个一级学科（见图1-2）。

学科门类

A自然科学

E人文与社会科学　　D工程与技术科学

B农业科学　　C医药科学

——GB-T13745-2009《学科分类与代码》

- 研究对象
- 研究特征
- 研究方法
- 学科的派生来源
- 研究目的、目标

学科门类：13分法

《学位授予和人才培养学科目录》教育部2011年

13个学科门类和110个一级学科

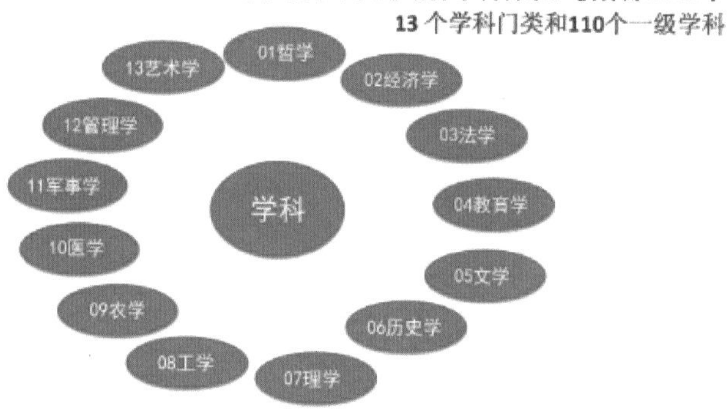

图 1-2　学科门类图

各个学科好像是有所区分，但是每个学科本身的产生，和我们的社会与科技生活有很大关系。

清华现有几十个院系，我们学校的学科越来越多，目前院系所对应的学科门类也越来越齐全。而现在，院系之间有很多交叉，此外还有些交叉学科的研究生项目，科研项目则更多。

为什么要做学科交叉？随着科学本身朝着更深层次和更高水平发展，科学研究的对象和思维方式也朝着开放性、创造性和综合性等发展。针对某一问题的不同学科属性、联系和规律等认识的更加深入，需要在学科拓展外延上和宏观层面上的研究，这种研究显然需要多个分支学科深化研究的成果，问题的解决表现为综合交叉学科的特点。实际上，科研是探索未知世界或解决实际问题的，而未知世界和实际问题是不分学科的，科研的突破点往往是交叉学科。

两个交叉学科培养的案例

信息艺术设计

我本人参与两项交叉学科培养工作：一个是信息艺术设计，另一个是全球创新学院。信息艺术设计是计算机系、美术学院以及新闻传播学院的交叉学科硕士项目。我们从2009年开始招生。它的产生是出于学科交叉研究的需要，并且学校也顺应需求建立了相应的平台。这是一个集成了艺术、媒体和技术的综合平台，是一个和工业界结合的教育项目。这里发生交叉的是科技（信息科学技术学院）、艺术（美术学院）和传媒（新闻与传播学院）；中间发生交集的点是设计的创新（如图1-3）。

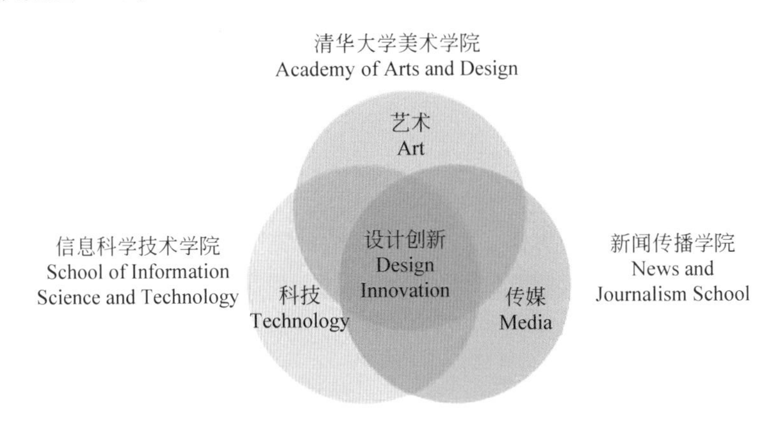

图1-3　艺术、传媒和技术的交叉

我们的培养计划内容较多。从图1-4中可以看到，左边是多入口（multiple entry），而由于目前学校并没有给这个培养计划一个专门学位，所以右边是多样出口（multiple exit），也即要在新闻学、设计艺术学和计算机科学这三个培养单位里确定一个出口学位，所以中间的培养过程（one platform）就比较复杂。我们将这个培养计划称为MOM模式。

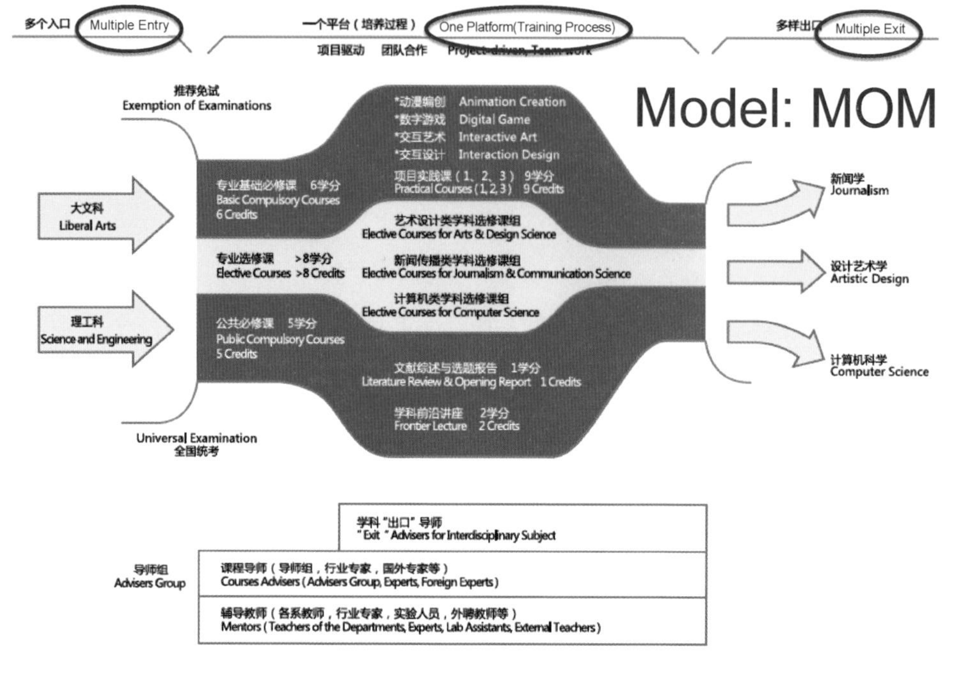

图 1-4　MOM 培养计划

这个平台的特点是：第一，教师师资的构成区别于传统院系——除了三个学院的教师之外，还有从国际其他高校聘请的教师，以及工业界人士。训练模式和教学模式是交叉学科的方法，对这几个学院的研究对象和研究方法有一定的扩展，并且学生不仅要达到所选择出口学位的水平，也要在自己本专业的技能上有深入和扎实的培训。

从培养团队和方法上，我们主要是整合设计方法论，进行多领域的项目实训和大量的实践项目，在这个过程中让学生接受多种设计方法以及技术方法的培训。

每年我们招收 20 名左右的学生，来自不同的专业。在培养计划中，我们希望这种学科交叉发生在学生个人身上（如图 1-5）。比如一个本科学习设计的学生，现在想要拿计算机学位，这个听起来比较难。学艺术的学生具有发散思维的特点，而计算机专业的学生具有比较收敛的思维方式，这在学科能力和思维方式上有很多碰撞。此时的课程培养对于非计算机专业背景，尤其是非理工专业的学生有很大挑战。那么我们怎么做呢？一方面，教师会认真分析每位学生的特点，指导他们选课，并请共同选课的计算机专业学生加强学习交流，首先要让学生有发展自己、克服困难的勇气和决心。另一方面，对学生鼓励与要求相结合。所有专业交叉学生均很好地完成了计算机学位课程，补充和提高了学生的专业能力，训练了计算思维和实证方法。

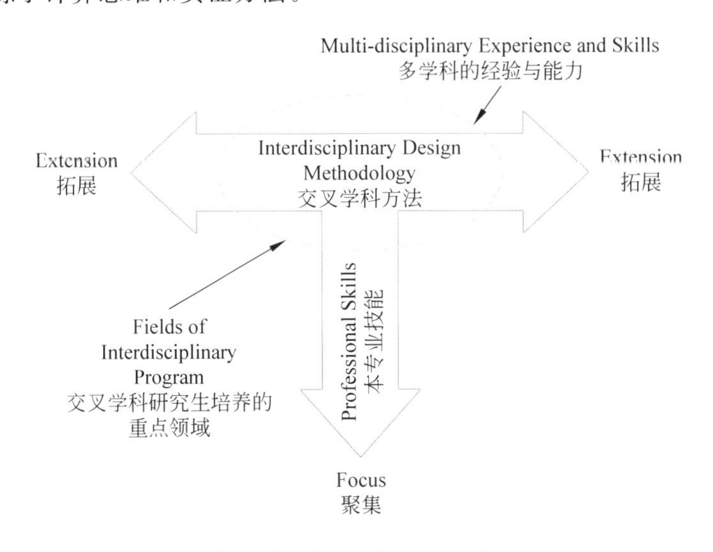

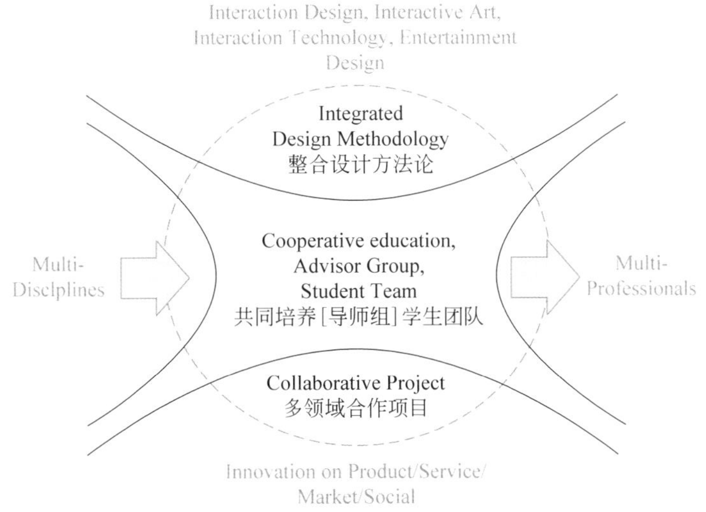

图 1-5　交叉学科培养方法

这些学生的选题也突出了交叉学科的特点。这是四位学生的选题是《文本驱动的语义图像展现》《大幅交互桌面表现力与交互方式》《脑机接口与提高注意力》和《非视觉通道上的视觉信息呈现》。这四名学生的背景都是设计专业，有着很好的艺术修养。经过培养，他们完成了学位课，能够自己编程、做系统。但是作为一个研究生的选题，我们希望学生能够发挥两个学科的优势，做出一些创造性贡献。

比如第四个题目《非视觉通道上的视觉信息呈现》，回到开篇讲的信息论，我们普通人获取的信息80%～90%来自视觉通道，但盲人没有这个通道。这个研究想给盲人做个有效的阅读器，把视觉信息有效表达给盲人。这里要研究信息本身是什么样的，信息量是多少，通过别的信道能否有效地把视觉信息转换传达给他们，并且还要设计出相应的硬件平台。这都是在信息艺术设计交叉学科上开展的工作。我们的学生有的已在国际会议上发表论文，并且他们的职业发展也很好。他们在专业能力上更为全面，发现问题和解决问题的能力都明显高于他们原来本科的同学。

全球创新学院

全球创新学院(Global Innovation eXchange Institute，GIX)于2015年6月18日在西雅图成立，同年12月31日在清华校内成立了相应的学院。这是一个跨专业的教学平台，也是清华国际化很重要的一步。

目前清华的国际化项目很多。而全球创新学院更特殊的一点在于，我们的教学平台要走进美国。清华大学校长邱勇为它写了“3个I”，描述它的特征：第一是国际化(International)，这是清华第一个海外国际校区；第二是跨学科(Interdisciplinary)；第三是跨界融合(Integration)。科研是面向问题研究的。全球创新学院的使命就是，面向全球性挑战问题，培养视野开阔，富有责任感和使命感，具有技术、设计和经营能力的创新创业领军人才。

GIX的培养特色如下。

首先，这个学院下面不再设专业院系，因为它的研究对象本身就是交叉学科。教师可能不但是计算机系教师，还是GIX创新学院的教师。GIX教授委员会的教授目前来自9个院系。学院的课程由两个高校合作开发——GIX是清华大学的海外校区，同时清华大学也与华盛顿大学在学位项目、科学环境、教研环境和校园管理上联合建设。除清华大学的教师之外，也有企业参与 GIX 的人才培养，比如请企业研究员作为导师，或者组织学生前往企业实习。

第二，教学计划。GIX 基本上按华盛顿大学的 Quarter 制设置课程。两年的硕士项目课程如图 1-6 所示，分为三个学科门类，红色的是设计类课程，主体部分的是工科的课程，黑色的是商科课程，就是创新相关的能力培养课程。这些课程交织在一起形成了整体的培养计划。

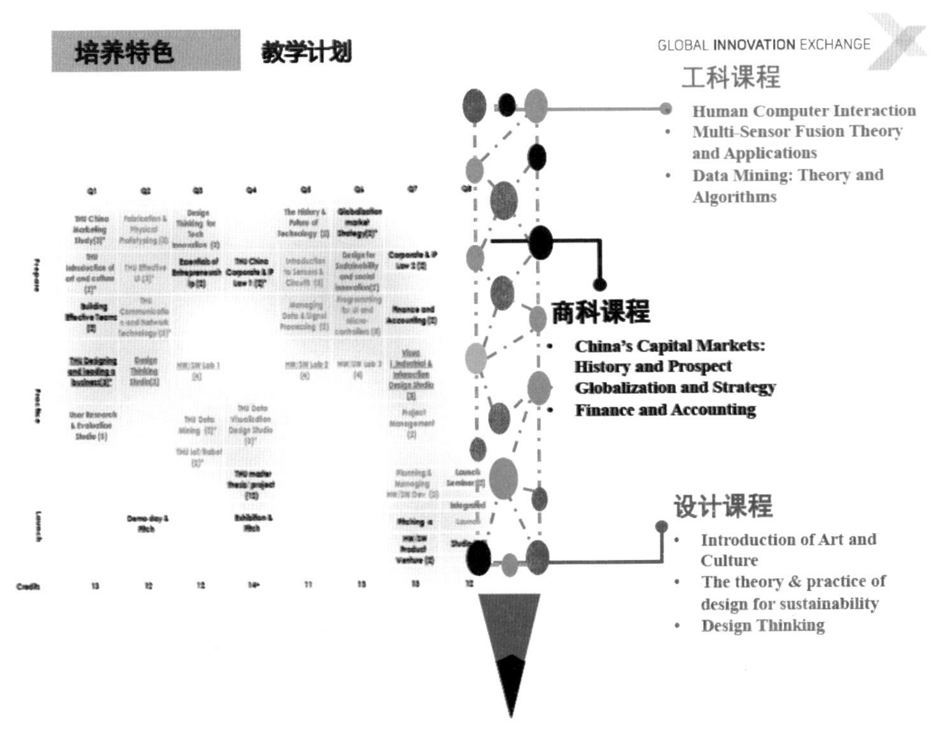

图 1-6　GIX 硕士项目课程

培养有别于传统模式。学院设置导师组，导师组对应学生的项目组，而学生的项目组是动态的，每个学生一年至少要参与三个团队，完成三个项目，每个团队要有准备、实践、发布的过程。这个过程中学生是主导，导师只是学生实现项目的资源，比如创造科研环境，进行指导和提供相应的技术手段。

以一个正在进行的项目——高灵敏石墨烯传感器——为例。这项研究是信息学院和材料学院的导师指导 GIX 的学生一起进行的。对于高灵敏石墨烯本身的生成和构造方法，材料学院已有国际水平的研究成果。石墨烯非常轻薄且灵敏度极高，利用它，很多传感器都可以颠覆我们目前的穿戴和嵌入式设备。我们希望把它变成传感器，即获取其中的信息，这些信息反映了人在环境中的行为以及设备的状态等，实现智慧互联。但目前在材料、电路以及应用设计之间还存在问题。该项目就是做这方面的交叉学科研究。清华大学为这样的研究创造了很好的环境和条件。

可以看到，学科不是凭空产生的，而是科学家在面临实际问题时具有交叉创新、融合创新的勇气和实践能力。而学科交叉本身也是学科发展的一种规律。为此，学校创造了很多交叉学科的平台，希望感兴趣的学生参与其中，成为交叉的一部分。我们希望在多学科交叉和融合的过程中能有所创新。现在叫交叉学科只因它还不成熟，一旦它成熟了，就不应该再被贴上“交叉”的标签——此时我们要有成就新领域的勇气。

开篇提到的香农，他作出 20 世纪最伟大的硕士论文时只有 21 岁。所以我经常鼓励我的学生们要有这样的才情，这样的抱负，在清华大学创造的良好环境中做出他们的贡献。■

（本文整理自史元春 2016 年 10 月给清华大学研究生的学术素养讲座）

史元春

CCF 常务理事、会士，原《中国计算机学会通讯》副主编、专题栏目主编。清华大学计算机系“长江学者”特聘教授，人机交互与媒体集成研究所所长，清华大学全球创新学院 GIX 院长。主要研究方向为人机交互、普适计算等。shiyc@tsinghua.edu.cn

工程教育认证——中国工程教育国际化的有力推手

陈道蓄

南京大学

关键词：工程教育认证　实质等效　面向产出

2016年6月2日，对于中国高等工程教育来说，是具有标志性意义的一天。在马来西亚召开的2016国际工程联盟会议上，中国被接纳为《华盛顿协议》正式签约成员（图1-7）。这是我国加入的第一个国际高等教育学位互认组织，标志着从2016年开始，中国工程教育认证协会认可合格的专业，其毕业生的学位在《华盛顿协议》各成员国中均被认可。这表明我国经认证合格的专业的产出与《华盛顿协议》其他成员国的专业产出是"实质等效"的。

"实质等效"这四个字的分量很重。工程教育的核心任务是培养合格的工程师，国际实质等效对工程类专业毕业生的要求包括：

- 基础扎实，能够适应技术环境与应用环境的快速发展；
- 能力强，技术能力与社会能力能够在新产品、新结构、新过程的设计与实现中发挥主导作用；
- 有责任感，理解科学技术与工程对于社会的影响，能够在工程实践中体现对社会与环境可持续发展的责任。

这些要求，不仅是《华盛顿协议》也是全世界工程教育界的共识。国内高校一直把国际化作为一个目标，也在努力践诺。相比邀请国外教授来国内授课，派

图 1-7　在马来西亚召开的 2016 国际工程联盟会议上，中国被接纳为《华盛顿协议》正式签约成员。右六为本文作者

部分学生去国外大学交流的培养方式，我认为通过工程教育认证，推动学校按照国际实质等效的要求对教学进行改革，是更加合理有效的国际化途径。

中国工程教育认证十年回顾

中国按照国际实质等效的要求推行工程教育认证已经有十年了。从我们正式提交加入《华盛顿协议》的申请书到今年，也差不多五年了。当我在今年的国际工程联盟会议上听到大会主席宣布对我国的投票结果是全票赞成时[1]，作为中国加入《华盛顿协议》的全程参与者，我十分激动，百感交集："这十年是改变观念的十年，而改变观念，又是那样的艰难。"

工程教育认证面临两个挑战：一是谁来认证，二是认证什么。认证必须由教育系统以外的独立第三方进行，这一点在国际上已是主流的做法。中国计算机学会(CCF)作为中国非政府组织改革的先行者，对自己承担的社会责任有较好的理解，一直将推动中国计算机教育改革视为己任，因此，从一开始就积极主动地承担了计算机类专业认证的任务。计算机类专业是最早进行工程教育认证的四个专业类之一。但是在中国国情下，建立符合《华盛顿协议》要求的组织机

[1] 根据《华盛顿协议》要求，接纳申请者为正式成员的条件是其他成员国必须全票赞成。

构与体系历经了许多挑战。在经过复杂的内部协调后，中国工程教育认证协会正式成立了，这是一个在民政部注册的社团法人，协会会员包括中国计算机学会在内的工程教育界各行业的代表组织。计算机类认证分委员会负责计算机类(包括计算机科学与技术、软件工程、网络工程等)各专业的认证工作，秘书处设在中国计算机学会。

中国传统的教育评估基本上侧重于评价“教”，包括投入与过程。而《华盛顿协议》要求采用“基于产出”的评价方式，具体地说，就是看学生“学”得怎么样，而不是评价老师“教”得怎么样。可以说，这种观念的转变面临的挑战要远远大于建立形式上符合《华盛顿协议》要求的组织体系面临的挑战。实际上，“基于产出”的评价要求学校真正将教学转变为“以学生为中心”。在以往类似于教育部本科评估等评价体系之下，学校看重的是“指标”与“标志性成果”，而工程教育认证要求建立明确的标准，确定可衡量的目标，保证所有毕业生都达到目标。不仅是学校，让认证专家接受新的理念也是一个很艰难的过程。

回想工程教育认证开始的那两年，很多人不相信在中国可以推行这样的国际化认证。我国加入《华盛顿协议》是在巨大的压力下艰难前行的。2011 年我们正式提交了申请，2012 年接受了《华盛顿协议》专家的官方考查(考查点包括太原理工大学计算机科学与技术专业)，2013 年，在首尔召开的国际工程联盟会议上，我国顺利成为《华盛顿协议》预备成员。后来的进程表明，要想成为正式成员，面对的挑战更多。2015 年，在伊斯坦布尔召开的国际工程联盟会议没有对我们的转正申请进行表决，因为由新加坡、美国和爱尔兰三国专家组成的考查组给出了一个不支持我们转正的报告。该报告针对中国工程教育认证标准中毕业生的要求指出了三个问题：不能完全覆盖《华盛顿协议》要求；没有明确要求毕业生必须具有解决“复杂工程问题”的能力；对工程管理与财务等方面的能力要求偏弱。

针对国际考察组的建议，我们在 2015 年初颁布了新的认证标准，并付出巨大努力在较短时间内成功推行。中国工程教育认证机构的高效执行力给国外同行留下了深刻的印象。今天，我们实现了成为《华盛顿协议》正式成员的目标，结果是令人欣慰的。但坦率地说，上述两项挑战依然存在，也许有些地方我们做到了“形似”，但离“神似”还有明显距离。

“面向产出”是真正提高中国工程教育质量的有效途径

工程教育认证强调“面向产出”，是评价学生“学”得怎么样。中国工程教育认证协会根据《华盛顿协议》的精神制定了对毕业生能力的基本要求。任何一个申请认证的专业必须定义“明确、可衡量”的毕业生能力要求。这些要求必须具体，不能是口号；可衡量未必非得量化。

以学生“学”得怎么样来评价专业，是指看专业能不能以真实可靠的教学过程数据证明其毕业生，而且是全体毕业生确实达到了预定的目标。“面向产出”的教学评价要求专业教学体现三个原则：

1. 以学生为中心

以学生为中心集中体现在能够明确要将学生培养成什么样子，包括学生毕业时达到的状态以及经过几年实践后的期望状态。这里的“状态”是指学生具有怎样的能力，而不是学过什么课，具备什么知识，其关键是运用知识解决问题的能力，包括解决没有遇到过的问题的能力。过去国内高校往往用口号代替目标，例如“一流”“高级”“创新”人才等，这些口号内涵不明确，无法衡量是否达成。我们习惯用少数优秀学生的标志性成果作为口号达成的证明。而工程教育认证要求目标覆盖全体学生并且可衡量，这将对我们的教学理念产生很大影响。

2. 目标导向

培养目标和毕业要求不应该只是纸面上的话，而应在教学全过程中起主导作用。每一项目标通过什么教学过程来实现，每一项教学活动对支撑本专业目标起什么作用以及如何起作用，教学者必须明确。教学活动包括教和考核两个方面，考核的形式与程度必须符合目标要求。换言之，考核成绩确实能反映目标达成状态。过去我们往往没有把培养目标中提到的内容与每门课联系起来。一线教师也意识不到课程与专业目标的关系。课程大纲往往罗列教材内容，考核只考虑成绩分布，不考虑课程应该达成的能力培养的效果。从一定程度上说，我们强调的能力培养在教学第一线被虚化了。工程教育认证要求的目标导向会从实质上推动每个教师发挥积极作用，将效果体现到实处。

3. 持续改进

专业必须建立规范的内部考核机制,考核的关注点是各项教学活动是否能完成其承担的目标支撑任务。内部考核数据将成为持续改进机制的数据基础,也将成为专业认证时有效的目标达成证据。目前我国高校的内部质量控制机制大多体现在形式上,而且着眼点往往在教师如何教。考核采用的手段(如听课等)几乎没有明确联系到课程目标的达成。而持续改进机制在很多学校还是空白。因此,我们花许多时间去做“改进”,例如定期修订教学计划,但由于缺乏可靠的考核数据支撑,更多的是依据教师对本学科发展的理解来考虑的,而不是面向学生能力的产出。工程教育认证的推行如果能够推动专业持续改进机制的建立并不断完善,必将对我国工程教育质量提升产生持续的积极影响。

我国计算机本科教学中普遍存在的问题

当前计算机类专业中,参加过工程教育认证的不足5%。2012年以来,参加过认证的专业对基于产出的教学评价有了比较清晰的认识,但教学过程还是“形似”,远非“神似”。而没有参加认证的,或者在2012年以前参加过认证的专业,很多还没有建立起“以学生为中心,以目标为导向”的教学形态。

近三年,为了争取尽早加入《华盛顿协议》,我们采取了一些特别措施。例如,向学校推荐形式上相对严谨的目标达成证明方法。但是真正理解这些方法并贯彻到教学过程中需要一个认真务实的改革过程。一些专业机械地照搬形式,却没有下功夫真正建立面向产出的评价机制,因此目标达成度证明依赖的数据完全不可靠,流于数字游戏。而对于许多没有参加过认证的专业,认识上往往还停留在毕业要求不明确,教学过程重知识传授、轻能力培养的阶段;更看重优秀学生培养与标志性成果产出,缺乏达成全体毕业生质量标准的意识。

参照国际等效的工程教育认证要求,我认为当前我国本科教学中比较突出的问题包括:

- 重知识传授、轻能力培养的倾向没有得到有效扭转。学生选修的课程门数很多,课程学时偏多,毕业学分很高。但课堂之外,学生在课程学习上花的时间偏少。一学期选修8门甚至10门课,且都能通过。这样的课很难培养能力，因为一个铁定的规律是能力绝不可能靠听课获得。而且为了方便教师，计算机类专业若干核心课程均被分割为“理论课”和“实践课”，加剧了上述弊病。

- 认为能力“说不清”的思想普遍存在，导致“以能力培养”成了一句口号，专业以及教师对于每门课程如何体现能力的培养缺乏认真的思考与探索，往往认为能力培养靠的是实践环节或毕业设计。我们经常看到，很多课程的大纲几乎就是罗列教材内容目录。

由于上述原因，导致两个比较普遍的现象：

(1) 课程作业与考试的要求偏低，过多采用记忆性或验证性的题目，对学生的训练明显不足，特别是对分析能力的培养体现不足(这也是2014年来华考察专家认为我们没有将培养学生解决复杂工程问题能力作为明确的目标的原因之一。《华盛顿协议》对“复杂问题”给出了明确定义，其中最重要的特征就是“需要基于原理经过分析才能解决的问题”，换句话说，照搬方法就能解决的问题，即使有规模也未必算得上复杂)。

(2) 实践课程，包括毕业设计，缺乏明确合理的评分标准，导致学生的分数与实际能力不匹配。实践环节与毕业设计没有不及格的是普遍现象。甚至有只要出勤就及格，另外按点再加分的情况。不少专业将“加强平时考核”作为一个值得宣传的“改革措施”，但实际上由于平时成绩和实践成绩的评定缺乏明确的标准，使得它们往往成为平衡笔试成绩不高的工具。这些导致学生不能客观评估自己的能力，降低了学习积极性。

- 非技术能力被忽视，《华盛顿协议》对毕业生的工程综合能力、社会能力要求很高，而国内的课程系统中缺乏明确的要求与合理的考核手段。

上述问题不仅存在于计算机类专业中，其他专业也类似。但计算机类专业相比其他传统工程类专业来说有自己的特殊性。与工程教育认证直接相关的就是，计算机类专业科学与工程之间的界限不是非常明确，导致对人才培养的定位不明确，容易进入技术就是工程的误区，将“技术发烧友”与“优秀工程师”混为一谈，对学生工程素养的培养力度不够。特别是目前计算机类被认证专业已经从过去只有计算机科学与技术专业扩展到多个专业，如何做到目标明确，导向有效，学生具有明确的专业能力优势还面临很大的挑战。

结　　论

中国计算机学会从参与建立工程教育认证试点，到建立专业认证分委员会，设立秘书处，已经发展成为中国工程教育认证中一支重要的力量。作为非政府组织，中国计算机学会能够在认证工作中有出色的表现，源于自身的社会责任感以及由此产生的对专业化的追求。成为《华盛顿协议》正式成员对我们而言是一种承诺，承诺遵守《华盛顿协议》坚持的社会独立第三方认证以及采用"面向产出"的原则。在行政主导意识仍然很强的社会现状下，中国计算机学会需要坚持原则，努力提高认证工作的专业水准，在扩大认证规模的同时，保持严谨、公正、客观的态度，在中国计算机类专业教育发展中发挥出非政府组织不可替代的作用。

我们加入《华盛顿协议》只是中国教育走向国际化的一个起点。我们将面向产出的教育理念应用到专业办学中，实现从"形似"到"神似"，还有很长的路要走。但十年的经验表明，按照国际等效的专业认证要求，努力践诺面向产出的教学理念，是实实在在提升工程教育质量的有效途径。一个专业，无论其是否计划申请专业认证，只要坚持按照这一方向进行专业建设，一定能将学生能力培养提升到一个新的高度。■

陈道蓄

CCF会士，CCF杰出教育奖、卓越服务奖获得者，计算机类专业工程教育认证委员会副主任，南京大学教授。2006年起参与工程教育认证工作，参与制定工程教育认证通用标准和相关条例。在高等教育第一线从事教学三十余年，对计算机专业教学进行了深度改革。cdx@nju.edu.cn

科学研究的道路与目标

——在芝加哥 IEEE 院士庆祝晚宴上的发言

孙贤和

美国伊利诺伊理工大学　特邀专栏作家

关键词：计算思维　计算机　教学改革

【按语】 2012 年 4 月 21 日，国际电子电气工程师学会(IEEE)芝加哥分会为孙贤和、万达·瑞德尔(Wanda Reder)、欧瑞·沃尔夫森(Ouri Wolfson)三位刚刚当选的 IEEE 院士(Fellow)举办了庆祝晚宴。主办方安排这三位新的院士在晚宴上分享一些他们个人的感受及想法，包括开展科研工作的感想，受获院士后的反应和感受，以及对事业刚刚起步的同仁们的建议(见图 1-8)。应中国计算机学会之邀，笔者将自己当天的演讲翻写成中文，并做了一些补充，以飨读者。

首先，我要感谢 IEEE 芝加哥分会带给我们大家这样一个难忘的夜晚，给予我们一个欢聚一堂的机会。我要感谢分享这一特殊时刻的在场的所有朋友、同事以及 IEEE 的同仁们。当选 IEEE 院士是一个巨大的荣誉，是一个终身的成就。当选院士后我想了很多。今晚，借这个机会，我与大家分享一下我的感受。

回顾我的发展路程，所过之路阳光大道极少，多是在崎岖小路上攀登；身临峭壁荆棘，面对凄风苦雨是日常功课，期待天上掉馅饼是绝无可能的；挫折是常事，那少许的柳暗花明、峰回路转又多是在付出了十二分努力，遍体鳞伤之后。因为遇到过太多的挫折，如今每当我听到好消息的时候，我总会不自觉地捏捏自

图 1-8　2012 年 4 月 21 日，孙贤和在国际电子电气工程师学会（IEEE）芝加哥分会举办的庆祝晚宴上发表演讲

己的胳膊和大腿来证实这不是在做梦。当我收到当选为 IEEE 院士的通知时，就是这种反应。当时，那通知邮件的标题是“Re：Suc-Sun”[“回复：Suc － 孙”，Suc 是英文 Success（胜出）的前缀，也是英文 Suck（俚语：糟糕）的前缀]，看起来很是可疑。在最初的“wow”之后，我接下来的反应是“等等，难道已经是愚人节了吗？”我没删掉这个邮件，但也没与任何人分享这一消息，一直到我的院士提名人向我发来祝贺，一直到 IEEE 发布了官方消息之后，我才和家人、朋友以及同事们分享了这一好消息。

我最知名的早期学术成果应当是“内存制约加速比”定律（又称孙-倪定律）。这一定律表明，数据的存储是计算性能瓶颈，因而算法的设计不应该只考虑运算的次数，还需要考虑内存的消耗量和数据的重用率。它提出了以数据为中心的计算概念。这被不少人认为是解决今天“大数据”问题的关键。如今常有学生来找我，想跟我学习去做下一个“内存制约加速比”那样的有开创性的研究。我会问他们是否准备好去做艰苦且有时看似徒劳无功的研究工作。我是在研究生学习的第 7 年才得到“内存制约加速比”这一成果。漫长的研究生岁月是一个挫折。我的夫人当时已经完成博士学业，并开始任教于美国克莱姆森大学（Clemson University）。我试图与她待在一起。但克莱姆森大学当时没有大机器，没有我能开展研究的实验环境。这又是一个挫折。但那所大学里有一个非常好的图书馆。由于没有编写程序做实验的机会，我决定把所有的时间都花在图书馆里，阅读、思考和学习。当时，可扩展性是一个研究热点。1989 年，英特尔刚刚推出第一款带有高速缓存的微处理器。在转学计算机之前，我是一个全A的数学博士生。转入计算机科学系后，我没有利用我的数学背景去做些简单的理论研究以快速毕业。我选择了实验计算科学，并做了一名并行计算机的兼职系统管理员。并行计算机当时仍然处于起步阶段，运行起来问题很多。我经常要帮助用户调试程序并维护机器的正常运转，包括拆开并重组机器，因而对计算机系统的"内存制约"有第一手的感性认识。我对于硬件限制有较好的理解并有将其抽象为简单的数学模型的分析能力，应该说是万事俱备，厚积而薄发。成绩的取得是不懈努力之后的水到渠成，没有半点的侥幸混杂其中。不言放弃是因为没有急于出成果的焦虑。坚持终于使得曾经的挫折变为明亮的新起点。

有一点必须指出，我们很多所谓的挫折，都来自于他人的观点和评价，是社会的评价。只有你自己可以真正了解，它们是挫折，还是个人的选择。我非常享受我的研究生生活。由于青少年时期没有读书的机会，那迟来的学习环境尤为可贵，对知识的饥渴贯穿了我的学习生涯。我没有浪费任何时间，我花了所有的时间来学习。在研究生阶段，我修了160多学分的课程，基本上都是在前6年完成的。虽然我没能与我的夫人同时毕业，但我从未后悔过研究生的学习生活。一天天都很充实，一天天都有所收获。娇妻在旁，好书在手；虽粗茶淡饭，却心无旁骛，遨游于知识的海洋之中，何乐而不为。更何况那时心中澎湃着向上的豪情，认定未来会更美好。那时的学习也确实为我未来的成功铺平了道路，何悔可有。现在想来，应当感谢家人没有给我争拿第一的压力，周边环境也没给我抢挖第一桶金的焦虑，给了我静心学习的几年。

同样重要的是，"祸兮福所依，福兮祸所伏"，一时的失败可能会孕育着未来的成功，而今日的成功也可能导致明日的遗憾。一个成功或失败事件的后继依赖于人们如何处理这个事件。我们不能完全地控制事情的后果，但我们可以尽最大努力来寻求完美，同时享受这个过程。在研究生院，我上过的两门课程给我留下了难忘的回忆。一门是斯多克曼(Stockman)教授的数据结构课，另一门是佩奇(Page)教授的人工智能课。斯多克曼教授的课，我学得得心应手。但期末考试中的一道附加题却难住了我，左试右试一直到考试结束也没解出来。回家之后，尽管解决这个题目已不能提高我的课程成绩，但我仍然没有放弃，继续努力，直到找到一个满意的答案。没想到，一年后，我又在我的硕士、博士的资格考试上与这道题目再次相遇了。我这次是有备而来，这种场合再次相见，自然是喜上眉梢，心中暗暗窃喜。更没想到的是一题突破、满盘皆活。我是以数学博士生的资格去考计算机硕士的，结果阴错阳差考过了彼时严格把关的计算机博士资格考，并最终转入了计算机系。

佩奇教授是一个非常受学生喜爱的老师。他思维敏捷，讲起话来妙语如珠，句里话间闪烁着智慧的火花，所到之处常常是笑声一片。但上他的人工智能课却完全是另外一回事。他讲课语速极快，幻灯片翻页也非常快，我来不及记笔记，只能集中所有的精力认真听讲，间或在他大笑的时候赶紧赶上他那跳跃行进的思路。他的课没有指定的教科书，参考书一大串，看着就头大。他很少写字，写出来又像蝌蚪一样难以辨认，让我那当时不花的眼睛一看就发花。他考试的内容是将几十个问题与几十个答案一一配对。每个问题和答案本身都是一大段话。那时我的英语水平有限，逻辑虽清楚，但语言上输人半截。头大，眼花；心中无底，却又不知该如何努力才能做得更好。对我来说，参加他的考试简直和赴刑场一样难受。当时佩奇教授的儿子经常会造访他的办公室，使用他的电脑或者做他出的题目。感谢佩奇教授的手下留情，我最终以 B 的成绩通过了这门课。在终于可以将这门课抛之脑后之时，我有些同情佩奇的儿子，不知他何时才能像我一样脱离苦海。故事似乎到此结束了，直到多年以后当我在电视上再次见到这个不再是男孩的男孩。这次他代表谷歌，是谷歌的两位创立者之一，大名鼎鼎的拉里·佩奇(Larry Page)是也。这太突然了，我这一惊非同小可，从此再也不知谁该同情谁了。你可以想象我对当年没有继续好好研究佩奇教授的题目有多么后悔。可谓是小努力，小得意，抛之脑后而大后悔。学海无涯，可见一斑。

我总是告诉学生和年轻的学者们，享受你的学习，享受你的科研，享受探索与创新带给你的快乐和激动。失败是你准备工作的一部分，而准备是通往成功的必要一步。我总是告诉他们，你的努力奋斗终将获得回报，或早，或晚，或以不同的形式出现：如在科技发展上做出贡献，如获得荣誉和认同，就像我今天一样。又或许你成立了一个公司，你的回报将会是丰厚的物质财富。当然如果你成为了教授并同时创办了自己的公司，以技术而创新，以创新而推动生产力，你获得的回报将既有尊敬又有财富。

然而，请清醒地认识到，荣誉和财富是你社会价值的体现，并不是你努力奋斗的动机和目标。作为科学家，我们的目标是提升拓展人类的智慧和知识；作为工程师，我们的目标是改进人类社会的生活质量。心中怀着这样的目标，失败时你不会丧失克服困难的勇气，有所得也不会放缓迈向成功的步伐；可以胜不骄，败不馁，心中一片坦荡。我们看见比尔·盖茨怀着这样的目标在大富之后将他的财富悉数捐给慈善；我们知道阿尔伯特·爱因斯坦怀着这样的目标勇攀科学高峰，在达到了世人公认的顶峰之后，仍不断前行，永不止步。当然，并不是所有的人都能像盖茨和爱因斯坦那样成功。但我们仍然能够怀有同样的目标，孜孜以求，共步同行。知识分子的这种共同诉求是科技进步背后的动力。这共同的理想是人类社会繁荣的基础。盖茨和爱因斯坦乃是冰山一角，他们体现的是科学家和工程师大众的核心价值。

无论是出于兴趣，出于责任，或是为了实现自身的价值，优秀的科学家们从来都不是被荣誉和财富所驱使的。同时，一个伟大的国家总是有一个完善的体系来表彰并认可那些为人类进步做出贡献的科学家们；一个伟大的国家总能为各式各样努力向上的人们提供良好的学习、工作环境，使其成长、继而成功。我很荣幸能在一个良好的工作环境下，偶有所得而又得到社会的认可。成为 IEEE 院士是我的荣幸，也是我的骄傲。谢谢。

后　　语

芝加哥的发言对年轻人提了许多建议，但对当今中国科技界的领军人物或科技政策的制定者有何进言呢？我想中国的许多老话都很有现实意义。我们告诉学生做学问要有“兔子的捷才，乌龟的静气”，但静若泰山式的专注研究是需要依靠导师把握好大方向的。我们告诉年轻的科技工作者搞科研要“不问收获，但问耕耘”。但这话正确的前提是科技政策到位，有耕耘自然有收获。如果静若泰山，面壁十年，却发现选题有错，我们还有何颜面再为人师。如果但问耕耘，著作等身，迎来的却是身心交瘁，中年早逝，我们还有什么资格奢谈科教兴国。科学是生产力已是国民的共识。科教兴国已是中国的国策。制定完好的科技政策并不难，难的是如何执行、落实好政策；建立起良好的学术环境[1]。

偌大一个中国，要想一步到位建立一个真空的、完美的科研环境是不太现实的。但在强力的行政支持下搭一片温室，建一方绿洲是完全可行的，也是有初步成功经验的[2]。就目前而言，搭温室的成功还大都停留在技术层面。培养几个好学生，发表几篇好文章，或填补几项空白，这些固然是重要的，也是必须要做的。但建一方绿洲，让优秀知识分子聚集，更深一层的含义是制造一种氛围，让正气抬头，给予知识分子人品提高一个上升的空间。高山仰止，我们敬慕的是道德文章，道德在前，学问在后。甲午战争的惨败，不是因为中国没有坚船利炮，不是因为中国没有邓世昌式的铁血将军。中国的失败是在于那坚船利炮背后的腐朽，病入膏肓；是在于铁血将军的孤立无援，悲剧收场。今日的世界之战，是科技之战，是人才之战。中国的硬件环境已经有了，国内外的科技人才也比比皆是，中国现在缺的是一种凝聚力，是一种能让浩然正气成为主流的氛围。我们需要建一方绿洲，让洲内百花齐放，百家争鸣，春意盎然。我们需要有一方绿洲，让优秀知识分子做到“人到无求品自高”，可以“横眉冷对千夫指，俯首甘为孺子牛”，做严于律己，有社会责任感的谦谦学人，真正起到社会脊梁的作用。

戈壁滩上的胡杨六百年不倒是因为地下有天山雪水的默默滋润。没有了雪水的滋润，纵使你是那所求甚少、品质极高的胡杨；纵使你把那虬干拧成一团，愤怒地迎向寒风、你把那枯枝化作利剑，不屈地指向蓝天；你也再难绿树成荫，给大地带来春的希望。我们已有太多的扼腕长叹、泪染青衫湿。中国不需要更多的悲剧英雄，中国需要的是民族精神的崛起，是整体的励精图强。认识到这一点我想我们就知道建一方绿洲的重要性了。认识到这一点我想我们就知道该从何处入手，更上一层楼了。■

参考文献

[1] 孙贤和. 建设良好学术环境，吸引海外高层次人才，国际人才交流，2010年第12期

[2] 孙贤和. 如何在中国建立类海外的学术环境，中国与全球化研究，2010年总第9期，欧美同学会建言献策委员会/中国与全球化研究中心编. http://www.ccg.org.cn/ccg/2010/0702/212.html

孙贤和

IEEE Fellow。美国伊利诺伊理工大学教授。主要研究方向为分布式计算理论等。sun@iit.edu

浅谈本科生科研能力培养

李武军

南京大学

关键词：本科教育　科研能力

我的研究组里今年毕业的本科生中，三位学生发表了论文，其中两位学生以第一作者身份在中国计算机学会(CCF) A类[1]会议上发表多篇学术论文。对于本科生，能够在科研上取得这样的成果，是非常难得的。据了解，我所在学校其他老师的研究组以及国内其他大学也有本科生发表过国际顶级论文。因此，对部分本科生实行适度的科研能力培养，是有可能取得一定成效的。

当《中国计算机学会通讯》(CCCF)专栏编委向我约稿，让我谈谈本科生科研能力培养方面的经验时，我曾经犹豫过，主要原因有两点：第一，只凭借今年(2013年)一届学生的成绩，是否谈经验有点早；第二，按照"惯例"，本科生应当以基础教育为主，过早地涉及科研是否有揠苗助长之嫌？

经过认真考虑后，我觉得在中国高校[2]教育发展的现阶段，把我的一些经验写出来与国内同行一起探讨，还是有一定的意义的。另外，如果本文能引发人们对本科教育的讨论，也会对本科教育起到积极作用。需要注意的是，我的研究方

---

[1] A类指国际上少数的顶级刊物和会议。具体信息请参见《中国计算机学会推荐国际学术会议和期刊目录》(http://www.ccf.org.cn/sites/ccf/paiming.jsp)。

[2] 本文的中国高校特指中国内地高校。

向是机器学习以及相关的应用领域，因此，本文的很多观点可能只适合于计算机应用方向。

本科生参加科研的意义

近年来，中国高校招收教师的门槛不断提高，很多讲师都是由刚走出校门的博士担任。这些老师在刚参加工作的几年里思维非常活跃，有许多好的科研想法和点子。但是，从“资格”来讲，当前很多高校的讲师还不能“指导”研究生。如果本科生能够积极地参加科研，会给这些老师提供非常大的帮助。事实上，两年前我也是因为刚入职，招收的研究生还没有到位，才尝试指导本科生。两年间，我指导的本科生一共发表了 6 篇论文，其中有 4 篇发表在 CCF A 类会议上。很多学生在研究生阶段会选择留在本科阶段所在的研究组继续深造，因此对于具有指导研究生资格的老师，指导本科生参加科研也会给其研究生招生带来很大的好处。另外，目前不少学校的硕士生培养周期只有两年半，学生一般在第一年主修专业课，最后半年找工作，只剩下一年时间用来科研。因此，大部分硕士生在科研还没入门时就即将毕业。如果能从本科阶段就开始进行科研训练，科研工作就会深入得多，从而大大增加取得创新性成果的机会。

对于学生来说，参加科研能让他们切身体会到基础知识的重要性。例如，我的研究组中经常有学生向我反映，在大一、大二学线性代数和概率统计课程的时候，一直怀疑这些知识在计算机学科中是否有用。但经过参加机器学习相关的科研训练后，他们发现这些数学知识能够用来解决实际问题。因此，科研训练能提高他们学习基础知识的积极性，让他们从被动接受知识转变为主动学习。对于想在国内继续读研究生的学生来说，本科阶段就参加科研可以大大增加研究生阶段取得创新性成果的机会；对于计划到海外继续深造的学生来说，如果本科阶段有论文发表或者有具体的研究经历，对申请就读海外名校也很有帮助。今年我的研究组中有一位本科生因为在国际人工智能协会会议（Association for the Advancement of Artificial Intelligence, AAAI）、国际信息检索大会（ACM Special Interest Group on Information Retrieval, SIGIR）、神经信息处理系统会议（Neural Information Processing Systems, NIPS）上发表论文，获得了美国斯坦福大学的博士生全额奖学金。另一位学生在国际人工智能联合会议(International Joint Conference on Artificial Intelligence，IJCAI)上发表两篇论文，被香港科技大学录取，并获得了每年25万港币的香港政府博士研究生奖学金(HKPFS)。

当前，中国有些机构的博士生培养存在一些问题：由于博士生生源差，导致博士生培养质量差，进而导致博士生就业差，反过来导致生源更差。而大部分本科生只看到了这个问题的表象，以为读博士没有出路，因此本科毕业就选择逃离科研。但实际情况是，我国的科研机构和企业非常需要具有创新潜质和真正研究能力的科研人员。优秀的博士总是能够找到用武之地，并且在很多场合能发挥关键作用。我们指导本科生参加科研，可以让他们鉴别什么是好的科研，什么是不好的科研。他们会发现，研究做得好的博士大部分都有不错的前景。这样，我们就能引导部分优秀的本科生选择科研作为自己的职业，从而提高博士生的生源质量，形成良性循环。

什么样的本科生适合参加科研

原则上，所有本科生都能参加适度的科研工作。本文讨论的对象特指能够投入很大精力参加科研并取得较大进展，而且有可能在本科期间发表高水平论文的学生，他们应具备以下特点。

首先，要对科研感兴趣。俗话说：兴趣是最好的导师。科研工作需要静下心来阅读大量的书籍和文献，需要长期对某个问题深入地分析和思考，进行大量的实验和求证，并在论文写作过程中反复地推敲和修改。在这个过程中，对科研的兴趣和激情是让我们坚持并最终取得突破的最重要因素。因此，我考察学生的一个重要标准就是看他能否静下心来连续十几个小时甚至几天专注地阅读文献、思考问题、观察实验过程。另外，一定要对自己的研究方向感兴趣。对于刚加入研究组的学生，我会先向他们介绍实验室涉及的研究方向，并给他们一定的时间阅读最新的文献资料，然后让他们结合自己的特长选择感兴趣的研究方向。

其次，要勤奋踏实。有一个例子：有一次临近论文截稿日期，我们的论文还没有得出很好的实验结果，跟我合作的本科生连续几天熬夜做实验，最终从实验结果中发现规律并找到一种改进方法，得出很好结果。这篇论文后来顺利地被CCF A类会议录用。从这个例子可以看出这个学生具有勤奋踏实的特质。相反，有些不踏实也不勤奋的学生，即使导师交给一个简单的实验任务，也迟迟做不出结果，还会找各种理由来搪塞。

最后，要有扎实的基础。我一直认为本科教育应当以基础教育为主。我招收本科生加入研究组的标准是"成绩优秀并且学有余力"。如果学生的成绩不是特别好，我一般都会拒绝，并建议他以课程学习为主。虽然课程成绩和科研能力不一定存在必然的联系，但我发现研究进展不错的往往是那些课程成绩优秀的本科生。在科研过程中，如果有本科生因为参加科研而影响了课程成绩，我也会建议学生停止科研。

本科生参加科研的时间点很重要。我建议从大二结束后的暑假开始，一直延续到本科毕业。一方面是因为这个时候数学、英语以及部分计算机核心基础课都学完了，学生具备了一定的专业素养，另一个原因是大三的本科生还不用花太多的时间来考虑毕业后的打算，能够心无旁骛地学习和钻研。相反，大四的本科生因为需要考虑出国、读研、工作等问题，能够静下心来钻研的可能性较小。有很多老师对本科生的科研培养是从大四的毕业设计开始的，我认为这并不是一个很好的时机。

导师该如何培养本科生

中国科学院计算技术研究所的山世光研究员在文献[1]中系统地阐述了科研的流程，并完整地介绍了怎样培养研究生从科研入门一步步成长为具有独立科研能力的研究人员。文献[1]中关于指导低年级研究生的很多经验也适用于本科生的指导。然而，本科生科研具有其独特性，本文将从目标、方法和管理三方面来重点阐述这些独特的地方。

目标

在文献[1]中，科研流程被划分为"问题-思路-算法-实验"四个阶段。如果再加上论文写作，可以将整个科研流程划分为"问题-思路-算法-实验-写作"五个阶段。“问题”指的是通过调研相关领域最前沿的理论和方法，提出具有科学价值的学术问题；“思路”指的是解决问题的具体方案，必要时需要用形式化的手段进行描述，比如机器学习里很多的解决方案可以通过优化一个带约束的目标函数来描述；“算法”指的是将解决方案转变成计算机程序的实现过程，有些算法需要进行数学推导；“实验”指的是通过在数据集上运行算法，并用科学的指标来评测算法的性能，通常需要跟已有算法进行客观、详细的对比；“写作”指的是将上述流程整理成学术论文。

博士生培养的目标是培养具有独立科研能力的研究人员，需要对上述五个阶段的能力进行全方位培养。但本科生科研能力培养的目标以培养科研兴趣为主，重点定位在“算法”和“实验”阶段的培养，附加一些“思路”和“写作”阶段的培养，弱化“问题”阶段的培养。

方法

要实现上述本科生科研能力培养的目标，尤其是要保证本科生所设计算法的正确性和实验结果的可信性，需要一套严谨的培养和训练方法。

首先是基础知识的训练。基础知识指的是导师的科研方向所需要的基础理论和方法。例如，很多学校在本科阶段不会开设机器学习相关课程。如果学生选择机器学习作为研究方向，在正式开展科研之前，必须较完整地学过机器学习相关的基础知识。我的经验是充分利用网络公开课，即要求刚加入研究组的学生利用大二暑假至少学习两三门与研究方向相关的网络公开课程。另外，我也会要求学生在大二暑假读完我推荐的两三本与研究方向相关的教材。在大三刚开学时，我会对他们的基础知识学习情况进行了解和考核。如果能够完成我布置的这些任务，就说明该学生确实对这个研究方向感兴趣，而且具有一定的钻研精神，接下来我就会帮他选择某个研究方向并进行下一步的科研训练。相反，如果某个学生完成的情况不理想，说明他要么对科研不感兴趣，要么学习不踏实，我一般会建议他退出研究组。

其次是实验技能的训练。实验技能指完成科研实验所需要的编程技巧和实验手段，通常也包括对某些实验平台和工具包的熟练使用。我会根据学生选择的研究方向推荐两三篇有公开代码和数据的重要论文，让学生读懂论文的细节，然后利用论文公开的代码和数据，重复论文中的实验结果，同时熟悉代码和实验的评测流程。经过训练后，学生就能掌握怎样将论文的思路转化成算法，并最终通过程序来验证思路有效性的基本技巧。我还会选择一篇最新的、但是网上没有公开代码的论文，让学生重现论文中的结果。这篇论文里的方法一般是我想改进的，即我的思路来源。这个过程实际上训练学生将学到的基础知识和实验技能灵活运用的能力。如果学生能够重现论文中的结果，可以判断该学生已经具备进行实验所需的基本技能。

学生有了扎实的基础知识和熟练的实验技能后，导师就可以找一个科研问题对学生进行科研实战训练。导师给本科生的科研问题必须明确、具体，而且通常情况下导师自己已经有初步的解决思路。这对导师的要求较高，导师必须了解这个领域的前沿进展，并进行过详细的文献调研，给出的问题和解决思路既要有前沿性又要有可行性。我的经验是把本科生的第一个科研题目限定到3～6篇参考文献中：其中1～2篇来自最近的顶级会议，包括需要改进的方法，即思路的来源；1～2篇是解决方案和算法设计需要参考的文章；1～2篇实验评测需要参考的文章。在导师的指导下，学生只要把这几篇文章琢磨透，就能较快地上手，完成第一个科研题目的算法和实验阶段。相反，如果导师只给定一个泛泛的题目，让本科生自己去从大量的文献中寻找问题和思路，往往造成研究项目长期没有进展，甚至导致学生丧失对科研的信心。

如果算法和实验取得了好的结果或者有了新的发现，我们需要以论文的形式来发表研究成果，与同行分享。正如文献[1]中所说的，语言并不是写(英文)论文的最大障碍，论文的整体逻辑才是写作的关键。由于知识面有限，本科生写的论文通常不能恰当地表达出自己的工作在整个知识体系中的地位和贡献，这就需要导师花很大的精力来指导和修改。我的经验是，即使最终还是需要导师进行大幅度修改甚至重写，导师也尽可能地从宏观上给一些概要性的指导意见，让学生自己多修改几遍，逐步培养和提高学生的写作能力。

大部分学生在本科阶段只能完成一个科研题目或者一篇学术论文，也有少部分优秀的学生可以完成多个科研题目和多篇学术论文。对于后者，我们可以在“思路”阶段进行一定的培养。当学生完成第一个科研题目后，导师可以训练学生去阅读更多的文献，帮助他分析文献中已有方法的优缺点，引导他们提出自己的思路和解决方案。

如果学生能够成功地完成一个科研题目或者一篇学术论文，他就能从中找到成就感，并对科研产生兴趣。我们本科生科研能力培养的目标也就达到了。至于独立科研能力，可以留到博士阶段再培养。

管理

我对研究组里本科生的管理原则是：采用与研究生完全一样的管理制度。每周都有组会，研究生和本科生都必须参加，学生轮流做学术报告，讨论前沿的学术论文或者讲解经典的教材章节。同时，我也会安排单独见面的机会，以了解学生的科研进展，并解答科研中碰到的问题。学生有问题可以随时发邮件给我，我都会尽快回复，如果有必要，我会安排单独见面解答。在整个过程中，本科生跟研究生没有区别。因为每年都有特别优秀的本科生加入我的研究组，有时候本科生反而在组会的讨论中起主导作用。

需要强调的是，有些本科生喜欢同时参加多个老师的研究组，或者频繁更换研究组，这对科研能力培养是不利的。因为本科生大部分精力需要花在课程学习上，参加多个研究组或者频繁更换研究组会造成研究不够深入，很难取得突破性进展。所以，我对学生的要求是从大二暑假开始一直到本科毕业，只能在我的研究组开展科研工作。

结束语

本文的几个要点如下：

(1) 本科生科研能力培养以培养科研兴趣为主。

(2) 本科生科研能力培养只适合于成绩优秀并且学有余力的学生，不能影响到本科课程的学习。

(3) 建议本科生从大二暑假开始参加科研，只加入一个自己最感兴趣的研究组，并且能够坚持到本科毕业。

(4) 导师布置的科研问题必须明确具体，既具有前沿性又具有可行性。

(5) 科研方向的基础知识很重要，导师可以指导学生有效利用网络公开课来强化基础知识的学习。

（6）导师让学生实现几个前沿的方法并重现论文中的结果可以训练学生的实验技能。

（7）建议导师采用跟研究生完全一样的管理制度。

本文仅是我个人粗浅的认识，希望能够起到抛砖引玉的作用，与国内同行共同探讨本科生科研能力的培养。■

参考文献

[1] 山世光. 浅谈科研流程及其中的师生合作. 中国计算机学会通讯，2013，9(3)：38～43.

李武军

CCF高级会员。南京大学副教授。主要研究方向为人工智能、机器学习、数据挖掘等。

liwujun@cs.sjtu.edu.cn

少谈些问题，多来点实践
——CCF暑期导教班侧记

李晓明

北京大学

2014年又办CCF计算机课程改革导教班。讲师是2013年的原班人马——陈道蓄(图1-9)、臧斌宇(图1-10)和我(学术主任)(图1-11)。8月22～29日，共6天时间，排得满满当当，白天6小时的课程，晚上还有研讨活动。

图1-9　陈道蓄在授课中

开了三门课，“计算机问题求解”“计算机系统”和“人群与网络”，一共有67位学员参加，来自全国的42所院校。为了保证学习效果以及学员能集中精力听课，我们要求每个学员只允许“主修”一门课，其他课可选择辅修或旁听。这也是以前做类似培训得来的经验。我们不想搞“蜻蜓点水”、传播式的活动，而是想达

图 1-10　臧斌宇在授课中

图 1-11　李晓明(左)在翻转课堂活动中

到一定的深度、让学员能有比较扎实的收获。

每门课程都内容丰富,信息量大。学员不但要听课,还要完成作业。提出这个要求,是为了使学员在学习伊始就有目标和责任心。下面主要谈我这门课的情况。

鉴于我这门"人群与网络"已经做成了慕课,目前正在 Coursera 上运行,在北京大学也做过两轮翻转课堂,于是决定以类似的方式来执行这次导教班。在第一次课上,就向学员们宣布了这门课的教学目标,希望大家既有教学内容,在教学方法上也都能有收获。具体就是要求学员们每天上课之前自学完成慕课上的内容,课堂上则是深入拓展与讨论。要求学员们要完成相应的在线作业以及最后的考试，总成绩要达到70%才算通过。这意味着在短短几天时间里，有1000分钟的讲课视频要观看学习，有100多道题要做，而且正确率要达到70%以上。不难意识到，这种要求是非常高的。据了解，学员中的大多数人还都是第一次接触慕课。

这样的安排，除了有点新奇令人兴奋之外，对我和参加学习的学员们应该说都是一次挑战。但我有基本的信心，结果会是令人鼓舞的。的确，8月27日早晨，也就是导教班结束的前一天，消息传来了。有学员宣布，他在完成了这门课所有作业的基础上，早晨4点起床完成了考试，给我发来了显示学习完成达标的成绩单。

在剩下的两天时间里，这样的成绩单陆续到来。截至8月28日24点，超过80%的学员都完成了慕课学习任务，提交了合格成绩单。有好几个学员在课程结束的那天晚上还在做题，一直做到半夜，还要赶第二天早晨5点的航班回去。这是令人感动的。有谁见过在民间组织的这类培训活动中，在返程的前一天晚上还有人在紧张地学习？令人感动的事情还有：山西大学的一位学员由于当初不了解情况，没带计算机，居然用手机完成了这门课的学习！

通过这次导教班的实践，我有几点感触：

第一，我们的学员可敬可爱，特别是青年教师，他们充满活力，渴望向上，寻求改变。如果能有好的目标，他们在为之追求的历程中就会辐射出很大的正能量。这是我们教育的希望。什么是好的目标？我想应该是具有挑战性，但经过努力能够实现的有意义的目标。这次导教班开门见山提出的要求，就是一个例子。

第二，“互联网+”带来机会。这次导教班期间，要求学员们在课余时间登录慕课平台自己学习，最后由平台按预先设定的标准给出成绩单。这一切，对于我来说，额外成本为零。仔细想想真是很了不起的。如果没有这两年慕课的兴起，要想做到这些实在不敢想象。另外，在这些天和学员的接触中，我感到这种学习过程也有一个副产品，那就是提高了教师们的“IT素养”。尽管参加导教班的教师们大都是计算机学科背景的，但一门课程从注册到得到成绩单，全程自己操作完成，并不是每个人都驾轻就熟的。因此，我可以说：中国至少有了20名计算机专业的教师，他们完整地体验了学习一门慕课的历程。在这之前一共有多少？

我估计没有这一次的多。

第三，这种民间举办的自愿参加的培训活动，为什么要对学员提这么高的要求呢？这样做是有风险的，万一到最后没几个人达到要求会比较尴尬。我想这样做的原因在于追求和理念。所谓追求，就是导教班的三位讲师都希望学员有实质性的收获，并努力按这种追求准备教学内容。理念就是我在最近两年学到的 *Seven Principles for Good Practices in Undergraduate Education* 中的第六条："Communicates high expectations."特别愿意将其思想在此给出："Expect more and you will get more. High expectations are important for every one—for the poorly prepared, for those unwilling to exert themselves, and for the bright and well motivated. Expecting students to perform well becomes a self-fulfilling property when teachers and institutions hold high expectations of themselves and make extra efforts."其中的"self-fulfilling property(自我实现特性)"令人兴奋(当然，按照博弈论的推理，在教学中"放水"也是一种自我实现，但显然这里指的不是这个意思)。我的理解是，如果教师希望达到一个教学目标，并愿意为之格外努力，并将这样的目标坚定不移地传达给学生，那么这个目标就真的可能实现。这次导教班就是见证了一个正面的自我实现。

因为参与教指委等工作的缘故，这些年听人们谈教育问题的场合很多，但观点和见解大量是重复的，年复一年。我也很困扰，为什么相同的问题(而且是共识的)多年都不能有所改善呢？大概是因为我们还没有看到那些问题背后的问题吧，或者说对它们还没形成共识。因此，也许我们该少谈些问题，多来点令人鼓舞的实践了。

编辑后记：2013 年，CCF 创办计算机课程改革导教班，每年一期，邀请在计算机教学方面有突出创新的资深教师，向来自全国各地计算机院系的骨干教师提供具有改革精神的课程教学示范。每期多门课程同时展开。今年的导教班，由 CCF 会士、北京大学教授李晓明，CCF 会士、南京大学教授陈道蓄，CCF 杰出会员、上海交通大学教授臧斌宇执教。其间，CCF 秘书长杜子德专程看望了大家。

李晓明

CCF会士、杰出演讲者、2013年CCF王选奖获得者。北京大学教授。主要研究方向为互联网信息处理、计算机系统结构。lxm@pku.edu.cn

观 点 篇

促进中国高科技科研创新的想法

李　凯(Kai Li)

美国普林斯顿大学

关键词：改革教育及经费资助体系　治理能力现代化

编者按：为纪念本刊出版100期，特邀美国工程院院士、普林斯顿大学李凯教授写一篇文章。李凯教授在这篇文章中尖锐地指出我国教育和科研制度存在两大弊端：一是集中式的教育管理体系，二是科研和创新混为一谈的科研体制。文章有理有据，发人深省。十八届三中全会提出："全面深化改革的总目标是完善和发展中国特色社会主义制度，推进国家治理体系和治理能力现代化。"我国教育和科研体制的改革落后于经济体制改革，这两个拖后腿的领域如何实现"治理能力现代化"，希望有关部门能认真听取海外著名华人学者的意见，也希望计算机领域的科技人员在本刊发表真知灼见，推动我国教育和科技的改革(图2-1为李凯教授和他的学生及他们的家人)。

值《中国计算机学会通讯》(CCCF)发刊100期之际，受CCCF主编之邀，我特此撰文与读者们分享自己关于如何促进中国高科技科研创新的一些想法。

未来十年，高科技对中国经济增长极其重要。在经过GDP高速发展的三十年后，中国已经成为世界上第二大经济体。过去大量研究表明技术发展与经济增长存在紧密联系，因此高科技发展是中国从制造大国向基于核心知识产权的

图 2-1　李凯(前排左三)和他的学生及他们的家人

高价值经济体转型的关键。在高科技产业领域,中国占全世界高科技产品的出口份额从 2000 年的 6.5%一路攀升到了 2013 年的 36.5%,然而在科技部披露的 2011 年中国出口高科技产品份额中 82%是由外资企业或合资企业生产的[1]。

为什么中国在高科技领域的高价值产业发展缓慢?可能有很多原因,但我认为有两点最为关键:缺少高端人才以及对技术研发与创新的不合理管理和支持。本文将就如何通过改善教育体系来培养高端人才、如何正确地对科研与创新投入资助谈一些个人观点。其实在 2011 年 CCCF 的一次采访中我表达了部分观点,本文将更详细地介绍我对教育、科研以及创新的一些想法。

教育体系改革

中国缺少一支有持续发展力的世界级人才队伍,这些顶尖的人才能基于颠覆性创新与核心知识产权来创造新知识、新商业。造成这种局面的主要原因是中国的教育体系仍然是对所有大学进行微观调控管理的集中式教育体系,这也

---

❶ 来源:HSBC。

导致了中国尚无一所大学能进入全世界前20名。在2013—2014年度泰晤士高等教育的大学排行榜上[1]，只有两所大学进入前50名：北大第45名、清华第50名。而在2013年上海交通大学的世界大学排行榜上[2]，中国没有一所大学进入前100名。尽管在全世界有很多顶尖研究人员与科学家出生于中国，但中国的大学却一直未能培养出在科学与工程领域能斩获国际大奖的顶尖人才，尤其是在高科技领域。

中国目前的教育体系是模仿了1928年斯大林在苏联建立的集中式、按五年期进行规划的教育体系。但另一方面，中国的经济改革已卓有成效，使中国形成了市场经济与计划经济相结合的经济体制，类似于列宁在1921—1928年推行的"新经济政策"[3]，允许个人经营企业，而银行、外贸和重要行业仍由国有企业掌控。然而教育体系的唯一大改变是20世纪70年代末恢复了高考，从"文化大革命"的混乱体系回到了"文化大革命"以前的教育体系，但没有大的根本改革。

从培养顶尖人才角度来看，集中式的教育体系有两个大的弊端：(1)低工资结构，这会导致大学无法聘任、培养和留住世界级的顶尖教授；(2)按计划设置大学专业，这会导致毕业生专业与就业市场需求之间不匹配、学生兴趣天赋与所学专业之间不匹配。

低工资结构问题

集中式教育体系导致低工资结构的主要原因并不清晰，因为政府对教育的投入已经增加到了GDP的4%，与欧美、日韩与以色列等发达国家相比只有约30%的差距(发达国家平均为6%)。但是，中国教授的工资却只是这些国家教授的几分之一。

图2-2所示为2012年全世界公立大学教授的薪水(已换算为以美元为单位的相对购买力指标PPP以便于比较)。这项调查发现，中国以及苏联国家的教

---

[1] http://www.timeshighereducation.co.uk/world-university-rankings/2013-14/world-ranking。

[2] http://www.shanghairanking.com/ARWU2013.html。

[3] V N. Bandera. "New Economic Policy (NEP) as an Economic Policy." The Journal of Political Economy 71, no.3 (1963)。

授薪水是相对最低的。中国刚入职的年轻教授的平均薪水是所有国家中最低的[1]。而中国顶尖教授的平均薪水也仅比亚美尼亚和俄罗斯高，只有加拿大顶尖教授的 11.6%，美国顶尖教授的 15%。

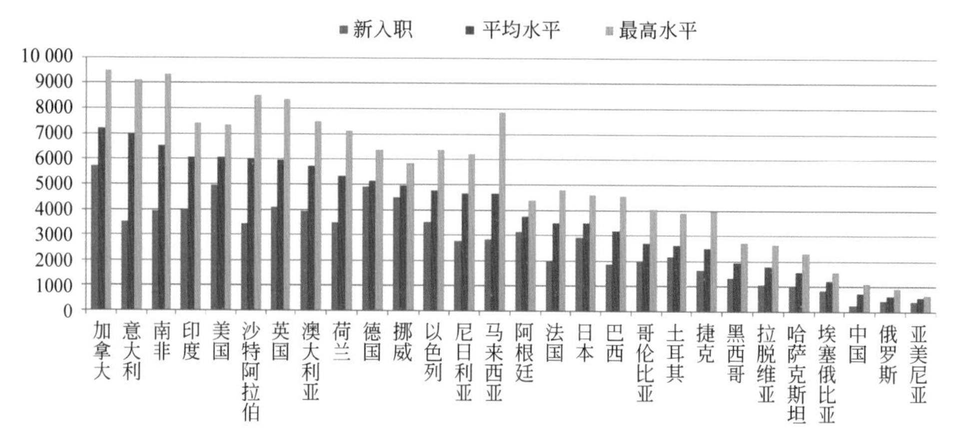

图 2-2　世界公立大学教授平均月工资排名(以美元为单位的相对购买力指标 PPP 计算)

中国顶尖大学的教授可能会有一些奖励等福利补贴，但与美国大学相比还是差距甚远。事实上，美国私立大学教授的工资还要大大高于公立大学顶尖教授的平均工资。而在前面提到的那些世界大学排名中，前 20 名其实主要是私立大学。

政府实施了一些吸引顶尖人才的政策，但却并没有解决根本的问题，比如"千人计划"。这是一个好的尝试，在某些领域里取得了一些成效，但在高科技领域并没能吸引许多顶尖人才回国。这主要是因为千人计划对所有领域的所有教授采用相同的薪资标准。尽管这个标准对于生命科学领域有竞争力，但是在计算机领域却并没有竞争力。比如，2013 年在美国顶尖大学毕业的博士生就业起薪就已经与千人计划的薪资水平相当了。

薪资水平真的那么重要吗？答案是"是的"。我们看一下中国香港地区的案例：香港科技大学赋予教授丰富的资源，并以科研工作所产生的影响力来评估

[1] P. G. Altbach, L. Reisberg, M. Yudkevich, G. Androushchak, I. F. Pacheco. Paying the Professoriate. A Global Comparison of Compensation and Contracts. Routledge, April 2012。

他们的成功与否，因而他们能够吸引并留存优秀的教授资源。尽管香港科大成立于1991年，但过去几年他们在泰晤士高等教育的技术与工程学校排行榜上持续地领先于所有大陆的大学[1]。瑞士的洛桑联邦理工学院(EPFL)是另一个例子。2000年，EPFL的计算机科学与通信学院在计算机领域内无人知晓，计算机科学教授寥寥无几。但EPFL聘用了一位美国第一流的教授担任计算机科学与通信学院院长，并给予大量资源支持他想实施的举措，不参与微观管理。这位院长采用了高薪资、高研究经费来吸引全世界顶尖研究人才，同时以科研影响力作为评价教授及晋升的标准。十年后，EPFL的计算机已经排欧洲第二，紧随剑桥大学之后。

按计划设置大学专业的问题

我认为集中规划大学专业设置会导致毕业生专业与就业市场需求的不匹配，以及学生兴趣天赋与所学专业的不匹配。前者会增加失业，而后者则会降低毕业生的平均质量。在2013年成都全球财富论坛上，中国日报有一则报道称[2]：

"中国发展研究基金会秘书长卢迈在周二的讲话中称，'2013年有700万应届毕业生面临择业，但是在7月毕业典礼之际，只有不到一半的毕业生找到工作。'与卢迈一起参加论坛的嘉宾，Li Kai Chen，McKinsey & Co的合伙人，则提供了另一份统计数据，预计到2020年中国将面临2400万高技能人才缺口。"

经济合作发展组织(OECD)在2011年的一份报告显示[3](如图2-3)，从1998年到2007年中国的私营企业一直在不断增加雇佣员工的比例。中国经济改革释放的私营经济已经对就业产生了巨大的积极影响，但我们却没有与之相对应的教育体系改革来避免人才质量与就业市场需求之间的脱节。

当前的教育体系要求高中生在申请大学时就要选择专业。但是高中教师缺

[1] http://www.timeshighereducation.co.uk/world-university-rankings/2013-14/subject-ranking/subject/engineering-and-IT。

[2] http://www.chinadaily.com.cn/bizchina/2013fortuneglobal/2013-06/08/content_16801064.htm。

[3] China's Emergence as a Market Economy: Achievements and Challenges, OECD contribution to the China Development Forum, 20-21 March 2011, Beijing。

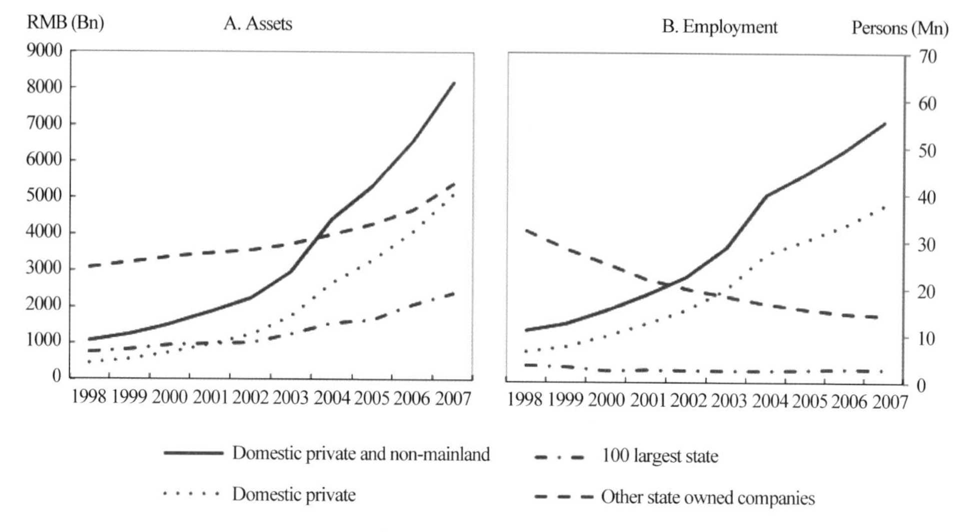

图 2-3　中国国企和私企的资产与雇员

乏领域专业知识，难以给予有效的指导，尤其是瞬息万变的高科技领域。当学生进入大学一两年后才逐步了解自己的兴趣与天赋，但现有教育体系很难让学生调整专业，导致学生天赋与他们所学专业之间的不匹配。加之就业市场的快速变化，很多学生因此终生惭愧后悔。

改革建议

我建议改革和改造集中式教育体系，使之成为非集中化的教育体系，允许大学在教授薪资、晋升、学生入学以及专业设置上有自主决定权。

在非集中化教育体系中，大学可以自由地做出很多重要决定：

- 大学可以自主决定教授的薪资以及科研经费的分配。提供同世界上顶尖大学相当的薪资及科研经费，大学才能够吸引并留存顶尖人才。
- 大学可以从全世界的人才库中招聘教授。如有需要，政府可以为大学提供额外的福利。招聘教授应该是根据教授业绩而不是根据他们的国籍。
- 大学在评估教授资质及晋升机制上自主，在评估标准上可参考世界顶尖大学，走出只以期刊论文发表数量作为评估标准的误区。

大学最核心的资源是教授，而要得到顶尖教授必须通过市场竞争。这些措施可以从根本上提高中国大学的自身竞争力，而不再需要依靠国家集中式的人才引进计划及分配。

我相信研究质量和评价"成功"的考核指标密切相关。如果用研究成果的质量来评价研究人员,那他们就会专注于质量;如果用数量考核,那他们就会关心数量;如果用申请到的研究经费来考核,那他们就会花大量时间去跑经费。在此,我所能提出的最好的建议是——政府不要用一种标准对研究进行微观调控管理。政府应该将权利交给高校及研究机构,相信它们的判断能力。我相信大多数高校及研究机构都是想做好的,会比微观调控管理情况下做得好很多。

如今教育部仍控制着每个专业的招生人数、每年教授的晋升人数。仍然是用发表了多少论文、申请到了多少经费来评价。于是,教授们便倾向于发表一些小贡献、低影响力的文章,而花大量时间去找经费。所以经过30年的经济改革,中国顶尖高校及研究机构的质量却仍无大的进步。

非集中化教育体系也能解决毕业生专业与就业市场需求之间的不匹配问题,以及学生兴趣天赋与他们所学专业之间的不匹配问题。

- 大学可以根据自己的预算、教授们的教学任务以及实验室容量来决定每年招生人数。
- 每个系可以设立自己的标准来接收选择某专业的学生。例如,想选计算机专业的学生必须在两门导论课上至少拿到B。这样的标准可以让学生发现自己更适合哪个专业。
- 大学可以允许学生在入学一到两年后再选择他们的专业。这样学生有机会接触到多个不同的学科,找到与他们兴趣、能力相契合的专业,以及了解就业市场的需求。

我们如何得知这样的非集中式教育体系有效呢?客观事实是全世界所有的顶尖大学都是采用这样的教育体系。实际上,从历史上来看集中式教育体系还没有创造出一所世界级顶尖大学。

顶尖大学的质量无法提高的原因并不是因为中国缺少教育资源。事实上,过去几年中国对教育的投入逐步增加到了GDP的4%,与欧美、日韩、以色列等发达国家相比仅差2个百分点。

而在上述的两个大学排行榜的前20名中,美国分别占了17所与15所。美国大学在录取研究生时并不考虑国籍,这使美国能从全世界吸引人才到大学,并提供高效的环境让他们从事科研、创新和创业。换而言之，美国已经建成了人才生态系统，这对于高科技领域尤其有效。

经费资助体系改革

大多数经济学家都认同科研投入对一个国家的长期经济增长是非常重要的。过去几年中国一直在增加科研投入。2013 年，中国的科研支出高达 2580 亿美元(相对购买力指标 PPP)，虽然占 GDP 的比例还低于欧美、日韩与以色列等发达国家，但科研投入总量已居世界第二，仅比美国少 36%。

然而，真正的核心问题是，政府对高科技科研创新的投入带来多大效果？如果我们向国际高科技界询问这个问题，大多数会回答并不有效。以运转了 28 年的“863 计划”为例，近年来每年投入的经费已达到约 20 亿美元，但人们在高科技领域里却找不到一个 863 项目产生核心知识产权并且其产品占领国际市场的成功商业案例。当国际高性能计算界已经转向以数据为中心的计算时，中国的科研经费管理机构仍然热衷于支持以 Linpack 性能为目标的传统超级计算机项目，而不是当前的应用。相比较而言，中国成功的高科技企业都是由国际风险投资公司资助的，而不是政府经费管理机构。

为什么政府在高技术领域的科研经费投入效果很差？我想原因主要归结于两个方面，一个是科研与创新合二而一的政策，对所资助的研究性项目提出不切实际的商业成功要求；二是对科研进行五年规划方式，导致资助的研究方向与高科技领域的快速变化出现大量脱节。

从表面上来看，科研与创新合二而一的政策对与政府和宣传是很有吸引力的，但其实这是混淆了科研与创新的基本概念。

科研与创新

我猜想很多政府官员都会认为科研与创新基本上是一样的。不过，以发明即时贴闻名世界的 3M 公司的 Geoffrey Nicholson 博士曾给出明确的定义来区分两者，他认为“科研是将金钱转换为知识的过程”，而“创新则是将知识转换为金钱的过程”。

我同意 Nicholson 博士的定义，我的个人经历也表明，研究与创新是非常不同的。下表列出了应用研究与创新的主要区别：

从表 2-1 可知，科研与创新在流程、成功标准、所需能力以及成功法则等很多方面都是有区别的。应用研究与创新都会利用技术发展趋势，但各自考量的时间窗口有很大不同。

表 2-1 应用研究与创新对比

应用研究	创新
流程： • 大学或研究机构的研究人员从政府或产业界获取研究经费 • 发现新知识 • 在公开领域发表新知识，启发新的研究去发现更新的知识	流程： • 创新人员从投资者（风投公司或个人）获得投资 • 根据市场需求发现新方法来构建新产品 • 以专利或商业秘密来保护创新 • 向用户交付新产品
成功标准： • 新知识的振奋人心的程度 • 是否改进了以前的研究 • 是否淘汰了旧方法 • 是否开辟了新的研究领域 • 是否经得起时间考验	成功标准： • 以营业额和利润衡量商业成功程度 • 是否改进了旧产品 • 是否颠覆了现有产品 • 是否创造了新产品类别 • 投资回报有多大
所需能力 （一个好的研究团队）： • 一个好的项目领导者（PI）和合作领导者（co-PI） • 有很好领域背景的顶尖博士生 • 有好的研究人员、博士后来帮助研究生 • 出色的合作人员	所需能力 （一个好的创业公司）： • 一个有各类顶尖人才的创始团队及管理团队 • 工程师团队是一大批从顶尖学校毕业的、有 5 年以上产品开发经验的工程师 • 杰出的产品管理，能在客户与工程师之间建立非常好的沟通桥梁 • 经验丰富的咨询委员会及董事会
成功法则： • 形成多个独立的有新想法的小项目，或包含多个小想法的大项目 • 对于每一个想法，在经过研究与考证后在顶级会议或期刊上发表论文 • 未实现预期目标是可接受的	成功法则： • 设计一条包含一系列紧密联系产品的产品线 • 对于每一个产品，努力实现最大的卖点、尽可能少的工程量以达到尽可能高的利润率 • 产品必须是高质量的

续表

应用研究	创新
考虑技术趋势： • 可考虑短期、中期或非常长期的技术趋势 • 只需要有可信的实验评估	考虑技术趋势： • 考虑产品开发周期内的技术趋势(通常小于5年) • 考虑技术成熟度、时间、人力以及成本
经费特点： • 每个项目有一笔经费 • 固定的时间窗口(通常1～3年)	经费特点： • 多轮融资(种子资金、A轮、B轮等) • 每一轮融资的时间窗口都是可变的

科研与创新合二而一的问题

当了解了科研与创新之间的区别后，就很容易看到将科研资助与创新资助混为一体所带来的问题。第一个明显的问题是带来严重的冲突。例如，一个受到资助的团队必须发表新知识来衡量他们的研究是否成功，但同时又要保护他们的知识产权以实现商业成功。这在知识产权保护还较弱的环境下是非常困难的。如果一些学生参与的项目目标是商业化，那他们很可能会不允许在公开领域发表论文或开源他们的软件。这可能是为什么中国的研究团队经常利用开源软件却极少向公共社区贡献开源软件。另一个严重的冲突是大学会变成盈利机构。当一所大学拥有了公司，它将成为产业界的竞争者。比如如果一所大学拥有一家开发操作系统的公司，那么它就会成了微软和谷歌的竞争对手，因此来自该大学的学生可能会很难在这些企业找到实习机会。这样的利益冲突违背了大学的主要目标——培养学生。

第二个明显的问题是在2～3年内既要产出成功的科研成果又要实现成功的创新产品，而这是不现实的。即使不考虑发表论文，要想在这么短的时间内开发出在市场上获得成功的高科技产品已经是非常困难的，哪怕是拥有了一支有丰富经验的高素质工程师团队。更何况如果团队是由新入学的、没有产品开发经验的研究生组成，要想在短期内开发出有核心知识产权的创新产品更是不可能的。于是，很多团队转向做“反向工程”或“山寨”产品，却没有创造核心知识产权；很多聪明的研究人员开展低影响力的研究项目，开发没有市场竞争力的产品；很多发表的论文要么只是一些小的改进，要么就是没有新想法的设计文档。

然而，每个团队都必须宣传自己的项目是成功的，从而获得未来的经费。经费管理机构也必须宣传他们资助的大多数项目是成功的，从而从政府获得未来的财政预算。也许这就是为什么“863计划”资助了28年后，所资助的项目仍然是在“追赶”而不是做真正的创新。

第三个明显的问题是成功的创新是市场驱动的，而不是技术驱动的。正如乔布斯在1997年的WWDC活动上所称：

“你必须从用户体验出发，考虑需要什么技术……你不能从技术出发，然后考虑该卖到哪里去。”

当政府经费管理机构为科研与创新定方向时，他们认为这些方向将会对中国经济有利。但是他们不了解市场需求，因为他们没有产品开发与管理的经验。有一些方向的设立是由一些权威的科学家们所建议的，但是大多数科学家自己也没有创业经历。由于高科技产业变化非常快，每年都有新的技术和市场需求出现。于是针对未来五年设立的大多数方向很快过时，导致在国家层面上造成时间和金钱的极大浪费。

第四个问题是科研与创新混为一体的方式要求政府经费资助机构充当风险投资公司角色，但他们并没有遴选创业公司的经验。在硅谷，一个风投合伙人每年通常只资助1%的商业计划。即使在如此低的资助率下，也只有10%的受资助的创业公司获得成功(产生好的投资回报)。由于风投公司和风投合伙人是以有限投资伙伴的投资回报来进行评估的，如果他们没有成功，那么未来将无法融到资金。但政府经费资助机构并不是以投资回报来评估，所以他们并不为投资失败负责。

改革建议

我建议中国的经费资助机构实施改革，将科研与创新分开，让市场来驱动创新。通过这种方式，经费资助机构就能设立现实的、可实现的目标：通过研究项目培养研究人员与学生，然后让这些人员以后在与研究项目分离的创业环境中从事创新活动。

科研项目与创新的分离的重要理由有如下三点：首先，这能鼓励研究人员专注于影响力巨大的新技术新发现而不必担心商业化。他们不再会犹豫将想法发表、将开发的软件开源。公开自己的发现或发明，并激发更多新想法，形成良性循环，也为培养学生提供了一个很好的训练环境。

其次，将科研与创新分离，创业人员与投资者也可能更成功。当一个教授跨界去创业，他/她将会全力以赴去创建公司。当全身心地投入到创业公司，这位教授就更可能吸引到最优秀的人才加入公司，而他不会因教学科研忙成为产品开发和公司管理的瓶颈。

第三，因为他们没有短期成果的压力，政府的经费资助机构拥有更多的资源来资助有大影响力的想法和潜在的颠覆性想法。图灵奖得主罗伯特·卡恩(Robert Kahn)博士是当年在DARPA资助ARPANET的主要负责人也是TCP/IP通信协议的共同创始人，数年后ARPANET成为了今天的互联网。他的早期科研及科研管理具有巨大影响力。在最近的一次采访中，卡恩博士说，当他在DARPA资助ARPANET时，"当时没有人觉得从商业机会角度来看这是一个好想法"。

我相信如果这样的改革能付诸实施，我们将会看到高校与研究机构会培养出大批有天赋的科研人员和有才能的企业家。■

致谢：感谢中国科学院计算技术研究所包云岗博士的中文翻译及编辑工作。感谢中国计算机学会(CCF)名誉理事长李国杰院士以及秘书长杜子德研究员的宝贵建议，并感谢王颖对原稿的建议和修改。

李　凯

CCF海外理事、2008 CCF海外杰出贡献奖获得者、2013 CCF青年精英大会特邀讲者。美国普林斯顿大学Paul M. Wythes 55, P86 and Marcia R. Wythes P'86讲席教授，美国工程院院士、ACM Fellow、IEEE Fellow。主要研究方向为计算机体系结构、分布式并行系统。

对计算机科学的反思

李国杰

中国科学院计算技术研究所

关键词：计算机科学　事理学

从第一台电子计算机问世到现在已经60年了，尽管计算机科学和技术继续保持高速发展的态势，但是计算机科学与技术不能再采用以往一样的方式发展，需要革命性的突破。如果一直顺着过去形成的惯性发展，计算机科学的路子可能会越走越窄。为了将来的健康快速发展，我们需要静下心来，认真进行反思，总结经验和教训。

计算机科学的迷途

计算机科学不应以复杂为荣

普遍认为，计算机科学是“算法的科学”。美国计算机学会（ACM）对计算机科学有如下的定义：“计算机科学是系统地研究那些描述、转换信息，包括其理论、分析、设计、效率、实现和应用的算法过程的科学（Computer Science as the systematic study of algorithmic processes that describe and transform information: their theory, analysis, design, efficiency, implementation and application）”。

算法研究应该是计算机科学的重要内容，但是从某些意义上讲，计算机科学“成也算法，败也算法”。

计算机科学有两个基础：可计算性和计算复杂性。可惜，目前学习可计算性的主要兴趣在证明某些问题不可计算；学习计算复杂性的主要兴趣在证明 NP 困难问题。在其他学科中很少见到科学家对不可解或实际上几乎不可解的问题有这么大的兴趣。电子工程科学真正帮助了电路设计，如芯片设计的 EDA 工具在集成电路产业发展中功不可没。但计算机科学并没有有效减轻制作软件的困难，为了消除的“软件危机”，软件设计理论革命性的突破已刻不容缓。

20 世纪 70 年代有一本书《计算机和不可解性》(*Computers and Intractability*)，作者是 M. R. 戈瑞(M. R. Garey)和 D. S. 约翰逊(D. S. Johnson)，很多学校都采用作为本科高年级或研究生教材，影响很大。这本书的扉页上有一张漫画，漫画中一个人说：这个问题我不能解决，但是你也不能解决，因为它是 NP 完全问题。说话那个人表现出十分得意的样子。这幅漫画影响了计算机界几十年，从事计算机科学研究的人对没有解决实际需要攻克的困难问题一般不会有任何内疚，因为这是大家都解决不了的 NP 问题。这种导向对计算机科学已产生了不好的影响。我们真正需要的不是发现一些理论上复杂的问题的不可解性，而是要在用户满意的前提下尽可能有效地解决现实中存在的复杂问题。计算机科学不应以把解决方案搞得很复杂为荣，尽可能用简单方法处理复杂问题是信息技术的生存之道。

应当重视确定可有效求解的问题域的边界

我们做的研究工作多数是改进前人的算法或理论模型，至于沿着已开辟的方向究竟还有多大改进的余地却很少考虑，很可能这一方向已到了可有效求解的问题域的边界，而另一些有很广阔的改进空间的方向我们反而没有触及。

15 年前，美国纽约大学的施瓦茨(Schwartz)教授在国家智能计算机研究开发中心做过一个报告。他说，数学上已知的(knowable)问题域边界极不规则(如图 2-4 所示)。就像油田开采一样，在某个位置钻井有油，偏离一点就没有油。问题的可解性也很类似，某个问题在某些条件下是易解的，但是如果条件稍微改变一点就很难解甚至不可解了。确定可有效求解的问题域边界，应该是计算机科学的重要内容。

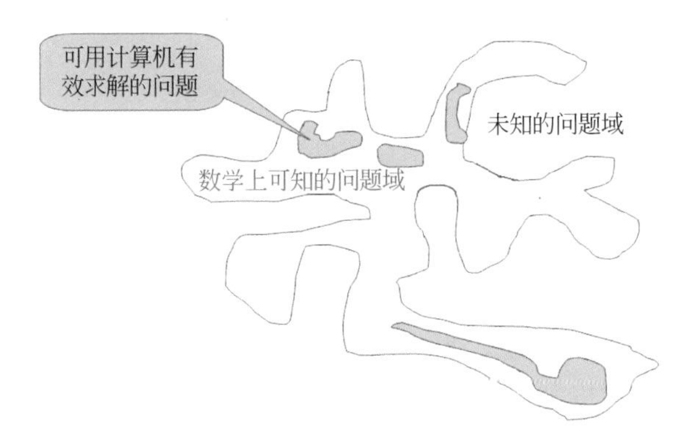

图 2-4　数学上已知的问题域边界极不规则

并行处理不是万能药

并行计算的成功与逐步普及容易使人产生错觉，以为只要是单机难以解决的问题就可以借助于并行计算机解决，但并行计算并不是万能药。

计算机算法大致上可分成三类：(1)线性或几乎是线性复杂性的算法，如分类(sorting)、商务处理等；(2)多项式或较低的指数复杂性算法，如矩阵运算等；(3)指数复杂性算法，如各种模式转换、规划(planning)等。第一类算法一般可用微机或服务器实现；第二类算法及问题规模大或有实时要求的第一类算法需要并行计算机。已知的第二类算法几乎都是科学计算。超级计算对第三类算法帮助不大，加速 100 万倍也只能稍稍扩大求解问题规模，要真正解决问题需要寻找新的思路。

线性提高并行处理能力不可能对付指数增长的组合爆炸问题(NP 问题)。解决人工智能等问题的非确定算法(如搜索算法)在并行处理中，会出现加速比远远超过处理机数的异常现象(好的异常)，但我的博士论文《组合搜索的并行处理》(*Parallel Processing for Combinatorial Search*)已经证明，好的异常和坏的异常(并行不如串行)要么都存在，要么都不存在。除非能开发出指数增长的并行处理能力，否则用生物计算机的所谓海量并行也不可能有效地解决组合爆炸问题。解决人工智能等组合爆炸问题的根本出路在于对所求解问题本身的深入理解。

计算机科学不仅要研究复杂性，还要研究“简单性”

复杂性与简单性

大多数理论计算机科学家热衷于发现人为的难题，而不是寻求有效的方法解决实际问题。我们不仅需要刻画问题困难程度的“复杂性理论”，计算机科学可能更需要建立“简单性理论”，即如何发现最简单的方法去解决实际问题。由于易解问题域的边界极不规则，我们特别需要一种理论指导，帮助我们了解往某一方向努力理论上还有多大的改进空间，以供算法设计者决策。

例如，热力学中有一个著名的卡诺循环（Carnot Cycle），其理论表述很简单：

$$卡诺效率(Carnot\ Efficiency)=1-T_c/T_k$$

T_c和T_k分别代表热机工作环境的低温和高温。这一极简单的定律对热机的设计起到非常大的指导作用。但是，在计算机科学里似乎从未见过这样简洁的对实际设计有指导意义的公式。

驾驭复杂性是信息技术创新的基本问题

人工智能领域权威学者布鲁克斯（Brooks）说过：“复杂性是致命的敌人。”系统复杂性研究已成为21世纪最重要的科学内容，但计算机领域的科研人员对这一最活跃的领域似乎关注不够。在钱学森等老科学家的倡导下，我国学者在复杂巨系统和定性定量相结合的研究上已取得不少成果，有些成果对计算机科学家应该有重要借鉴意义。

历史证明：信息技术发展遵循简单性法则，过于复杂的技术往往被淘汰或变成脱离主流的技术，如Ada语言、数据流计算机、B-ISDN（宽带综合业务数字网络）技术等。互联网成功的原因之一在于KISS原则（Keep It Simple and Stupid）。我们应认真总结计算机的发展史，从中发现驾驭复杂性的规律，为计算机领域的技术创新导航。

计算机科学要为技术实现“化难为易”提供科学指南

以往的计算机科学为技术实现“化难为易”已经提供了一些科学指南，但是做得还不够。作为一门具有指导意义的科学，计算机科学应该做得更好一些。在“化难为易”方面，下面几个问题值得我们深思。

降低问题复杂性的关键是选择合适的问题表述

我刚从美国回国工作时，有感于国内不重视不同于“计算方法”的算法研究，曾呼吁过国内要大力开展真正的算法研究，现在我感到要强调问题的另一面。一类问题的复杂性取决于它的问题表述(问题复杂性可能是计算机科学中很少有的不变量)，只要问题表述没有改变，解决某一类问题的算法复杂性的下限就不可能改变。我们花了很多功夫优化算法，但却很少花功夫寻找合适的问题表述，这可能是捡了芝麻丢了西瓜。有些所谓 NP 困难问题并不反映实际问题的本质“简单性”，比如识别人脸对人脑而言可能就是一个简单问题。我们不应研究人如何“绕过”了指数爆炸，而是要研究我们采用的人脸识别表述方法如何把我们引入了指数爆炸的歧路，我们需要做的事情是选择对人脸数据的简单描述的模式。

改变问题分解的途径可大幅度提高问题求解效率

我在美国做博士论文研究时，常常采用把一个问题分解成许多子问题的途径来解决复杂问题，这是计算机科学里最常用的分而治之(Divide and Conquer)方法。最近我的导师 Benjamin Wah 教授告诉我，对有些问题，他现在采用分解限制条件的办法比传统的子问题分解，求解效率可高出上千倍。有些实际问题，像机场的实时调度，可能有上百种限制条件。传统的求解方法是通过问题分解去缩小问题规模，如先分解到部门一级，再综合得到全解。这样分解后的每一个子问题的复杂性并没有减少。但如果对限制条件进行分解，分解后的每个小问题只包含很少的限制，这样的小问题就极其简单，实际的求解效率可大大提高。

虚拟化是化繁为简的关键技术

一部计算机发展的历史可看作计算机技术不断虚拟化的历史。20世纪70年代，IBM 370首先使用虚拟计算机概念。1992年布特勒·兰普森（Butler Wright Lampson）在获得图灵奖时引用别人的话说过："计算机科学中的任何问题都可以通过增加另外一个中间层次来解决（Any problem in computer science can be solved with another layer of indirection.）。"计算机产业的发展不可能完全做到先提出完美的顶层设计再按既定的标准发展，标准往往是在竞争中形成的。为了解决发展过程中互操作和兼容等问题，常常通过虚拟机（中间层）的思路在更高的层次隐藏下一层的技术细节。我们要把虚拟机的思想理论化，使之成为计算机科学的重要内容。

计算机科学应重点突破技术发展的限制

一味提高速度不是明智的选择

这些年来，计算机技术的高速发展得益于摩尔（Moore）定律。但同时，计算机技术的发展也受害于摩尔定律。CPU和计算机性能的不断提高，确实缓解了某些过去不容易解决的困难，但也掩盖了计算机科学中的一些基本矛盾，许多问题都指望通过计算机性能提高来解决。现在，芯片和计算机性能的提高已遇到功耗、可靠性和成本三面高墙。像现在这样无限制地扩大芯片面积和集成度，一个芯片里集成几亿甚至几十亿个晶体管，造成功耗很大，成本不断增加，可靠性降低。近来许多专家都指出，一味地从提高芯片和计算机的速度上找出路不是一个明智的选择。计算机科学应该为寻求新的突破口引领方向。

芯片器件的复杂性每年增长68%，到2018年单芯片内晶体管数预计将超过140亿个，而芯片设计能力（每个人月设计的晶体管数）每年只增长21%（CPU内大量的芯片面积只能用来做增值不高的缓存）。集成电路产业的瓶颈在芯片设计，若不能有效掌控芯片的复杂性，即使有了10纳米的新工艺，潜在的芯片能力也发挥不出来。怎样才能把芯片所能提供的能力尽量发掘出来，需要在计算机科学上有所突破。

吸取工业化进程的教训

我们应该从过去工业化的进程中吸取教训。几十年前，不管是化工还是钢铁，我们的前辈在实现工业化的过程中，并没有认识到他们的做法有什么不对。现在，到了我们这一代，我们发现有很多不合理的地方：对环境的破坏、资源的浪费、人类文明的冲击等。我担心再过50年，我们的后人说，21世纪初有那么一批很蠢的计算机科学家，他们搞的信息化造成很多问题，浪费了很多资源，给人类文明产生了一堆垃圾……。我想，与其将来被别人批判，还不如我们自己批判自己，走一条更加符合人类社会发展规律的道路。我们需要反思：计算机科学技术是不是也走了一些弯路，是否应该探索革命性的突破？

计算机科学要寻求大的突破

计算机科学的发展已经到了相对成熟的阶段，如何继续向前发展是每一位计算机科学家需要认真思考的问题。我们需要摆脱过去已经取得的成就的拖累，提出新的发展思路。

重新发明网络和操作系统

最近，美国国家自然基金会(NSF[1])在计算机和通信网络领域提出了新的研究方向，如投入3亿美金的GENI[2]项目，值得我们注意。美国NSF网络和计算机领域的主管官员赵伟教授告诉我，他的基本思想是要重新创造(reinvention)：一是要发明新的网络，二是要发明新的操作系统。他们认为，改进互联网应该是思科等公司的事，NSF不必为大公司赚钱操心。当网络带宽达到10Tbps时，分组交换可能已不能有效地工作。现在的互联网只相当于邮政系统，NSF应致力于发明相当Express快件系统的新网络。在操作系统方面，NSF不应再支持研究UNIX或Linux，而是要创造新的操作系统。

---

[1] National Science Foundation.

[2] Global Environment for Networking Investigations.

NSF 的科研布局使我想起了美国麻省理工学院（MIT）的“不为”原则：“不做只要努力一定能成功的课题”，即要做没有成功把握的研究。我国 863 计划中有不少工程性很强的项目，要求一定成功是无可非议的。但即使是基金和 973 项目中，带有再投资性质的项目也不多。今后，我们需要做一些目前还不能保证成功的研究。

内容处理已成为必须突破的核心技术

当前，内容处理已成为网络浏览检索、软件集成（Web 服务）、网格等计算机应用的瓶颈，语义处理也是下一代操作系统的核心技术。形形色色的软件技术最终都卡在语义上，语义处理已成为需要突破的关键技术。人工智能、模式识别等技术已有相当进展，但内容处理还处于重大技术突破的前夜，究竟什么时候能真正取得突破性的进展现在还难以预见。

冯·诺依曼的最大贡献是提出了在单台计算机上把程序视同为数据的程序存储式计算机模型，而语义研究的目标是在整个网络上实现将程序视同为数据。目前的浏览器已能做到不区分本地和远程的数据，将来可能实现的基于语义的操作系统应做到不区分本地和远程的程序。也就是说，我们的目标是实现广义的冯·诺依曼计算机，即联网的计算机真正变成一台计算机，在全球网络上实现程序等同于数据。这是计算机科学家梦寐以求的理想，我们要持之以恒地追求。

计算机科学要成为提高办事效率与质量的“事理学”

计算机科学本质上是“事理学”

相对于研究物质结构原理的物理科学（physical sciences），计算机科学本质上是研究做事效率和成本的“事理学”。所谓做事包括科学工程计算、事务处理、信息服务等各种人类想做的事情。

办事就要讲求章法、讲求系统、讲求组织，而不仅仅是算法。盖一幢大楼，包括土木、水电、供暖等各种子系统，建筑公司可以做到相互配合井井有条；但编制大型软件失败的项目比比皆是，原因多半出在各部件和子系统无法协调配合。我们应不应该反思：计算机科学究竟缺了些什么？这里面可能有些根本性的规律我们没有掌握,怎么把一个事情做成功、做好,不仅仅是一个算法优化问题。

关注服务科学

最近,IBM公司提出一个新的目标,叫做服务科学(Service Sciences)。专家们认为,服务科学可以将计算机科学、运筹学、产业工程、数学、管理学、决策学、社会学和法律学在既定领域内融合在一起,创建新的技能和市场来提供高价值的服务。促进技术和商务更紧密结合需要新的技能和技能组合,这些技能和应用方法必须从大学起开始教授,创建"服务科学"学科的想法从此诞生。

在美国,整个服务行业创造的价值已占全部GDP的70%以上,服务也需要科学做指导。IBM提出的服务科学全称是SSME[1],即服务科学、管理和工程,将服务看成科学、管理和工程的结合,把计算机和商务紧密联系起来了。美国很多学校已经开设了服务科学课程,将来培养出来的就是美国的行业工程师。若干年前,当有人从计算机硬件软件中提炼出计算机科学时,不少人采取了奚落嘲笑的态度。现在服务科学刚刚出现在地平线上,我们不应当挑剔它的幼稚,要以敏锐的洞察力捕捉先机。

计算机科学应成为跨领域的二元或多元科学

寻找被打断的"沟通链条"

近代科学学科划分过细、条块分割,反而模糊了人们对事物的总体性、全局性的认识。德国著名的物理学家普朗克认为:"科学是内在的整体,它被分解为单独的部分不是取决于事物本身,而是取决于人类认识能力的局限性。实际上存在从物理到化学,通过生物学和人类学到社会学的连续的链条,这是任何一处都不能被打断的链条。"

早在100多年前,马克思在《经济学——哲学手稿》中曾预言:"自然科学往后将会把关于人类的科学总括在自己下面,正如同关于人类的科学把自然科学总括在自己下面一样,它将成为一个科学。"面对着越来越复杂的问题,许多研究

[1] Services sciences, Management and Engineering.

者开始探索从整体出发的研究方法，试图寻找那条被打断的"沟通链条"。

形成跨领域的二元或多元计算机科学

计算机科学需要强调与自然科学、社会科学的交叉，应该成为跨领域的二元或多元科学。将计算机学科分成科学与工程已不合时宜，美国南加州大学不再按照体系结构作分界线区分计算机科学和计算机工程，而是按分析与综合分类的新框架做区分。以分析为主的叫科学，以综合为主的叫工程。计算机科学主要内容是跨学科的分析，计算机工程主要从事面向系统的综合。计算机科学要大大加强与物理学、生命科学及社会科学的交叉研究，形成计算物理学、计算生物学、社会计算等新学科，还可以形成"计算机＋生命＋物理""计算机＋生命＋社会"等三元交叉科学。这些交叉学科不仅仅是计算机的应用扩展，而是我们需要高度重视的计算机科学的未来主流方向。要做好这些交叉学科研究，必须加强以超级计算机为基础的计算机模拟与仿真。我们不能认为在 Computer ＋X 的交叉学科中，计算机只不过是一个工具。实际上这是若干新的科学，它既不是传统的计算机科学，也不是原来的 X 学，而是把这两方面或几方面融合起来的新科学。

计算机的发展对未来人类社会也将有重大影响。计算机科学家不但要和其他领域的自然科学家合作，还需要和社会学、经济学、新闻传播等方面的社会科学家更密切地合作。总之，今后计算机科学的研究，不能完全像过去一样走越分越细的以归约还原为主的道路，应当考虑走一条强调综合集成的新道路。

对计算机学科教育的反思

与美国 NSF 信息学部主任赵伟教授的一次对话引起我一些反思。赵伟教授认为，美国学科教育的发展有不同模式，有些封闭保守，有些开放包容。美国较好的学科教育发展模式可能是医学院和法学院，所有相关的知识都吸纳在本学院里，其他的学院一般不教医学和法律课程。工程学科也有较好的吸纳性，其他学院一般不会开设电路设计课。但计算机学科是发散的学科，其他学院可开设各种与计算机有关的课程。计算机科学会不会像数学一样把相关的知识都推出去，只剩下很少的内容？计算机学院将来教什么课？

我国一些计算机教育专家也发现了同样的问题，他们担心计算机科学将与现在数学差不多，逐步成为一门公共课。其实，如上所述，计算机科学方兴未艾，还有许多计算机科学应该重视的内容尚没有进入我们的视野，尤其是计算机科学与自然科学、社会科学的交叉将会大大充实计算机科学的内涵。我们真应当好好梳理一下，不要懵懵懂懂把计算机科学引入了很窄的死胡同。■

致谢：本文有些观点是在与美国 NSF 信息学部主任赵伟教授及其他学者讨论中形成的，在此一并表示感谢。

李国杰

CCF 名誉理事长，CCF 会士。中国科学院计算技术研究所首席科学家，中国工程院院士。

多点思想，少点技巧

彭思龙

中国科学院自动化研究所

关键词：技巧　思想　科研

自从踏上科研道路的那一天起，我就被各种科研上的技巧所吸引。若干年后，静静地想想，那些技巧并没有给我带来真正我想要的东西。因为没有思想，也就没有灵魂。没有灵魂的东西看起来是那么的僵硬，那么的不可爱。科研需要多点思想，少点技巧。

技巧很迷人。这里的技巧包括科研工具的技巧和科研辅助的技巧。科研工具的技巧是指一些实验的方法，理论推导的技巧，算法的思路技巧等等。这些技巧是做科研必须要具备的。科研的辅助技巧是指写论文、读论文、写申请、作报告等技巧。这些技巧是为了获得资源或者是推销自我，当然，推销自我最终也是为了资源。在初入科研的好多年中，迷恋于各种技巧，觉得借助于这些技巧就能够达到很高的高度，能够实现自己的理想。后来才发现，这些技巧仅仅是基础，还不能达到很高的高度。或者说，掌握了这些技巧，也就是个高级的科研工匠而已。

技巧很消耗人。人类是非常聪明的，一个技巧一旦被普遍认识和接受，那就不成为技巧了。因此会有很多聪明的人来创造新的技巧，为了学习技巧，一生都可以不断地学下去。而随着科学的发展，技巧也越来越复杂，掌握这些技巧需要越来越多的时间。有时候，为了学习一个技巧需要反复的练习和捉摸。当我们把时间都消耗在技巧上时，我们用于真正科研的时间就非常有限了，白白消耗了青春。

技巧产生不了好科研。技巧的堆砌好比排列组合和比赛抢跑。前者类似于遍历式的积木游戏，看谁能够排列出有新意的组合。在很多科研领域，都有类似的情况，各种条件、各种技巧、各个环节的不同组合产生了大量的所谓成果，我相信其中绝大多数的组合仅仅是新而已，并没有真正的科学意义，只是科学逻辑的空白。抢跑是指谁能够第一时间掌握技巧并且顺利使用，谁就能够得出看似原创的成果。在20年以前国际科学资源不开放的年代，有了最新的学术杂志和最全的图书就有了抢跑的优先权。记得当年读书的时候，很多外地学生和老师来北京出差，就是为了查阅几篇文献，买几本当地买不到的书。虽然到现在，信息已经如此发达，但是抱有抢跑思想的科研人依然很多。我们总以为我们是最早知道并能利用某些技巧的人，实际上并非如此。这从近几年自然科学基金和中文稿件可以看出，即便是上个月刚出现的新技巧，很多偏远的高校一样可以获知，并且很快地掌握。拼技巧已经不是做科研的主要模式，也基本不会产生好的科研。

科研的目的不是技巧的展示，是人类思想的提高。我们做科研的目的并不是要给外行人展示和炫耀各种技能，而是要通过我们的科研成果为人类做出贡献。做出贡献是需要创新思想的。普通的逻辑已经不太容易做出贡献，复杂的逻辑并非那么简单明了，需要思想的指导才能够发现或者发明。

积累到一定阶段后，应该停止对技巧的关注。尽管技巧的表现形式是多种多样的，但是从内涵来说，就几个基本的思路。如果让自己安静下来，思考问题的实质，或许更有可能产生真正的思想。学而不思则罔。过去几年我读文章的数量比较少，并不是因为文章不值得读，而是自己没有静心思考。对科研的长思得到的结果与别人重复的必不会多，即便有些地方有类似，但是依然会有自己的特色。也许有人会说，科学的道路并不多。但是对于大多数科学问题，我相信道路是很多的，并不是唯有前人已经指明的那条路。记得在做一个产品的过程中，需要解决一个技术问题。工程人员读了大量相关文献和书籍，发现用什么技巧、用什么技术倒成了难点，因为可选用的技巧、技术太多了，短时间内不好进行选择判断。对这个产品，我没有读过相关的文献，我是从问题的需要出发，一点一点倒推回去，最终给出了一个解决方案的。虽然在书中或者文章中已经有了许多类似的想法。这个事例说明，面对问题直接思考是有益的，并且是节约时间的。近几年，甚至国际会议我参加的也少了，因为我需要时间去思考，我想少听一点别人的思想，担心受到别人的影响。积累下来，感觉效果还不错。当然，这样做的前提是需要有足够的知识和技巧的积累，没有积累就去尝试自己思考，往往功力不足，容易走火入魔。思而不学则殆。

比起技巧，更值得关注的是广义的哲学。我们科研服务的对象是自然和人，如果我们自己对自然和人没有真正地了解，只是停留在现有科学的框架中，那是不能真正地解决人和自然的问题的。而人和自然的问题往往更多地存在于哲学中，还没有被充分的认识而变成科学。吸收人类思想的遗产，站在巨人的肩膀上，才能看得更远更深刻。有一句话我有深刻的体会："能够有机会学习人类思想遗产的人是幸运的；而有能力继承这些遗产的人则是佼佼者，是值得钦佩的人。"

总的来说，就个人的体会而言，我是不喜欢借助于技巧来堆砌科研成果，而是寄希望于自己能够产生哪怕是一点点独特而有用的科研思想。如果能够做到这样，作为科研人这一生就不虚此行。否则，即便靠着技巧得到了许多名利，也未必能够让自己真正地心安。■

彭思龙

CCF 理事，会员发展与分部工委主任，CCCF 专栏主编。中科院自动化所研究员，主要研究方向为图像处理、信号处理的算法和系统。silong.peng@ia.ac.cn

为什么人前进的路总是被自己挡住

熊　辉

美国罗格斯·新泽西州立大学

关键词：困境　锐意进取

总算有时间写点东西，发表在学术版[1]上是因为这里有一群2010年的保送生。科大（中国科学技术大学）众多前辈都在心里保留着一盏希望的灯，无论境遇多么艰难，科大人都不曾放弃希望，放弃努力。

阿Q精神

1995年，我从科大本科毕业后，怀着一个做雅皮士（yuppies）的想法来到深圳，想着娱乐赚钱两不误。一年下来把在科大时没钱玩、没时间玩的事遍历了一番后，发现剩下的是无边的空虚和对前途的迷惘。每天写同样的代码，没有进步，没有成就感，创业又没有本钱和人脉关系，第一次感到了人生的无助。突然对所有娱乐失去了兴趣，开始宅在家里遍历古文，《鬼谷子》《武经七书》《史记》……

某天，我在一本科技刊物上看到一篇关于数据分析研究的未来与发展的文章，刹那间，觉得数据分析必定和自己有些关系，自己就该干这行，不就是从历史预

[1] 中国科大校友神州网的一个板块栏目，本文源自作者自传的一部分。

测未来嘛，这个是我的强项啊(高中时历史成绩拔尖)。于是萌生了去国外读博士搞研究的念头。

在联系出国期间，我受到的打击比想象的大。联系了十几所大学，只拿到了美国科罗拉多州立大学(Colorado State University)的半奖。在当时，如果没有全奖是很难拿到签证的。美国驻广州领事馆以“有移民倾向”为由拒签。最后我去了新加坡国立大学。在新加坡国立大学的一年中，我认真学习了数据挖掘(data mining)方面的经典文章，了解了美国所有的数据挖掘研究小组，然后把他们毕业生的研究陈述收集起来，反复读，精心准备去美国的申请材料。期间不乏质疑的声音：“申请美国的计算机科学专业是很难的，能拿到前 50 名大学的全奖就算‘大牛’，怎么看都觉得你离‘大牛’很远”(我在科大是“不出国派”，而且成绩中等)。我是很有阿 Q 精神的，我向来是把怀疑当作前进的动力的，不怕，就申请前 50 名的全奖。我只联系了数据挖掘领域的老师，给电子邮件定了个好标题：Mining a PhD Student(挖掘一个博士生)。每个老师都被邮件的标题吸引，认真读了我的研究陈述。最后申请的 10 所大学有 9 个给了我全奖。我最终选择了去美国明尼苏达大学(University of Minnesota，UMN)读博士。

用行动说话

2000 年 9 月，在博士第一学期，我选了算法、数据挖掘和操作系统三门任务很重的课程。我把各种关于算法的书都精读了一遍，老师教学水平很高，我进步很快，期中考试后就知道拿 A 问题不大；数据挖掘课程，由我的导师主讲，虽然他很严格，但数据挖掘是我的专业，从一开始就觉得拿 A 没有问题；操作系统是第一次学，而且要在复杂平台上做项目，所以只好多读代码，花了几个通宵做项目。最终，几门课程都是优秀(想学的时候，刷 GPA(grade point average，平均成绩点数)也不难)。

记得课余时间和一些中国同学聊天时，有人问我，为何在深圳工作 4 年了还来国外读书？我认真地说，因为我想做学术研究，想当教师。北大的同学叹了口气，在明尼苏达大学读博就不要有当教师的念头了，非名校，年龄比同班同学大 5 岁，得熬多少年啊。清华的同学说话很直接，在美国卡内基梅隆大学的很多师兄、师姐都找不到教师职位，劝我放弃念想。以前，我喜欢争辩，而读博时已习惯用行动说话了。

博士第一年很快过去，选修课相对轻松。压力主要来自做研究，拿着助研奖学金，要给导师做项目，还得考虑自己的论文。有一段时间我常去找导师，希望能得到一些指导，直到有一天，导师说："If you are stuck, you have to work your own way out(如果你陷入困境，就要自己找解决办法)。"导师的话让我突然明白了做研究是自己的事。于是开始自己找研究想法。快到第二年暑假了，导师严肃地说他支持我快两年了，如果到暑假研究还没进展就要停奖学金了。还好我那时已经有想法了，只是还没写成论文。紧赶慢赶，暑假里把文章写完了。导师看后比较满意，不过我这第一篇论文的苦难历程才刚开始。

此论文投稿多次被拒，理由是想法不错，但工作做得不细，写得不好。只好重新修改并向 ACM SIGKDD(Special Interest Groups of Knowledge Discovery and Data Mining，ACM 的数据挖掘及知识发现会议)投稿。记得交稿的前一天，检索相关文章，发现刚发的文章中有一篇的结果和我的在数学上是等价的，心中特别难受，只好去掉这个成果。结果因为文章少了一个成果，又被 ACM SIGKDD 拒收了。审稿的三个评委中，两个给的评价不错，第三个拒稿的理由莫名其妙，感觉像敌人。只好接着改，到 2003 下半年，这篇文章总算发表了，4 个审稿人中有一个弱拒绝。

有一次开会，我做完陈述后四处浏览张贴的海报，结果发现一个作者做的工作和我的这篇论文想法是一样的，只是换了一些说法。当时很不理解，我费力找到作者，他明显躲着我，而且显然知道我是谁。联想到我的这篇论文的悲惨经历，我意识到作者可能剽窃了我的想法。在我的一再追问下，作者承认利用审查论文的机会看到过我的文章。我终于明白为什么一直有个审稿者不停地给这篇文章找麻烦。这个事件把我的"政治素养"练出来了。

2004 年，到了博士 4 年级，研究进展得很顺利。可能因为我做事认真，导师把很多重要的事务交给我做。我慢慢地建立了一个很大的资料库，虽然我只是个学生，但干了很多教授才干的事，例如写各种推荐信、准备课件、审查项目申请书、准备各场合的幻灯片等。我有机会站在了巨人的肩膀上，表达、协调、处理棘手问题的能力得到了很大提高。

同时我加强了教书能力的训练。我专门学习了表达(presentation)和有效教学(effective teaching)。晚上我经常把自己关在会议室练习演讲。第 4 年暑假，我找到了去劳伦斯伯克利国家实验室(Lawrence Berkeley National Lab)实习的机会，并且把数据挖掘的算法应用到了生物数据上。实习回来，去就业市场投简历。等待总是让人焦虑的，还好，到 2004 年 12 月陆续收到面试通知。我把第一个面试安排给了美国罗格斯·新泽西州立大学(Rutgers, The State University of New Jersey)，因为是去商学院面试，所以根本没抱希望，只想把这次面试当作一次练习。

面试没过几天罗格斯大学的工作邀请函就到了，其他学校的邀请函随后也陆续到了。是该做决定的时候了。从计算机系往商学院转让我有很大的顾虑，因为商学院的教学任务比工程学院重很多，做研究的时间相应就少；我要做的研究是数据挖掘，要和商业应用打交道，技术知识集和领域知识集是缺一不可的；导师的人脉都在计算机科学领域，去商学院就要白手起家；而且后面面试的学校越来越好，让我有些不舍……。后来我和两个导师商量，他们很支持我的选择，并说根据他们对我的了解，我能在商学院生存下去。副导师还对我说了一段意味深长的话，大意是，如果以你的能力可以去 A 生存，那你就要选择去 B+ 的地方。因为在那里生活会更容易，会有更大的发展空间。

综合几天收集的建议，又思考了几天，我下决心接受了罗格斯大学的邀请，把后面所有的面试都取消了。

塞翁失马，焉知非福

在接受了罗格斯大学的工作后，我马上着手做了两件事。一是利用暑假找了在 IBM TJ Watson 研究中心实习的机会，二是把所有发过的会议文章做深做广，并向期刊投稿(图 2-5 为我到罗格斯大学后所作的一次报告)。

到罗格斯大学后，我第一年要教四门课，因为如果不“深挖洞，广积粮”，研究的连续性就得不到保证。一学期下来，感觉以前在明尼苏达大学下的功夫没白费，效果还不错。学生对我的教学评价都是 4.5 分以上(最高 5 分)。

2006 年下半年，学院分经费，按规定优先给青年教师。可结果是，除了我，

图 2-5 熊辉教授作报告

所有青年教师都拿到了经费。原因可想而知，无外乎我是计算机系毕业的，在商学院没人脉，又是中国人……，还好我之前早有心理准备。我现在遇事总是先冷静 5 分钟，在学校散步并思考问题。经过思考后我决定自己争取一次。我把过去一年的成绩精心准备好，带着打印好的材料直奔院长办公室。我递上简历并说我过去一年发表了 9 篇期刊论文，其中 4 篇发表在顶级期刊，院长说很出色。然后，我又递上过去一年我的教学评价报告，院长看了觉得很意外，说没想到我的课教得这么好。我立即问：我哪些方面需要改进，院长说：很优秀，要继续保持。我紧接着说，内部经费是不是用来鼓励优秀青年教师的，院长说是。我问，那学院应不应该支持我，院长说应该。我说，颁奖委员会这次就没给我经费。院长很快打电话证实了一下，说抱歉，经费分完了，保证以后特别关注我。塞翁失马，焉知非福。这件事后不久，商学院评优秀青年教学奖（Junior Faculty Teaching Award），此奖一年仅评一人，这个奖就给了我。

2007 年暑假我回国休息。回国还有个目的，想面试些学生。我喜欢处于困境中的学生，看重学生的精神、意志和习惯。没有向上拼搏的精神，就没有前进的动力；没有坚强的意志，就不能在困难中坚持；没有良好的习惯，就不会有良好的基础和发展的潜力。我之所以喜欢处在困境中的学生，是因为我曾经也是从困境中成长起来的，知道困境中成长的不易。我想给困境中的学生一个机会，因为我知道他们会特别珍惜这次机会，就和我当年一样。饿虎虽然瘦，但下山后迸发出的能量比猛虎还大。要想在行业里成功，除了向上拼搏的精神、坚强的意志和良好的习惯外，数学基础要扎实。

另外，工作起来脑子要灵活。例如之前我帮导师做的一些服务性的工作，其实是要花很多时间的，但我只和导师提了一个要求，希望他能提供以前的样本。由此我建立了包含各种推荐信和论文评审的资料库。这些资料库对我后来工作效率的提高起了很大作用。

好习惯、大智慧

从 2005 年 8 月到 2009 年 4 月，时光飞逝，一切都是按我的计划实现的，不过没想到实现得这么快。在美国，我大概是第一个从计算机系转到商学院当老师的中国人，所以想从我的角度谈些体会和我的一些观察。

我在读博期间，花了很长时间观察学术界的牛人，包括我的两个博士生导师。他们有一个共同的优点：各方面能力都很强。社会上的多种竞争归根结底是资源的竞争。学术界获取资源需要 5 种能力：研究能力、表达能力、组织能力、管理能力和市场推广能力。首先讲讲研究能力。研究能力是基础，没有对研究方向的敏锐性和对研究的超强把握能力，很难有开创性工作，也很难服众；其次，要有较高的表达能力，让人知道你的非凡之处，同时能够把复杂的东西以最简单的语言描述出来，本身体现的是一种艺术和气质；第三，组织能力。组织能力关乎领导力，包括组织大项目、大型活动(期刊)的能力。组织会议等大型活动就是建立获取资源的平台。西方国家盛行交互资源，成功组织一次会议，让参与者都能获取所需的资源，体现的是组织者超强的组织能力；第四，管理能力是成功人士成长过程中必需的生存法宝。例如助理教授，没学生、缺资金、没时间、没项目支撑，万事寸步难行。唯一的办法是高效地管理时间，巧妙地借助外力，管理财务量入为出，纵横捭阖。

很多学生有内涵，但不擅长表达，在待人接物方面缺乏职业化的素质。培养职业化的素质要靠平时点滴积累，专业化的自我锻炼。当有了职业目标后，一定要清楚职业需求，积极收集并建立该职业的知识库，以该行业的成功人士为榜样，进行观察和模仿。在职业知识库慢慢建立的过程中，不断更新自己的相关材料，明确知道自己离目标还有多远，然后有针对性地学习、提高。

善于表达的一定也是善听的。常常听人说我的博士生导师在评审项目时做的总结报告很棒。这就归因于他善听。他开评审会前很少读项目申请书，通常在仔细听每个人对申请书的意见后，就能把握住申请书的优缺点，了解评审会的“政治”态势，并做出很好的评审总结。

在学术界，成功的教授很多，但成功的路各有不同。我的祖师爷（副导师的导师），加州大学伯克利分校拉马姆提（C. V. Ramamoorthy）教授传授给我一些当教师的经验：对学生，要像对自己的孩子一样，帮助他们成长；对金钱，要看得开，钱散人聚，钱聚人散；对科研，永远保持一颗童心；要把握住把科研转化成生产力的机会；多交朋友，广结善源。

人们总是喜欢给他人的成功找理由：运气好。其实成功的人靠的是“内功”：好习惯、大智慧、擅学习。要想成功，就要锐意进取，难得糊涂；要有独立思考问题的能力，有犀利的观察力，有容纳百川的宽容；有锲而不舍和忍耐的精神。

每个人都有自己的不凡之处，难点在于如何挖掘。用数据挖掘的思维考虑，就要有4个给力：观察力、思考力、决策力和执行力。■

熊 辉

CCF专业会员，CCF大数据专家委员会委员。美国罗格斯·新泽西州立大学终身教授。主要研究方向为数据挖掘等。xionghui@gmail.com

学会 · 会员 · 平台

杜子德

中国计算机学会

中国计算机学会(CCF)作为一个学术社团,它的本质是什么?是“3M”:会员构成(of the Membership)、会员治理(by the Membership)、为会员服务(for the Membership)。第一个M容易理解,是(个人)会员制,但第二个M和第三个M就没那么简单了,内涵较深,涉及如何治理(by)以及谁为谁服务(for)的问题。

学会不是咨询公司,它和会员的关系不是简单的服务提供者(Server)和客户(Client)的关系,而是会员服务会员的模式,即学会应该是一个平台。

什么是平台?平台是各种资源都能在上“跑”(run)的媒介或物体,谷歌搜索、百度搜索、Windows操作系统、安卓、脸谱、苹果商店、淘宝、微博、微信、嘀嘀打车等均是IT界创造的优秀平台。在现实生活中,出租柜台的商场、跳蚤市场也是平台。你会发现,在平台上“跑”的各方都是受益者,平台的提供者也是受益者,而且是最大的受益者。如果有的受益,有的不受益,那就不叫平台;有台而没有资源在上面“跑”,那也不是平台,比如中国移动公司前几年推出的飞信、北京市政府推出的打车软件都没有真正用起来,这就没有形成平台。

CCF是一个平台吗?从事学会工作的人常常把自己所在的学会或活动比作平台,但依据平台的属性考究一番,是不是平台就非常清楚了。如果学会不开放,没有会员,理事会是垄断的,也没有什么活动,这样的学会就一定不是一个平台,因为没有资源在它上面“跑”，是一个近似僵尸的组织。

CCF从2004年开始发展个人会员，目前有了许多会员可以参与的活动和项目，已经有了一点平台的味道了。比如中国计算机大会(CNCC)，有策划者、主持者、演讲者、参加者、志愿者、展览者、赞助者、报道者、会场住宿提供者、会务服务提供者，等等。在CNCC上，除了常规的活动之外，还有许多机构“借窝下蛋”，在大会期间举办许多活动。所有参与者都受益，这就体现出CNCC的平台价值，也是CNCC的成功之处。CCF YOCSEF(青年计算机科技论坛)是CCF最好的平台，这是一个自发形成的基于活动的组织，在这个组织中，制定规则、选举、评价、监督、选题、主持、演讲、培训、推广、融资等均由其成员自主完成。16年来，在这个平台上“跑”出许许多多优秀的青年才俊(现在CCF的三名副理事长都是“毕业”于YOCSEF)。目前这个平台还在向深度和广度发展：在更多的城市开设分论坛、有更多的活动和形式。CCF的其他许多活动也形成了平台，如评奖和ADL(学科前沿讲习班)，大部分专委也是很好的平台。不过，有的活动和分支机构(比如会员活动中心)还没有形成平台。

互联网思维

“互联网思维”是时下流行的一个热词，不同的人对它有不同的解读。互联网思维不等同于互联网，它不是一种技术或载体，而是一种思维方式。其实，在没有互联网之前就有互联网思维和相关实践，只不过有了互联网技术后使得人们更便捷地在更多的领域实施罢了。我对互联网思维的理解是：它很扁平化，每一个人(草根、平民)或者组织都可以是(自主和主动的)主人，都是服务者。我们熟知的“劳动人民当家作主”，或者共和国(Republic)就是典型的互联网思维的案例。一个开放的民主国家或组织，它会创建一个很好的平台，为它的成员提供很好的流动性(mobility)环境，让每一个草根通过个人奋斗、智慧和机遇获得成功。相反，在一个集权、垄断和封闭的组织或计划经济型国家中，流动性很差，成员的自主性和智慧被压抑而得不到很好的发挥，这样的组织或国家是没有活力的，也是低效的。

会员治理的本质

前面提到的第二个M中的“by the Membership”，不仅是指由会员(或其代表)参与学会的治理和决策,更本质的是,每一个会员都可以在学会中提出创意、组织、执行、分享、传播、贡献、发展(新会员)等。这就要求这个组织不但要有制度支持,“允许”会员这样做,还要有机制使得会员“能够”这样做。一个组织的制度和机制好不好,主要看如下几点:(1)是否能够调动每一个会员的激情和智慧,让会员乐意奉献;(2)是否能汇聚(而不是发散)会员的智慧和资源并传播到其他会员和同行中;(3)是否有让会员对其他作出贡献的会员给予激励的机制和通道;(4)是否有手段让一个会员很容易和其他会员建立物理和虚拟(网络)联系的机制和通道;(5)会员是否乐意推广这个组织并发展新会员;(6)当这个组织(领导者)出现问题时,会员是否能自发地进行修复。这些就是判断一个组织是否健康和有活力的主要指标。如对上述几个问题的回答是“是”,那么,这个组织就是一个生机勃勃、充满活力、不断发展的,反之就是没有活力和没有吸引力的。

会员的价值

CCF的重要职能就是要使每一个会员能够在CCF这个共同体(Community)和平台上施展才华和提供资源,会员在这个组织中所获得服务的多少,取决于他们为其他人提供服务的多少。目前,CCF有相应的制度让会员参与学会工作,但还缺乏有效的机制和激励措施,如有的分支机构的开放度不够,会员的智慧没有通过组织的平台传递到其他会员那里去。近期,CCF重组工作委员会,首先在理事中征招工委委员,但反应比较平淡,130余名理事仅有16人报名参加。随后向高级会员以上级别的会员进行征招,响应者有300人。当然,有众多的会员已参与到各个分支机构和各个活动中,但整体比例不高。CCF总部未来要构建网络平台,让会员能够就感兴趣的专业问题进行讨论。专业委员会要激发每一个委员的创造力,汇聚他们的智慧,围绕专业发展做文章,而不是仅围绕“文章”做文章。20余个分部更是大舞台,要看分部主席是自己拍脑袋拟定几个活动的题目,还是开放性地让会员提出创意,让他们唱主角,这就是对分部主席的考验。如果有互联网思维,即使没有互联网,也是可以调动会员积极性的。从去年的实践来看,分部主席似乎还不习惯于玩“群众运动”这一套,互联网思维还差一些,希望能尽快补上这一课。

现在不难理解CCF为什么会这样做:CCF的理事会和专业委员会要由会

员(委员)公开选举,会员选举监事会对理事会和理事加以监督,CCF 的活动组织和各级分支机构对会员开放,等等,其理由只有一个:CCF 要成为会员的一个很好的平台。CCF 同仁还须明白:

(1) 学会不是一个天然的平台,而是需要你把它做成一个真正意义上的平台。做成平台不容易,不但需要组织的领导人有开放式思维,还要具有智慧;不但需要制度,还需要机制。是不是形成了平台是非常容易判别的。

(2) 一个学会的价值和活力表现在“会员服务会员”,即有多少数量和比例的会员在学会做事。一个好的学会必然是一个好的平台的构建者,而构建者也是会员。CCF 以及它的每一个分支机构和活动都可以成为平台,对会员的服务不仅看学会有多少资源提供给会员,更看它构建了多少和多大平台让会员在上面“跑”。CCF 的重要职能就是调动并整合会员资源并让会员分享。

(3) 一个有价值的会员表现在他在 CCF 做了多少事,他的价值和他在 CCF 的贡献成正比。■

杜子德

1996 年起任 CCF 专职副秘书长。1998 年创建 YOCSEF,2004 年 4 月起,任 CCF 专职秘书长。2005 年当选国际信息学奥林匹克竞赛主席,2009—2015 年担任世界工程组织联合会信息与通信委员会秘书长。zidedu@ccf.org.cn

创新就是解决现实问题[1]

杜子德

中国计算机学会

关键词：创新　发明　解决问题

创新是当下国内时髦的词汇和口号，在许多文章和场合中都会用到这个词汇，诸如创新团队、创新人才、创新项目等。“创新是一个民族进步的灵魂，是国家兴旺发达的不竭动力”，真可谓振聋发聩。也有这样讲创新的：原始创新、集成创新及引进消化吸收再创新等。似乎，不用“创新”这个词汇你就不够创新，你就可能被认为落后了。

但遗憾的是，这些都没有讲清楚创新的本质！搞不清创新的本质，不仅不会创新，做不在点子上，还会妨碍发展，走入误区。所以，要创新就要搞清楚创新的本质是什么。

什么是创新的本质

根据美国韦伯大学词典给出的定义，创新是：新思想，新方法(make something

---

[1] 本文根据 2011 年 7 月 16 日在 CCF YOCSEF 专题论坛“中国 IT 如何进行原始创新”上的演讲整理而成。

new: new idea, new method);做有用的事(make useful things);发明(invention)。对前两点我有些质疑。“达芬奇家具”在保税区转了一个圈就成了进口货了,这也许叫“新思想、新方法”,但属于创新吗?我渴了请你给我瓶水,这是做了“有用的事”,但不是创新。

发明可以算作是创新,但发明能不能变成生产力是另一码事。中国有四大发明,造纸术、指南针、火药和印刷术,只有造纸术最后变成了生产力。火药我们也只是做了“二踢脚”,没有变成枪炮和蒸汽机;指南针用来看风水了;印刷还是手工雕版,成本过高,难以大范围使用。人类有不少伟大的发明,但大多在西方国家,如他们发明了活字印刷、蒸汽机、望远镜、电、电灯、电话、无线电、自来水笔、抽水马桶、激光、汽车、飞机、电影、照相机、电视机、电子计算机、传真机等。这些发明极大地提升了人们的生活质量,推动了人类的文明进程。还有一些是改变人类进程的伟大发现:磁电转化定律、能量守恒定律、万有引力定律、微积分、化学元素周期表、相对论等,还有作曲家巴赫发明的十二平均律、美国心理学家马斯洛提出的人的五个需求层次模型、瑞士心理学家荣格发现的集体无意识,等等。这些发现,有自然科学方面的,也有社会科学方面的,它们都对人类的发展进程产生了重要影响。

综上所述可以发现,创新的本质,一类是解决现实问题,这属于技术范畴;另一类是发现和解释自然或社会现象,这属于科学范畴。

如以色列严重缺水,通过滴灌技术解决了种植问题,这就是解决了现实问题。如DNA双螺旋结构的发现,使人们清楚地了解遗传信息的构成和传递的途径,“生命之谜”被打开,这就是科学问题。在社会实践中,95%以上的问题都属于第一类问题,即解决现实问题,仅有很小一部分人从事科学研究和探索。当然,“技术”和“科学”问题是有关联的。

有许多现实问题等待我们解决,如能源、材料、交通、环境、教育等。因为交通拥堵,北京就搞限行,这是行政限制,不是创新,它不但没有法律依据,还招致不满。而新加坡和伦敦通过经济杠杆就很有效果。有的国家的城市还设立多人乘车专用通道(Car Pool),鼓励拼车,这就是创新。

为什么要创新

其实，人的本性是好逸恶劳，愿意不劳而获，少工作多享受。那为什么还要创新呢？要创新，就要搞清楚人们创新的源动力，从人的本性、利益竞争和生产力等方面进行探讨。

首先，人类从事科学研究和探索就是创新的过程，是人们在满足了自己的生存条件以后有多余的精力进行和生计无直接关联的探索活动，是为了自己的兴趣和快乐。

其次，创新是为了提升竞争力，不受制于人。比如甲午海战，由于我们没有坚船利炮就输给了日本人。现在中国制造航母，也是要能够捍卫自己的海权。就 IT 领域，你要用英特尔的芯片，用微软的桌面操作系统。没有竞争力你就没有话语权，你就要听人家的，从一个国家到一个组织乃至个人都是这样。

第三，创新是要提高生产力，创造更多价值。具有高附加值的产品卖得很贵，如波音公司的飞机。方正的电脑排版系统也把印刷行业的生产力提高了不知多少倍。而产业链低端产品却只能赚很少的钱，比如中国为国外企业加工衣服和鞋子。生产力的提高还能使人少做事多享受，提高生活品质。过去我们一个星期要工作六天，现在生产力提高了，一星期工作只五天，甚至四天半。

如何判别是否创新

创新不是一个具体的“工程”。研究科学，本身就是创新。创新不是一个终极目标，也不是一个看得见的东西。创新是一个理念、一个过程、一种思维方式。创新不限于技术，还包括制度和方法，创新无处不在，是任何人都可以从事的东西。今年是辛亥革命一百周年，当年在孙中山领导下用武力推翻了清封建王朝，建立了中华民国，这就是制度创新，属于颠覆性创新。1978 年中国开始改革，针对当时的生产关系远远超前于生产力发展的现状，邓小平提出初级阶段理论，允许分田到户，实行联产承包责任制，第二年粮食就富裕了。而私企和股份制企业的兴起调动了社会各方面的积极性，大大提升了生产力，这是恢复性创新。还有，“一国两制”的提出和实施也是一个“解决现实问题”的制度创新。

我们倡导的学术一词包含有“学”和“术”两个不同的含义：学，是原理、机理、规律等，是科学；术：是技巧、方法、技术等。我们要问问我们自己，我们所从事的是“学”还是“术”？为什么中国有四大发明但是没有科学？为什么几乎所有科学发现都是西方人所为？为什么近代的技术发明没有中国的份？我们常常能听到这样一些说法：我得到了863、973、基金委的项目；得到了多少科研经费；获得了国家级什么奖；当上了什么院院士；发表了多少篇SCI/EI论文；填补了国家空白……这就是创新吗？抱歉，不是！那是你获得的资源，或者是你获得的外部评价，我们需要你回答的是：你解决了什么问题，发现或解释了自然界或社会什么现象或规律。

在技术层面内解决现实问题，在科学范畴内发现和解释自然和社会现象，这两点应该成为创新的判别式。

创新力的必要条件

中国人聪明(尚没有证明比别的种族更聪明)且勤奋，但创新力较弱。阻碍中国创新的原因有多方面，主要是三方面的原因。第一，人的问题。个人的创新力严重不足，问题出在教育。我国教育的异化使得难以培养出具有创新力的人才来。钱学森去世前问过温家宝总理三次：为什么我国现在的高校培养不出大师级人才？答案很简单，追求标准答案就扼杀了学生的创新力，尤其是全国统一的高考制度及大学没有办学自主权使得人的潜力得不到很好的挖掘，身心不能自由伸展，不会独立思考，不知如何解决问题。第二，目标问题。科技目标的异化是阻碍我们创新的主要原因。我们常常不是为了解决问题，而是为了获得项目、经费，进而拿奖和当什么士。我们要问自己：我们为什么而干？我们解决了什么问题？发现什么规律或者原理？第三，体制问题。科学本是为有兴趣而为者的工作，但是许多大学教授和科研人员不得不为饭碗而战，使得他们难以拿出相应的成果。如果解决了以上三大问题，中国做出真正的科技成果才是可能的、现实的。

如何才能创新，没有充分条件，但有必要条件。第一，首先要学会质疑，要有批判性思维的能力和习惯，就像陈寅恪在纪念王国维的碑文上写的“独立之精神自由之思想”。北大时任校长蔡元培倡导学术自由，兼容并包。为什么要强调学术自由？因为思维不自由就不能找到问题，也不会找到正确的方法。高校为什么要学术自由，因为大学教育主要就是训练学生的思维的，框框在先就不能提高思维能力。第二，要找问题，知道问题在哪里。不能像唐·吉诃德那样举着剑对着风车乱砍一气。找问题能力是一种重要的能力。第三，要解决问题，这是最终目标。找问题和解决问题是不能分开的。要做到找到合适的问题与解决问题，需要广博精深。苹果公司CEO史蒂夫·乔布斯在美学方面有很深的造诣，所以他设计的苹果产品很受客户欢迎，供不应求。著名科学家钱学森不但是伟大的物理学家、火箭专家、系统工程专家，且音乐造诣也很深，小提琴拉得非常好。

不置疑（或不容置疑），没有批判性思维能力，不按教育规律培养人，不正确的人才评价制度，从事科研是为了更多的个人利益，国家用于科研人员自身的经费不足，扭曲的科研制度，等等，每一条都是妨碍创新的重要因素。在中国，要想创新，要先改变上述几个方面。

创新案例

看看一个有真正创新力的大科学家是怎样炼成的吧！安东尼·莱格特（Anthony J. Leggett），英国人，中学学习的是拉丁语，后来到牛津大学学语言和古典学（古希腊古罗马历史和哲学），每周参加数次辩论会。毕业前转学物理学，后获得牛津大学文学和物理学学士学位，后又获物理学博士学位。2003年获得诺贝尔物理学奖。2010年他到国内大学演讲时，人们问他，你原来是学哲学和学历史的，为什么转行跨度这么大，还能够获得这么大的成就？他说，“哲学并不是一种观点，也不是书本知识，而是一种思维方式。正是早年的哲学学习为自己提供了批判式的思维方式。”这就是目前任美国伊利诺伊大学教授的心路历程。

如果不是利用虹吸原理发明了抽水马桶，不但人们的“方便”很不方便，而且整个城市都会臭气熏天。这种创新不但有科学原理，也有技术。

计算技术发展的过程就是一系列创新的过程。如20世纪40年代，约翰·冯·诺依曼把图灵的可计算性理论变成了计算装置，使得我们现在进入了信息时代。斯坦福研究所的道格·恩格勒巴特和同事们于1968年在美国加州旧金山发明了鼠标，使得操作电脑异常容易。20世纪60年代末由美国军方采用简单的TCP/IP协议构建的互联网，将整个地球的各个角落连接了起来。王选和他的团队发明了激光照排技术，把铅字送进了博物馆……

今天我们举办的CCF YOCSEF论坛也是一个制度创新的案例。1998年由CCF创办的青年计算机科技论坛YOCSEF是一个非常有活力的青年组织，除北京外，已在全国20个大城市设立了分论坛，成为青年人成长的平台。CCF在短短的七年中得到了长足的发展，靠的是理事会和学会会员的创意、正确的办会方向、良好的制度以及很强的执行力，这在中国这样的环境中是一个了不起的创新。

结论：创新不是遮羞布，也不是口号。创新就是要解决现实问题；创新要融入人的思维中；创新是一个过程；创新无处不在，是每一个人都可以从事的东西。只有抓住创新的本质，才能有所作为。■

杜子德

1996年起任CCF专职副秘书长。1998年创建YOCSEF，2004年4月起，任CCF专职秘书长。2005年当选国际信息学奥林匹克竞赛主席，2009—2015年担任世界工程组织联合会信息与通信委员会秘书长。zidedu@ccf.org.cn

专业精神从哪里来

贾 伟

美国夏威夷大学

关键词：专业精神

近来有两则比较大的，也可以说是振奋人心的新闻。一则是说中国的研发人员(R&D)总量快速增长，科技部出版的《中国科技人才发展报告(2014)》显示，我国已成为科技人力资源第一大国，绝对总量已经超过美国，跃居世界第一位。另一则新闻是说清华大学、美国华盛顿大学和微软公司于2015年6月18日宣布在西雅图合作创建全球创新学院(Global Innovation Exchange Institute)，这是中国高校第一次到美国办学，是中国高校在美国设立的第一个实体校区和综合性教育科研平台。中外媒体报道称："这是清华大学的一小步，中国高等教育进程中的一大步。"清华大学校长邱勇在相关演讲中引用了2014年《美国艺术与科学学院院刊》发表的《中国世纪？——高等教育的挑战》文中的一个结论：在质量和规模两方面，中国都已是全世界高等教育发展最迅速的地方。

我的一位朋友在位于明尼苏达的梅奥医学中心(Mayo Clinic)工作，他最近曾来找我小聚，当晚我们几位教授一起聚餐聊天，话题一直围绕着梅奥中心和它的专业精神。很多人也许不太熟悉梅奥医学中心，它在美国可是鼎鼎有名。该中心成立于1863年，是目前全球最大的私立医院，拥有自己的医学院和数十家医疗诊所,在医疗护理、医学研究和教育领域处于世界领先地位,2014—2015年全美最佳医院排行榜中梅奥排名第一。

供职于梅奥医学中心的这位朋友讲了几个他亲身经历的关于专业精神的例子。不久前有一位从中国来的富豪,他被国内的一家大牌医院诊断出得的是胃癌。为了寻求治疗,他慕名来到美国梅奥中心。梅奥中心对这位病人进行了全面检查,病理专家进行了细致的会诊后得出的结论并非胃癌。那位病人不相信这个结论,拿出国内检查的所有片子和资料给医生们看,梅奥的医生看完后明确告诉病人,这家医院的诊断有误!这位病人激动不已,立即下餐馆美美地吃了一通,回国前还潇洒地在美国旅游了一圈。还有一个有趣的例子,这位朋友的一位在美国东海岸工作的老友多年肠道不适,他在一家知名医院治疗了5年,毫无改善且每况愈下。后来他来到梅奥中心看病,梅奥的一位内科老医生花了很长时间仔细检查了各张CT片子,最后得出结论,这不是一般的肠道炎症性疾病(IBD),而是结肠的某一环节在收缩蠕动上的功能性紊乱。在明确了病灶后老医生对其进行了治疗,而且还别出心裁地提出了一套简单的训练方法,没过几周就把这位饱受折磨的病人治好了。

当晚餐桌上几位教授都有医学背景,对美国也比较熟悉,大家把梅奥中心和其他几个美国的顶级医学单位做了比较,来分析它到底“牛”在什么地方,最后大家总结出了梅奥中心的几个长处:拥有一大批几十年如一日在梅奥工作的老牌医生,他们医术精湛且精益求精;治疗过程中各科医生默契配合、紧密无间;医院行政和配套服务高效运作,对医生的支持精准到位,丝丝入扣……

我忍不住调侃了一下这位在梅奥中心工作的朋友把自己的单位吹得天花乱坠。虽然嘴上调侃,但心里是佩服的。其实跟别的行业一样,医疗单位也有自己特有的人文体系和运行规律。一个成功的医疗机构,多半都是遵循了系统内的这些规律,在重要的路线和节点上把工作做好了,就能成功。我当时提了一个问题,请大家留意梅奥中心的地理位置。梅奥中心在明尼苏达州(美国北部的一个州)的罗切斯特小镇。这个小镇远离都市,且一年中差不多有一半时间天寒地冻、大雪茫茫,夏天的气温又特别高。但为什么梅奥偏偏能在这种地方一待就是150年,而且越待越红火?这仅仅是地理问题吗?

最后我们的讨论又回到了“文化”二字。把一种工作的品质做到极致,做得天长日久，本身就是一种文化。梅奥中心建立的就是一种以“专业精神”为核心的高品质医疗文化。严格地讲，这种文化不是建立的，而是与生俱来，由漫长的岁月酿造和不断完善发展起来的。有了这种文化，其他的就不重要了，因为其他资源都会随之而来——人才、钱财、技术、市场、发展机会。事实上美国有不少一流的高校和研究机构都地处偏僻的小城镇，远离商业经济中心，譬如我以前工作过的北卡罗来纳州，那里有杜克大学、维克弗里斯特大学、北卡罗来纳大学教堂山分校，它们都是以优秀的医学院著称的高校，位于不起眼的小地方。跟那些车水马龙的大学府和大机构不同，这些“百年老店”安安静静地在小地方做学问、做教育、做医疗，它们产生思想、产生技术、产生机会，因此在那里发展、壮大。这样的机构实际上在哪里都行，哪怕在北面的明尼苏达州。

回到前面提到的两则新闻，不少人看了就会不以为然：“在一个领域里吃饭的人很多，这并不代表优秀。任何一个领域的建设规模和速度都可以靠投入来做到!”过去几十年，我们投入了许多资金，规模已经很庞大了，可是，规模大并不值得骄傲，产生出推动社会进步的科技成果才应该是我们考量的指标。

科学研究与人文发展一样，需要大量的阅读、思考和尝试，这种工作特点注定了它不可能产生于草根阶层，不可能得益于群众运动式的全民参与。更具体地看，各行各业都一样，以基本生存为目的的工作不太可能做到尽善尽美、精益求精。伟大的科学和人文必产生于少数一部分人，这部分人是心无旁骛的人，是研究自己感兴趣问题的“精神贵族”。

中国目前的社会结构决定了我们没有足够的人文资本开展梅奥医学中心式的卓越医疗服务和科研，尽管追求卓越一直是我们所有医疗机构和大学的愿景。世界上绝大部分国家中的高级知识分子家庭必然也是该国中产阶级的精英部分，但目前我国尚未达到这一点。我们大学教授的生活水平也许超过了一些城市平民，但其经济收入和思想境界远未达到真正意义上的“底蕴深厚”的中产阶级水平。发达国家中最容易产生中产阶级的是大学毕业生，而在中国，尽管大学毕业生中不少人瞄准了比中产阶级更高的目标在努力，但大部分人集中在机会多的大城市，在畸形的高房价和高消费的挤压下，最后还是进入平民阶层。如此循环往复，一代又一代的知识分子平民化，社会中产(以上)阶级终究无法产生宽广的胸怀，辽远的视野，无法产生未来高品质文化的倡导者和守望者，这也是俗话说的“无恒产者无恒心”的意思。

目前留在高校和科研机构工作的三四百万科研人员，以生存为目的从事科研工作还是他们职业的主旋律。对于年轻的科研工作者来说，一项项课题、一篇篇文章、一次次考核，意味着房租的支付、职称的晋升、家庭和社会地位的提高。即便是“海归”，也有相当一部分人仍以生存为第一目的。当然我们不是没有苦心孤诣一辈子的科学家，上一辈的科学家中，很多人在偏远的地方，或者在一个冷清的实验室里，安安静静、几十年如一日、自得其乐地做着学问，但这样的人和氛围在今天已经很难看到了。

文化决定思维。当我们社会的中产阶层仅占人口比例的百分之几到十几，当我们的知识分子还无法在中产阶级中成为主流，当我们的高校中还充斥着等级符号和如何快速上位的“成功”思维时，我们距离专业精神的生根发芽还有很长的一段路要走。■

贾　伟

美国夏威夷大学终身教授、夏威夷大学癌症研究中心副主任。主要研究方向为肠道菌群和肝脏的代谢（互相）作用以及在肥胖、糖尿病、消化道肿瘤发病机制中的影响。Wjia@hawaii.edu

博士生的出路在哪里

鲍海飞

中国科学院上海微系统与信息技术研究所

关键词：职业规划　人生价值

人这一辈子做选择最难，不只在于鱼和熊掌难以选择，而是获得鱼和熊掌这样的机会并不多。有时，我们需要别人的引领，有时我们需要自己做出决断。

即将毕业的博士生将面临人生道路上的一次选择。人生有规划吗？人生有一定的路线图吗？即将毕业的博士生有自己的道路选择吗？选择理想还是选择职业？这些无疑都是博士生所要面临的人生困境。

选择的困境

当我们一无所有的时候，当我们别无选择的时候，选择似乎是一件顺其自然的事。而我们无论在精神上还是在物质上一旦富有，选择就成了两难的事。

对于即将毕业的学生，选择职业是件让人头痛的事情。是继续从事本专业还是改行？是选择出国还是留在国内？是先成家还是先立业？人生有时候真是一团乱麻！在一个关键点上，你只能做有限的一件事或几件事，你能把握的机会也许只有一次，人生路线的差别由此开始。但命运也会捉弄人，“三十年河东，三十年河西”，刘邦四十多岁的时候不也还几乎一无所成吗？

面临毕业的博士生，大致有几种类型：一种是感觉前途渺茫，看不到希望，内心十分焦虑，不知所措，不知道未来做什么，属于迷茫型；一种是求安定、安稳的工作和生活，国内好的公司是首选，只要经济收入高就可以，属于恋家型；还有一种目标较为明确，要到国外的大学或者公司去学习和深造，不管怎样，先闯荡几年拼些资本再说，这属于飞鸟型。总之，一些是会为自己设计打算的，一些是不会为自己打算的。

我身边有两个博士生，都是很不错的小伙子，他们都信心满满，但都面临着抉择的困境。其中一个博士生一年后要毕业，他有两个选择：一个是他可以到国外某大学继续深造，做博士后，从事现在一直在做的研究；另一个是他可以到国内的一家著名的半导体元件产品生产企业去工作，而且该公司已经有意向接收他，年薪待遇都不错。但他一直犹豫不决、左右为难，国内公司的待遇可以给他不错的经济基础，是个很大的诱惑，而到国外去深造开开眼界的机会也让他心动。另一个小伙子也很不错，和第一个小伙子的境遇差不多：实验开展得很不错，能够在某所大学独当一面，虽然有不少海外竞争者，但大学里的领导更中意他；另一方面，他也想出国看看外面的世界。他们向我征询意见，我也感觉不知所措。这毕竟是人生的一个重要抉择，机会和命运都把握在他们自己手里。

面对未来之路，无论做何种选择，最重要的是要看清自己想做什么、能做什么！

博士生毕业之后是否一定要走学术道路？这就要看个人的兴趣和能力了。走学术道路，没有非凡的意志、干劲和智慧是很难在学术上取得突破的。从事专业研究，尤其是科学研究，是一个对真理上下求索的过程，绝不是个轻松容易的工作，相反倒是像个苦行僧。这需要你心思缜密、眼界开阔，又需要你能够“呼风唤雨”。比如，在学术圈，没有好的思路和人际关系，你就拿不到经费，没有经费还能从事科研吗？即使拿到了经费，你还需要写论文、申请专利，要做出像样的成果。在一个团队中，你能走到哪个位置，能否挑起大梁，这些都是应该考虑的，兴趣只是其一。

如果不走学术道路，那就意味着改行。改行就意味着放弃专业，但同时你又将跨入一个全新的领域，你可能要面对更多问题，并要学习更多知识。相比而言，学术界的圈子较为稳定，人际关系简单一些，你面对的大多是一些机器、设备、报告和表格。而社会上的大圈子是更为复杂的环境，包括人际关系和社会关系，没有固定的公式供参考，也没有固定的流程来简单操作。

人生的价值

受到家庭出身、环境和背景的影响，每个人的眼界各不相同，人的志向差别也很大。同时，受个体秉性和生活圈的影响，每个人的世界观也大相径庭，选择的生活道路也就极大地不同。很难说谁走的路正确，所谓“人各有志”。正如世界上没有两片相同的树叶一样，人生的轨迹也没有完全相同的。

博士生应该以何种心态来看待瞬息万变的社会？又应该以何种心理来面对现实和未来？现实总是很具体、很生动的。物质的诱惑、媒体的展示让人困惑，让人迷失自己的追求。面对职业选择，面对现实的生存困境，博士生要有很好的心理承受能力和乐观精神。个人感觉，博士生既要脚踏实地，又要有长远的人生规划和担当。最主要的是要把眼前的事情做好，既不盲目乐观，也不悲观消极。

博士的价值体现在哪里？是入选百人、千人计划，还是当选长江、黄河乃至泰山学者？还是成为年薪百万甚至千万的公司总裁？这是个人价值观和社会价值观问题。人生的价值，一方面是别人如何看待你，另一方面是你如何看待自己。

多年前，国内某大学的一位博士，在一个课题组工作了几年，始终没有自己的项目，课题组难以维持下去。一次和他闲聊，他说，我再干五年，如果没有发展，就改弦易辙。后来，他选择了仕途之路，从科员做起，到处长，再到所长助理，不到十年，已经升至副所长，最终登上了自己心目中的高峰。他的选择，他的人生之路，无疑是成功的，因为他明白自己在科研上的瓶颈。最重要的是他愿意这样做，他没有坚持一条道跑到黑，而是明智地选择了另外一个方向，实现了自己的价值。

我熟悉的另外一个博士，从某单位离开后到了一个新的工作岗位。他经常给我打电话，向我诉苦，说在新环境下，感觉工作不是很舒心，想再回到原单位。但是他又如何回得去？人生，开弓没有回头箭啊！

人生的价值和人的价值观，从就业的趋势上就能够看出一些端倪。下面两篇有关中美博士生的就业报道或许对我们有所启发。

《科学之家》于 2015 年 12 月 12 日刊登了一篇《国外热门专业博士就业状况调查》的报告。该报告是针对美国 3000 名博士生的就业状况进行的调查。报告指出："40%的博士生选择在毕业后一年内进入社会，而其薪酬水平远超学术界同行。此外，受专业影响，他们的薪资差别很大。机械工程、数学和计算机类的博士收入水平很高，年薪达到 40 万元人民币，而生物学的只有 20 万元人民币。另外，60%的机械工程类博士生在毕业后进入企业工作。调查还发现，博士生毕业后都倾向于选择国际化大公司就业，或选择去科研投资较集中的城市，而只有 20%的博士生会选择在毕业学校所在的城市工作。"

新浪博客 tianfw 的一篇博文《中国毕业博士就业状况与趋势分析》(2010 年 4 月 26 日)中给出了从 1995 年到 2008 年中国博士毕业生的就业状况。14 年间，所统计的有据可查的博士毕业人数接近 21 万，年平均增长率达 19.4%。毕业之后有 43.9%的博士生选择进入高等院校进行教学和科研工作，进入科研院所的占 10.8%，博士后占 2.9%，这意味着接近 60%的博士生在毕业后继续从事科研与教学工作。而进入企事业单位工作的占毕业总人数的 15.2%。出国深造的占 2.9%。该报告也给出："据美国《研究与技术管理》杂志报道，美国国家科学基金会的调查材料揭示：博士学位工程师已越来越多地选择到私人工业部门就业，而不是选择到四年制学院或大学工作。新毕业的工程学博士也认为私人工业部门对他们越来越具有吸引力。就业情况因所学专业而有很大不同，比如 91%的计算机工程硬件博士和 78%的化学工程博士在私人工业部门就业。同样，公、私两种部门之间所从事的专业活动也有很大差异：在私人工业部门，42%的博士工程师主要从事开发工作，而在大学从事开发工作的只占 5%；另一方面，私人工业部门的工程技术人员从事基础与应用研究的比例为 49%，而在大学则达 76%。"

面临抉择是人生最大的难题，是考验一个人的眼光和胆识的过程。毕竟要面对的是选择眼前利益还是长远利益的问题，是短期稳定还是长期稳定的问题，这些都受到社会现状的影响和物质利益的诱惑。很多时候，许多人，因为眼前的利益而放弃了长远的利益，为了眼前的安稳而放弃了长久的安稳；另一方面，许多人，包括我自己，并不知道自己内心的追求。这就为人生规划留下了极大的不确定因素，当面临选择时，便不知所措。

人生一种尴尬的境地是，在一定的阶段，你似乎看到了自己人生的尽头和归宿；另一方面，你又看不到尽头，这是一种实实在在的两难境地。但人生的妙处在于你不应该看到自己的尽头和归宿，否则人生就失去了意义和价值。你若拼搏了，人生的轨迹就可以从此改变。人生就是让你在黑暗中摸索，在宽广的大海上孤独地航行。

择业之路

如何让没有心计人的“笨鸟先飞”呢？其实有不少法门，下面是一些值得借鉴的方法和途径，或许可以将被动的人生转化为主动。

现在，国内的面试机会很多，面试、应聘其实是硬拼。毕业生择业时可以参加一些国内外大公司的招聘会，看看各大公司都需要什么样的人才。对于国内一些不错的公司，其企业文化、管理体制和生产方式等都值得我们学习和借鉴。

国际会议是可以让人眼前一亮的地方，在这里，你有机会见到一些学术界的前辈，你可以大胆地向他们推销展示自己。

若是愿意从事某方面的工作，可向正在从事这方面工作的师兄师弟寻求帮助，师兄弟是很好的介绍人，不过面试是谁都避免不了的。

在阅读文献过程中能够不断了解同行，在网络上可以了解各高校、研究所、公司，了解自己中意的学校、公司信息，并且借助网络投简历。但前提是自己要有明确的工作目标，简历中的自我介绍和未来工作打算显得尤为重要。

如果想继续从事学术研究，那么得到自己的导师或者其他导师推荐是一个十分重要的环节。如果想继续留在导师的团队做科研，且导师也愿意接收你，则皆大欢喜。君子善假于物也，君子善假于人也！也可以趁着“大众创业，万众创新”的机遇，和几个志同道合的朋友一起闯天下！

我了解的一位博士，毕业后留在了学校的某个实验室工作，一直从事某领域的基础理论研究。前几年，听说他在《科学》(*Science*)、《自然》(*Nature*)等刊物上发表了不少理论论文。去年在网上看到国家自然科学二等奖评审中，他的名字居然位居榜首。他是个彻底的“从校门到校门”的学者。从一个博士走到今天，在将近 15 年的时间里，他一直在坚持。在我们看来，他的研究是枯燥的，计算是乏味的，方向是没有什么前途的。但就是这么一个英俊的小伙子，选择了适合自己的研究方向，并有一个谈得来的合作导师，他坚持着自己热爱的事业，走到了今天。

三百六十行，行行都出状元，就看你如何锚定人生之路。

勇敢者之路

年轻的心总是向往彼岸，相信未来。年轻就是资本，智慧就是力量。人生的道路在偶然与必然中交织，选择适合你自己的道路吧！

人生面临着三大关。一是面对现实时，有没有一颗从容的心，主宰自己的命运和选择，锚定自己的根基和判断，让知识、智慧和眼界来使内心强大；二是面对困境时，是选择逃避还是曲折向前，是以悲观还是乐观的心态来对待；三是面对未来时，心中是否还有一个梦想，是执着追求还是彷徨，是否能不断地觉醒并采取有力的行动。

如果我们能够登得再高一点，我们就能看得再远一点，也许痛苦就会更少一点。停滞不前和跨步向前都存在风险。与其蜗居，不如蜗行。只有向前，向前，哪怕是每天只有一尺一寸，依然会在新的地平线上迎接太阳的升起。这也就是我们为什么要不停地向前，向着地平线的方向前进，向着未知前进。因为我们的心中充满希望，因为我们相信未来。

博士生毕业后还有许多路要走。但无论你去哪里，你一定要有两手真本领，并不要忘记继续学习，这是你立业的根本。更重要的是，经过了博士生期间的训练，当面对新的环境时，能够使自己尽快地适应环境，提升把握问题和解决问题的能力。

无尽的沙漠，并不属于谁，但有了骆驼的跋涉，才给沙漠带来了生机，带来了沙漠里一道独特的风景；辽阔的天空，并不属于谁，但有了雄鹰的翱翔，才给天空增添了亮丽，带来了天空一双翱翔的翅膀。跋涉和翱翔的路在前方。

人生的规划和目标也不是一成不变的，时移世易，所以要扼住命运的喉咙，

走向生活和精神的独立！■

鲍海飞

CCCF 特邀专栏作家。中国科学院上海微系统与信息技术研究所副研究员。主要研究方向为微纳机电系统、微纳米材料物性和微纳米器件测试分析。baohf@mail.sim.ac.cn

系统设计黄金法则——简单之美

包云岗

中国科学院计算技术研究所

关键词：简单　KISS

最近多次看到系统设计与实现方面的文章，也留意到一些讨论，再加上以前读过的其他资料以及自己的一些实践教训，让我觉得应该把这些资料汇总整理一下。如果要从讨论不同系统的众多资料中总结一条黄金法则的话，那只有一个词——“简单”；如果用一个英语单词来表达的话，那就是——KISS（Keep It Simple，Stupid!）。

麻省理工方法与新泽西方法[1,2]

这个观点来自一篇经典的文章，理查德·加布里埃尔（Richard Gabriel）在1989年写的文章中的一节“‘差点的更好’设计理念的兴起”（The Rise of ‘Worse is Better’[2]）。说来惭愧，我直到2011年5月在IBM T.J. Watson实验室听报告时才第一次听说，当时便留下深刻印象。后来上美国普林斯顿大学的高级系统设计课程，发现这篇文章也在阅读列表中，要求所有学生阅读并在课上讨论。

“The Rise of ‘Worse is Better’”对比了以LISP系统为代表的麻省理工方

法和以 UNIX/C 为代表的新泽西(贝尔实验室)方法。加布里埃尔发现相比于 LISP/CLOS 系统完美的设计,UNIX/C 只是一味追求实现简单,但事实却证明 UNIX/C 像终极计算机病毒那样快速蔓延,奠定了今天计算机系统的基础。

让我们来看看这两种不同的设计哲学。

麻省理工方法

简单性　设计必须简单,这既是对实现的要求,也是对接口的要求。接口的简单要比实现的简单更加重要。

正确性　设计在任何值得注意的方面都要保证正确。不正确是绝对不允许的。

一致性　设计必须保持一致兼容。设计可以允许轻微少量的不简单和不完整,来避免不一致。一致性和正确性同等重要。

完整性　设计必须覆盖到实际应用的各种重要场景。所有可预料到的情况都必须覆盖到。简单性不能过度的损害完整性。

新泽西方法

简单性　设计必须简单,这既是对实现的要求,也是对接口的要求。实现的简单要比接口的简单更加重要。简单是设计中需要第一重视的因素。

正确性　设计在任何值得注意的方面都要求正确。为了简单性,正确性可以做轻微的让步。

一致性　设计不能过度不兼容一致。为了简单,一致性可以在某些方面做些牺牲,但与其允许设计中的这些处理不常见情况的部分而增加实现的复杂性和不一致性,不如丢掉它们。

完整性　设计必须覆盖到实际应用的各种重要场景。所有可预料到的情况都应该覆盖到。为了保证其他几种特征的品质,完整性可以做出牺牲。事实上,一旦简单性受到危害,完整性必须做出牺牲。一致性可以为实现的完整性做出牺牲;最不重要的是接口上的一致性。

如果觉得这种哲学描述太抽象的话,原文中有一个关于 UNIX 中断处理的例子非常生动。一位美国麻省理工学院的教授一直困扰于系统调用(syscall)处理时间过长出现中断时如何保护用户进程某些状态，从而让用户进程能继续执行。他问新泽西人，UNIX是怎么处理这个问题的。新泽西人说，UNIX只支持大多数系统调用处理时间较短的情况，如果时间太长出现中断系统调用不能完成，那就会返回一个错误码，让用户重新调用系统。但麻省理工人不喜欢这个解决方案，因为这不是“正确的做法”。

UNIX/C开发于1970年前后，那时离1964年刚推出的IBM System/360没几年，软件刚摆脱硬件束缚，能移植到不同的机器上，从而变成了一种可单独出售的产品。就是这样的一个软件产业的萌芽期，这种“实现简单”的理念被证明是更有效的。那么在今天的互联网时代，这种理念还有效吗？

来自互联网巨头们的教训[3]

这是最近看到的一篇文章，作者从“高扩展性博客”(High Scalability Blog)上总结了几大互联网在设计后台数据中心时得到的教训。文章开头就总结了七个互联网公司（谷歌、YouTube、Twitter、Amazon、eBay、Facebook和Instagram）都提到的六点教训：

(1) 保持简单，复杂度会随着时间推移自然出现；

(2) 一切自动化，包括故障恢复；

(3) 迭代优化，当需要把系统扩展到更大规模时，做好抛弃那些还正常工作模块的心理准备；

(4) 使用正确的工具，但不要怕自己开发工具；

(5) 在合适的地方使用缓存(caching)；

(6) 了解何时该选择数据一致性，何时该选择数据可用性。

第一点就是“简单”，但和新泽西方法的原因和内涵有所不同。不同于UNIX时代相对简单的单机系统，互联网时代大公司的系统往往都是成千上万台机器，在这样的系统上部署、管理服务（软件）是一项非常有挑战的任务。而为大规模用户提供的一项服务往往会涉及到众多模块、若干步骤。此时“简单”就是要求每个阶段、每个步骤、每个子任务尽量采用最简单的解决方案，这是由于大规模系统内在的不确定性导致的复杂性决定的。

即使做到了每个环节最简单，但由于不确定性的存在，整个系统还是会出现不可控的复杂性。比如，美国工程院院士谷歌工程师杰夫·狄恩(Jeff Dean)最近在美国加州大学伯克利分校(UC Berkeley)报告[4]中介绍了他们努力缓解大规模数据中心中的长尾延迟(long-tail latency)难题：假设一台机器处理请求的平均响应时间为 1ms，只有 1%的请求处理时间会大于 1s(99th-Percentile)；如果一个请求需要由 100 个这样的节点一起处理，就会出现 63%的请求响应时间大于 1s，这样的系统是不可接受的。面对这个复杂的不确定性问题，谷歌做了很多工作，权衡各种设计折衷，具体请参考文献[4]。

大规模数据中心，看起来似乎和我们普通的开发人员离得比较远。但最近看保罗·格雷厄姆(Paul Graham)写的《黑客与画家》(*Hackers and Painters*)这本介绍硅谷创业公司的书，发现书中也多处强调"简单"。

保罗·格雷厄姆的《黑客与画家》

保罗·格雷厄姆被称为"硅谷互联网创业之父"。他在 1995 年和麻省理工学院罗伯特·莫里斯(Robert Morris)教授创办了 Viaweb 公司，于 1998 年被 Yahoo!公司以 4900 万美元收购。2005 年，他又创办了 Y Combinator 创业孵化器，帮助 80 多家创业公司成长起来，其中包括 Dropbox(市值大于 40 亿美元)、Airbnb(市值大于 13 亿美元)等。显然，格雷厄姆有丰富的创业经验。

格雷厄姆在"设计者的品位"一章中写到，"好的设计是简单的""简单就是美，正如漂亮的数学证明往往是简短而巧妙的那种"。他提到，有些创业者希望第一版就能推出功能齐全的产品，满足所有的用户需求，但这种想法是致命的。在硅谷创业最忌讳的就是"不成熟的优化"(Premature Optimization)。因为一方面用户需求是多样的，不同人群都有不同的需求；另一方面开发者想象的需求往往和真实的用户需求有偏差。所以，格雷厄姆推崇那种有用户参与反馈的迭代优化的方式。

无独有偶，最近至少听到两个报告提到了 Facebook 的开发模式。当 Facebook 开发一个新的服务，会先让一个小用户群使用 根据用户的反馈来修改功能，同时可以调试程序中的错误。然后下一版让稍 些的用户群使用，收集用户反馈继续修改程序。如此反馈几次，最后再推向所有用户。这种模式要求在最初设计时尽量简单，从而只需几个月就能推出一项新功能，然后再不断优化完善。

到目前为止，谈的工业界偏多一些，但其实对于系统领域的学术研究，“简单”法则同样适用。

KISS 原则

普林斯顿大学计算机系的李凯教授是 KISS 原则的坚决贯彻者。几乎每次和李凯老师讨论时，他都会强调“保持简单”（Keep it Simple）。其做事方式是——只抓住大方向，其他问题尽量简化。

但真正要做到 KISS 原则其实并不容易。我在遇到问题时，往往会从各个方面去考虑问题，其中难免包含了各种细枝末节，这种方式导致问题经常会变得非常复杂。比如，一个任务需要把 FreeBSD 的 TCP/IP 协议栈从内核态移植到用户态时，我觉得有约 10 个功能需要考虑。和李老师讨论时，他让我把那些功能分成两类：“必须有”（Must Have）和“可以有”（Nice-to-Have）。当我试了这种方法，发现原来“必须有”的功能其实也不过 3 个而已。而最近的一个例子是要设计一个功能，让运行在模拟器中的服务器和运行在真实机器上的客户端能通过 TCP/IP 进行通信。作为用来评估体系结构的基准测试程序，我考虑是尽量减少模拟器上 OS 的开销，所以打算自己写一个模块模拟网卡设备、然后让用户态程序旁路内核（Bypass Kernel）直接访问该设备。但李凯老师在了解 OS 开销以后，建议容忍开销、尽量直接使用模拟器自带的功能，让开发更简单。

这些教训也让我不断地去思考为什么要用 KISS 原则。我渐渐地体会到，KISS 原则目的其实是——“快速推进、逐步优化”。设计一个算法，往往可以在大脑中预先思考好，然后直接编程写出来。但是，我们设计实现一个系统，当系统的复杂度超出大脑的工作记忆容量时，就无法在大脑中去“模拟”每一个细节。此时，应该用最快的速度去把系统建起了，然后再对各个环节进行优化。

这个 KISS 理念并不是计算机系统领域特有的，最早是来源于研制飞机时提出的设计理念。而在其他领域，如果一个任务需要多个步骤，也同样有效，比如生物研究。施一公教授的一篇文章中也提到了这一点。

施一公：耗费时间的完美主义阻碍创新进取[5]

2011年9月清华大学施一公教授发表了一篇博客《如何做一名优秀的博士生：(二)方法论的转变》，其中谈到完美主义的危害，这是从另一个角度来强调“简单”。

施一公教授讲了他在博士后期间的一个故事。一次他的任务是纯化一个蛋白，两天下来，虽然纯化了，但是产量只有20%。

他不好意思地对导师说，“产率很低，我计划继续优化蛋白的纯化方法，提高产率。”

“你为什么想提高产率？已有的蛋白不够你做初步的结晶实验吗？”

“我有足够的蛋白做结晶筛选，但我需要优化产率以得到更多的蛋白。”

“不对。产率够高了，你的时间比产率重要。请尽快开始结晶。”

实践证明导师的建议是对的。

提到这个故事，施一公教授总结说：“在大刀阔斧进行创新实验的初期阶段，对每一步实验的设计当然要尽量仔细，但一旦按计划开始后，对其中间步骤的实验结果不必追求完美，而是应该义无反顾地把实验一步步推到终点，看看可否得到大致与假设相符的总体结果。如果大体上相符，你才应该回过头去仔细地改进每一步的实验设计。如果大体不符，而总体实验设计和操作都没有错误，那你的假设(或总体方向)很可能是有大问题的。这个方法论在每一天的实验中都会用到。从1998年开始自己的独立实验室到现在，我告诉所有学生：切忌一味追求完美主义。我把这个方法论推到极限：只要一个实验还能往前走，一定要做到终点，尽量看到每一步的结果，之后需要时再回头看，逐一解决中间遇到的问题。”

结　　语

我想从各个角度去阐释“简单之美”，但到最后感觉这篇文章就是一个大杂

烩。既然如此，那就再加一点料。

埃隆·马斯克(Elon Musk)是现实世界中的钢铁侠(见图 2-6)，他先后创办了网络支付公司 PayPal、电动汽车公司 Tesla 以及空间探索公司 SpaceX。目前 SpaceX 研制的“猎鹰”火箭已成功试飞，并得到 NASA 16 亿美元的合同。为了减低成本和提供可靠性，SpaceX 设计的火箭也到处渗透着“简单”理念[6]：“在他们的猎鹰 1 号运载火箭上，并没有很多专利，科学家们不在乎，只要火箭能飞就行。火箭用的主发动机也不是 21 世纪的最新设计，而是 1960 年代的老古董，只有一个燃料喷射器。它很老，但很可靠。”■

sina 新浪科技　科技时代 > 科学探索 > 正文

硅谷企业家开设私人火箭工厂 目标直指火星

http://www.sina.com.cn 2012年02月09日 16:08 外滩画报

硅谷企业家的埃隆·马斯克最近逢人就说，也要在火星退休。

他不是开玩笑。走进SpaceX在加州霍桑镇的工厂，1500个工程师正在为这个目标努力着。门边挂着的是一幅巨大的火星照片。在这个巨大的前波音747制造工厂里，停放着猎鹰9号火箭以及胶囊状的太空船，他们称之为“龙飞船”。按照计划，龙飞船应该在今年2月初携带物资被猎鹰9号火箭送上国际空间站为其补充给养，因为需要更多的准备被推迟。毕竟这将是私营公司飞船首次与在轨实验室对接。

图 2-6　埃隆·马斯克

参考文献

[1] The Rise of ‘Worse is Better’[OL]. http://www.jwz.org/doc/worse-is-better.html

[2] “差点的更好”设计理念的兴起[OL]. http://www.aqee.net/the-rise-of-worse-is-better/

[3] Scalability Lessens from Google, YouTube, Twitter, Amazon, eBay, Facebook and Instagram, http://www.dodgycoder.net/2012/04/scalability-lessons-from-google-youtube.html.

[4] Jeff Dean. Achieving Rapid Response Times in Large Online Services[OL]. http://research.google.com/people/jeff/latency.html.

[5] 施一公. 如何做一名优秀的博士生：(二)方法论的转变[OL]. (2011-09-14). http://blog.sciencenet.cn/home.php?mod=space&uid=46212&do=blog&id=486270.

[6] 新浪科技. 硅谷企业家开设私人火箭工厂 目标直指火星[OL]. (2012-02-09). http://tech.sina.com.cn/d/2012-02-09/16086703213.shtml.

包云岗

CCF 高级会员、CCF 理事、CCCF 编委、CCF 普及工委主任。中科院计算所研究员，先进计算机系统研究中心主任。主要研究方向为计算机系统结构。baoyg@ict.ac.cn

青年学者成长难在哪里

王　涛[1]　崔　斌[2]

1. 爱奇艺公司

2. 北京大学

青年学者是非常有代表性的一个学术群体。根据历史上重大科学成果发现者的年龄分布规律，25～45岁是最具创造力、最容易出成绩的年龄区间。然而我国青年学者却常常感叹：青年学者成长真难！

为什么有此一呼？因为中国青年学者在承担学术研究工作的同时，还面临着巨大的竞争压力：要为生计、住房、项目和职称等奔波。虽然我国正在完善支持青年学者的行政、管理及科研经费等相关的制度，但还不足以让年轻人自由地去想、去做、去翱翔。

青年学者能否成长，关乎今后若干年内我国科学技术发展的成败。青年学者的成长到底难在哪里？教学和科研之间如何平衡？终身职位(tenure)制度能否有助于青年学者的发展？2013年10月24日，在中国计算机大会期间，CCF YOCSEF在长沙举办了"青年学者成长难在哪里"的专题论坛。论坛邀请CCF理事长郑纬民教授，CCF青工委主任、山东大学计算机学院院长陈宝权教授，浙江工商大学软件工程系主任姜波教授，复旦大学计算机学院院长王晓阳教授，中科院自动化所陶建华研究员，百度公司赵世奇研究员，西北工业大学计算机学院於志文教授，以及来自高校、科研单位、企业等150余名嘉宾，从青年学者的现状、学术影响力的建立、教学与科研、交流与合作等方面进行了深入的探讨。

我国青年学者的现状

高校青年学者的烦恼：科研任务重、教学任务多、经济收入少。高校青年学者在学者中占有非常大的比例，40 岁以下的有 86 万人，占全国高校教师的63%。对外经济贸易大学廉思副教授带领研究团队历时一年有余，在北京、上海、武汉、西安、广州等 5 个城市，对供职于 985、211、普通高校、大专院校在内的5138 名青年教师进行了一次全国范围的调查。在他完成的《工蜂——中国高校青年教师调查报告》中，用蜜蜂中辛勤劳作的工蜂来形容高校青年学者。“工蜂”族是高压人群，72.3%的受访者直言“压力大”，其中 36.3%的人认为“压力非常大”，最大的压力源是科研任务。80.6%的“工蜂”没有主持过国家级课题项目，六成“工蜂”一年的科研项目经费不足 5 万元，61.6%的人没有拿到过学校的研究资助。

高校青年学者的烦恼集中体现在三个方面：第一，经济收入。大部分青年教师觉得生活压力较大，收入偏低。青年教师几乎都是博士毕业，他们也有“高学历、高社会地位、高收入”的期望，然而在现实中却有很大的心理落差。第二，考核制度。目前高校评职称、考核与做学问之间存在着很多矛盾。考核多数都呈现量化，无论是论文还是项目，都是数篇数、数个数。有些高校一年考核一次，有的甚至一年考核三次，这种“短”“频”“快”的考核与十年磨一剑的科学研究规律有些相悖。第三，学术资源。青年学者由于资历浅，普遍缺少场地、学生、科研经费等各方面资源。由于缺少资源，很难快速交出优秀成果。

企业青年学者的困惑：产品驱动，缺乏持续稳定的学术环境。企业青年学者也同样存在不少困惑。高校以论文的数量和质量来评估青年学者，企业中常见的评价指标是做了多少产品，给公司带来多少收益。产品驱动、收益驱动往往是企业对青年学者的评估方式。

企业的研发容易受产品和市场变化的影响，容易改变研究方向，也经常面临项目重组。这些往往导致企业的青年学者对一个学术问题很难进行深入研究，也不容易有积累，因而难有学术上的成就和影响。另一方面，随着科学技术日新月异地快速发展，青年学者必须不断努力跟上科学技术的潮流。如果没有自己带领的团队，年龄大时很容易面临落伍和被淘汰的风险。

何谓成才？ 高质量的研究成果+引人注目的影响力

“天将降大任于斯人也，必先苦其心志，劳其筋骨。”青年学者虽然面临很多困难和挑战，但是他们只有经过艰苦的磨练，才能做出一流的研究成果，成长为某一方向、某一领域的人才。对于青年学者来说，如果要被社会认为是“才”，首先一定要有“高质量”的研究成果。所谓“高质量”，指的是在相应研究领域里，对已有的研究成果做出实质性的推进，例如提出新的观点，提供新的论据，引入新的观察视角或论证方法，或是解决了前人尚未解决的关键问题等。

青年学者要成才，光有成果还不够，还要有影响力。很多成果如果不为人知，那就不会被认为是人才。通俗地讲，有好的成果，还要产生好的效果。影响力可以分为三个方面：首先是对别人的影响力，很多青年学者是教育工作者，研究成果会影响到很多人；其次是对事业的影响力，研究的方法、手段、标准可能会影响到一个产业，应用到某个产品上，甚至成为行业的标准；第三，榜样的影响力，如被评为优秀青年、杰出青年，获得奖项等。

取得成果三部曲：确定选题、制订目标、寻求实现

“打铁还须自身硬”，取得成果是青年学者成才的必要因素，也是多数青年学者面临的挑战。要想取得优秀研究成果，首先需要确定选题，制定明确的目标，再根据目标寻求各种实现的途径。

选题要独特 选定一个大方向后，经过层层分析，逐步精化、定位，最终确定自己的选题。好的选题一定不能过于传统。只有对目前已有的研究成果进行充分的调研，结合业界发展趋势，才能选定自己独特的题目，为取得成果迈出方向正确的第一步。

目标要坚定 选定课题后，就要制订目标。目标可以有多种，可以是在领域内最高级别会议上发表论文，可以是获得某项认定，也可以是在预定时间内实现特定产品等。在实现目标的过程中，往往会遇到很多困难，很多人会退缩或者放

弃。成功往往是在于不断的积累以及不懈的坚持下才柳暗花明的。

实现途径多样化 确定了选题并制订了目标后，就要全力以赴地去实现。实现的途径是多样化的，可以是单打独斗，可以成立团队，也可以依托平台合作。如果是纯研究型课题，成立团队就不一定是必须的条件，依靠个人也完全可能研究出成果。如果是工程性的课题，依靠一己之力不可能完成一个系统工程，成立团队就是必要之举。然而，对于多数青年学者来说，因为资历浅，没有足够的学生资源，也没有足够的经费支持，建立团队更是非常困难的一件事情。在这种情况下，青年学者可以考虑依托一个成熟有效的平台，在这个平台上获得一些可用的资源，进行交流与合作。例如，可以与国内外的科研机构进行合作，可以加入领域内的学会或协会组织等。

扩大影响力的关键点：创建“品牌”、依托平台

扩大影响力，得到社会的高度评价，对青年学者的成长有着重要的作用。传统的以文章数量和质量的评估方法，存在缺乏公正，与社会贡献脱节等弊端。目前，很多高校正在积极改进评价制度。例如：复旦大学引进了代表性成果评价制度，淡化了量化指标，主要从影响力的角度以及贡献的角度来进行评价。青年学者要建立威望，扩大影响力，可以从两个方面努力，即创建自己的“品牌(brand)”以及依托或构建平台。

“品牌”就是在小同行内众人皆知 青年学者要想建立自己的影响力，就一定要有自己的“品牌”。品牌的概念来自于商界，例如谷歌搜索。把品牌这个概念运用到青年学者身上，可以简单地理解为在小同行里以什么样的科研成果为人所知。当提起一个人，小同行里就会想到一个特定的与这个人有关的学术研究，这就是个人品牌。品牌和产品其实不是一件事情，不要把一篇顶级会议的文章当作自己的品牌，那只是一个产品。而如果一个人持续多年在顶级会议上发表多篇相关文章，就建立了个人的品牌。

如何创建“品牌”？选题、聚焦、宣传 对于青年学者来说，要创建自己的品牌面临很多困难。首先选题要正确，选题决定了你要做一个什么样的品牌。一方面应当是同行很愿意关注的方向，另一方面是做出多个产品。很多青年学者

选题没有连贯性，东打一枪，西打一炮。例如：在顶级会议上发表3篇论文，却是3个不搭界的主题。如果3篇文章在一个领域，情况就大不相同。确定了自己的品牌后，就要抓住一切机会进行宣传，这是很多青年学者容易忽视的。可以准备各种时长的演讲，在各种场合宣传，建立自己的网页，展示自己的产品，尽一切可能让同行知道自己的品牌。常参加会议，做各种讲座，同时发表一些综述性的、观点性的文章。

依托平台：No loser in a winning team 创建自己的品牌和影响力，不管是对人还是对事的影响力，都要有一定的平台和话语权才能达成。而青年学者由于还没有成才，往往缺少话语权和交流的平台，因此，青年学者在努力取得成果的同时，还需要依托一个好的平台或团队，在条件成熟的情况下，也可以构建相关的平台。有一句名言“No loser in a winning team”，可以解释为在一个成功的团队中没有一个失败者。反之，加入一个好的团队，每个人都能够成才。例如：众所周知的微软亚洲研究院，在计算机方面的研究已经给国内的科研带来了非常大的影响。很多从微软亚洲研究院走出来的人也都是当年的青年学者，现在都取得了大的成就，这就是平台的作用。

教学与科研孰轻孰重？ 是矛盾还是统一

在大学里，培养人才是第一位的。虽然目前很多考核制度都强调科研和学术，但是从本质上来说，教学与科研并不矛盾，而是统一的。对于高校青年学者来说，教学教得好，本身也是科研能力的体现、演讲素质的延伸。教学的过程中，可以把自己研究的方向和成果介绍给学生们，把工作和研究的重点，甚至是工作的方法教给学生们。这个过程，不但培养了学生，也是对自己的宣传，可以吸引优秀的学生加入自己的团队。

从另外一方面看，大学里培养的人才除了学生之外，其实还包括老师。只有老师在尖端的科研领域做出成果，才能培养出能力优秀的学生。当然，如果一个学校的定位并不是研究性学校，那就不一定非走科研之路，应该以教学为主，结合自身的优势，发挥自己的特长。要教好课其实并不容易，需要掌握很多新的知识，了解前沿技术和发展趋势。虽然那些成果并不一定是自己的研究成果，但是必须能保证不断跟进，以便传授给学生。

青年人是否一定需要团队

青年学者的成长需要充分地借助团队的影响力，在此之上构建自己特殊的个人魅力和影响力，这对个人的成长有非常大的促进作用。青年学者往往最初是在一个大的团队里，这种时候，首要任务就是积极承担团队任务，把自己负责的工作做好、做强、做出特色。利用大团队的知名度，能够更快地成长，而不要急于从大的团队中分离。目前，很多知名人士都是从一些团队中成长起来的，很少有博士毕业就自己创建团队并取得成功的先例。很多青年学者对如何甄别一个团队是否是一个成功的、值得加入的团队感到困惑。判断一个团队是否成功，可以从这个团队已有的成果入手，也可以看团队成员的成长、发展等因素，从各个方面综合判断。

青年学者往往缺少资源，没有学生，很多人都希望尽快能建立自己的团队。其实，应该先在一个团队中踏踏实实工作几年，等到真正具备了自己的优势之后，再根据需要创建自己的团队。一个团队的建立以及成长是非常艰苦的过程。在建立团队之前，一定要有客观的定位和分析。如果定位是做基础研究，凭个人就可以开展科研的，就不需要急于建立团队。如果你决定做一些工程性的系统、产生重要应用价值的产品研究，就很有必要建立团队。建立团队要具备几个条件。首先需要锻炼自己的人格魅力，让手下的人自然地凝聚过来。其次，需要有接受挑战的能力，这是个非常艰苦的磨练过程，往往心里有很多的冲击，要做很多跟科研无关的管理工作，需要很强的忍耐力来激发和引领团队。最后，需要保证所做的工作对社会、国家，尤其是科技领域有促进意义，同行内有比较好的认可，这样团队才会自然地成长、壮大，不会面临其他方面太大的压力。

除了这种非常紧密的团队，青年学者还可以组织非正式、不紧密的团队；可以通过各种途径，与研究方向相近的朋友、同事、校友等，经常在一起交流，一起琢磨，一起开研讨会，共同申请一些项目，这也会为个人成长提供很大的帮助。

交流合作是成长的捷径

科研工作想要不断深入，最主要的途径是交流合作。在会上交流、单位之间交流、研究员之间的交流，都是最容易也最可行的方式。国内有很多单位都提供这样的机会。比如很多的国家重点实验室，都提供这种开放课题，青年学者可以去申请，通过资源互补的方式，共同研究。除此之外，青年学者还可以寻求国内外的合作。在寻求合作的时候，一定要注意几个问题。首先合作的方向一定是自己一直坚持的方向，如果合作的方向自己并未涉足或者涉入不深，那么短时间的合作将没有任何意义。另外，寻找合作者的时候，不应该只关注对方的名气，更应该关注他的态度。只有对方有较强的合作意愿时，合作才可能有产出。总之，不管是寻求国际还是非国际合作，最重要还是先有自己的方向、自己的品牌，才能很快地与合作方融合，取得成效。

青年学者还可以很好地利用第三方扶持的平台进行交流，例如 CCF YOCSEF。YOCSEF 多年来开展了非常多的活动，精心选题、策划组织学术报告会和论坛，邀请领域内顶级专家与青年学者面对面交流。YOCSEF 传播先进技术和学术思想的同时，也创造了很多跨地区的交流与合作机会。这种平等的、面对面的交流文化对青年学者的成长有很多帮助。

探索新的制度、提供好的学术环境

取得个人成果，建立同行内的影响力，是青年学者主观上努力的事情。然而，对于青年学者的成长，还存在着很多客观方面的因素，相关制度就是其中之一。很多情况下，评职称、考核与做学问充满着矛盾。多数高校的考核都是非常量化的，无论是论文也好、项目也好，基本都要根据篇数、影响因子和引用率来评价是水平的高低。除了量化的考核标准，短频快的考核要求也给青年学者带来了很大压力。

要帮助青年学者成长，首先要改革考核制度。目前很多高校都借鉴美国的终身教职评定（tenure track）制度，尝试引进新的考核制度。在终身教职制度中，不存在讲师不能申请项目的规定，也不存在年轻教师不能带博士生的约束。但是基于国内现有制度，还不能完全照搬终身教职制度，而是需要结合两种制度，创立一种新的制度，以适应国内的实际情况。很多高校存在两种制度，老人老办法，新人新办法，这对吸引人才非常有利，对青年学者的成长也有很大帮助。不过，实际执行过程中，最大的困难就是如何让两套系统和谐共存。

同时，高校和企业的管理者也应该尽可能为青年学者提供好的学术环境，保证青年学者有尊严的生活，没有后顾之忧，能够安安心心做事；能够在评估方面有正确导向，并给予时间的保证，为青年学者提供好的服务，而不是让他们做很多琐碎的事情。

结　语

青年学者作为国家科技发展的生力军，越来越得到全社会的关注。他们的成长存在不少环境上的制约，面临着很多困难和挑战。目前，很多高校、科研机构、IT 企业已经在积极引进新的机制，有力地支持青年学者踏踏实实做学问，为青年学者提供服务，让他们没有后顾之忧，快速成长。我们特别呼吁社会能对这个群体给予更多的关注。我们也呼吁广大青年学者，不畏困难，坚持对研究方向、人生价值、自我梦想的追求！■

王　涛

CCF理事、CCF计算机视觉专委副主任、CCCF编委。北京爱奇艺科技有限公司首席科学家。主要研究方向为计算机视觉、模式识别、多媒体分析、虚拟现实、数据挖掘等。

wtao@qiyi.com

崔　斌

CCF杰出会员、CCF数据库专委会秘书长。北京大学长江学者特聘教授、网络所所长。主要研究方向为数据库、大数据管理与分析。bin.cui@pku.edu.cn

我为什么鼓励你读博士

钱　辰

肯塔基大学

关键词：计算机领域　职业技能

看过《水浒传》的朋友都知道，梁山的一百单八将因为各种理由加入了水寨，走上了劫富济贫、替天行道的路。我 2006 年从南京大学本科毕业以后，耳闻目睹了数百位计算机专业的博士（生），他们选择读博士的理由可以说比梁山好汉更为复杂。

就拿我自己来说，我从小就对编程不感兴趣，高中毕业时一心想报的志愿是数学或者物理专业，但被做数学教授的父亲逼着填报了计算机专业——他出于很多理由，不想让儿子走他的老路。后来我听说计算机专业居然也有一种不需要编程的职业——做教授！从此我对做教授无限向往，于是坚持读完了博士。

我的硕士生导师倪明选教授（现任澳门大学副校长）曾经有一位及门高弟，在倪教授问其为何读博士的时候回答："我妈妈要求我拿到博士学位，我博士毕业以后就去赚钱。"这位传说中的师兄如今已是国内某著名 IT 公司的高层领导。

与形形色色的读博理由相对应，这些博士（生）人生的道路也各不相同。有成为国内外大学教授者，有在公司做技术骨干者，有做一般的工程师者，也有读博期间遇到困难及时退学去工作者，也有苦苦支撑到毕业然后去工作者。当然，他们都比梁山好汉们的结局好得多了。

经常有朋友或者学弟学妹问我："你觉得读博士好不好?""你觉得我是否应该读博士?"这些都是相当难回答的问题。而我们在选择是否读博的时候，往往是对这个专业还没有足够的了解，比如大三、大四时。在中国学生中有一种典型的"羊群效应"：如果周围同学(尤其是学习标兵们)都在准备出国或准备在国内读博，那大家都会效仿，觉得读博很有面子。如果大家都说读博没意义，即使对科研感兴趣的同学，也可能会因为面子问题而不去读博士。10年前，我也曾经与同学一起去面试微软的工程师职位，甚至宝洁的销售经理职位。现在想想，那些职位既不是我所长，也不是我的兴趣所在，可当年我又如何去判断呢?

我想通过对一些博士人生道路的回溯分析，给计算机专业的学生一些建议，帮助他们选择是否要读博士，鼓励他们通过独立思考来选择自己的道路。

对于读博士的一些误解

年轻学生由于消息渠道不灵通，或者没有得到正确的指导，对读博士有一些误解。

1."读博和科研只适合绝顶聪明或成绩非常好的人"

这个看法是完全错误的，如同"演员只有非常有表演天赋的人才能当"一样是个伪命题。你如果认为大家心目中的学术大牛都是绝顶聪明的人，就好比说经常出现在新浪首页或者微博热搜的那几位明星的演技都非常好一样。在我所认识的博士中，做出顶级科研的并不都是同辈中超级聪明的人，也不一定是平均成绩点数(Grade Point Average, GPA)最高的人，更不一定是参加ACM编程竞赛的高手们，而恰恰是那些有耐心有毅力坚持去钻研的人。很多博士生只要选好导师，选好研究方向，肯花费时间，都能做出顶尖的研究。有很多在海外学术圈颇有建树的学者和我私下交流的时候说他们当年的学习成绩并不好。

2."科研穷三代，读博毁一生"

这句话在其他领域或许是对的，但在计算机领域就是错的。在计算机领域，通过读博挣钱的大有人在！计算机学科的特性就是科研与产业结合得非常紧密。尤其是最前沿的科研，对产业有很大的推动作用，并产生经济利益。一个典型的例子就是谷歌的创始人佩奇和布林都是博士生，也出自博士家庭。虽然他们没读完博士就去创业了(布林自称现在在职读博士),但是如果他们没有读博,那将很难开创出谷歌的核心技术。目前业界大数据系统的宠儿Spark,就是由加州大学伯克利分校的教授和博士们开发的。首席开发者马泰扎·哈里亚(Matei Zaharia)即使有挣大钱的机会,也没有完全放弃麻省理工学院的教职。在网络技术领域,目前业界关注的核心"软件定义网络"也是教授和博士们在大学里开发出来的。谷歌、威睿(VMware)、Databricks (Spark)、Nicira (OpenFlow)以及无数顶尖技术公司雇佣了数以千计的计算机专业毕业的博士,因为博士通常比其他雇员更接近核心技术。如果你想实现自己的技术梦想并挣大钱,读博士是一个很好的选择。"读博就得走清贫的人生道路"是没有任何道理的。

3. "科研做的东西大部分都是废纸,对实际一点帮助都没有"

这种观点在计算机领域也是不正确的。计算机科学并不是屠龙之技。今天几十亿人都离不开的计算机网络的原型就是从加州大学洛杉矶分校发展起来的,我的师爷(我导师的导师)莱昂纳多·克莱洛克(Leonard Kleinrock)教授在阿帕网(ARPANET)项目中开发了互联网的雏形,并在1969年发送了互联网的第一个数据包。20世纪70年代,我的导师、美国工程院院士林善成(Simon Lam)教授在他的博士论文中分析了解决链路层冲突的方法,最后被以太网采用,融入我们的生活中。林教授在20世纪90年代开发了安全套接层(SSL)的第一个实现系统,如今安全套接层被运用到每台电脑和手机的浏览器中。不仅是计算机网络,几乎每个计算机领域的技术都被科研引领着。按照加州大学伯克利分校博士后研究员钱学海博士发表在《中国计算机学会通讯》(CCCF)上的文章[1]所说,计算机体系结构这些年的发展,都与该领域四大学术会议上的论文密不可分。

另一方面,虽然很多论文在现实世界不一定能体现直接价值,但是在写文章的过程中,你能学到很多东西,比如提出问题、解决问题、语言表达的能力,这些都让人受益无穷。

4. "博士毕业还不如本科生和硕士生好找工作"

其他专业可能会出现这样的情况,因为很多事情并不需要博士学历的人去

[1] CCCF 2014年第6期文章《对计算机体系结构研究的一点认识》。

完成，本科学历便绰绰有余，但在计算机领域这种观点是错误的。美国的先进科技公司往往对计算机专业的博士求贤若渴，因为博士掌握着先进的科技，能为公司带来经济利益。我最近访问英特尔总部时，英特尔的研究人员便提到，在20年前英特尔还招聘硕士进行研究，然而最近英特尔基本只招聘博士。在美国，如果一位博士的科研领域正好是公司所需要的，那么很多公司会开出15万美元的年薪和公司股份来求贤。这种情形目前在国内还并不常见，原因可能是国内的一些公司目前还处在模仿阶段而不是创新阶段。随着国内技术水平的不断提高，越来越多的公司也会渴求掌握科研本领和核心技术的计算机专业博士，估计在五年以内情况就会好转。

读博士能学到什么

读博士不仅是学习知识和技术，也能培养其他职业技能。读博所收获的并不仅是那几页论文，还有写论文过程中学到的东西。对于中国学生来说，工作中并不缺乏解决问题和编程的能力，而是欠缺表达和沟通能力。

比方说你有一个想法能让公司某软件的性能提升一倍，那么你需要说服公司高层领导，让他认为你的想法是有意义的、值得投入资源去开发。实现这个目标所需要的能力是中国学生一直欠缺的，但是可以通过读博得到锻炼。

1. 把握公司高层领导和用户的需求的能力

如果公司高层领导对某软件的性能完全不感兴趣，你当然就不能提出提升软件性能的想法。你要知道公司目前最需要什么技术和产品。这个能力并不是天生就有的，而是慢慢揣摩、锻炼出来的。在读博过程中，你必须知道你的导师喜欢和擅长的课题，摸透审稿人喜欢的表述方法和结果。这都是你极好的锻炼机会，因为在读博的时候，允许失败；但是在职场上，失败的代价非常高。

2. 语言表达能力

我在香港学习期间，与我相熟的刘云浩教授（现任清华大学软件学院院长）反复强调表达能力的重要性。作为一个科研工作者，你要写出能说服别人的论文；作为一个软件工程师，你要写出能体现你贡献的技术文档；作为一个项目负责人，你要写出好的项目申请书和总结报告，让公司知道你的价值。

很多中国学生的语言表达能力很弱，这与外语水平并不是非常相关，而是由于没有经过写作的准确性和逻辑性训练。而读博写论文的过程就能培养逻辑表达能力。

3. 克服困难的能力

被别人拒绝很伤自尊。作为天之骄子的大学生，除了追求异性，恐怕很少遭受被人拒绝的经历。而残酷的职场里到处充满拒绝的情形。如何能够以正确的心态来面对这些事情，也是可以通过读博来训练的。当第一次投稿的论文被无情拒绝后，很多学生都非常愤怒和羞愧。甚至有不少聪明的学生在论文被拒几次之后，一气之下放弃了搞学术。其实，论文被拒稿原因并不一定是你的工作做得不好，很可能只是差了一点运气和工作的完整性。在职场里，求职和升职也可能会被拒绝，原因也并不一定是自身的不足。读博能帮助你认识和理解这些事情，并以平常心来面对挫折。

什么人适合读博士

我认为读博士并不需要天生的特殊能力或者后天的条件。我们平常所说的能力，诸如编程、数学和英语，都只能叫做读博士的催化剂，而不是发生化学反应的“反应物”。所以，问题并不是“什么人适合读博士”，而是“什么人不适合读博士”。

1. 没有耐心的人不适合读博士

一个计算机专业的博士，需要在自己的研究方向上成为世界级的专家。没有人能在短时间内成为专家，即使我们看到有些博士生在第一年或第二年就发表了顶级论文，但他们其实并没有从总体上完全理解该方向，选题有可能是靠导师帮忙，甚至就是导师指定的。大部分重要的工作，尤其是涉及系统的领域（比如操作系统、网络、分布式系统、体系结构、编程语言），并不是在短时间内就能做出成果的。一篇重要的系统方面的论文，通常需要花费近一年的时间去做实验与写作，而之前知识的积累则需要更久。文章发表之前的一段时间是最难熬的，大部分失败的博士生都是跌倒在了这个阶段。而能够熬过这个阶段的，不论之前的背景如何，大部分都能继续发表更多的论文。“耐心”是读博最重要的条件。

2. 不欣赏科学和技术的人不适合读博士

一个成功的计算机博士要懂得欣赏(或者至少愿意欣赏)他人发表的优秀成果,欣赏教科书上的经典设计,欣赏自己或者导师提出的重要问题和解决办法。如果你对科技完全不欣赏,那么是不可能做出好的科研成果的。

读博士需要注意什么

1. 选择合适的导师

导师与一个博士生的命运休戚相关。相同条件的两位博士生如果遇上不同的导师,可能会产生截然不同的命运。

每个导师的背景不同,手上的资源也不同,而他愿意给学生的资源数量也不同。假如某资深教授A的资源为10,某年轻教授B的资源为5。但是A教授有一个10个学生的庞大实验室,能给你的资源只有1;而B教授仅有你一个学生,给你的资源可以是5。显然B教授是更理想的选择。当然实际情况并不是如此简单。比如在美国,通常资深教授和年轻教授的资源差距不大。在中国,资源差别可能很大——当然目前这种差距在逐渐缩小。也有可能你在同门中表现突出,资深教授特别中意你,能给你8个资源。还有可能年轻教授长袖善舞,与许多同行和工业界的关系非常紧密,这时他的资源反而超过资深教授。因此如何选择导师,绝对不是看资深与否或者脾气好不好这么简单。

2. 选择合适的课题

同领域里可以选择的课题有天壤之别。有些课题没有研究价值。有些课题很难,即使认真做了,也不一定能做出好的成果。我的建议是,博士生应该经常阅读顶级会议的论文。即使课题组历史上从没在顶级会议上发表过论文,即使导师不做要求,即使你不在顶级会议上发表论文也能毕业,你还是要去了解。否则研究容易和现实脱节,自然不会得到认可。

博士之后的职业选择

我认为读计算机专业的博士是一个"进可攻退可守"的选择。因为在计算机领域,学术界和产业界联系紧密,任何一行都离不开计算,读博士的职业选择相当多样化。我在德州大学的博士师兄师姐们有的成为常青藤大学的终身教授，有的成为贝尔实验室的主任，有的成为谷歌公司的项目负责人，也有的成为初创公司的创始人。我在香港科技大学的博士师兄师姐们有的成为摩根大通银行(JPMorgan Chase)的副总裁，有的成为国内名校的新贵，有的在公安部研究所担任重要职务。计算机专业的博士即便职业选择再不如意，也很少有为生计烦恼的，在其他专业的人看来这些人都是各行精英。

如果你没有虚度光阴，在读博士过程中学到的知识在未来的职业生涯中都会发挥作用。如果你的优势是写论文，你可以选择成为大学教授；如果你的优势是解决技术难题，你可以选择成为公司的研究员；如果你的优势是编程，你可以成为软件工程师；如果你的优势是建模，你可以加入金融公司等。计算机专业的知识都是实用性的，这是计算机专业一个得天独厚的优势。即使读博的过程非常不如意，也可以及时跳出“止损”，社会不会把你当成一个失败者，公司依旧非常欢迎博士退学者——因为他们也学到了技术。

如果说一百零八位好汉在踏上梁山的那一刻就注定了此生命运坎坷，那么与之相反，读计算机专业的博士却可以保证你未来的生活，并且在此基础上会有多样性的选择来发挥你的优势。■

钱　辰

美国肯塔基大学助理教授。主要研究方向为计算机网络、软件定义网、移动计算和分布式系统。qian@cs.uky.edu

AI产生创造力之前：人类创造力的认知心理基础

陈　浩　冯坤月

南开大学

关键词：创造力　认知机制

得益于大数据和深度学习技术的快速发展，人工智能（Artificial Intelligence，AI）热潮最近两年再度涌起。2016年初，谷歌的AlphaGo以4∶1战胜围棋世界冠军韩国九段棋手李世石；2016年底至2017年初，AlphaGo的进阶版本Master在中国某围棋网站上对战中外高手，获得60连胜；紧接着，人工智能系统Libratus在长达20天的鏖战中打败4名世界顶级德州扑克玩家。一年时间里，人工智能在顶级智力博弈游戏中连续完胜人类，标志着人工智能技术达到了新高峰，也让刚刚过去的2016年成为了不折不扣的"人工智能年"。

人工智能的"创造力"

媒体和大众又一次惊呼，人工智能将要取代人类。人工智能不仅已经在一些耳熟能详的常规体力或脑力工作上开始逐渐取代人类，甚至在一些高级脑力活动中，比如诗歌、绘画、作曲等创作领域，也有了一些突破性进展。我们时常会从媒体中获悉，人工智能能写出越来越像模像样的诗歌，模仿大师画出带有鲜明艺术风格的画作，或"创造"出足以以假乱真的经典曲风的新曲子。所有这些以往被人类自以为是妙不可言、触摸灵魂和高级情感的、不可被认知只可被意会的艺术领域，好像也开始被冷冰冰的人工智能侵袭。

作为清醒的人工智能研究者和业界从业者，应当清楚当前阶段的人工智能距离“强人工智能”尚远。当前所取得的成就，大多属于在有明确规则和目标标准的人类特定活动领域中，是人工智能的理性计算能力自然扩张的结果。以深度学习为前沿代表的机器学习技术，相对于人类具有明显的计算优势。在笔者看来，人工智能在艺术创造领域上的惊喜进展，更多是基于深度学习技术的“深度模仿”，而非真正意义上的创造力。但这并不妨碍我们提出一个大胆的设想：我们能不能创造出具有真正创造力的人工智能？

乐观的人工智能研究者认为，神经网络研发者可以完全不懂相关领域，单单依靠深度学习技术以及不断增长的领域海量数据，就能在人类各个活动场域中攻城拔寨，创造力也不例外。笔者则认为，深刻理解人类创造力的内在认知机制，对于创造有创造力的人工智能至关重要。符号主义取向的基于逻辑的特定领域知识表达，在人工智能研究中仍然具有重要价值，尤其在解析人类创造力这种非常复杂的问题上；起码可以与联结主义取向的基于概率和统计的深度学习技术彼此借鉴、取长补短，更快速高效地推动该领域的发展。

心理学如何定义创造力

创造力是一个复杂和较难界定的概念。根据最近心理学家之间形成的一个新共识，创造力被定义为对问题或情境反应的一种新颖但恰当的解决方式。而结果和过程是创造力的两个紧密相关的层面。

作为结果，创造力需要体现为一个最终产品。而且这一产品必须被认为是新颖和有用的。新颖性是创造力的主要标准，它也经常被认为是最有特色和最重要的特征。但是，创造力只有新颖性是不够的，一些令人难以置信的新颖的和非常规的想法是完全不现实的，大多被认为是伪创造性的，或者是准创造性的。

与新颖性相比，有用性通常被视为创造力的次要特征。它是创造力的必要条件，而非充分条件。有用性要求产品能够提供一些功能，这种功能适应性的标准不是毫无价值的。一个创造性产品，必须获得社会认可。除了新颖性之外，有用性应该是衡量所有创造性产品的主要标准。

人类创造力诞生的进化认知基础

地球上存在许多物种，然而只有人类拥有典型意义上的意识和创造力，并由此改变了我们所生活的这个星球。人类大脑与猿类大脑在解剖结构上并无大异，但究竟是什么使我们进化得如此具有创意？进化取向中尽管存在诸多环节和不同侧重面上的解释，比如直立行走、保存火种、食用熟食、大脑新皮层的发展等，但创造力认知基础的条件解释，更有可能给人工智能创造力研究带来直接启发。

无论进化是渐进发生的还是突然涌现的，人们都相信，旧石器时代中期是人类历史上一个前所未有的创造力时期。是什么样的认知基础条件促使人类创造力的诞生呢？

首先是语言语法的出现。人类的交流在这一时期开始从手势形式过渡到声音形式。虽然由于考古证据模糊，我们可能永远不知道语言确切是从什么时候开始的，但大多数学者认为，早期的智人甚至尼安德特人可能就已经开始使用原始语言。语法出现在旧石器时代中期，使语言变得通用。它不仅增强了与他人交流的能力，将想法由一个人传播给另一个人，还能在创造物上进行合作，从而加速了文化意义上的创新。

第二是符号推理的诞生。符号的使用为人类生活增光添色，有了符号，我们可以理解人或事物的角色，推断它们的潜在抽象意义。

第三是认知流畅性。现代思维的创造性源于认知流畅性，它使之前在功能上彼此孤立的大脑模块与自然、历史、技术、社会过程和语言发生联结。因此，随着脑容量的提高和神经元数量的增加，大脑可更多地认知微观特征，更加细节化地对认知信息进行编码。

第四是情境聚焦。人们普遍认为，现代思维兼具发散和聚合两种思维。散焦注意、激活记忆的广泛区域网络有利于发散性思维，它使模糊的（但可能相关的）信息发生作用。注意力集中有利于聚合性思维。而当个人处于困境并且进展不顺时，散焦注意力使个人能够进入更加发散的思维模式中，工作记忆扩大至更加外围的相关情况信息范围。然后，一直持续到一个潜在的解决方案出现，这时候注意力继而变得更加集中，思维变得更加聚合。

因此，一系列的情境聚焦使得人类能够调整思维方式适应新情境，或针对不同的思想以新的方式结合它们，通过聚合思维来整理这些奇怪的新组合。以这种方式，一种思维模式的果实为另一种模式提供养分，最终形成一个更加精细的世界内部模型。

最后，人类实现了内隐与外显思维间的转换。人类不仅能在既定认知领域之间水平地移动，而且能在内隐和外显思维模式之间垂直地移动。内隐和外显在认知图式上大致相当于发散和聚合思维模式。外显认知等同于诸如规划、推理和假设之类的高级能力，内隐认知与自动检测我们环境中的复杂规律、偶然情况的能力相关联。内隐认知对于构建我们的感知和行为起着重要的作用，它被认为是与创新想法建立广泛链接的桥梁，并被看作是人性的根本面之一。促成这些思维模式转换的因素可能是人类大脑前额叶皮层的扩张。伴随着扩张，相关执行功能和工作记忆容量增加。增强的工作记忆使人们可以更好地控制注意力焦点，以便在存在干扰的情形下保持任务目标。

以上是人类诞生创造力时的进化认知基础，值得人工智能研究者关注。但只了解这些对充分解析人类的创造力之谜还是不够的。探索现代人进行创造性思考时，哪些认知过程具体参与以及如何运作显得尤为重要。

创造力过程中的认知机制

作为一个思维过程，创造力需要搜索、选择新的想法和方案，去解决开放性的问题。简单讲，创造性思维过程通常包括发散性思维和聚合性思维两大认知过程。发散性思维的特点是自动的、直觉的、扩散的和启发式的，通常在想法的产生阶段出现。聚合性思维则不同，它是逻辑性的和控制性的，通常在想法的提炼、实施和测试阶段出现。客观地讲，创造力过程的认知心理学研究更侧重探析发散性思维范畴内的具体机制，对聚合性思维关注不多。下面介绍两种发挥核心作用的发散性认知机制，以及两个著名的创造力认知过程模型。

概念组合

概念组合，即先前分离的想法、概念或其他形式在心理上合并的过程。在科学、技术、艺术、音乐、文学或其他创造性领域中，组合被看作是创造性的激发物，并且在创造性成就的历史记录中经常被提及。组合的元素可以是词语、概念、视觉形式和其他简单元素，或者在更抽象层面上，可以是假设的科学结构、音乐风格、艺术风格等。组合不仅仅是被合并元素的总和，即使是一个简单的组合，如“宠物鸟”，也许就包括一种新兴的属性。组合可以产生或者涌现出任意一个组成要素缺乏或低凸显的特质。例如，“宠物鸟”可能有一个新特征，即“说话”，但会说话通常不会被认为是宠物或鸟的特征。另外，同时抱有或整合两个相反的观点，被称为雅努斯思维的认知过程，也是概念组合创新的一种典型形式，它在达·芬奇的绘画、莫扎特的交响乐和爱因斯坦的科学推理中都有所体现。

新颖的想法或解决方案通常通过结合既有的但之前并不关联的知识来创建。不相关或不同的知识和想法可以来自不同的头脑，即群体成员的集思广益，也可来自同一个人。需要特别指出的是，单个个体可以通过整合自身不同的社会身份来产生创造性想法或解决方案，即心理拼装。心理拼装可看作是由社会认同机制贡献的概念组合方式。当个体整合那些经常被认为是独立的或冲突的社会身份时(例如家庭和工作身份、性别和专业身份)，便可促进心理拼装。因为每个社会身份都与不同的特定社会、专业或文化背景下的经验及具体知识有关。个人通过利用他们已经拥有的但之前不关联的想法，创造新的解决方案。

类比推理

另一个与创造力有特殊联系并经过了实证检验的重要认知机制是类比推理。它是指将结构化知识从熟悉的领域，应用或投射到新颖的或不太熟悉的领域中。人类在创造性成就的历史记录中常常提到类比，例子也有很多。例如，卢瑟福(Rutherford)使用太阳系作为氢原子的结构原型，罗宾斯(Robbins)等人改编了莎士比亚的《罗密欧与朱丽叶》，将其与20世纪50年代纽约的“西区故事”联系起来。类比是促发创造力的关键因素之一，并被列为创造力认知过程中的重要组成部分。良好的类比在非常深刻的水平上连接熟悉和新颖的领域(结构类比），而不仅仅是在表面上（外形类比）。与概念组合一样，类比存在多种表现形式以及可供类比的多种目标。最显著的目的包括应用来自一个领域的知识来帮助理解或发展另一个领域的想法，还包括用一种简洁、可理解的方式向他人传递一个新想法或新观念。

生成探索模型

生成探索模型是一个关于创造力认知的总体描述框架。这一模型将新颖、有用想法的产生，归因于候选想法生成过程和基于此扩展的探索过程之间的相互作用。该模型不是将创造性过程看作单一的实体，而是识别出一组基本的认知子过程，它们以各种方式组合，影响创造性成果的产生。

已被识别的生成子过程包括检索各种类型的信息，例如特定类别范例、一般知识、图像、源类比等，以及概念和意象的关联和组合。这些认知子过程被认为用于产生候选想法，这些想法有时被称为前创造形态，它们不一定是当前问题的完美的创造性解决方案，而是代表可以促进或抑制创造性成果诞生的可能切入点。该模型假设人们可以使用属性判据，例如明显的新颖性和美学吸引力，来确定哪些前创造形态应该保留并进一步加工。接下来，通过特定的探索过程开发候选想法的创造潜力，期间可通过修改、详细阐明、考察影响、评估局限或其他方式改造候选想法。

生成探索模型的一个重要特征是，它描述了创造力基本认知过程的本质以及如何在知识结构上产生想法的特征。例如，创造性认知不仅仅依赖于更为全局化的认知特性描述，比如发散性思维，而是试图详述产生多样结果的基本子过程。面对一项发散性认知任务，个体会在大脑中罗列各种可能的候选想法，所列想法可从大范围基本认知过程实践中导出，包括情境检索、心理图像、特征分析、抽象或类比，以及许多其他可能的途径。在更具体的层面上，创造力认知试图确认这些子过程中的操作细节。

最小阻力路径模型

在生成探索模型之外，认知取向的创造力过程描述上，研究者还关注特殊信息和一般信息的检索问题。最小阻力路径模型是一个组织框架，用于在不同抽象层次或一般性层面上，描述人类个体如何在既有知识框架中检索信息。该模型指出，当人们为特定领域开发新想法时，主要趋势是从该领域获取具体的基准水平样本作为起点，然后将许多存储的实例属性投影到正在形成的新想法中。例如，在设计新运动时，主要倾向是检索已有的特定运动，例如棒球和足球，在此之上对新运动进行模式化。

最小阻力路径模型与联结主义创造观类似，并且在很大程度上与其观点相一致，因为它表明在某种情况下某些项目比其他项目更容易被想到，但是侧重点有所不同。首先，它特别关注类别的内部结构，即类别与各成员之间（例如水果和苹果之间）的分级关系，而不是典型的联合的主体类型的关联（例如针和线）、相对（热和冷）或词法-短语（蓝奶酪）；第二，最小阻力路径模型更关注个体规范模式，而不是关联层次上的个体差异；第三，最小阻力路径模型的重点是使用代表性来预测一个人在创意生成任务中依赖于给定参照样本的可能性，而不是坚持更具原创性的想法。创新无疑会受到长期访问的已知领域实例以及新近呈现的较易访问实例的约束。不同的线索提示会导致检索出不同的实例及其性质，然后投射到新颖实体上。

“被冷落”的聚合性思维

人类的创造性活动涉及发散性思维和聚合性思维。但我们也注意到，创造力的认知心理学研究更多关注发散性思维，而不是聚合性思维；更多关注新颖性，而非有用性。也有学者认为，过分强调发散性思维，而不考虑聚合性思维，可能会导致各种各样的问题。例如，个体可能从事鲁莽或盲目的创造，由此可能带来灾难性后果，因为他们缺乏对创造力有效性的考量。

发散性思维需要跳出“箱子”思考，而不道德的行为有时就是创造力的一个意想不到的副产品：太过具有创造性反而可能会违反规则，甚至违反法律。所以，人们也需要使用聚合性思维来评估和判断他们的创造性想法是否适当。

尽管发散性思维可能比聚合性思维得到了更多关注，但是许多学者都认为二者对创造力都是至关重要的。例如，有学者肯定聚合思维在促进创造力中的作用，认为创造力需要发散性思维来产生新的想法，也需要聚合性思维来评估新思想的新颖性和创造性。其他的一些创造力认知过程模型也会强调聚合性思维。例如坎贝尔(Campbell)和西蒙顿(Simonton)认为,人们不仅参与认知变化去创造新的想法,而且也选择性地保留有用的或有效的想法,来消除不太有用的想法。

正如前人所言,“创造力不是个人的属性,而是社会制度对个人的判断。”而考察有用性的一个主要困难是,这是一个相对难以捉摸和主观的概念。为了有用性或适当性,创造力必须在某一个时刻满足一群人。

小结: 基于人类创造力认知原则的 AI 研发新取向

笔者介绍了认知心理学在人类创造力上的一些关键认识与进展,可能会为人工智能创造力的开发提供一些参考。在心理学诸多研究取向中,认知心理学是与计算机科学最为靠近的取向,与之存在天然联结。认知心理学的兴起直接来自人类大脑认知过程的“计算机隐喻”,并随着认知心理学研究的深化和拓展,不断反哺计算机科学。更为重要的是,认知心理学由于其认识论基础和研究范式上的特点,是最容易被计算机系统编码和计算的心理学知识领域。即使如人类情绪情感这样看起来与理性计算背道而驰的研究对象,来自计算机领域的情感计算研究者们,在诸多情绪心理学经典理论中,也尤为钟情“情绪评价理论”这一带有浓厚理性认知决定论色彩的心理学理论成果。例如,著名的 OCC 模型[1]就完全脱胎于计算机学家和心理学家的成功合作。

因此,笔者相信认知心理学对人类创造力的内涵界定和特征刻画,对创造力的进化认知解释,对创造力过程中的认知关键要素特征的解析,将最易于被计算机领域的学者消化吸收,用以理解人类创造力的核心认知本质,并融入人工智能创造力研发的工作中去,有望携手开创出基于人类创造力认知原则的人工智能研究新取向。■

---

[1] 奥托尼(Ortony)、克罗尔(Clore)和柯林斯(Collins)于 1988 年提出的一种认知情感评价模型。

陈　浩

南开大学社会心理学系副教授，中山大学大数据传播实验室特聘研究员，中国心理学会网络心理学分会副秘书长。主要研究方向为现实与网络集群行为、心理信息学、创造力与创新、亲密关系与进化心理学。hull1919@gmail.com

冯坤月

南开大学社会心理学系硕士研究生。主要研究方向为创造力与创新。fengkunyue@163.com

工业界 vs.学术界：一个年轻员工的视角*

作者：菲利普·郭(Philip Guo)[1] 译者：王长虎[2]

1. 美国罗切斯特大学

2. 字节跳动

关键词：职业选择

如果你即将获得理工科的博士学位，则很可能面临以下两种职业抉择：

- 工业界：成为某个企业、非盈利组织或政府部门的科研人员或工程师；
- 学术界：成为某所大学的助理教授。

由于所学专业的不同，你可能会先以博士后身份工作几年，再选择进入工业界或学术界；也可能选择合同制工作，比如在工业界做一个自由职业者，或者在学术界做一个合同制的研究员。本文主要讨论非临时性（"终身制"）的工作。而且，由于工业界和学术界的工作存在巨大差异，我主要针对大中型企业和拥有博士学位授予权的大学进行比较。

之前，很多人对工业界和学术界进行过比较，但他们往往已经处在一个比较资深的位置并且拥有成功的职业生涯。不论是世界 500 强企业中的富翁，还是顶级高校中著名的终身教授，由于他们已经取得成功，因此往往会介绍所选择的职业道路带来的好处。而这些最佳案例往往会让刚毕业的博士感觉遥不可及。

相比之下，本文从一个年轻员工的视角来比较工业界和学术界的工作。确切地说，是对毕业不久的博士从事两种工作的前 6 个月的情况进行比较。

---

* 本文译自 http://www.pgbovine.net/academia-industry-junior-employee.htm。

- 工业界：谷歌公司的软件工程师(2012 年 7～12 月)
- 学术界：美国罗切斯特大学的助理教授(2014 年 7～12 月)

我获得博士学位后便进入了谷歌公司，工作了 6 个月之后，开始面试教职。这篇文章写于 2014 年 12 月，也是我成为助理教授的 6 个月之后。

除了不是用双胞胎做研究(或者用平行宇宙做研究)，这应该是最具可比性的。我在两年之内先后得到这两份工作，所以从时间上讲我的变化不大。当然，由于我是离开工业界去找学术界的工作，可能会带些倾向性，但我会尽量保持客观。

地点灵活性

由于工业界的工作机会远远多于学校的教职，因此工业界在地点灵活性方面略胜一筹。

比如，如果你是计算机专业的博士毕业生，想去美国旧金山湾区工作，那么将有超过 1000 个相关的职位等着你。仅就谷歌而言，每年都会招聘几百个工程师。可是如果你想去湾区寻找教职，那么每年可能最多只有 5 个相关职位适合你。

当然，其他地区可能不会有这么多的工作机会。但无论你去哪儿，工业界的职位都会比学术界的多 10～100 倍。

时间灵活性

在工业界，从周一到周五，不论工作是多少，你都需要在工位上每天坐满 8 小时。当然，一些公司可能会灵活些，但大多数员工特别是年轻员工被要求某些固定时间必须在工位上。另外，你的休假时间对老板来说也是透明的。这进一步强化了你的工作时间属于老板，而不是你的感觉。

在学术界，可供自由支配的时间较多一些。除去每周的教学和开会时间，你可以自由安排其他时间。当你不授课的时候，比如寒暑假，你会拥有更大的时间灵活性。而且你不需要其他人批准就可以休假或离开做其他事情。这种感觉好像你的时间属于你自己，而不是你的老板。所以，在时间灵活性方面，学术界胜出。

私人空间

在工业界，作为一名年轻的员工，你很可能没有自己的办公室，而只是在一个开放区域或者小隔间工作；如果幸运的话，会与其他人共享办公室；如果公司持续地扩张或者重组，则你可能经常需要打包物品转换工位。因此，你很难感觉到有一个稳定的工作环境。

相比之下，拥有终身职位的教授都能拥有独立的办公室。在有了若干家公司嘈杂的开放区域的工作经历后，我已经无法用言语来形容自己拥有独立办公室的喜悦心情。我可以自由地装饰和布置办公室，而且我知道自己不会在没有预先通知的情况下被迫搬到其他地方。如果我想小憩一会儿，我只需要关上门即可。

我非常高兴能拥有一间属于自己的办公室，尽管这不像在开放区域工作时那么便于社交。因此，我知道有些人更喜欢公共的办公环境。

薪　　水

刚工作时，工业界的薪酬不仅会比学术界的高 1.2～2 倍，而且每年会有较大的涨幅。

按每小时的薪酬来衡量，差别可能更大。在谷歌，我们每周大概工作 25～35 小时。而作为大学的助理教授，我通常每周工作 45～60 小时。每工作 1 小时，在工业界工作的年轻博士可能会比学术界的多赚 2～3.5 倍。如果只是为了赚钱，那么无须多想就知道工业界远比学术界赚得多。

同事情谊

在工业界，你和同事们会为了共同的目标而努力。作为一名年轻的员工，资深的同事会充当良师的角色来帮助你尽快提高技能。当一个团队在一起工作，成功克服挑战之时，会产生深厚的同事情谊。

而作为一名教授，由于你与其他教授一起工作的机会相对较少，因此很难感受到同样程度的同事情谊。你要么自己独立工作，或者与那些经验远少于你的学生一起工作，因此在作为助理教授的第一年，你是团队中最资深的人。从第一天起，你便需要领导团队。当然，在某些项目上也需要教授之间的合作，不过通常由于任务划分清晰，各自只要带领自己的团队工作即可。此外，学术界的激励机制驱使每个教授需要逐渐建立自己的品牌，因此教授之间很少有长期的合作。

如果你想从同事那里学到更多的东西，并且感受更亲密的同事关系，那么留在工业界会更好。

外界认可

作为工业界的一名年轻员工，自己的工作可能很难被外界了解。比如，一家公司在媒体上推广一个产品，曝光的往往是负责该产品的高管。而产品背后的开发人员，包括你，往往不为人所知。另外，如果你做的项目涉及公司的机密，则可能永远不会公开发布，甚至在简历上也无法提及。

在学术界，你工作中做的每一件事，比如你的发现发明、论文书籍、关于你的科研成果的采访报道以及你的授课课件，都能得到外界的认可。你所做的每一件事都属于你自己。理论上，你所在的学校对你的研究成果拥有部分所有权，不过除非基于研究成果开办公司，否则对你没什么影响。从我主页上的文章列表可以发现，我是非常注重知识产出所有权的。

在工业界，即使我对谷歌推出的某项产品有所贡献，外人也是无法知道的，他们只知道那是谷歌的产品。而在学术界，我发表的论文，或者发布的一款开源软件，都可以让外界知道。

如果你在意外界的认可，那么学术界明显胜出。

有助于职业发展的直接程度

作为工业界的年轻员工，你花时间所做的工作大多都能直接推进你的职业发展。比如，当我在谷歌做软件工程师时，大多数时间都在写代码，参加会议讨论写什么样的代码。我和同事们的升职取决于我们编写代码的影响力。

在学术界，工作上做的大多数事情并不能直接推动个人的职业发展。一个终身职位的教授必须完成7项工作：教学，指导学生，做科研，申请基金，为系里、学校和学术界服务。其中，关乎升职的仅有做科研和申请基金两项。尽管如此，为了在学术界拥有一席之地，教授们还必须完成其他工作。

如果你希望工作上的努力能够直接促进职业的发展，那么工业界是一个更好的选择。

工作转化为影响力的直接程度

在工业界，你的工作会直接产生经济或政治影响。公司为你支付工资来增加公司的收益，或者让你的部门变得更有效率。你的工作被用于提升老板的地位，或者至少能让人从中获益。

相比之下，学术研究的主要产出是论文、著作，通过这种形式来发布验证过的想法。大多数论文，除了能启发其他研究人员来渐进地推动某个研究领域的发展外，基本上没有直接的影响。作为学术界一员，我坚信学术研究的价值，但我也知道其影响力通常是微小的、间接的和无形的。

如果你在意你的工作转化为影响力的直接程度，那么工业界更好；如果你希望做更多能带来长远效益的探索性工作，那么学术界更好。

可　控　感

作为工业界的年轻员工，会发现很多事情会超出你的控制范畴。比如，你努力工作的项目会由于某些与技术无关的原因被取消；或者某天你会收到一封告知你所在的团队被解散，你被分配到另外一个团队，受另一个经理领导的邮件；更糟糕的情况是，你可能在没有任何预先通知的情况下被裁员了。由于你只是一个很大机器上的一个小零件，你的职业命运往往由上层决定。

在学术界，很多事情往往需要你主动回应，所以感觉像是一切尽在自己的掌控之中。比如，教授可以决定开展什么样的科研项目，与谁合作，申请哪项基金，怎样做实验，投哪篇论文等等。当然，尽管你的事业仍依赖于其他人，比如论文和基金审稿人的意见，但是至少是你主动提交工作，让人审阅的。

在工业界和学术界，工作中有许多不确定性，关键在于这种不确定性是来自并不了解你工作的工业界的上级管理层，还是来自对你的主动性回应的学术界。相较而言，我更喜欢后者，因为即使我失败了，也知道是自己做的决定导致了那个方向的错误，而且至少我尽了最大努力。这种感觉让我更容易产生一切尽在掌控之中的想法。

独 立 性

在学术界，最令人青睐的好处是独立性。连续在几个技术公司工作之后，我十分珍惜这份独立性带来的自由。

在我现在的助理教授职位上（请记住，我还没有得到终身教职！），只要我完成了每周几个小时的教学工作，参加了系里和学校安排的委员会议，我基本上就可以用剩余的时间做任何事情。

我想不出哪里还有类似这样的工作：雇主付我全职薪水而我拥有足够的自由度。只要我愿意，我就可以每周花 35 个小时坐在办公室里关上门“抠鼻孔”，而且没有人会注意！当然，如果我真的懈怠了，那么我很可能在几年之内被学校“炒鱿鱼”。但是，确实没有人每天监视我。

相比之下，如果我在谷歌公司的小隔间中整天“抠鼻孔”，那么我很可能会在那个周末遭到训斥，并很快被警告、公示。而且我的那些工作效率很高、“不抠鼻孔”的合作者们也会排斥我。

当然，这种极度独立性也存在两面性。由于没有其他人推动我做事情，我需要不断地自我激励来发展我的事业。由于我不再有传统意义上的老板，因此只有自我督促，才能不断进步。

如果你更喜欢独立性，那么可以选择学术界。但是如果想借助其他人的力量来激励、指导你，那么选择工业界更合适。

总 结

对于以上几个方面，是工业界还是学术界有优势，我的看法可概括为：

(1) 地点灵活性：工业界。

（2）时间灵活性：学术界。

（3）私人空间：学术界。

（4）薪水：工业界。

（5）同事情谊：工业界。

（6）外界认可：学术界。

（7）工作有助于职业发展的直接程度：工业界。

（8）工作转化为影响力的直接程度：工业界。

（9）可控感：学术界。

（10）独立性：学术界。■

菲利普·郭(Philip Guo)

美国罗切斯特大学助理教授。主要研究方向为人机交互。philip@pgbovine.net

王长虎

CCF高级会员，CCCF编委。字节跳动人工智能实验室总监。主要研究方向为计算机视觉、多媒体分析和机器学习。changhu.wang@outlook.com

人工智能堵住了应试教育的华容道

杨小康

上海交通大学

关键词：人工智能　学科教育

人工智能迄今已发展60周年，随着AlphaGo在围棋领域战胜人类确立的里程碑，人工智能正在深刻地改变人类的观念、生产和生活，也势必给学科教育带来深刻变革。

学科教育目前大多为人工智能训练式的应试教育模式。应试教育的刷题训练与人工智能的大数据训练，在训练模式上具有高度相似性，但在算力和大数据的处理上，人脑则无法与人工智能匹敌。因此，人工智能正逐渐替代流程化和重复性的工作岗位，堵住了应试教育的华容道。人工智能将从就业市场倒逼教育转型发展，进而从各个环节挤压应试教育的空间。

人工智能学习的特点

人工智能主要由算法、算力、大数据三部分构成。对于人工智能而言，算法是大脑，算力是肌体，大数据是其成长的养分。围棋是最复杂且最能体现人类智慧的棋类游戏。AlphaGo是DeepMind开发的围棋人工智能，可以将其看成是最新深度学习方法（算法）、最新超算体系（算力）和棋谱大数据的总和。在战胜韩国围棋九段高手李世石的 AlphaGo Lee 人工智能体系中，深度学习能够发挥巨大威力的前提是要有大量的数据用来训练深度结构。深度学习涉及上亿的参数，如果数据不够，很容易造成过拟合、性能降低的问题，而要进行这样大规模的训练，就要有超强的计算能力。深度学习的概念和方法在 1998 年就提出来了，当时只能解决简单的手写体字符识别问题，而现在却可以战胜李世石，其使用的深度学习结构基本没变，主要是用了更强的 CPU 和以前没有的 GPU，并且用了千万倍的海量数据。

AlphaGo Lee 存有 1500 万个高手对局棋谱，训练的时候会用到 1202 个 CPU、176 个 GPU。AlphaGo Lee 是通过深度卷积神经网络和深度强化学习的算法，实现"模仿高手+左右互搏"，这很大程度上依靠外部的棋谱大数据。

2017 年 10 月 19 日，DeepMind 发布了其最新成果 AlphaGo Zero。AlphaGo Zero 配备了更优秀的深度学习算法以及更匹配深度学习的张量处理器（TPU），能够在"左右互博"中不断发现全新的好棋与好局，完全不靠外部棋谱大数据，而是自身积累棋谱大数据。

德州扑克是世界上最流行的扑克游戏。2017 年 4 月 14 日，卡内基梅隆大学（CMU）开发的人工智能 Libratus 战胜了德州扑克顶级选手，是继 AlphaGo 之后人工智能的又一突破。从计算复杂度看，德州扑克（10160）略低于围棋（10171）。但是从博弈的角度看，不同于围棋的完全信息博弈，德州扑克属于不完全信息的博弈，牌手的两张底牌对其他牌手而言是未知的，只能通过自己的下注影响其他牌手，其目标是基于数学（概率论）及心理学做出正确的决定。

在数学层面，Libratus 主要依靠从零开始强化学习和自己的近乎无限的计算量，通过无数盘德州扑克对决，把自己培养成面对各种复杂牌局都能提供最优解的棋牌高手。

在心理层面，Libratus 运用了美国著名心理学家、诺贝尔经济学奖获得者卡内曼（Kahneman）提出的反事实思维（counterfactual thinking）、损失厌恶等非理性心理学理论。在计算量上，Libratus 运行该程序同样需要超级电脑，其价格需要数百万美元，而且其每小时消耗的电费很可能比赢来的钱还要多。

综上可见，目前的人工智能在算力、大数据意义上已经远超人类大脑。针对确定目标的算法，可以不依赖外部数据从零开始积累大数据。同时，人工智能在

"体力"上只要拥有足够的电力就行，在"心力"（心理和情绪）上没有任何波动，并且可以高度理性地应对人类的非理性。

因此，我们有理由认为，在完成规则和目标确定的任务上，人工智能已经完全可以超越人类智能，并且它还将以指数发展规律持续进化，以摩尔定律持续降低成本，人工智能必然在众多的流程化和重复性的工作岗位上替代人类。

应试教育的危机

虽然经过多年的教育改革，"题海战术"仍然是我国目前教育的主流手段，而且还有愈演愈烈的趋势。让教育回归本源，让教育帮助孩子们实现幸福人生，似乎永远只是理念和口号。考虑到我国的人口基数和人才的竞争环境，考试作为人才分层的主要方式把教育推升为人才竞争的主战场。在这种局面下，应试教育的盛行也不难理解。然而时代在变化，尤其面对人工智能的冲击，寒窗苦读即便换来金榜题名，却可能蓦然回首，发觉人工智能早已等在灯火阑珊处。

2017 年，国内人工智能首次参加高考，为高考增添了科技的色彩。6 月 7 日下午，国家 863"超脑计划"项目研制的 AI-MATHS 高考机器人参加了 2017 年高考数学的测试，在掐断题库、断网、无人干涉的情况下，通过综合逻辑推理平台解题，10 分钟交卷，分数达到 105 分。根据超脑计划，我国的"高考机器人"计划在 2020 年考上北大、清华。高考机器人的出现预示着被诟病多年的应试教育和高考人才遴选方式真正遇到了重大危机。在算法、算力、大数据运用等方面，人工智能在应付应试教育上具有人类学生望尘莫及的优势。

从学生的角度看，与人类学生相比，"人工智能"无比勤奋，记忆力超群，响应急速，可以瞬间将目标明确的学习内容复制记忆、分析处理、整合提炼。从老师的角度看，与众多普通的人类教师相比，"人工智能"的教师是最顶尖的商业精英、科技精英、人文精英，无论是在知识储备还是智慧境界方面远超前者。从教材的角度看，"人工智能"教材包括人类的知识与活动信息以及人工智能自身的知识与活动信息，其教材的数量和难度远超现有教育机构的标准教材。人工智能的算力足以支撑大数据的学习，而人脑只能支撑小数据学习。从学校的角度看，"人工智能"的学校是顶尖实验室和无限信息空间，人类学生的教育环境质量和尺度远不及人工智能。从教育模式的角度看，人工智能主要是用大数据训练“算法”，不断演进智能思维软件，具有高度的可复制性，在效率上远超现有教育机构的教育模式。从教育成果的角度看，经过训练的人工智能同样可以满足企业、政府、社会的特定需求，完成特定的岗位工作任务，不存在体力、心理、工作态度的问题，也不存在家庭和社会的负担。

因此，应试教育的真正危机已经来临。若干年后，人工智能将具备轻松考上北大、清华的能力。在智能时代，我们的学生不仅要与同学竞争，还要与新的智能物种竞争，如果我们的教育机构和家长还以刷题和简单记忆的方式来培养自己的学生和孩子，则与人工智能相比不仅“出才效率”低，而且“出品质量”也低，不但可能达不到家长的心理期望值，还可能重挫孩子的自信心。

同时我们必须看到人工智能已经正在迅速取代众多的传统岗位，特别是流程化的工作岗位。预计十年内现有的传统岗位中 50% 的工作将被人工智能取代。

在金融领域，高盛纽约总部 600 名银行交易员变成 2 人，背后是自动交易程序在工作。靠人工智能削减人力资源成本并创造新的交易模式，从而获取巨额暴利，是金融资本家的最爱，也是这个商业社会最基本的逻辑。

在财会领域，德勤推出了财务机器人，机械化、有规律可循的会计从业、会计电算化、凭证录入、数据统计分析等基础财务工作岗位，正在被财务机器人替代。让财务机器人替代部分财务人员，某种程度上也是符合效率和人性追求的。

在医疗领域，IBM 沃森机器人已经成为全世界各地医院的医疗助手，依据全球相关的病例大数据，它已经可以通过美国的执业医师资格评定考试。

在新闻编辑领域，今日头条公司的编辑机器人已经能够自动写出比较规范的新闻报道了，腾讯推出了“梦幻写手”，阿里巴巴与第一财经合作研发了“DT 稿王”。2017 年 8 月 8 日四川九寨沟地震发生后的 25 秒内，“中国地震台网”就发布了由机器人自动编写的新闻消息。

此外，谷歌的无人驾驶已经累计行驶 300 万千米；科大讯飞的语音识别准确率已经提升至 95%；支付宝现在已经使用了智能客服，自助服务率达到 97%；无人机、无线射频识别(RFID)技术在物流领域的应用已很普遍。

当前，一大批“在思想层面上类人工智能化、而在执行力层面上远低于人工智能”的学生在毕业之时可能面临着被人工智能淘汰的尴尬处境。人工智能已经堵住应试教育的华容道，教育部门和机构应具备前瞻性的应对方案，家长和学生更需要转变思路。

离弃应试训练，回归教育本源

智能时代，人类美好的愿景是人工智能成为人类助手，两者和谐共存。这个愿景的前提是人类能够善用人工智能、充分发挥人类自身的特质。2017 年 7 月 20 日，国务院印发了《新一代人工智能发展规划》，提出要在中小学阶段设置人工智能相关课程，推动人工智能领域一级学科建设。国家在教育的各个环节布局人工智能的学科教育，这从善用人工智能的角度来讲是非常必要的，也非常具有前瞻性。但是从教育的整体看，我国现行学科教育模式在很大程度上是接近于人工智能的训练模式的，非常不利于发挥人类自身特质，在增加人工智能课程的同时，对现行学科教育体系作整体的改革，才有可能从根本上应对人工智能对我国教育形成的巨大冲击。

我国学科教育的主流方式与特点以及人工智能在各学科的应用特点如下。

语言学习（中文和英文），过分强调字、词、语法，取材碎片化，忽视文章的整体性和大的背景。大量的课文缺乏时代感，忽略语言所承载的思维方式，有些课文看似优美，实则空洞，甚至违背逻辑。背诵了大量经典作文模板的孩子们并没有形成真正的写作能力，更谈不上对于自我思考的准确、精彩表达。现有的对话机器人（语音识别与合成＋自然语言处理）通过建立字、词、语法的计算模型，已经能理解短句、根据语境造句，有的甚至还能做出几句颇具漂渺感的诗、开几个无厘头的玩笑。但是，在自主设计场景、推演想象情节、推理论证、构筑文章框架上，在可以预见的未来，语言类的机器人仍不可能做出与人类思维相比的构建性自主命题写作，不太可能做现场的长篇演讲，更不可能写出像样的小说。

数学，强调计算、题型和公式套用，缺少逻辑推理训练、原理背景介绍和知识点之间的逻辑关系介绍。总体而言，我国的学科教育中对数学非常重视，数学教育的基础是扎实的。在一轮接一轮“幼升小，小升初，中考自招考试”的超常规选拔面前，全民奥数的加强训练也非常普遍。这些看似超高难度的“数学杂技”，却往往是将归纳好的解题规律强行灌输，这与培养数学思维毫不相干，反而在很大程度上打击学习兴趣。在高校，数学基础课课程也往往呈碎片化、片面化，学生只是在学习简单套公式应付考试，不懂具体数学分支的背景和内涵，不能掌握数学分支之间的联系，尽管会解题但往往不懂活用数学工具。目前，Matlab、Mathematica、R 语言等数学和统计软件工具非常强大，同时，现有的人工智能的计算能力通常远超人类。因此，对大部分非数学专业的大学生而言，关键在于具备一定的数学抽象思维能力，具备将现实问题用数学语言表达，建立数学模型的能力，具体的数学解法反而是其次的。

人文社科（政治、地理、历史等），强调知识点的记忆，缺少纵深、尺度、思辨、比较。人文科学，是以人类的精神世界及其沉淀的精神文化为对象的科学，仅靠知识点而不联系生活、不反省自身，则无法真切感受人的主体地位和人的观念、精神、情感和价值，也无法真正提升思想境界。社会科学则是一种以人类社会为研究对象的科学，不能将知识点融会在一起，就无法认知人类社会的发展历程。人文社科是关于人类自身的科学，人文社科的问题很难转化为具备可计算性的具体任务。尽管人工智能可以轻松存储人类人文社科的主要典籍和知识点，但人工智能很难真正具备人文社科思考的能力。

数学之外的理科，强调结论性，忽视问题的提出、过程的探究、实验设计的原始思路。理科教育不仅要让学生认识自然，更要让学生思考和探索自然。近现代科技的发展，使得人类对很多自然现象具备了确定结论的认识，但未知世界是无限的，无数的自然现象还有待于人类去思考和探索。关于自然问题和工程问题的提出、探究、实验，主要还是靠人类智能，人工智能只能起到辅助作用。

更值得关注的是，目前的学科教材都很薄，缺少细致的背景介绍和详尽的推演过程，没有将知识点贯穿于要思考的问题的逻辑主线之中，只进行知识点的罗列，反而要靠大量反复训练来加强对概念的理解，这样靠刷题来强化理解和记忆的方法有本末倒置之嫌。大学的学科教育融会贯通不够，这样的教育模式显然不能适应智能时代的发展态势。

我们目前的教育方式与人工智能的学习特点高度重合，在人与人的竞争中，比别人勤奋一点，通过大量练习，在同类中胜出的概率可以大幅提升。但是，当我们与人工智能竞争时，这样的做法无异于以卵击石。唯有扬长避短，才有取胜的可能。

因笔者学识所限，本文无法真正触及全面的教育改革创新这个宏大的话题，只能提几点粗浅的建议：

(1) 在识字、表达流畅的基础上，将语言学习与其他社会科学结合，形成人文社科的整体思维训练方式，提升学生对自身和社会的思考深度、广度和厚度。

(2) 数学在理解基本运算规则定理的基础上，重视将实际问题转化为数学语言的能力，要具备“算”的技能，更要具备“数”的逻辑。

(3) 给孩子充分的时间，引导孩子学会从观察中提问。人工智能时代，“会提问”必定比“会解题”重要；不仅要懂得“解空间”的求解，更要懂得“问题空间”的求索。

(4) 不影响孩子健康成长的任何兴趣都应给予支持。兴趣是创新的源动力，只有不断鼓励孩子的兴趣，才能使孩子找到真正的持久的兴趣，进而在未来快乐地生活并创新。

(5) 让孩子懂一点人工智能，具备与人工智能携手工作、共同创造的能力。然而，毕竟不是人人都要成为人工智能的专业人才，尊重孩子的个性特点，让教育帮助每个孩子找到自己的兴趣，才可能不被人工智能堵住成长的空间。■

杨小康

CCF专业会员，上海交通大学电子信息与电气工程学院“长江学者”特聘教授，图像通信与网络工程研究所副所长。主要研究方向为图像处理、计算机视觉。 xkyang@sjtu.edu.cn

感觉的度量

武际可

北京大学

关键词：感觉　物理量　度量

人类所生活的环境中，周围的事物从不同的方面给人以感觉。对一个物体的重量、温度、亮度、颜色、味道、气味、硬软等的感觉，人们归结为视觉、听觉、嗅觉、味觉和触觉。总之，人类从外界获得的所有信息都是通过这几种渠道传来的。为了对这些感觉进行量化，人们发明了各种器具进行量测，比如用秤称重量、用温度计量冷热的程度、用光度计量亮度等。然而，这些手段都是间接地测量。至于自己对这些感觉的程度和定量，人们并没有注意。

最早想定量地研究人类的感觉的是德国心理学家恩斯特·海因里希·韦伯(Ernst Heinrich Weber，1795—1878)。他曾经做过一个实验，让受试人提一个重量为 I 的重块，然后再让他提另一个增加或减少了重量 ΔI 的重块。显然，当 ΔI 很小时，受试人是感觉不到重量的变化的，只有当 ΔI 增加到一定的量时，他才会发现重量有改变。发现重量改变时，对应的 ΔI 称为重量感觉的阈值，也称为最小可觉差，记为 ΔI^*。韦伯发现，ΔI^* 是随重量 I 变化的，I 越大，ΔI^* 也随之成比例地增大。用公式可以表示为：

$$\frac{\Delta I^*}{I} = k \tag{1}$$

通常，当 I 不是很大也不是很小时，k 为常数。这个结论称为韦伯定律。

随后，韦伯(图 2-7)和他的学生针对其他类型的感觉进行了实验。例如，对于视觉，令 I 是光照强度，ΔI^* 是能感觉到光照强度变化的最小差，则 $k=1/100$；假设 I 是圆规的两个脚触及皮肤时的距离，ΔI^* 是能感觉到的这个距离的最小变化，则 k 以手指为最小，皮肤的不同位置 k 值不同，而且不同人之间也有差异；如果 I 是听到的声音的声压，ΔI^* 是能够感觉到的声压强度的最小变化，则 $k=1/30$。人们还对液体浓度的味觉，气味浓度的嗅觉，皮肤对于电击的强度、温度的高低、刺激强度的感觉等都进行了实验，发现在中等刺激条件下，都近似遵从韦伯定律。

图 2-7　韦伯像

韦伯定律不仅对于一种类型的感觉是成立的，对于人们的综合感觉经验也大致成立。例如，一个卖肉的店员，凭他的综合感觉，一刀切一斤肉，误差不会超过一两，可是同样一刀切十斤肉，要求误差不超过一两就很难了，如果要求误差不超过一斤，就能够达到他的直觉水平了。也就是说，他切肉的误差和肉重的比大致是一个常数，即 $k=1/10$。当然，对于训练有素的人和没有训练的人，误差可以是不同的。

图 2-8　费希纳像

韦伯的学生古斯塔夫·西奥多·费希纳(Gustav Theodor Fechner, 1801—1887)(图 2-8)继续研究他的实验。费希纳原来是研究生物学的，后来兴趣转向数学和物理。数学和物理的背景使他能够用更精密的手段研究感觉。

费希纳从一个刺激强度 I_1 开始，改变刺激强度得到一个最小可觉差 $\Delta I_1{}^*$，I_1 与 $\Delta I_1{}^*$ 相加得到一个新的刺激强度 I_2，再改变刺激强度 $\Delta I_2{}^*$，就得到一个新的最小可觉差，如此下去，可以得到一系列的可感觉量：

$$\frac{\Delta I_i{}^*}{I_i} \quad (i=1,2,\cdots,n)$$

把这些可感觉量相加，得到：

$$\sum_{i=1}^{n} \frac{\Delta I_i{}^*}{I_i}$$

他发现这个和式正好是一个积分的近似表达式。于是在1860年，费希纳定义了一个感觉量S，用来表征对感觉的度量，他把韦伯定律中的$\frac{\Delta I^*}{I}$理解为一个感觉量S的微元，表示为：

$$S = K\int_{I_1}^{I_n} \frac{\mathrm{d}I}{I} = K\ln(I_n/I_1) \tag{2}$$

其中，I是物理度量的刺激强度，S是感觉量，K是一个常数，取值根据不同的感觉类别而定。公式(2)称为费希纳定律。它对于一切中等强度的刺激都是适用的。它把一个表示刺激强度的物理量I(重量、温度、声压、光度等)和一个感觉量S联系起来了。

无论是对于声音、天文学上观察到的星的亮度等级，还是对于信号的放大和衰减的强弱，费希纳定律都是适用的。也就是说，当物理量按照几何级数或指数增长时，人的感觉是按照它的对数或算术级数在增长。

天文学上的星等划分，相差一个星等的亮度大约相差2.512倍。1等星的亮度恰好是6等星的100倍。每相差0.1星等的亮度大约相差1.0965倍。

地震里氏震级的划分，震级每增加一级，地震释放的能量大约增加30倍。

音乐中的音阶划分，按照12平均律，每升高半个音，频率增大1.059463倍，这个数即2开12次方。

这些等级的划分都与人的感觉是一致的。

由于将物理量与人类实际感受的感觉量联系起来，并用数学公式进行了描述，韦伯和费希纳被认为是现代实验心理学的开创者。实际上，他们是最早用严密的物理科学来解释人类心理活动的学者。

再来讨论声音和信号的强弱感觉。既然声音是声波，而声波是由空气中压强的变化来体现的，那么物理上可以用压强变化的量来度量声音的强弱。

压强和压强变化的量度单位是帕斯卡，缩写为Pa。其定义为牛顿/平方米($\mathrm{N/m^2}$)。正常的人耳能够听到的最微弱的声音称为听觉阈，是20μPa(微帕斯卡)的压强变化，即20×10^{-6} Pa；另一方面，一架航天飞机发出最大声音时在近距离产生的压强变化约为2000Pa或2×10^9 μPa。这两个数字相差10^8倍，即100 000 000倍。这么大的数字在实际应用中很不方便，因为它和人的感觉不符。而在讨论声音或音乐时，人的感觉很重要，所以还需要给出一种与人的感觉相近的度量标准。

图 2-9　贝尔像

分贝(decibel, dB)是以美国发明家亚历山大·格雷厄姆·贝尔(Alexander Graham Bell, 1847—1922)命名的(图 2-9)。由于“贝尔”这个单位太粗略,不能充分描述人们对声音的感觉,因此在前面加了“分”字,代表十分之一,即 1 贝尔等于 10 分贝。在声学领域中,分贝用于形容声音的响度,其定义是声源功率与基准声功率比值的对数乘以 10。

假设 I_1 为上述的听觉阈,即 $I_1=20\mu\text{Pa}$,I_n 是所要表示的声音的压强,把(1)式中自然对数换为常用对数,可以得到描述声音强弱的感觉量 S:

$$S = K\lg I + C = 20[\lg I_n - \lg I_1] = 20\lg(I_n/I_1)$$

其单位为分贝。

按照上述定义,上述例子中一架航天飞机发出的最大音量与听觉阈的比值是 108,则其常用对数值为 8,再乘以 20,就得到 160 分贝(dB)。

分贝是由场的压强差来表示声音的强度的,如果场量(field quantity)是电压、电流、声压、电场强度、速度、电荷密度等量值,也可以表示这些物理场所传播讯号增强和减弱的度量。

图 2-10　汉基像

与费希纳描述感觉的量 S 类似,1928 年,德国工程师海因里希·汉基(Heinrich Hencky, 1885—1951)(图 2-10)在研究弹性体应变时,引入了真应变(或者称为对数应变)的概念。在工程上,讨论一根长度为 L 的杆被拉伸时的应变时,引入拉伸应变:

$$\varepsilon = \frac{\Delta L}{L}$$

其中 ΔL 是伸长。如果变形比较大,就继续拉伸,则第二个时刻的应变的起始长度是 $L_2=L+\Delta L$,这时的伸长记为 ΔL_2,如此继续拉伸下去可以得到一串应变:

$$\varepsilon_i = \frac{\Delta L_i}{L_i} \quad (i = 1,2,\cdots,n)$$

同样，求连续的应变会得到：

$$\varepsilon = \sum_{i=1}^{n} \varepsilon_i = \sum_{i=1}^{n} \frac{\Delta L_i}{L_i}$$

可以用与(2)式类似的积分来表示，这就是真应变，它表示在拉伸的全过程中应变的积累：

$$\varepsilon = \int_{L_1}^{L_n} \frac{\mathrm{d}L}{L} = \ln(L_n/L_1) \tag{3}$$

比较(2)式和(3)式，可以看到，描述感觉的量 S 与描述大应变的对数应变在数量结构上是非常相似的。

法国音乐评论家保罗·贝克对音乐大师贝多芬(Ludwig van Beethoven，1770—1827，18 世纪德国音乐家)有如下的评论："纵观艺术发展的历史，我以为唯一可与贝多芬相媲美的人物只有伦勃朗(Rembrandt，1606—1669，17 世纪荷兰画家)。贝多芬和伦勃朗的作品无论在情感表现的力度和深度方面，还是在乐观昂扬的精神上面，都是空前绝后的，而且也都具有一种摄魂夺魄的情感力量。尽管他们使用明显不同的创作材料，但采用的都是力度对比这一相同的表现手法。伦勃朗在创作中强调光的明暗对比，贝多芬则讲究音乐的强弱对比。他们对技巧的运用都可谓炉火纯青，而且都能控制自己的情绪，即使接近疯狂状态也依然保持着清醒的创作意识。"这段话的意思是，如果说伦勃朗在绘画历史上以空前强烈的明暗对比独树一帜，那么，贝多芬则以空前的强弱对比开创了音乐的新世纪。

将贝多芬的音乐与伦勃朗的绘画作类比，实在妙不可言。从韦伯和费希纳的研究可知，人们对光线的视觉与对声音的听觉服从同样的规律，所以这种类比是非常符合科学的。不仅声音、亮度、温度、味觉等的感觉服从同样的规律，人们对幸福、富有、商品的贵贱的感觉也大致满足同样的规律。也就是说，客观事物的物理度量的指数上升使人对它的感觉线性上升。

把费希纳的感觉研究用在日常生活中，我们会发现：一个拥有 1000 元的人得到 100 元的感受和一个拥有 1000 万元的人得到 100 万元的感受大致是相同的！

一个一无所有的人，如果拥有了一间住房，并且成了家，他会觉得很幸福；一位亿万富翁，即使获得一套装修豪华的三居室，也会不屑一顾。

精明的推销员对豪华商品的定价，也是按照指数规律来逐级提升的。豪华汽车、豪华手表和装饰品，尽管它们的生产投入并不是指数增长的，但是为了迎合高消费者的心理，必须按照指数增长来定价。例如，比一块100元的手表高一档的表，其定价约为120元，而比一块10 000元的豪华表高一档的表，它的定价不会是10 020元，而是12 000元，因为他们知道，能买得起10 000元的豪华表的人，是不会计较几百元以下的差价的。

这个规律也带给我们一个启示，要治理好一个国家或一个地区，必须首先满足低收入或弱势人群的需要，因为他们占人口的大多数，只有他们都感到很幸福了，社会才会稳定。而治理得不好的国家或地区，总是首先满足少数富人们的幸福感，一旦占大多数的弱势群体失去幸福感，这个社会就会不稳定，就会出现各种各样的闹事行为。

从人类感觉的规律，联系到力学中的真应变，再联系到人们对于幸福和富有的心理感受，最后联系到我们的经济对策。可见，看似毫无关系的事物之间经常有密切的联系。善于思索的人，总是会发现其间的联系。■

武际可

北京大学教授。主要研究方向为数理科学。wu_jike@sina.com

20万、50万、100万年薪的算法工程师到底有什么区别

刘　鹏

360集团

关键词：算法工程师　能力层次　量化目标函数

近年来，人工智能迎来了新一轮的热潮。与前几次不同的是，目前人工智能开始可以真正解决许多实用问题了。一方面，得益于新计算架构带来的计算能力的快速提升；另一方面，得益于互联网等领域积累的海量数据。当然，能够用计算来挖掘数据中的价值，是因为深度学习技术的成熟。于是，在今天，从事人工智能工作，做一名算法工程师，成为眼下最热门的职业选择之一。

算法工程师曾经的境遇可没那么好：早年的互联网信奉"糙快猛"主义，各大互联网公司老板们觉得研究算法的人饱食终日、无所用心，找不到工作只好在学校"混"博士，靠数据上的障眼法装神弄鬼。可是，随着2016年AlphaGo战胜世界围棋冠军李世石之后，老板们的态度突然来了个大转弯，纷纷把各种搞劫持、送外卖的生意包装成人工智能，还纷纷请来几位懂算法的专家坐镇。

于是，算法工程师的身价也水涨船高了。各门派工程师不论过去练的是Java、PHP还是Excel，都放弃了最好语言的争论，抄起了深度学习，发誓重新修炼成算法工程师。前些天，还有人在"知乎"上问我：年薪20万、50万、100万的算法工程师，到底有什么区别？

这个问题很有意思。根据我的工作经验，用上面的数字做个参照，谈一谈算

法工程师的三个层次。这里说的算法，并不是计算机系本科课程"算法与数据结构"里的算法。那门课里讲的是排序、查找这类"确定性算法"，而本文说的是用统计方法对数据进行建模的"概率性算法"。

第一层次"Operating"：会使用工具

这个层次的工程师，对常用的模型比较熟悉，得到数据以后，能选择一个合适的模型运行出结果。

要想达到这个层次，其实门槛并不高。以前，只要掌握了文档主题生成模型（LDA）、支持向量机（SVM）、逻辑回归（LR）这些基本模型，再使用 libnear、mahout 等开源工具，就可以在拿到数据后运行出一个结果。到了深度学习时代，这件事似乎变得更简单了：管它什么问题，不都是拿神经网络往上堆嘛！最近，经常会遇到一些工程师，成功地跑通了 TensorFlow[1] 的演示程序后，兴高采烈地欢呼：我学会深度学习了！

这里要给大家狠狠浇上一盆冷水：进入这个领域的人，首先要明白一个道理：如果有两个模型进行一次多回合的较量，每个回合用的数据集不同，而且数据集没什么偏向性，那么最后的结果，十有八九是双方打平。

考虑一种极端情况：有一个参赛模型是"随机猜测"，也就是无根据地胡乱给个答案，结果如何呢？双方还是打平！所以，请再也不要问"聚类用什么算法效果好"这样的傻问题了。

这恐怕让入门者觉得沮丧：掌握了一堆模型并且会运行，其实并没有什么用。当然，实际问题的数据分布总是有一定特点的。比方说人脸识别，图中间怎么说都得有个"脸"。因此，问"人脸识别用什么模型好"这样的问题，就有意义了。而算法工程师的真正价值，就是洞察问题的数据先验特点，把它们在模型中表达出来。而这个，就需要下一个层次的能力了。

会使用工具，在算法工程师中仅仅是入门水平。如果不是在薪酬膨胀严重的互联网界，我觉得年薪 20 万是个比较合理的待遇。

---

[1] TensorFlow 是一个谷歌研发的开源软件库，采用数据流图，用于数值计算。

第二层次“Optimization”：能改造模型

这个层次的工程师，能够根据具体问题的数据特点对模型进行改造，并采用合适的最优化算法，以追求最好的效果。

不论前人的模型多么美妙，都是基于当时观察到的数据先验特点设计的。比如说 LDA，就是在语料质量不高的情况下，在概率隐语义分析（Probabilistic Latent Semantic Analysis，PLSA）的基础上引入贝叶斯估计，以获得更加稳健的主题。虽说用 LDA 不会大错，但是要在具体问题上运行出最好的结果，必须要根据数据特点对模型进行精准改造。

这一现象在互联网数据上体现得更加明显，因为没有哪两家公司拥有的数据是相似的。百度的点击率模型，有数十亿的特征，大规模的定制计算集群，独特的深度神经网络结构，你能抄么？抄过来也没用。用教科书上的模型以不变应万变，结果只能是刻舟求剑。

改造模型的能力，不是用几个开源工具那么简单，这需要有两方面的素养：

(1) 深入了解机器学习的原理和组件。机器学习领域，有很多看似不是直接有用的基础原理和组件。比如，正则化怎么做？什么时候应该选择什么样的基本分布（见表 2-2）？贝叶斯先验该怎么设？两个概率分布的距离怎么算？当看到前辈高人把这些材料烹调在一起，变成 LDA、卷积神经网络（CNN）等成品菜肴的时候，你也要想想如果自己下厨，是否了解食材，会不会选择和搭配。如果仅仅会吃几个菜，能说出有什么味道，离好厨师还差很远。

(2) 熟练掌握最优化方法。如果机器学习从业者不懂最优化，相当于武术家只会耍套路。不管你设计了一个多好的模型，如果无法在有限的计算资源下找出最优解，那么这个模型不过是个花瓶罢了。

最优化，是机器学习最重要的基础。在目标函数及其导数的各种情形下，你需要熟知如何选择优化方法，各种方法的时间空间复杂度、收敛性如何，还要知道怎样构造目标函数，才便于用凸优化或其他框架来求解。这些方面的训练，要比对机器学习模型的掌握更扎实才行。

表 2-2　基本分布示例

分布	u(x)	解释	使用场景	示　　例
Gaussian	$\begin{bmatrix} x \\ x^2 \end{bmatrix}$	给定均值方差时熵最大的分布	一般实变量	
Gamma	$\begin{bmatrix} x \\ \ln x \end{bmatrix}$	给定均值方差，且 x>0 时熵最大的分布	非负实变量	
Beta	$\begin{bmatrix} x \\ \ln(1-x) \end{bmatrix}$	给定均值方差，且 x∈(0,1)时熵最大的分布	某区间内的实变量	
multinomial	x	给定均值方差，且 x∈$\{0,1\}^D$时熵最大的分布	离散变量	

拿"以不变应万变"的深度学习举个例子。用神经网络处理语音识别、自然语言处理时间序列数据的建模，循环神经网络（Recurrent Neural Network，RNN）是个自然的选择（见图 2-11）。不过在实践中，大家发现由于存在"梯度消失"现象，RNN 很难对长程的上下文依赖建模。而在自然语言中，要决定 be 动词是用"is"还是"are"，有可能要往前翻好多词才能找到起决定作用的主语。怎么办呢？天才的施米德胡贝（J. Schmidhuber）设计了带有门结构的长短期记忆（Long Short-Term Memory，LSTM）模型（见图 2-12），让数据自行决定哪些信

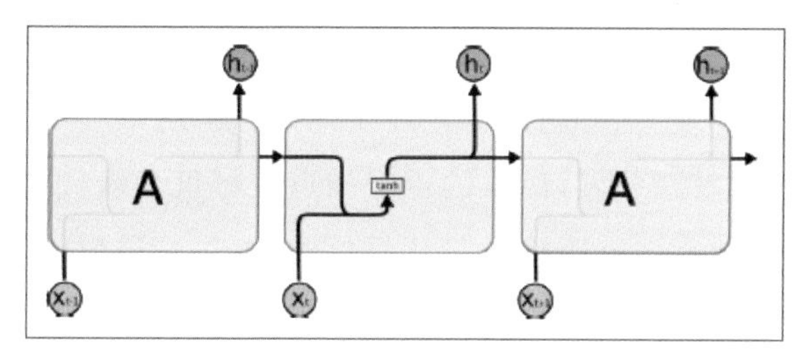

图 2-11　循环神经网络模型

息要保留，哪些要忘掉。如此一来，自然语言的建模效果就大大提高了。初看 RNN 与 LSTM 的结构对比，面对凭空多出来的几个门结构可能一头雾水，唯有洞彻其中的方法论，并且有扎实的机器学习和最优化基础，才能逐渐理解和学习这种思路。

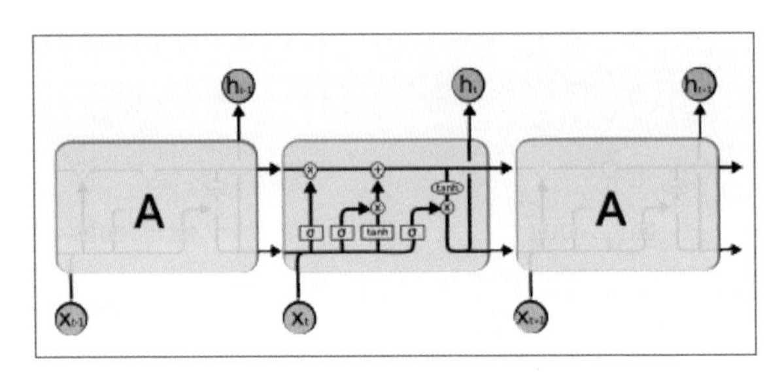

图 2-12　长短期记忆模型

当然，LSTM 这个模型是神来之笔，我等对此可望不可即。不过，在这个例子里展现出来的关键能力：根据问题特点调整模型，并解决优化上的障碍，是一名合格的算法工程师应该追求的能力。年薪 50 万能找到这样的人，是物有所值的。

第三层次"Objective"：擅长定义问题

对这个层次的工程师的要求比较高。给他一个新的实际问题，他要能给出量化的目标函数。

当年，福特公司请斯坦门茨检修电机，他在电机外壳画了一条线，让工作人员在此处打开电机并迅速排除了故障。结账时，斯坦门茨开价 1 万美元，还列了个清单：画一条线，1 美元；知道在哪儿画线，9999 美元。

同样的道理，在算法领域，最难的也是知道在哪里画线，这就是对一个新问题构建目标函数的过程。有明确的量化目标函数，正是科学方法区别于玄学方法、神学方法的重要标志。

目标函数，有时能用一个解析形式（analytical form）写出来，有时则不能。比如网页搜索问题。它有两种目标函数：一种是归一化折损累积增益

(Normalized Discounted Cumulative Gain，NDCG)，这是一个在标注好的数据集上可以明确计算出来的指标；另一种则是人工看坏案例(badcase)的比例，显然它无法用公式计算，但是其结果也是定量的，也可以作为目标函数。

定义目标函数，乍听起来没有那么困难，不就是制定一个关键性能指标(KPI)吗？其实不然，要做好这件事，在意识和技术上都有很高的门槛。

(1) 要建立“万般皆下品、唯有目标高”的意识。无论是一个团队还是一个项目，只要确立了正确的、可衡量的目标，达到这个目标就只是时间和成本问题。

所谓“本立而道生”：一个项目开始时，总是应该先做两件事：一是定义清楚量化的目标函数；二是搭建一个能够对目标函数做线上 A/B 测试[1]的实验框架。而收集什么数据、采用什么模型，都在其次。

(2) 能够构造准确(信)、可解(达)、优雅(雅)的目标函数。目标函数要尽可能反映实际业务目标，同时又有可行的优化方法。一般来说，优化目标与评测目标是有所不同的。比如在语音识别中，评测目标是“词错误率”，但这个不可导，所以不能直接优化。因此，我们还要找一个“代理目标”，比如似然值或者后验概率，用于求解模型参数。评测目标的定义往往比较直观，但是要把它转化成一个高度相关，又便于求解的优化目标，是需要相当的经验与功力的。在语音建模里，即便是计算似然值，也需要涉及 Baum-Welch[2] 等比较复杂的算法，但要定义清楚是不简单的。

优雅，是个更高层次的要求，在遇到重大问题时，优雅往往是不二法门。因为往往只有漂亮的框架才更接近问题的本质。关于这一点，必须要提一下近年来最让人醍醐灌顶的大作——生成对抗网络(Generative Adversarial Network，GAN)。

GAN 要解决的，就是让机器根据数据学会画画、写文章等创作性问题。机器画画的目标函数怎么定义？听起来让人一头雾水。我们早年做类似的语音合成问题时，也没有什么好办法，只能通过人一句一句听来打分。令人拍案叫绝的是，伊恩·古德费洛(Ian Goodfellow)在定义这个问题时，采取了一个巧妙的框

[1] 用于评估新功能对用户行为的影响的一种对照实验。为了同一个目标制定两个方案，让一部分用户使用 A 方案，另一部分用户使用 B 方案，记录下用户的使用情况，看哪个方案更符合设计目标。

[2] 一种对隐马尔可夫模型(HMM)做参数估计的方法。

架(见图 2-13)。

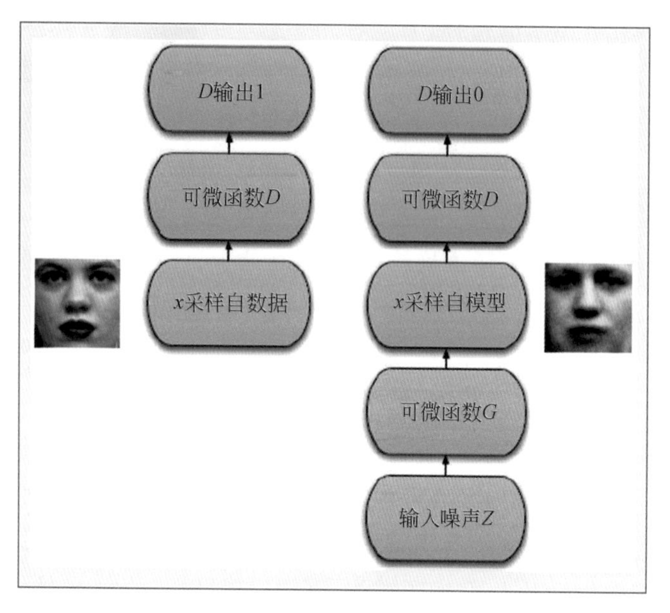

图 2-13　生成对抗网络模型

既然靠人打分费时费力,又不客观,那就干脆让机器打分吧!好在让机器辨认一幅特定语义的图画(比如说人脸),在深度学习中已经基本解决了。假设我们已经有一个能打分的机器 D,现在要训练一个能画画的机器 G,那就让 G 不断地画,D 不断地打分,什么时候 G 的作品在 D 那里得分高了,G 就算是学会画画了。同时,D 在此过程中也因为大量接触仿品而提升了鉴赏能力,可以把 G 训练得更好。有了这样定性的思考还不够,这样一个巧妙设计的二人零和博弈[1]过程,还可以表示成下面的数学问题:

$$\min_G \max_D V(D,G) = \mathbb{E}_{x\sim p_{\text{data}}(x)}[\log D(x)] + \mathbb{E}_{x\sim p_z(z)}[\log(1-D(G(z)))]$$

这个目标,优雅得像个哲学问题,却又实实在在可以追寻。当我看到上述公式时,顿时觉得教会机器画画是个不太远的时间问题。如果你也能对这样的问

[1] 零和博弈(zero-sum game),又称零和游戏,是博弈论的一个概念,属非合作博弈。指参与博弈的各方,在严格竞争下,一方的收益必然意味着另一方的损失,博弈各方的收益和损失相加总和永远为"零",双方不存在合作的可能。

题描述感到心旷神怡,就能体会为什么这才是最难的一步。

一个团队的定海神针,就是能把问题转化成目标函数的那个人——哪怕他连开源工具都不会用。花 100 万找到这样的人,可真是捡了个大便宜。

在机器学习领域,算法工程师脚下的进阶之路是清晰的:当你掌握了工具、会改造模型,进而可以驾驭新问题的建模时,就能成长为最优秀的人才。沿着这条路踏踏实实走下去,100 万年薪并不是遥不可及的目标。■

刘 鹏

360 集团架构师,互联网大数据与商业化专家,所著《计算广告》为业界第一本专著,被 BAT、小米、搜狗等公司高层联名推荐,成为各大互联网公司数据与商业化部门广泛采用的教程。曾担任多家公司大数据与商业化战略顾问。bmchs@139.com

学术经典·研发方向·教育论坛

张晓东

美国俄亥俄州立大学

关键词：学会通讯　期刊影响力

《中国计算机学会通讯》(CCCF)已经出版了 100 期，经过 9 年的成长，它的影响力也在不断提升。通过阅读 CCCF，我及时地了解了中国计算机学会(CCF)的动态，从《动态》栏目“人物专访”系列中得到启发，在《专题》《学会论坛》里学习热点研究方向。CCCF 是我在教学研究和与 CCF 学术团体交往中的一份有价值的期刊。我感谢 CCCF 编辑部的所有同仁为此做出的努力。我为他们的智慧和才干而感到骄傲。

办好 CCCF 是一项很具有挑战性的工作，因为她既不是简单的 CCF 活动报道加评论，也不是一个高深的学术期刊。但这两项内容，CCCF 都要涉及到。除此之外，CCCF 还要发表指导学术方向的文章，为计算机教育改革方面的探讨提供一个重要的平台。一个高质量的学术通讯期刊往往是由一些经得起时间考验的文章支撑起来的。作为一个 ACM 会员，我也是《美国计算机学会通讯》(CACM)的长期读者。比起年轻的 CCCF，CACM 已是一个发行了近 700 期并有世界影响力的计算机期刊。它的办刊经验和成功值得我们参考和借鉴。我建议 CCCF 今后在以下几个方面加以改进并提升影响力。

独特的学术论文

CCCF的读者群是很庞大的，所以发表的学术论文应有以下几个特点：(1)探讨的问题应当是重要且受到广泛关注的。研究的题目不仅是热点，而且还要经得起时间的考验。(2)论文的题目应当包括计算机领域的方方面面，从理论到实践，从硬件到软件。(3)发表的文章应是学术论文的通俗版，由浅入深，有教科书讲解的风格。满足以上三个条件的学术文章往往可以有长时间和大规模的读者群体。

我这里举几个CACM发表的学术论文的经典代表作。在算法方面，查尔斯·安东尼·理查德·霍尔(C. A. R. Hoare)的"快速排序算法"(Quicksort)发表在1961年[1]；RSA密码算法❶发表在1978年[2]。在数据库方面，埃德加·弗兰克·科德(E. F. Codd)的"关系数据库模型"发表在1970年[3]；德威特(D. J. DeWitt)和格雷(J. Gray)的"并行数据库基本架构以及发展方向"的论文发表在1992年[4]。在操作系统方面，迪杰斯特拉(E. W. Dijkstra)的"多线程系统结构"发表在1968年[5]；里奇(D. M. Ritchie)和汤普森(K. Thompson)的"UNIX操作系统"发表在1974年[6]。在计算机体系结构方面，丹宁(P. J. Denning)的局部性(locality)和工作集(working set)原理发表在1968年[7]；帕特森(D. A. Patterson)和迪策尔(D. R. Ditzel)的"RISC芯片结构"发表在1980年[8]。以上只是CACM发表过的有影响力的学术论文的一小部分。类似的例子还很多，这里就不一一列举了。

学术方向的指导

很多CCF会员，特别是年轻的会员，希望能看到与学术方向指导有关的文

---

❶ RSA公钥加密算法是1977年由罗纳德·李维斯特(Ron Rivest)、阿迪·萨莫尔(Adi Shamir)和伦纳德·阿德曼(Leonard Adleman)一起提出的。当时他们三人都在麻省理工学院工作。RSA就是他们三人姓氏开头字母拼在一起组成的。RSA是目前最有影响力的公钥加密算法，它能够抵抗到目前为止已知的绝大多数密码攻击，已被ISO推荐为公钥数据加密标准。

章。读者在这类文章中想对一些问题找到参考答案。比如,如何去找有意义的研究问题?计算机发展的历史给了我们哪些成功的案例和失败的教训?科学研发的评判标准是什么?CACM发表过的这一类文章可供我们参考。比如,爱德华·洛索斯卡(E. Lazowska)在2008年发表了“对计算研究的展望”[9]。在这篇文章中,作者首先通过回顾历史展现了今天用于社会和生产的各种计算技术是与他们的学术研究源头紧密相关的。然后展望未来,这个历史趋势或许还会继续下去;有价值的计算研究一定是对社会和计算机硬件、软件产品有着直接或间接的影响。再如,瓦尔迪(M. Vardi)在2009年发表的比较计算机会议和期刊的文章[10],从不同的角度分析了各自不可取代的作用。

计算机教育的论坛

计算机领域的发展是日新月异的,所以我们的本科生教育和研究生培养有着与其他领域不同的特点。CCCF在这方面很好地起到了论坛的作用。这里我想介绍两篇CACM有关教育的文章。其实第一篇是一组对持续了两年的大规模开放在线课程(massive open online courses, MOOC)的评论性文章。尽管MOOC有着高质量和低成本的优点,但这种教学方式缺少教育中最重要的一个环节:师生面对面的问答和讨论,学生与学生之间面对面的交流和合作。另一篇文章是斯坦福退休教授厄尔曼(J. D. Ullman)谈他指导53名博士生的经验[11]。这些学生是不同类型的,毕业后在社会上承担的责任也是多方面的,从教授到学者,从工程师到企业家。

CCCF有过精彩的100期,我相信今后的100期一定会在学术经典、研发方向和教育论坛上出现更多有价值的亮点。■

参考文献

[1] C. A. R. Hoare. Algorithm 64: Quicksort. Communication of the ACM, April, 1961: 321-322.

[2] R. L. Rivest, A. Shamir, and L. M. Adleman. A method for obtaining digital signatures and public-key cryptosystems. Communication of the ACM, February, 1978:

120-126.

[3] E. F. Codd. A relational model of data for large snared data banks. Communication of the ACM, June, 1970:377-387.

[4] D. J. DeWitt and J. Gray. Parallel database systems: the future of high performance database systems. Communication of the ACM, June, 1992:85-98.

[5] E. W. Djjkstra. The structure of "THE"-multiprogramming system. Communication of the ACM, May, 1968:120-126.

[6] D. M. Richie and K. Thompson. The UNIX time-sharing system. Communication of the ACM, July, 1974:365-375.

[7] P. J. Denning. The working set model for program behavior. Communication of the ACM, May, 1968:323-333.

[8] D. A. Patterson and D. R. Ditzel. The case for the Reduced Instruction Set Computer. Communication of the ACM, June, 1980:25-33.

[9] E. Lazowska. Envisioning the future of computing research. Communication of the ACM, August, 2008:28-30.

[10] M. Y. Vardi. Conferences vs. journals in computing research. Communication of the ACM, May, 2009:5.

[11] J. D. Ullman. Advising students for success. Communication of the ACM, March, 2009:34-37.

张晓东

CCF海外理事、2010 CCF海外杰出贡献奖获得者，美国俄亥俄州立大学教授。主要研究方向为计算机和分布式系统的数据管理。zhang@cse.ohio-state.edu

万物皆变，网络安全进入大安全时代

周鸿祎

360 集团

关键词：“永恒之蓝”勒索病毒　网络安全　网络攻击　大安全时代

2017 年 5 月爆发的一次影响巨大的网络安全事件——“永恒之蓝（WannaCry）”勒索蠕虫攻击事件，在全球范围内引起了一场轩然大波。

这是一场由不法分子通过改造美国国家安全局（NSA）武器库中一款名为“永恒之蓝”的程序而发起的网络攻击事件。几乎整个欧洲以及中国等国家和地区都相继中招，包括政府、银行、电力系统、通信系统、能源企业、机场等在内的重要基础设施都被波及，如英国多家医院的计算机系统瘫痪，导致部分病人无法及时手术（见图 2-14）。

从“永恒之蓝”勒索病毒事件中我们可以看出，网络攻击已远远超出了单纯网络病毒攻击与防护的范畴。以往我们喜欢用“信息安全”这样的词汇描述网络安全，但从勒索病毒事件来看，“信息安全”或者“网络安全”已经不足以描述现在网络攻击造成的恶劣影响及威胁危害了，它已经影响到国家安全、社会民生安全、基础设施安全、企业安全甚至人身安全。

事实上，网络攻击对真实物理世界安全的威胁并不是今年才出现的。2015 年 12 月，黑客就针对乌克兰首都基辅的部分地区和乌克兰西部部分地区的电站发动过攻击，直接导致的大停电，使 140 万居民受到影响。一年之后，乌克兰国

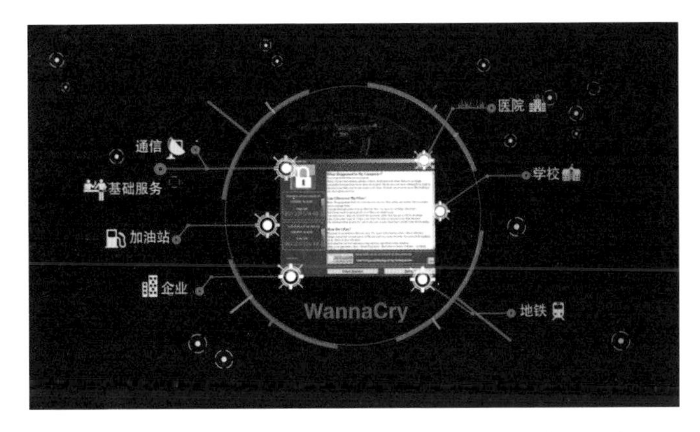

图 2-14　勒索病毒事件影响的公共服务机构基础设施

家电力部门又一次遭到黑客攻击，这次导致的停电时间长达 30 分钟。

乌克兰似乎成为了网络攻击的练兵场，黑客们时不时拿来练习一下。从另一个角度来看，以往战争中，电站类的基础设施是双方攻坚战中最容易被攻破的，乌克兰电站屡次遭遇黑客攻击导致的断电，让大家看到了一个新的现象，就是针对这类基础设施的攻击不再需要飞机大炮，而是直接通过网络攻击就可以完成。

除了勒索病毒和乌克兰电站被攻击事件，还有一件事情也给了笔者很大启示，那就是美国总统大选过程中出现的黑客攻击事件。几乎每次美国总统竞选年都会出现一些大大小小的黑客攻击事件。尤其是去年美国大选，从一开始大家就在讨论，某些国家的黑客对美国大选造成了多大的影响？究竟在多大程度上改变了美国政治的走向？

其中被认为最有可能影响美国大选结果的是"邮件门"事件。2016 年 3 月，希拉里竞选团队主席波德斯塔收到了一封冒名谷歌的钓鱼邮件，黑客通过钓鱼邮件获得了波德斯塔邮箱的密码，并下载了上万封邮件。这些涉密的邮件后来在维基解密上被公开，这也直接导致美国政府对希拉里竞选团队展开调查，并导致希拉里在竞选中几乎立即遭遇滑铁卢。

当然，影响美国大选结果的不仅仅是这件事情。2017 年 1 月，美国国家情报总监办公室公布了一份报告，第一次正式披露有关俄罗斯干预美国大选的情况。在此之后，美国总统特朗普也表示接受美国情报界的结论。

网络安全进入大安全时代

“永恒之蓝”勒索蠕虫攻击事件使人们对勒索病毒不再陌生，因为该事件直接影响了人民群众的生活。而美国总统大选过程中出现的黑客攻击事件，虽然看起来和人民群众的生活比较远，但无疑也是影响社会安全和国家安全的重大事件。

网络攻击事件的影响越来越大，逐渐脱离以往我们理解的网络安全范畴(见图 2-15)，有以下几方面原因。

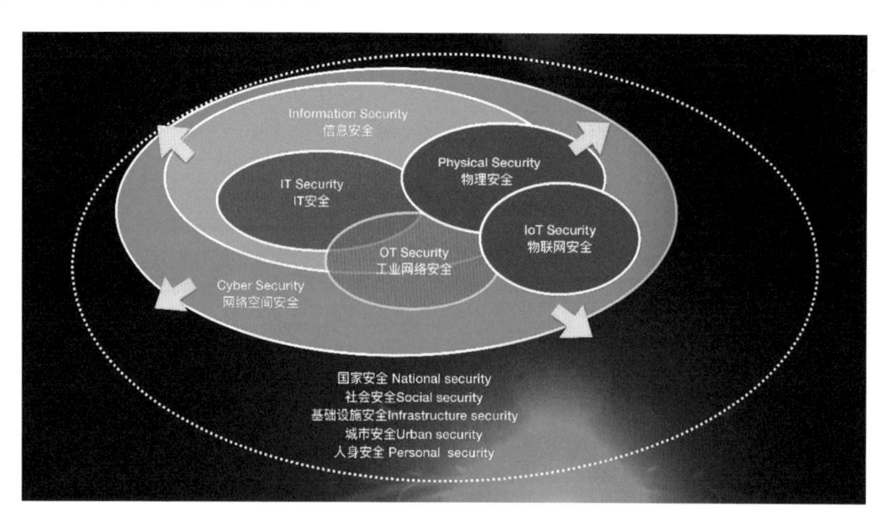

图 2-15 大安全时代的网络安全包含了方方面面

首先，我们整个社会运行在互联网上

互联网从诞生到现在，已经成为社会的基础设施，同水、电、空气一样。仅看中国，在波士顿咨询公司最近发布的《中国互联网经济白皮书》[1]中提到，中国目前拥有超过 7.1 亿网民，中国互联网相关的经济规模在国内生产总值中占比高

[1] 《中国互联网经济白皮书：解读中国互联网特色》于 2017 年 9 月 13 日发布。是波士顿咨询公司、阿里研究院、百度发展研究中心、滴滴政策研究院联合发布的。

达6.9%,排名世界第二。

这仅仅是互联网相关的经济规模。实际上,在今天,各行各业几乎都离不开互联网。勒索病毒事件爆发之后,从医院、银行、电力、通信、交通到各类政府机构都遭遇了勒索病毒的攻击。

这些机构的很多设备都是利用网络在控制,像银行这些特殊机构已经完全与互联网融为一体,不难想象,如果有一天整个金融系统遭遇攻击停止运作后,会有多少人的生活受到影响。而政府机构更是如此。5月份爆发的勒索病毒事件,导致出入境管理、车管所等机构因为被攻击而无法为人民群众提供服务。

再来看个人生活。从早上起床用手机看新闻,到出门用网络打车,网络支付早餐费用,再到中午订外卖,晚上在线看视频、购物……,我们几乎所有的生活都无法与网络割裂。

其次,网络虚拟世界与物理真实世界被打通

如果购物、看新闻和视频等行为都是在线上完成的,那么随着技术的发展,越来越多的基于云计算、人工智能的物联网、车联网、工业互联网的行业已经开始从线上到线下相互融合了。

近几年,在物联网、车联网和工业互联网中开始使用一些人工智能技术发展无人化系统,例如无人驾驶汽车、无人飞机、无人操控的武器……,这些无人系统一旦被劫持,将带来更多、更严重的安全问题。

我们生活中接触到的物理设备都与网络世界相连接了。很多人认为,工业就是指工厂,实际上工业互联网的范围非常广泛,比如每天运作的地铁,公司的门禁等,这些都属于工业互联网范畴。

随着物联网、车联网和工业互联网的发展,它们开始成为网络攻击的目标。今年1月,美国能源部专门发出警告,警示电网面临被黑客攻击的危险。4月份美国国防部专门投资7700万美元建立新的网络安全计划,专门打击针对电网设施的黑客攻击。

最近美国政府还与各电力企业合作进行网络战演习,重点保护电力等基础设施,今年演习的覆盖范围还延伸到了大银行、华尔街和电信行业。

无论是智能家居,无人驾驶汽车,还是更大规模的工业互联网,都联通了网

络虚拟世界与物理真实世界。因此，一旦有人利用漏洞发起针对这些领域产品或服务的网络攻击，带来的危害绝不仅仅是线上信息安全，也绝不仅仅是丢失一些数据，而是有可能造成线下安全问题，可能对人民群众产生真实的人身伤害。

网络攻击已经影响到线上和线下，因此，全球网络安全逐渐进入到涉及国家安全、社会安全、产业安全、基础设施安全甚至人身安全的大安全时代。

第三，没有攻不破的网络，没有绝对的安全

当整个社会都运行在互联网上，当网络虚拟世界与物理真实世界的界限被打破之后，从事互联网技术工作的我们就会发现，好像这个世界上所有的东西都可以通过编程来控制和执行。

而当所有的程序都是人在编写的时候，我们必须承认，人是会犯错误的，所以人编写的程序和代码里一定是有漏洞的。

软件开发行业里有个名词，叫“千行代码缺陷率”，意思是一千行代码中的漏洞率。绝大部分软件公司的每一千行代码就有可能存在一个漏洞。

那么，可以想象一下，我们身边存在多少漏洞？我们最常使用的 Windows 操作系统的代码量是 5000 万行左右，安卓系统大概是 1200 万行，其中的漏洞可想而知。

几乎可以说，我们身边各种设备里面的漏洞数量都是数以万计的。任何漏洞的存在都有被利用的风险。

美国首任网军司令亚历山大将军在 2015 年的中国互联网安全大会上说：世界上只有两种系统，一种是已知被攻破的系统，一种是已经被攻破但自己还不知道的系统。在攻击者面前，没有任何安全的系统。

现实世界中的任何网络系统，即使设计再精巧，结构再复杂，无一例外都会有漏洞。360 社区补天漏洞响应平台一年发现的漏洞数就超过了 8 万个。这些漏洞，都有可能成为系统遭受网络攻击的软肋，而且单靠购买和部署各种网络安全设备也无法预防针对未知漏洞的攻击。因此，网络系统的安全就如同马其诺防线一样，靠防，是防不住的，一定会被攻破。美国国家安全局的数据泄露和美国麦迪安网络安全公司被渗透，充分验证了那句话：没有攻不破的网络。

大安全时代的大趋势

网络战将常态化

大安全时代的网络攻击的涉及面非常广，甚至影响到社会基础设施乃至国家安全，网络攻击已经演变成网络战。

不同于传统战争有明显的开始和结束，网络战时时刻刻都在不宣而战。震网病毒[1]经过长时间的潜伏和一系列的隐藏措施，无声无息地对伊朗核设施进行了攻击。360威胁情报中心监测到的多个高级可持续威胁（Advanced Persistent Threat，APT）事件中，攻击者也都已经渗透或者潜伏了很长时间，并且通过各种手段隐匿自己。

勒索病毒事件暴露出美国人在网络武器打造上实现了平台化、系统化、自动化，全世界已经进入网络战时代。

所以，应对网络战要平时筹划，时时刻刻准备，做到未雨绸缪。

漏洞成为战略资源

以前我们对漏洞的理解就是软件上的小错误，修复一下就好了。但是永恒之蓝勒索病毒事件深刻揭示了漏洞是未来网络战的关键因素。在大安全时代，如同稀土对于冶金一样，软件漏洞已成为与安全有关的一种资源。

在网络战中，重要漏洞的价值等同于传统战争中的稀缺资源，谁掌握了对方的网络系统漏洞，谁就找到了攻击的突破口，谁能及时发现和掌握自身的网络漏洞，就可以先为自己夯实安全的堤防。

在一系列重大的网络攻击中，震网病毒、火焰病毒、方程式病毒、永恒之蓝蠕虫等都利用了各种已知和未知的漏洞。漏洞非常重要，没有漏洞就无法建立网络战的进攻和防御体系。

---

[1] 震网病毒（Stuxnet）是一个席卷全球工业界的病毒。震网病毒于2010年6月首次被检测出来，是第一个专门定向攻击真实世界中基础（能源）设施的病毒，比如核电站、水坝、国家电网。作为世界上首个网络“超级破坏性武器”，该病毒已经感染了全球超过45 000个网络，伊朗遭到的攻击最为严重。

从维基解密曝光的美国中央情报局(CIA)系列文件看,美国非常重视漏洞的挖掘和收集,中央情报局一直致力于以 Windows、Linux、iOS、Android 等各种操作系统、嵌入式系统和物联网设备为研究对象,投入巨资通过合作或者购买方式获取这些系统的安全漏洞,然后针对这些漏洞开发攻击工具。此外,美国还以各种比赛或者众包、众测的方式通过民间力量来获取漏洞资源。比如五角大楼安全供应商的 ZDI 项目组举办的 Pwn2own 比赛,就是通过"攻破五角大楼""攻破空军"这些比赛项目来收集很多漏洞。

网络犯罪、网络恐怖主义的潘多拉盒子被打开

互联网诞生以来,网络犯罪一直存在。传统的网络黑色产业链中,犯罪分子制作、传播木马病毒,窃取用户隐私信息,并通过网络诈骗、控制肉鸡发动分布式拒绝服务(Distributed Denial of Service, DDoS)攻击等方式来获取商业利益,过程相对复杂。

与之形成鲜明对比的是,在勒索病毒事件中,永恒之蓝蠕虫攻击,使用的是军火级攻击工具,利用漏洞进行传播,对用户数据进行加密以实现敲诈,并利用比特币支付等匿名互联网技术躲避追踪溯源,展现出了一种极为高效的变现模式。

这种模式会给全球网络犯罪分子带来巨大启发,即只要有了网络武器,即使没有太多专业化知识和技能,也可以对重要机构、企业或个人发起敲诈勒索攻击并获得巨大的商业利益。

永恒之蓝蠕虫攻击事件,可以看作是小蟊贼利用了重武器,勒索病毒事件可以作为标志性事件,也是网络恐怖主义开始的代表性事件。

随着网络武器的泛滥和网络攻击的服务化,越来越多小蟊贼式的黑客组织会被武装成网络恐怖组织。可以预见,未来此类网络恐怖袭击将大行其道,甚至成为一种愈演愈烈的常态。

这些网络武器也可能流传到敌对势力和恐怖组织手中,成为他们发动攻击的主要手段之一。以前敌对势力和恐怖组织的攻击主要以 DDoS 攻击、网站篡改为主,未来他们利用这些网络武器,可以发起敲诈勒索这样的低级攻击,还可以实施更精巧、更有针对性的、更隐蔽的攻击,窃取重要单位的机密信息,其危害

性将更加巨大。

更进一步,这些攻击还可能导致政府信息系统、民生设施等的瘫痪,对国家安全、社会秩序和人民的日常生活都将产生不可估量的影响。

应对大安全时代的大挑战

首先,利用大数据打造大防御

我们假设网络攻击是一定会出现的,并且通常都是被攻击之后才发现。那么应对这种网络攻击,防护的重点不仅仅是隔离和筑墙,而是对已经发生的攻击的发现和响应。

如何才能检测到攻击行为?在大安全时代,一定是大数据。

网络渗透和攻击都会留下痕迹,在无法判断哪些行为是攻击的情况下,尽量多地对行为和数据进行记录。数据掌握得越多,检测需要的信息就越全,发现攻击的速度就会越快,也就是“以空间换时间”。

无论是应对不法分子针对人民群众的网络犯罪,还是应对针对国家安全的网络攻击,需要的大数据不仅是机构内网的数据,更重要的是整个互联网的大数据。因为攻击者潜伏得很深,如果我们单独在一个内网中观察这个恶意样本,他的行为会伪装得特别正常,很难被发现。

因此,需要借助互联网上的大数据。假设在互联网上分析得到一个恶意攻击样本,然后拿到一个特定机构去检测,只要该机构有这个样本,那肯定就是被攻击了。

其次,大安全时代,人是安全的核心

人是网络安全的核心因素,这是一句正确的废话,但必须得提出来。

网络安全出现了问题,是人造成的,而维护网络安全的工作,也需要由人来完成。人也是网络安全中最重要的因素,网络安全不是购买并部署一批网络安全设备,堆砌一些产品就能防得住的,还需要大量的安全专业人员来做分析、研判、响应和处置。比如美国著名的大数据公司 Palantir,不仅具备大数据核心技术,还拥有超过 4000 名大数据领域的专家,正是他们在进行人工分析和研判。

网络安全最终需要靠人来解决，靠网络专家来分析和研判。

未来网络安全是科技劳动密集型行业，需要大量的专业技术人员的智力密集型服务。而目前安全人才缺口很大，人才供需依然存在数量级上的差别。政企单位不仅要培养自己的网络安全队伍，还要充分利用网络安全企业提供的专业化的安全服务。

现在有人在鼓吹人工智能技术的应用将导致人被取代，我们对此观点不予置评；在网络安全行业恰恰相反，人是不可或缺的，是最重要的生产力。

第三，建立漏洞管理机制

漏洞在大安全时代逐渐成为网络战的战略资源，而我国目前还没有针对漏洞挖掘、漏洞信息发布等进行统一规范和约束，也没有建立统一的漏洞使用管理体系。

很多时候，某个漏洞已经被一些安全从业人员发现了，但没有大范围公开或者针对漏洞做修补工作。这样的漏洞如果被不法分子利用，就有可能造成大面积的危害。

例如，近年来欧美队伍已逐步退出了 Pwn2own 等全球黑客大赛，但国内安全企业出于公关宣传的需要频频参赛，导致美国以极低的代价即可获取大量的高价值漏洞资源。国内大部分网络安全企业会把自己挖掘的漏洞直接提交给微软、谷歌、苹果等国外公司，造成漏洞资源流失。

所以，大安全时代，应该从网络战的层面，建立国家漏洞专门管理机构，对漏洞资源的使用加强统一规划与协同，充分发挥重要漏洞应有的价值。

第四，要有大格局：军民相继、军民融合、军转民

大安全时代的网络攻击或者网络战，与以往的攻击、战争不同，以往的网络攻击可能是公司之间的竞争，以往的战争可能是军队之间的对决。但是在大安全时代，网络攻击与网络战，影响的是整个社会和国家，所以是国家之间的整体对决。这意味着军民融合在网络安全领域具有现实的必要性，没有军民之间的深度融合，就不可能有真正的网络安全。

在传统战争中，军事目标和民用目标有明确的区分，双方所要攻击和保护的

目标主要是大坝、电厂等重要军事目标。而网络战不同，网络是一个相互连接的整体，分不清楚民用和军用，任何单位或个人所使用的终端或者系统都是网络的一部分，任何人或者设备被攻破，整个网络就可能会被攻陷，因此网络战是一场整体战，对每个人、每台终端以及民用目标的安全保护都非常重要，是和整个国家的网络安全紧密联系在一起的。

网络安全产业和军工产业将会融合，军民融合成为必然。以前，美国做飞机、做导弹的和做网络安全的是不同的人，现在结合在一起了。“攻破五角大楼”、“攻破空军”这些军事项目都是民间网络公司 HackerOne 做的，抓获本·拉登发挥最大作用的也是民间网络安全公司 Palantir。

中国已经将军民融合提升到了国家战略的高度，国家主席习近平在 6 月份的军民融合发展委员会第一次全体会议上指出，推动军民融合深度发展，必须向重点领域聚焦用力，以点带面推动整体水平提升。基础设施建设、国防科技工业、武器装备采购、人才培养、军队保障社会化、国防动员等领域军民融合潜力巨大，要强化资源整合力度，盘活用好存量资源，优化配置增量资源，发挥军民融合深度发展的最大效益。海洋、太空、网络空间、生物、新能源等领域军民共用性强，要在筹划设计、组织实施、成果使用全过程贯彻军民融合理念和要求，抓紧解决好突出问题，加快形成多维一体、协同推进、跨越发展的新兴领域军民融合发展格局。

军民融合是网络安全产业的一个大机会。■

周鸿祎

CCF 高级会员，CCF 企业家奖获得者。360 集团创始人兼 CEO。

研究到产品：距离有多远

张　磊

微软研究院

关键词：研究和创新　产品　成果转化

2013 年的夏季，我告别了曾经工作 12 年的微软亚洲研究院，加入了微软公司的必应多媒体搜索组，从事与图像搜索有关的工作。促使我做出这个决定的一个重要原因是，我希望能够亲身经历和学习产品的开发过程。

与微软公司的其他部门相比，必应搜索是一个比较年轻的产品团队，在很多方面和研究部门保持着比较密切的合作。我在研究院的时候，也曾和同事们一起把不少研究成果转化到与搜索相关的产品中，但是仍有很多时候觉得研究和产品之间存在不小的距离。有时，研究人员觉得自己的算法已经很好了，而在产品部门看来还差得较远。

微软亚洲研究院是一个企业研究院，尽管在做科研成果转化的时候具有很多先天的优势，但是在从研究到产品的转化过程中还是会面临诸多的困难和挑战。对于国内高校和科研院所的科研人员来说，要把自己的研究成果转化为有技术含量的最终产品，遇到的困难和挑战应该会更多。尽管如此，我们仍然能看到不少成功的例子，譬如国内的手写识别和人脸识别的相关产品有不少是高校和企业成功合作的结果。

研究和产品的关联

作为一个事物的两面，研究和产品有着不可分割的联系。互联网的普及正使得各个领域的竞争都趋于全球化，并且使得竞争的节奏变得更快。15 世纪航海时代尚未开启之前，中国的瓷器技术领先于世界数个世纪，并且给中国带来巨大财富。在航海时代开启之后，一个国家或是一个企业仍然可以通过一项新的技术或一个新的产品获得巨大收益，但是因为技术传播的速度更快，这种技术上的领先通常只能以年计了。而到互联网时代，技术的领先往往只能以月计或以天计了。为了持续保持领先，各个国家和企业必须在研究方面进行长期和持续的投入，这是因为商业社会遵循着“物以稀为贵”的原则，而创新则意味着你可以生产出别人生产不出来的产品，从而获得更高的利润。

正是因为商业利益的驱动和全球竞争节奏的加快，研究和创新成为现代社会竞争中越来越重要的组成部分。

从研究的角度来看，研究的目的大体分为两类：一类是由好奇心驱动的对未知世界进行探索的研究，另一类是由实际问题驱动、以产生新技术为目标的研究。前一类研究看似不以直接产生新技术为目标，但是真正好的研究工作一旦揭示了未知世界里本质的规律，无不对技术发展产生巨大的影响。这方面的例子在数学和物理领域数不胜数，譬如傅立叶分析成为信号处理领域的基础理论，万有引力定律的发现对整个自然科学产生巨大的影响等。

如果说第一类研究偏向于基础研究，那么第二类研究则偏向于应用技术研究，以解决实际应用中存在的问题为主要目标。以计算机视觉领域的研究为例，随便翻阅一些在这个领域发表的论文，都可以发现几乎每篇论文都是以某个实际应用问题来开篇的，并且由此引申出这个问题是多么重要，以及解决了这个问题就可以解决更重要的问题等等，进而再通过算法和实验来说明论文中提出的方法是如何新颖和有效。单从论文的数量上来看，会让人产生错觉，以为各个领域都在以突飞猛进的速度发展。

然而，如果我们看一看科技领域实际的进展，看一看每年数量众多的专利技术的科技成果转化率，就会明白很多研究工作实际上仅仅止步于论文发表这一阶段。难道众多的研究人员仅仅满足于发表几篇论文吗？我想答案并非如此。不论是在企业研究院还是在高校，科研人员一定都希望自己的研究成果能转化为真正有用的产品，以解决实际应用中的难题。

那么，既然企业界对创新有强烈的需求，而研究人员也对研究成果转化为产品有强烈的愿望，为什么从研究到产品又是如此困难呢？

从我自己的经历来看，先做研究工作，后做产品开发，促使我不断地思考：如何使研究和产品转化更有效地结合？能成功转化成产品的研究有什么特点？如果我们想把一项研究成果转化成产品，需要在研究阶段注意哪些问题？在转化过程中又需要注意哪些问题？

研究和产品的差别

为了回答这些问题，我们先看看研究的特点。研究工作的一个重要目的就是通过创新来解决已知甚至未知的一些问题。以创新为目的，就注定了研究工作需要理解应用的问题，了解相关领域已有的方法，进而独立思考以提出新的方法，通过实验来验证新方法的有效性，并最终发表论文与同行进行学术交流。当然，这个过程中的另一个重要目的是通过研究过程来培养学生，锻炼学生分析问题和解决问题的能力。因为研究工作的独特性，研究人员往往有更自由的时间，并且可以承担更大的试错风险去尝试各种方法。

然而也正是因为研究工作的这种特殊性，使得不少研究人员脱离了研究的本来目的，或是为了应用新的算法而去构想问题，或是为了得到好的实验结果而做过多的假设以简化问题，从而使得研究问题和应用需求严重脱节。另一方面，研究人员多数没有实际的产品开发经历，既缺乏相应的工程经验，也对产品开发的过程和特点理解得不够深刻。这两方面的因素使得以科研人员为主导的科研成果转化变得非常困难。

产品开发的目的是要解决用户的某种需求或某个“痛点”。一个好的产品一定要贴近用户并获得用户认可。为了保证最终实现的产品或系统具有较高的运行效率和稳定性，在产品开发的过程中往往是以团队为单位以较快的节奏协同进行工作的。另外，产品开发过程中还有很多琐碎的环节，譬如系统的高效实现、用户界面的持续改进、市场的推广宣传等。总之，产品开发需要快节奏、短周期、高性能。

那么，从研究到产品转化的过程中，是否有好的结合点呢？

严谨的算法评价

我到产品部门后，与优秀的工程团队和开发人员一起工作了近两年时间，学习到不少产品开发过程中独有的经验。对我触动最深的是产品部门对开发过程中测试环节的重视。

这里所说的测试是指在采用研究领域的新算法时对其进行性能和准确率方面的测试。这个测试的目的有两个，一是评价算法在实际产品中的应用效果，二是通过评价来进一步指导算法的改进。为了达到这个目标，至关重要的一点是建立尽可能接近真实应用场景的测试数据集，从而可以用可信的评价指标来指导算法和系统的改进。而这一点恰好是做研究时常常被忽视的。

算法评价这个问题看似简单，仔细想想其实并不容易。即使在产品部门工作多年的研发人员，也时不时会走入误区。对于面向应用问题的研究来说，算法评价是不可缺少的一步，几乎每篇发表的论文都需要提供和以前方法的对比实验结果，从而表明论文中所提出的方法是有效的。可是，仅靠论文中的实验结果来判定算法用于产品中的性能是远远不够的，其中一个重要的原因是测试数据的差别。因为产品是要面向实际用户的，用户的需求和使用产品的方式总会有各种差别，为了能够在产品开发阶段预测用户的使用效果，关键是要构造出和最终用户体验尽可能接近的测试数据。更重要的是，在这样的测试数据上评价出的性能指标能够给算法的改进提供尽可能正确的反馈信息，以便开发人员按正确的方向不断改进算法。

我们以图像搜索引擎为例对此问题进行探讨。假如有一类用户希望搜索与鹿有关的图片，他们希望图像搜索引擎不仅能返回尽可能多的图片，而且能告诉用户图片中出现的是何种类型的鹿。研究领域的最新进展表明，这个问题是有可能解决的。假如我们决定要开发这样的技术，应该如何构造评测数据集呢？

大多数的研究人员可能会利用搜索引擎在网上收集一些和鹿有关的图片作

为正例样本，通过适当的条件筛选出较为多样化的图片，然后再想办法收集一些比较随机的图片作为反例校正，这样就可以评价分类的准确率了。对于鹿的种类识别，虽然数据收集比较困难，但是如果能够确定需要识别的鹿的种类（比如有 5 种），那么仍可以利用搜索引擎来收集各个种类的图片，然后辅以人工标注，从而构造出一个比较有价值的数据集。

而在产品部门，构造评测用的数据集则需要考虑更多的因素。如用户通过什么样的查询词来寻找和鹿有关的图片？如果某个类别的鹿的搜索频次非常低，是否应该相应地降低测试集中这种类别的鹿的数量？再如，数据收集是从索引的图像里随机筛选，还是从搜索结果中的图像里选取？如果算法优先保证了分类准确率，则难免会降低召回率；如果我们想评估出最终用户能体验到的召回率，那么应该如何实现？在确定了这些原则并收集相应的数据后，产品部门会投入特定的人力进行数据标注。因为测试数据的好坏直接影响到产品部门对一个技术的评估是否可信，所以这个过程是非常严谨的。而这里收集的数据仅仅用于测试。对于训练数据的收集则可以有更大的自由度，原则是只要能对改进最终的测试性能有益。

在实际产品开发中需要考虑的还不止这些问题。譬如，如果是网络图像搜索，除了基于图像内容的分类外，是否还可以结合图像周围的文本信息来改进分类结果？如果存在分类非常困难的图像，如有模糊或遮挡，那么是增加更多的训练数据，还是设计一些有效的规则将这类图像排除在外？如果需要收集更多的训练数据来进一步提高分类准确率，那么应该遵循什么准则？这些问题以及在算法实现过程中的各种取舍其实大多都可以通过一个好的测试数据集来进行决策。从这个意义上来讲，性能测试可以被看作是整个算法实现和改进过程的总指挥。这也是产品部门如此重视测试数据构建的原因。

如何让研究到产品更有效

在研究院工作时，曾和同事一起讨论如何选择研究问题。大家都认为好的问题应该是既可以在研究上做得非常深入，又可以使研究成果真正解决实际问题，对产品有较大的影响。可是由于研究和开发产品这两种工作存在天然差别，因此在选题和进行研究时找到这样的平衡点并不容易。

这两者之间的矛盾主要体现在对时间灵活性的掌控上。研究工作强调创新,因此需要对问题进行深入的理解,需要时间试错,需要开放的学术交流;而产品开发强调性能和市场竞争,因此需要对测试环节高度重视,少走弯路,需要团队合作,以尽可能快的节奏将产品推向市场。

但是,这并不意味着研究和产品之间难以找到结合点,毕竟两者之间有着极大的依赖关系。对研究人员来说,如果希望看到自己的研究工作能真正解决实际问题,不妨从以下几个方面进行尝试。

选题阶段　多和做产品的人员进行沟通,看看自己是否有从未想过的问题?自己想的问题是否过于理想化?在特定的环境里,有些问题是否有额外的可用信息?对最终用户来说,什么指标最重要,准确率、召回率还是运行效率?总之,避免闭门造车。

研究阶段　一旦确定了问题,在研究过程中,除了深入理解问题、寻找更好的解决方法外,还需要充分重视实验评价这个环节,把严谨的算法评价当作研究过程的重要组成部分,尽可能建立接近真实应用场景的测试数据集,通过性能评价及时得到反馈和改进的方向。另外,对于算法实现和实验评价,无论是否要共享实验数据和代码,都尽可能做到以可重复为原则,这样可以促使自己的研究做得更扎实。建立在此基础上的研究成果,相信对学术界和工业界都会有很高的价值。

产品转化阶段　在算法取得突破并且在实验测试集上看到显著的性能提升后,不妨再次和产品开发人员进行讨论,探讨成果转化的可能。大多情况下,实际应用中总会有算法未曾考虑到的情况。此时,算法的改进尤其需要研究人员和开发人员的密切合作。这个过程中有很多琐碎细致的工作需要一丝不苟地完成,这也是难得近距离观察问题、理解问题的机会,有不少新的研究问题往往就是在这个过程中被发现的。

毕竟,研究的最终目的是为了真正解决实际问题。对于研究人员来说,看到自己的研究不只是停留在论文阶段,而终于被用到实际产品中,那份成就感也许是对自己最好的嘉奖。■

张　磊

微软研究院高级研究员。主要研究方向为多媒体检索、内容分析、计算机视觉和模式识别。leizhang@microsoft.com

奋 斗 篇

脚踏实地，不慕虚荣
——与 CCF YOCSEF 成员座谈*

李国杰

中国科学院计算技术研究所

关键词：科学精神　科研环境

现在，社会上对科研人员存在一些误解和怀疑，给我们带来了很多困扰，也引起了我的反思。社会上是如何看待我们这些科研人员的？为什么会造成这种局面？

科学精神

回想当初，我回国到中国科学院计算技术研究所成立智能中心，担任中心主任时，曾经出过一本小册子。我在上面写过这样一段话"中国一流的计算机科研人员的聪明才智未必低于国外，只要凝聚了一批脚踏实地，不慕虚荣，决心为振兴民族高技术产业而努力拼搏创新的斗士，外国一流计算机实验室能做到的事，我们也应该能做到。"正是在这种精神激励下，我们研制出了国际先进水平的高性能计算机。当时的情况不论是科研人员还是工作环境都面临一系列的挑战，比现在差很多。那时，中心大多数的科研人员的专业并不是计算机体系结构，主要是计算机应用，比如专家系统等。但是我们扎扎实实做事情。在经过两年艰

---

* 本文根据李国杰院士在 2011 年 9 月 1 日 CCF YOCSEF CLUB 的讲话整理而成。

苦的探索后，克服重重困难，终于研制出了曙光一号并行计算机。回想起这段经历，感触颇深，我想作为一名科研人员，应该脚踏实地、不慕虚荣，要有强烈的社会责任感，有良知，有自尊，只有这样，才能做出成绩。

如今社会上流传着各种成功的说法，市场上也充斥着各种“忽悠”成功的书籍，致使一些年轻的科技工作者把生活或工作看成是各种“梯子”，如图 3-1 所示。第一个梯子是申请课题，成功后申请副研究员，之后进入第二个梯子，申请重点课题，成功后，申请研究员，之后又开始爬重大课题、杰出青年等其他“梯子”。那么，年轻人应该如何走自己的路？这是值得人们深思的问题。我常常跟一些归国的人交谈，询问他们在国内做研究和在国外的区别，得到的回答通常是，在国外，同行们在一起谈工作，而在国内，谈的更多的是住房、子女上学等切身利益，这与国外有很大不同。

图 3-1 “成功学”的诱惑

20 世纪 30 年代，北京有一个以梁思成、林徽因夫妇为中心的青年“文艺沙龙”，周围聚集了一批中国杰出的文化精英，如诗人徐志摩、文化领袖胡适、哲学家金岳霖、政治学家张奚若、物理学家周培源、考古学家李济、作家沈从文等，美国历史学家费正清夫妇也加入其中。这些文化精英常常在星期六下午，陆续来到梁家聚会，按照西欧习惯品尝“下午茶”并且聊天。梁家的沙龙影响深远，曾激发许多文化人的灵感，令当时许多知识分子特别是文学青年心驰神往。那时，这些人也就 30 多岁，处于风华正茂、激扬文字的阶段。我想他们身上所具有的不仅是渊博的知识，更多的是知识分子的责任和良知。知识分子的内涵与中国传统文化中的“士”的特点非常吻合：具有明确的价值观，忧国忧民，追求正义，刚直不阿。通过一群追求真理且具有极强社会责任感的知识分子不懈的努力，才使得中华民族文化能够自立于世界民族之林。有良知的知识分子是民族文化的标杆，也是社会道德的牵引者。

回顾中国几千年的历史，真正留传下来的是老子、孔子等人的思想，这些知识分子对社会起了重要作用。只有唤回知识分子精神，才能拯救民族精神，才能使这个利益分化的社会具有坚强的凝聚力。把一个人称为知识分子，不仅仅是因为他有知识，而且是因为他关心“小我”以外的社会。因为他有这一点理智的信仰，靠着头脑中那尊思维之神的鼓励，才能够在世俗潮流的冲击中站稳双脚，不为所动。古人云“为天地立心，为生民立命，为往圣继绝学，为万世开太平”，“先天下之忧而忧，后天下之乐而乐”。现在讲这些，有些年轻人会认为太虚。我要强调的是我们知识分子应该脚踏实地、不慕虚荣。对于虚实，现在流行的看法是被颠倒了，我认为获奖、职称升级等是科研道路上的副产物(by product)，并不是我们真实的追求。可能有人并不同意这种说法，认为职称、住房才是实实在在的东西，而“真善美”是虚幻的追求。但是我认为人还是需要些精神的。我想引用温家宝总理的话来说明这个问题。“一个民族有一些关注天空的人，他们才有希望；一个民族只是关心脚下的事情，那是没有未来的。”钱学森之问也是如此，“为什么我们的学校总是培养不出杰出人才?”回答这个问题恐怕不能只从培养创新精神这种角度考虑，关键是整个社会已经缺乏知识分子的独立思考，当作为“杰出人才”的基本要求——“追求真理的高尚的情操”已不被社会看重时，我们需要重塑科学精神。每个时代都需要一批青年先驱，比如抗战时期的西南联大曾培养了一批杰出人才，他们当中有院士、有诺贝尔奖获得者。因此，我想问，能否在一些学校、科研单位或更小的范围内，如课题组，形成一个心灵高尚的“殿堂”?

2011年4月，我到美国普林斯顿大学访问，它附近的高等研究院(Institute for Advanced Study)的院徽上写着：TRUTH(真)与BEAUTY(美)(见图3-2)。这个院徽代表了美国科学家的追求，也代表了一大批西方科学家的追求。中国的传统文化追求“真、善、美”，比美国人多了一个“善”的追求。所谓“善”是指做事的目的，科技人员应该追求“善良”的目标。一般而言，科学研究更崇尚“求真”，技术研究更应“求善”，应追求改善绝大多数人的生活，追求与自然和谐友善。中国科学院院士杨叔子也曾说过：科学精神是求真的人文精神，人文精神就是求善的科学精神。

图3-2　美国普林斯顿大学高等研究院院徽

科研环境

当前,国内的技术与产业的良性生态环境还未形成,企业还没有成为技术创新的主体。这使得不少科研人员认为自己做不出好的科研成果,甚至把自己弄虚作假,都归咎于周边的人都在“忽悠”,认为是急功近利的环境“逼良为娼”。其实,环境是每一个人构成的。目前这种人人责备环境、责备政府官员的思维模式并不有利于改善科研大环境。应当提倡从自己做起、人人自律。科技人员必须有“慎独”和“出淤泥而不染”的良知。培养一种健康的心态和严于律己的科学作风比写几篇论文更重要。科技人员“慎独”的水平决定中国科学技术的前途。

过去20年,不论是经济建设还是科技发展,我国的特点是“多”与“快”,高楼大厦多,钢铁水泥多,论文专利多,但产品质量不高,论文水平不高,主要是数量的增长。20世纪50年代末,中国的“大跃进”就是以“多快好省”为目标。半个世纪过去了,“大跃进”的行为方式至今没有大的改变。例如,院士要多,论文要多,项目要多等等。此外,还有“数字化中国”,实际效果是任何工作都以“数字”作为考核指标,大到GDP,小到发表论文的数目、项目评审,都以数字化为标准。其实,数字指标应该是“副产品”,更应重视数字背后的本质。以胡锦涛为总书记的党中央提出“科学发展观”,就是要从“多快好省”发展模式转变为“好省多快”。对科技人员而言,也要实现从对成果数量的追求转变为对科研质量的追求。追求“多、快”可能是发展的初级阶段难以逾越的一个过程,但虚荣心作怪是导致追求数量不顾质量的主要原因。下面举几个实例来说明这个问题。

我们以SCI论文、热点论文和引文等为指标,以10年为周期,对我国19个主要学科的世界综合排名进行分析,从中了解各学科排名的发展情况。从图3-3可以发现,1992至2003年期间,材料科学排名靠前,其次是数学、物理和化学,计算机科学位列前20名以内;1994至2005年期间材料科学地位名列前茅,计算机科学进入前10名;1996至2007年期间,计算机科学已经达到前几名,排名十分靠前。材料科学不论在论文发表数量,还是引用数、热点论文数方面,都在世界名列前茅,但是反观我国的高端材料却仍依赖进口,两者形成了很大的反差[1]。

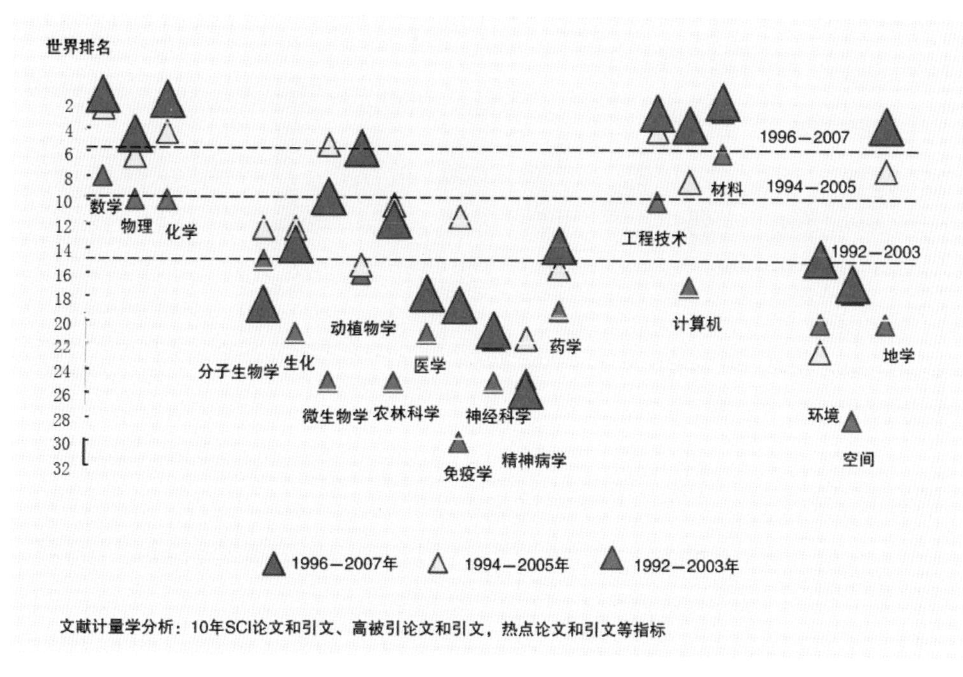

图 3-3　我国 19 个主要学科的世界综合排名提升趋势[1]

我们以清华大学、中国科学院计算技术研究所、自动化研究所、软件研究所等科研院所以及华为公司为代表，来了解国内的计算机发展水平。下面分别进行说明。

按照我国计算机论文与引用数（见图 3-4）统计[2]，以 4 年为周期，可以发现计算机领域论文的篇均引用率还小于 2 次，明显低于发达国家。全世界科技论文引用率最高的科学家和工程技术家目前有 4000 人，其中只有 13 个中国人，而在这 13 人中，内地仅 2 人（中国香港地区 11 人）。

上海交通大学每年会发布世界大学计算机专业的学术排名[3]。它是按照毕业生的重大贡献、获奖教师数量、高引用率论文数量、发表论文数量、教学质量等进行打分，按总分进行排名，因此得到了全世界的认可。其中，2011 年，排名第一的是美国斯坦福大学，它在上述项目上的得分分别是 100、86.6、100、75、97.2，总分为 100，排在前 10 名的大学基本上都在美国。值得注意的是我国清华大学位于第 46 名，它在上述项目的得分是 0、0、0、100、64.8，总分为 45.3，其

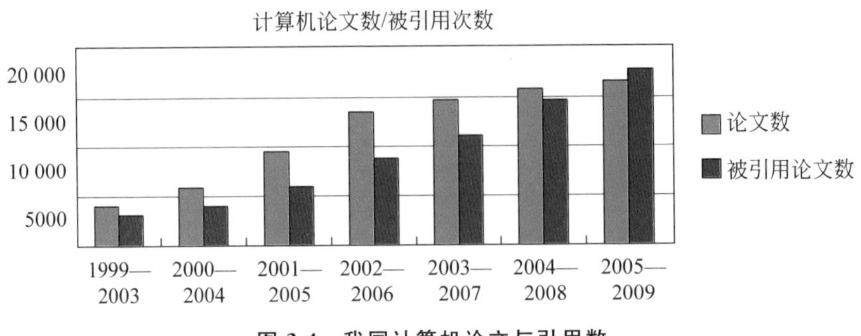

图 3-4　我国计算机论文与引用数

中发表论文数 100 分，可是前 3 项都是 0 分。接下来看一下中国科学院的计算所、自动化所、软件所的情况。据 ISI web of knowledge 2009 年的一份调查数据，按照论文发表数量排序，中国科学院计算机科学共发表了 1927 篇文章(SCI 文章)，排名第 5 位。可是按照平均被引率排序，中国科学院计算机科学平均被引次为 1.65 次，排第 322 位(330 个单位倒数第 9)。

专利维持的时间越长，通常说明其创造经济效益的时间越长，市场价值越高。我们可对信息领域的国内外专利进行比较。图 3-5 显示了当前国内外信息通信技术有效发明专利已维持的年限分布情况[4]：已维持 5 年以下(含 5 年)的有效专利，国内占 52.6%，国外占 22.8%；已维持 6 至 10 年的有效专利，国内占 44.5%，国外占 55.1%；已维持 11 年以上(含 11 年)的有效专利，国内仅占

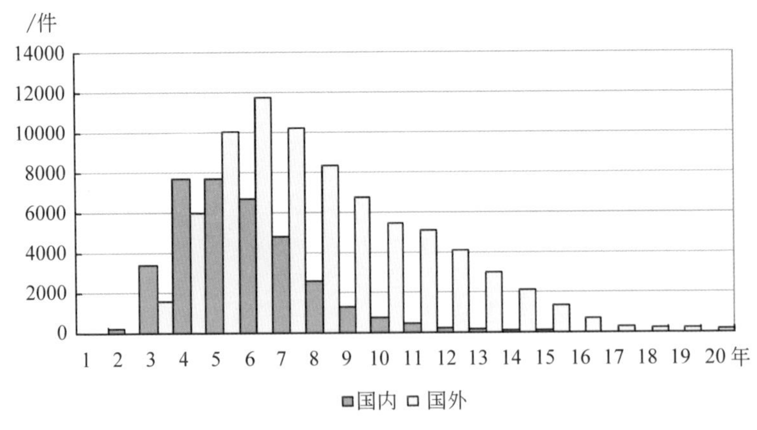

图 3-5　信息通信技术有效发明专利已维持的年限分布

2.9%，而国外这一比例达到22.1%。国内当前有效的专利，以短期专利为主，而国外的有效专利，中长期专利占大多数。

以华为公司的专利和标准提案为例。华为坚持以不少于销售收入10%的费用和43%的员工投入研究开发，并将研发投入的10%用于前沿技术、核心技术以及基础技术的研究。它的中央软件部、上海研究所、南京研究所和印度研究所均已通过国际软件质量管理最高等级认证——CMM5级认证。2008年华为共发出1737件PCT专利申请，数量全球第一。2009年6月第4周华为单周申请PCT专利数达到创纪录的78件，平均每个工作日15.6件。截至2008年12月底，华为累计申请专利35773件。然而，华为公司的国际专利通过率较低，在2005年1月1日至2009年7月31日各电信设备制造企业的美国专利的通过率（通过数量/申请数）中，爱立信为16.2%，阿朗为27%，中兴公司为9.1%，华为仅为3.5%。这从一个侧面说明我国的专利质量还有待提高。

通过上述几个案例的分析，我们对中国计算机技术现状有了基本的了解。与国际同行相比，我国还存在相当大的差距。目前，国内产业规模在扩大，从业人员（研究人员）不断增加，但一流的科研人员还很少，绝大多数研发人员都在做模仿跟踪的开发工作。总的说来，我们的情况是论文数量在急剧增加、专利（包括PCT）数量不断增长，但论文水平却低于国际同行平均水平，高影响力的论文还很少，核心专利较少，多数专利没有发挥作用。我认为，我国的计算机技术只处在第二方阵前沿（发展中国家前沿），尚未进入第一方阵。几十年来，中国在计算机领域基础研究上的投入太少，中国计算机学者对计算机技术的进步还没有实质性贡献，未来10年能否对换代技术做出贡献有待于观念和科研体制机制的变化。

提到大环境的变化，我不禁想起19世纪下半叶美国社会曾经历过的一段资本主义野蛮发展期，其“礼崩乐坏”的程度比起今天的中国有过之无不及，腐败、投机倒把等问题肆虐横行（参看《资本之城》等历史书）。1900—1917年期间，美国发生了一场政治、经济和社会改革运动，被称为“进步运动”。这是以中产阶级为主体、社会各阶层参与的资产阶级改革运动，目的在于消除美国从自由资本主义过渡到垄断资本主义所引起的种种社会弊端，重建社会价值体系和经济秩序。进步运动的范围包括市政改革、反托拉斯、救济穷人、改善工人待遇、自然资源保护等，影响深远。中国目前进行的以“公平”和“共同富裕”为目标的新一轮改革和舆论监督可能会起到“进步运动”的作用。

从某种意义上讲，攀比“数字”、追求虚荣的科研环境是科研人员自己造成的。希望 CCF YOCSEF 的成员能够以身作则，不随波逐流，争取在我们这一代人手中，还科研环境一片清水蓝天，使我国的科技水平真正进入世界一流。■

参考文献：

[1] http://wenku.baidu.com/view/a90f24d026fff705cc170a2b.html.

[2] 高文，范广兵，李俊凤，田林，赵斐. 基于 ESI 的研究所科技论文产出与影响力分析. 《图书情报工作》杂志社、图书情报工作研究会第 22 次图书馆学情报学学术研讨会，2010.

[3] http://www.shanghairanking.cn/.

[4] 国家知识产权局规划发展司. 我国信息通信技术专利态势分析. 专利统计简报，2009 年第 4 期(总第 56 期).

李国杰

CCF 名誉理事长，CCF 会士。中国科学院计算技术研究所首席科学家，中国工程院院士。

一名系统研究者的攀登之路

陈海波

上海交通大学

关键词：计算机系统　论文　批判性思维

引　言

写好计算机系统领域的研究论文非常不容易，不仅需要有非常好的想法，还要证明这个想法的可行性和应用效果。因此，准备一篇论文的周期通常应在一两年以上。计算机系统领域的学术会议通常每年只接收二十多篇研究论文，以保证学术交流会(single-track session)对每篇论文进行充分的讨论。2011 年计算机系统的几大会议——SOSP(OSDI 在偶数年召开)、Eurosys、USENIX ATC 接收的研究论文总计只有 79(28＋24＋27)篇。较长的投稿准备周期与较少的论文接收总数使得在计算机系统领域里发表会议论文异常困难。长期以来，这些学术会议的论文被美国、欧洲的一些著名高校、科研机构和公司研究院所占据，我国乃至亚洲地区学者在这些会议上发表论文的数目极少。据统计[1]，截至 2010 年底，亚洲学者 40 年来在 SOSP 上独立发表研究论文的数目仍然为零。

作为一名计算机系统领域的研究者，在计算机系统相关的高水平学术会议

---

[1] http://xiao-ma.com/sohof/

上发表研究论文无疑是非常重要的。自 2004 年起我开始了计算机系统的相关研究，2011 年终于与复旦大学并行处理研究所的学生分别在 *EuroSys* 2011、*USENIX ATC* 2011 与 *SOSP* 2011 上发表了研究论文或被接收了论文。在论文撰写与投稿的过程中，我们经历了挫折，也积累了一些经验。在此我非常荣幸地将我在计算机系统领域开展研究的经历与感受与大家分享，希望对目前正在从事系统方向研究的研究生有所启发。

研究经历

我接触计算机研究是在 2002 年的 7 月，大学二年级结束后的暑假。一次偶然的机会，我接到臧斌宇教授的邀请，加入了复旦大学并行处理研究所的研究团队。当时我参与的是一个与编译相关的项目，主要的工作是为飞利浦 Trimedia 芯片的超长指令字（very long instruction word，VLIW）指令集 GCC（一套由 GNU 开发的编程语言编译器）移植后端，再进行优化。2003 年下半年开始，我们开展了可重配置体系结构的研究，探索如何为媒体与通信应用设计可重配置的处理器结构。

2004 年英特尔公司的王文汉博士讲到系统虚拟化将会在十年内流行并产生重大影响。很荣幸，我从读研究生开始就在臧斌宇老师的安排下从事了系统虚拟化的探索工作。当时国内虚拟化研究工作虽然刚刚起步，但是很多需求已经显现出来了。上海电信相关部门的负责人当时提出了面临服务器与服务整合和提高电力供应的问题。当时我们觉得用系统虚拟化应该是一个非常好的解决方案。我们的第一个切入点就是如何去度量企业应用在虚拟化的情况下的性能与服务质量的问题。为此，我们选择了很多的基准测试程序包括 TPC-C 与 TPC-W 等来对比分析虚拟化层可能存在的问题。

当时我们的想法是用客户操作系统与虚拟机监控器进行配合以减少虚拟环境下性能开销与服务的不确定性。从 2004 年 11 月开始设计，到 2005 年 5 月我们终于有了一个雏形并准备测试。就在此时，我在查看相关研究动态的时候，突然发现被 VEE 2005 接受的一篇论文跟我们的想法很像。当时给我的感觉是："撞车了！"真有种万念俱灰的感觉，半年多的工作白费了。我在惋惜、灰心的感觉中度过好几周才慢慢恢复过来。

我们开展的第二项工作是基于系统虚拟化的动态更新系统。某天在浏览电子公告板(BBS)的时候,Windows XP系统突然跳出一段提示:“您的补丁已经下载完毕,请重启您的电脑以应用更新。”这段提示不断地跳出来让人觉得很烦。晚上睡觉我思考接下来的研究方向时,迷迷糊糊之际突然想到是否可以用虚拟机监控器来为操作系统实现动态更新,而不需要重启计算机。因为传统的操作系统直接运行于硬件层。操作系统在运行时需要修改自己的状态。如果操作系统自我动态更新的话就涉及自我状态与被更新状态的相互影响的问题,这就有点像鸡生蛋还是蛋生鸡的问题,需要一个解靴(bootstrap)的办法。因为在虚拟化的环境下,操作系统实际上是运行在虚拟机监控器上的,完全可以用虚拟机监控器来控制客户操作系统的状态以保证更新过程中的状态一致性。基于这个想法,我们设计了一个“双向同步写穿”的协议,维护更新过程中的新旧状态的一致性。这项工作最后被VEE 2006接受,当时在大会演讲的时候引起了较长时间的讨论。会上美国伊利诺伊大学的维克拉姆(Vikram Adve)教授还特意跑到我面前说这是个非常酷的工作。后来VMWare公司也开发出了基于虚拟化的补丁管理系统。在这个工作的基础上,后来我们又开发了第一个支持多线程应用数据结构动态更新的系统POLUS(ICSE 2007)。之前的系统需要在更新的时候一直将操作系统运行在虚拟机监控器上,从而带来了较大的性能开销。我们又设计实现了动态虚拟化系统,从而使操作系统只有在需要的时候才会被虚拟化。为此,我们获得了ICPP 2007的最佳论文。

由于之前进行过一段时间的编译与体系结构的工作,后来我就思考是否可以将现在进行的系统领域研究与它们进行结合。于是2007年初就开始了利用动态信息流加强系统安全的工作。当时利用软件进行动态信息流跟踪的主要问题是性能开销太大,然而基于硬件的动态信息流系统则需要较多目前尚不存在的硬件扩展。由于安腾处理器为了支持猜测执行为每个寄存器增加了一个状态位来跟踪猜测执行过程中的异常情况,于是我们就尝试利用猜测执行硬件支持来实现高效的动态信息流跟踪,并且实现了一个叫SHIFT的系统(ISCA 2008)。在SHIFT工作的基础上,我们又探索这样的特性是否可以解决其他问题。后来,我们设计实现了基于动态信息流的程序控制流混淆系统,通过用户态异常来隐藏程序控制流，从而达到抗逆向分析的效果（MICRO 2009）。

2008 年初，美国麻省理工学院的 M. 弗兰斯·卡肖克（M. Frans Kaashoek）院士对微软亚洲研究院进行为期半年的访问。我非常荣幸地和其他同学一起在弗兰斯的指导下开展了为期半年的研究工作。期间主要探索如何为众核平台设计性能可伸缩的操作系统。在这期间，我与其他同学一起设计实现了 Corey 操作系统（OSDI 2008）。我负责的是内存密集多核应用的行为分析以及对应的内核抽象支持以提供可伸缩的性能。经过与弗兰斯一起工作，我学习到了非常多的东西，也有非常深刻的体会，后面将具体提到。

2009 年 1 月博士毕业后我留校继续在并行处理研究所带领系统研究组开展相关计算机系统的研究。在工作中，我们针对众核环境中的软件运行栈进行分析与优化，以提高其性能可伸缩性；同时针对云计算环境下的用户数据的安全性与隐私性开展研究。期间与实验室成员一道设计与实现了 Tiled MapReduce（通过分块等办法改进 MapReduce 的编程模型，PACT 2010）；第一个可移植的并行全系统模拟器 COREMU（PPoPP 2011）；基于操作系统簇集的众核操作系统可伸缩解决系统 Cerberus（Eurosys 2011）；面向 JVM 平台的高效执行重放平台 ORDER（USENIX ATC 2011）与基于嵌套虚拟化的云平台数据保护系统 CloudVisor（SOSP 2011）。

感　　触

9 年的研究生涯，我与实验室成员得到了不少的教训，也积累了一些经验，感受颇深。在此结合计算机系统领域的研究把自己的体会介绍给大家：

批判性思维

系统研究中的自由性使系统研究很容易走向“重新发明轮子”或者“发明一个不相干的轮子”的误区。因此，系统研究尤其需要批判性的思维。在与弗兰斯一起工作中，弗兰斯就特意告诫我思考问题需要极度的批判性（super-critical）。我现在还很清楚地记得当时我向他介绍我们发表在 ISCA 2008 上的论文时候的情形：刚开始介绍论文的意义时，我就被他的一连串问题给难住了。“为什么要采用动态信息流跟踪来做攻击检测?”我举了 Buffer Overflow 的例子。弗兰斯反驳说,“Buffer Overflow 已经有很多办法来解决了,如地址空间随机化与不可执行栈。”我就举了 SQL 注入的例子。弗兰斯又反驳说,“为什么不能用静态分析的方法来解决?”后来我知道,弗兰斯对这些问题都是非常了解的,他希望通过问答的方式看到我在这个过程中对涉及的问题是否深入地、批评性地思考过了,而不是简单地接受其他人或论文上的观点。

扎实的基本功

计算机系统偏向于实践,强调的是解决问题的整体能力。因此,比较全面的知识面,扎实的系统编程能力与快速学习能力将对开展系统方向的研究至关重要,而这些能力往往需要较长时间的培养。在这里,我要感谢复旦大学软件学院的以实践为导向的课程体系,为我提供了比较扎实的基本功,使我在本科阶段就积累了比较好的操作系统、体系结构与编译系统等的设计与实现能力。在国外许多著名高校,都是将教学与研究联系得非常紧密的。例如,目前我在教授操作系统课程时采用一个基于显示内核(Exokernel)的 JOS 作为操作系统的课程实验(源自 MIT 的课程代号为 6.828 的操作系统课程)。2008 年我们的 Corey 操作系统(OSDI 2008)就是以 JOS 为基础,进行面向众核操作系统的性能可伸缩性的扩展,来设计多种抽象为众核设计操作系统。麻省理工学院的分布式系统的课程项目则是由当时影响了很多分布式文件系统设计(包括 Google 文件系统)的 Frangipani(SOSP 1997)而来。这样,他们就很容易通过课程实践的项目为学生提供较强的基本功,从而很容易就能将课程上学到的知识应用到研究项目中去。

发散式思维

在研究过程中,如果问题 A 得到解决,那么是否可以解决问题 B? 如果问题 A 通过方法 1 得到解决,是否还可能通过方法 2 进行解决呢? 各种解决方法各有什么样的优缺点? 在研究过程中就需要不断地进行这样发散式的思维。例如,在使用虚拟机更新操作系统的方式提供操作系统的动态更新后,是否可以将类似的想法应用到多线程应用呢? 于是我和其他组员一起设计与实现了第一个支持多线程数据结构更新的动态更新系统 POLUS(ICSE 2007)。同样,在完成使用动态信息流跟踪的研究后,我就在想是否可以利用它来解决其他问题呢,于是我们就设计实现了基于信息流的控制流混淆技术。同样,在完成 Corey 的工作后,我们尝试一方面为众核提供更好的开发工具 COREMU(PPoPP 2011),另一方面将 Corey 中的一些功能应用到日用操作系统中去(Cerberus, Eurosys 2011)。

开阔的视野与专注的研究

这看起来更像是一个采用深度优先还是广度优先进行学习与研究的例子。看似一对矛盾体,因此需要去做动态平衡。我个人的体会是,对研究生而言,在一段特定的时间内需要有一个专注的研究点。在选择研究点的时候需要批判性的思考。这样的一个研究点是否值得去做?一旦这个研究点确定下来了,就要持续深入地去研究一个相对较长的时间,直到可以很肯定地告诉自己这个研究点的问题已经全部解决了,否则就不轻易放弃。在专注的过程中,还需要以一个开放性的心态去关注其他领域的动态,通过学术会议、报告与小组讨论等方式去获取新的信息。但如果在这个过程中有了新的想法,先别急着去改变自己的方向,而是先将其记录下来,隔段时间拿出来思考一下,然后在当前专注的研究点有了结论后再去尝试新的想法。我在指导学生的过程中也碰到过一些非常聪明的学生。他们的想法非常多,但大部分想法都没有经过深入地带批判性的思考,就会出现这周做系统安全的相关研究,下周又去探索多核操作系统的性能可伸缩性,再下周又去探索分布式系统了。出现这种情况,我通常建议先专注于一个研究点,直到这个研究点有结论了以后再去探索其他的研究点。

认真、逻辑严密的写作

系统领域对写作非常重视,因为大家普遍认为,严谨细致的写作是严谨细致思维的体现。因此,所有系统领域的顶级会议在接受论文后,都会给每篇论文指定一个指导(Shepherd),督促与帮助作者完成论文的最终版本的工作。比如,我们与 MIT 合作的 Corey 论文被 OSDI 2008 接受后,又重新写了一遍论文,系统的设计、实现与实验也重新做了一遍。尽管我们 Eurosys 2011 论文的 6 位审稿人都给出了肯定的评价，但我们在准备最终版本的时候仍然修改了五遍。

在这个过程中，我的体会是，中国学者的英文写作可能会存在一定劣势。计算机系统方面的英文写作最重要的是如何理清思路与逻辑，以严谨、清晰的方式将所要表达的意思传递出来。因此对整篇论文、每个章节、每个段落乃至每个句子的逻辑与结构都要进行仔细地推敲这是非常重要的。

耐心

由于计算机系统领域研究的周期相对比较长，因此切忌急功近利。例如，Cerberus、COREMU 与 CloudVisor 系统的周期都接近两年。此外，我们还要沉得住气，尤其是要全面系统地看待他人的工作。系统领域很多研究需要平衡很多因素，强调解决问题的方法应简单与优雅，这样很多非常有影响力与实用价值的论文看起来比较简单。所以很多同学(包括学生时代的我)很容易觉得计算机系统方面的论文很容易就搞定了。我看到过一些同学(包括过去的我)一直盯住一些会议的截止日期，在还有一个月到三个月的时候从零开始，抱一堆相关领域的论文，试图在短时间内搞定一个顶级会议。这种方式到最后基本上都会失败。

由于系统强调实用性，大部分系统领域的研究论文都要有工作原型系统的实现以验证其想法的可行性。所以，经常有可能出现一个 bug 需要几周的时间来调试。在调试的过程中需要不惧怕艰难的心态，而不是碰到一点困难就在第一时间放弃。弗兰斯在 2011 年获得 ACM-InfoSys 奖的访谈时也谈到，系统方向研究最重要的是兴趣与恒心(Persistence)。

面对拒稿

由于计算机系统领域研究人员的极度批判性思维以及总体较少的论文数目，计算机系统领域论文被拒的情况便是家常便饭。如何面对论文被拒，这就需要培养一个良好的心态去面对拒稿，分析其中的原因并进行改进。在学生时期，我们的一篇使用虚拟机监控器来保护不被信任操作系统应用的论文投到了 SOSP 2007 被拒了。后来我去 VMWare 公司位于 Palo Alto 的总部实习的时候，才知道被拒的一个重要原因是因为当时 VMWare 公司与斯坦福大学也投了一篇有类似想法的论文，因此程序委员会委员觉得不能接受两篇想法相似的论文，所以两篇都被拒了。后来 VMWare 公司与斯坦福大学的论文发表在 *ASPLOS* 2008 上。这让我感觉非常沮丧，觉得我的工作与别人发生了冲突，已经没有意义了。因此当弗兰斯劝我再在原有的基础上进行改进创新重投 OSDI 2008 时我都没有信心。现在回想起来觉得当时没必要那么灰心，其实是可以将工作做得更加彻底的，也许很有可能就有新的发现。同样，我的第一个工作也不应该就此放下，可以通过与同行的工作进行对比，将问题了解得更加清楚，从而获取新的收获。

结　　语

通过 9 年的科研工作，我经历了很多的失败，也收获了成功的喜悦。最为重要的是，在这个过程中我学到了很多相关的知识与技能。希望通过对我成长过程的描述，能给同行一些参考，起到抛砖引玉的作用。我要感谢我的导师臧斌宇教授、我的课题组过去与现在的成员、麻省理工学院的 M. 弗兰斯·卡肖克（M. Frans Kaashoek）院士、明尼苏达大学的游本中（Pen-chung Yew）教授与加州大学圣巴巴拉分校（UCSB）的佛雷德（Fred Chong）教授，以及在我攀登过程中对我提供帮助的人。■

陈海波

CCF 杰出会员，CCF 优秀博士学位论文奖获得者，CCF 青年科学家奖获得者。上海交通大学教授。主要研究方向为系统虚拟化、系统软件与系统结构。haibochen@sjtu.edu.cn

从“足够好”到卓越

郑纬民

清华大学

关键词：追求卓越　CCF　A类论文

2016年5月底，中国计算机学会(CCF)青年精英大会在厦门市召开，国内百余名优秀青年计算机科学家参加了会议，会议邀请笔者作了特邀报告。

作为一名中国计算机事业的老兵，我亲身经历了中国计算机事业的飞速发展历程。特别是近年来，在优秀论文方面中国计算机学术界取得了飞速的进步：CCF制订的A类论文在国内外引起了广泛影响，中国计算机科学家、特别是青年科学家们，已经开始持续、稳定地在各个领域发表以CCF A类论文为代表的优秀论文。在这样的背景下，笔者很想对青年计算机科学家们分享的观点是：如何超越CCF A类论文，以及随之而来的各种奖励、头衔，回归科学研究的根本，从“足够好”到追求卓越。

中国计算机学科从20世纪50年代末期开始起步，早期的研究工作主要集中于计算机系统的构建。例如笔者本人在20世纪70年代初期参与的DJS 100系列机的研制。这一时期的研究特点是，参与的研究工作主要以工程性任务为主，大学具有很强的工程能力。

从20世纪90年代开始，对外交往逐渐增多，大学对基于论文的创新越来越重视。随着我国计算机相关产业的崛起，特别是华为、中兴、曙光、浪潮、联想等公司的成立和快速发展，除了少数特殊体制的院校和研究所外，大部分高校的计算机学科都不需要再承担构建计算机系统的工程性任务了；另一方面，大学的体制也发生了相应的变化，评价标准以创新性论文为主，纯工程型人才很难在大学找到合适的位置，大学计算机学科的工程能力反而大大下降了，大部分大学的计算机系不仅不能完成完整计算机系统的设计与构建，甚至连其中的某个主要部件和软件系统，如 CPU、硬盘、网络芯片、操作系统、存储系统、编译器等，也很少有高校能够交付产品甚至完成原型系统了。

应该承认的是，在这种近年来以论文为主、强调创新的评价机制下，中国计算机学术界在优秀论文发表方面取得了非常显著的成就。陈钢在《从 ACM 会议分析我国计算机科学近十年发展情况》一文中对此情况进行了详细分析[1]。在最近十余年内，中国学者几乎消灭了在所有重要学术会议上的空白，并逐步达到了在其中绝大部分会议上持续发表论文的水平，在相关国际重要会议上也多次获得最佳论文奖。从统计上看，我国学者在 ACM 会议上发表的论文比例从 2000 年的 1%提高到 2013 年的 4%左右[1]，成长可谓非常惊人。

对于已经能够在自己领域内的重要会议持续发表论文的青年科学家们，下一步的目标是什么呢？从目前的评价体制来看，进一步发表更多以 CCF A 类为代表的优秀论文似乎是很有吸引力的：

- CCF A 类期刊和会议是相关领域内最好的论文发表场所，能够发表 CCF A 类论文，说明工作能够以国际标准通过同行评估，是“足够好”的研究工作。
- CCF A 类论文被用于个人研究水平的评价，例如在评选长江学者、杰青、优青等各种人才计划的时候，CCF A 类论文数是重要的参考指标；在学校聘任、晋升的条件里，例如清华大学计算机系的教研系列聘任标准中，CCF A 类论文数量是一个重要的条件。因此，多发 CCF A 类论文，对个人评估有好处。
- CCF A 类论文数还被用于评估学校的学科水平，使得学校也很有动机增加 A 类论文的个数。

以上原因很容易形成一种合力，即当我们在选择研究问题的时候，会倾向于选取哪些能够更快更多发表 CCF A 类论文的问题，“如果一个工作能够发表一篇 CCF A 类论文，就足够好了，可以去做。”

然而，笔者认为这样的选择对于已经证明自己有开展创新性研究工作的青年科学家来说是“不足够好”的。在每年发表的大量的 CCF A 类论文中，可以看到其中仍然有相当部分是平庸之作，并不具有真正的理论和技术突破，而学术界的同行评审体系并不能有效防止这种平庸之作进入 CCF A 类会议。原因在于，学术界经过长期发展，已经形成了一个比较自我封闭的社交网络系统，同行评价也是社交系统中的一环。以 A 类论文为目标，很容易产生大量包装精美的增量性研究工作，而基础的重要问题反而很少人关心。

那么，应该如何超越 CCF A 类论文的驱动，关注更重要的研究问题呢？限于笔者本人的研究领域，仅对计算机系统有关方向提几点建议，这些建议很可能对计算机科学中的理论分支是不适用的。

与工业界一起成长，研究真的问题

目前我国以 BAT 为代表的互联网企业和华为、中兴为代表的 ICT 企业对技术的需求已经达到了国际领先水平。例如，淘宝在 2015 年 11 月 11 日支付峰值为 8.59 万笔每秒，大幅超越了 VISA 和 Master 等国际支付系统的实际处理能力，对分布式交易型数据库技术提出了重要的挑战。华为在研究 5G 通信实现时，通信场景的多样化（物联网、车联网、视频直播）使其对大规模并行化技术、新型编程语言、动态优化调度技术等具有强烈的需求。通过与工业界的深入交流，理解其业务发展趋势和技术瓶颈，有助于学术界发现真正重要的研究问题。

谨慎对待增量式改进

一种常见的研究模式是：阅读一篇论文，发现其中存在优化的空间；提出并实现一种优化的方法，并完成一篇论文。这是一种典型的增量式思维方式。这种方式当然有一定的必要性，但长期采用增量式的思维方式，会限制研究者发现重要研究问题的能力。例如 AlphaGo 在战胜李世石后，已经证明了人工智能可以在围棋游戏上战胜人类冠军，这时候再做一个更优的围棋系统，虽然仍有其商业或工程价值，但在科学意义上就不那么显著了。这个时候，我们是否应该问问自己，我们领域的下一个里程碑在哪里？

坚实的评估手段

在与企业界的一些研究人员的交流中，他们经常流露出对某些论文的不信任态度，主要原因是这些论文采用模拟器进行评估，低估了实际工程中的复杂因素，对于实现所需付出的成本和真实环境下的收益并不能做到准确评估。此外，我们近期的一些工作发现，即使论文来自国际知名大学和研究组，其发表的CCF A类论文也可能存在可重复性较差的问题。利用刻意选取测试程序、数据集和测试平台，夸大自身工作优势的例子并不罕见。坚实的评估手段是迈向卓越研究必不可少的步骤。

关注实际应用的影响力

研究的产出除了论文以外，还包括实际的软硬件系统。应该重视这些软硬件系统的实际应用，并以此来驱动自己的研究工作。能够在实际场景中广泛使用的软硬件系统，一定是解决了用户的真正问题，并比现有其他系统有技术上的优势。因此，关注实际应用的影响力，既是驱动研究工作更进一步的有效方法，也更接近研究工作的根本目的。

综上，笔者希望中国新一代青年科学家们，能够不仅仅满足于“足够好”的工作，跳出别人设置的评估标准，倾听自己内心的声音，追求卓越。■

参考文献：

[1] 陈钢. 从 ACM 会议分析我国计算机科学近十年发展情况. 中国计算机学会通讯[J]. 2015, 11(10): 42-53.

郑纬民

CCF会士，CCF 2012—2016理事长，清华大学教授。主要研究方向为并行/分布处理、网络存储器等。zwm-dcs@tsinghua.edu.cn

如何成为优秀的计算机学者

高　文

北京大学

关键词：基础研究　计算机领域　优秀学者

我国基础研究的总体态势

1978 年我国开始进入改革开放后，从 1986 年开始的三十年，是我国现代科技发展的黄金三十年。1986 年，国务院批准成立了国家自然科学基金委员会，开始对基础研究设立专项基金进行支持。同样是 1986 年，启动了国家高技术研究发展计划(863 计划)，对战略高技术研究开发进行扶持。我国的基础研究和高技术发展能取得今天这样的成绩，与这两个行动是完全分不开的。

国家对于基础研究的投入，在过去的三十年间增长迅速。表 3-1 给出了过去十年间投入的实际增长情况。从这里可见，国家对基础研究投入的增长速度远远超过 GDP 增长速度。

表 3-2 给出了过去五年国家自然科学基金委员会每年获得国家财政批复的预算额，2015 年，财政预算为 222 亿元人民币。尽管表中未列出，2016 年，科学基金获得国家财政批复的预算额达到 248 亿元人民币。实际上，与 1986 年只有 8000 万元人民币的国家财政批复预算相比，三十年来，科学基金获得国家财政批复的预算额已经增长了 300 倍，这是国内发展的纵向之比。

表 3-1　我国基础研究投入情况

<table>
<tr><th rowspan="2">年份</th><th colspan="2">GDP</th><th colspan="3">R&D经费投入</th><th colspan="3">基础研究投入</th></tr>
<tr><th>总量/亿元</th><th>增长率/%</th><th>总量/亿元</th><th>增长率/%</th><th>R&D/GDP/%</th><th>总量/亿元</th><th>总量/亿元</th><th>BR[1]/R&D/%</th></tr>
<tr><td>2006</td><td>216314</td><td>12.7</td><td>3003.10</td><td>18.11</td><td>1.39</td><td>155.76</td><td>18.7</td><td>5.19</td></tr>
<tr><td>2007</td><td>265810</td><td>14.2</td><td>3710.24</td><td>14.82</td><td>1.40</td><td>174.52</td><td>12.0</td><td>4.70</td></tr>
<tr><td>2008</td><td>314045</td><td>9.6</td><td>4616.02</td><td>15.41</td><td>1.47</td><td>220.82</td><td>26.5</td><td>4.78</td></tr>
<tr><td>2009</td><td>340903</td><td>9.2</td><td>5802.11</td><td>26.45</td><td>1.70</td><td>270.29</td><td>22.4</td><td>4.66</td></tr>
<tr><td>2010</td><td>401513</td><td>10.4</td><td>7062.58</td><td>14.19</td><td>1.76</td><td>324.49</td><td>20.1</td><td>4.59</td></tr>
<tr><td>2011</td><td>473104</td><td>9.3</td><td>8687.00</td><td>23.00</td><td>1.84</td><td>411.80</td><td>26.9</td><td>4.74</td></tr>
<tr><td>2012</td><td>519470</td><td>7.7</td><td>10298.41</td><td>18.55</td><td>1.98</td><td>498.81</td><td>21.1</td><td>4.84</td></tr>
<tr><td>2013</td><td>568845</td><td>7.7</td><td>11846.60</td><td>15.00</td><td>2.08</td><td>555.00</td><td>11.3</td><td>4.68</td></tr>
<tr><td>2014</td><td>636463</td><td>7.4</td><td>13312.00</td><td>12.4</td><td>2.09</td><td>626.00</td><td>12.8</td><td>4.70</td></tr>
<tr><td>2015</td><td>676708</td><td>6.9</td><td>14220.00</td><td>9.20</td><td>2.10</td><td>671.00</td><td>7.2</td><td>4.72</td></tr>
</table>

数据来源：历年《国民经济和社会发展统计公报》

表 3-2　2011—2015 年国家自然科学基金委员会财政预算情况(亿元)

年份	自然科学基金	中央财政基础研究预算支出	中央财政科学技术支出	中央财政预算支出占基础研究经费比例/%	科学基金占中央财政基础研究经费预算比例/%
2011	120.41	257.19	1901.59	62.45	46.82
2012	150.00	324.59	2234.40	65.07	46.21
2013	170.11	362.05	2461.76	65.23	46.99
2014	194.00	438.27	2580.41	71.43	44.27
2015	222.23	477.63	2587.25	71.18	46.52

即使与其他发达国家的基础研究投入相比，我们国家的投入也是可圈可点。图 3-6 的数据来自 OECD Main Science and Technology Indicators 数据库，我们清楚看出，从基础研究投入总量来说，我们已经是当之无愧的全球第二大国家。

[1] 基础研究，Basic Research，简称 BR。

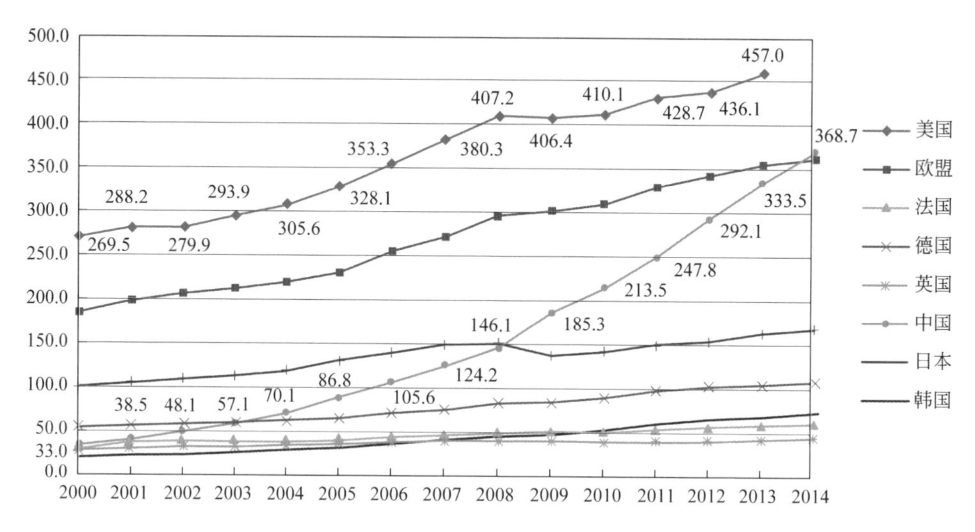

图 3-6　主要国家研发投入经费总额增长情况(PPP 10 亿美元)

数据来源：OECD Main Science and Technology Indicators 数据库，访问日期：2016-06-04

当然，横向相比我们也不是都好，也存在不足，主要表现在基础研究在 R&D 投入的占比上。图 3-7 是 2013 年各国基础研究投入占 R&D 投入的比重(根据 OECD Main Science and Technology Indicators 数据库)，最高是法国，接近 1/4，最低是中国，不到 5%。一般认为，正常投入占比应该在 10%～20%。当然，如果据此就说我国基础研究在 R&D 投入中占比不到 5%也许不够客观，因为统计口径存在差异，可能使得我国投入到高校经费的部分被全部统计为教育经费，但即使考虑这部分误差，我国基础研究在 R&D 投入中占比估计仍然无法达到 10%，所以我国在基础研究投入规模方面仍然有较大上升空间。

再来说说产出。产出有很多种评价准则，论文、获奖、社会贡献、产业贡献等等。这些评价做起来并不容易，特别是短时间很难客观评价，因为有的成果也许要等十几年几十年甚至上百年，才能给出准确判断。一个比较容易做的评价是比较在选择期刊上(主要是影响较大的英文期刊，以下不再特别说明)科技论文产出数量。从科技论文产出总数和按国家统计的论文占比上看，过去 20 年间我国科学家(主要指我国内地学者，以下不再特别说明)发表的论文从 20 年前第六位已经排到世界第二，与排在第一的美国占世界论文发表总数的占比越来越接近(见图 3-8)。

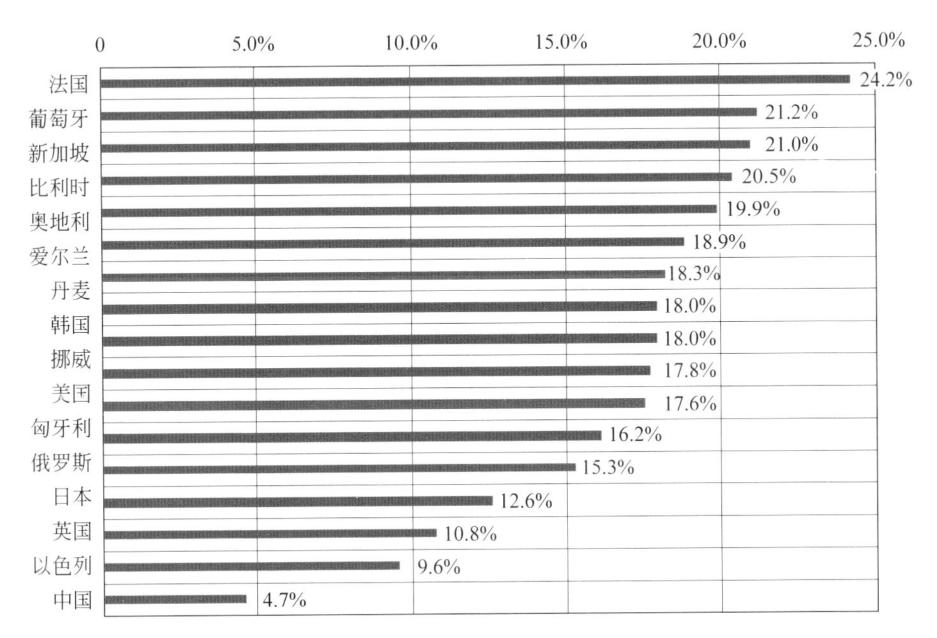

图 3-7　2013 年各国基础研究经费占研发经费总额的比重

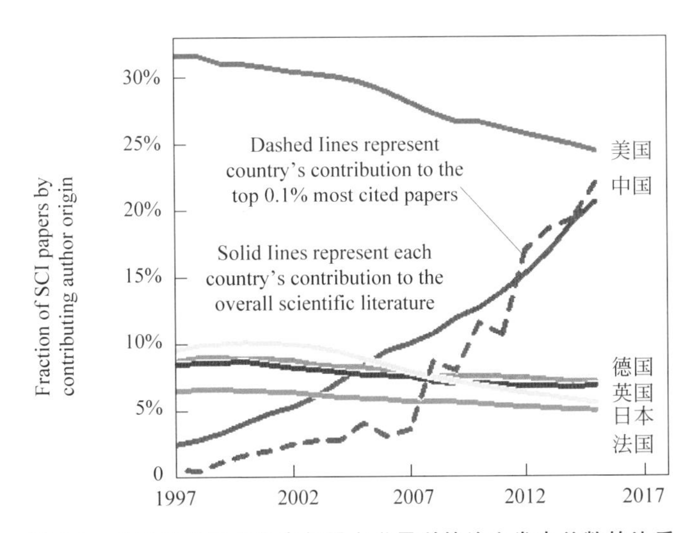

图 3-8　各国科技论文发表数量占世界科技论文发表总数的比重

学术影响力不能仅仅看论文数量，还要看被引用的情况。根据表 3-3，2015 年我国学者发表过的论文被引用总数量排在世界第四位（1287 万次），前三位分别是美国(6041 万次)、德国(1417 万次)、英国(1404 万次)。根据前几年的趋势,我国科技论文被引用总数在今后 1~2 年上升为世界第二应该是大概率事件。

表 3-3　2005—2015 年间发表科技论文数 20 万篇以上的国家或地区论文数及被引用情况

国家或地区	论文数	排名	被引总次数	排名	篇均被引次数	排名
美国	3578497	1	60417220	1	16.88	3
德国	935193	3	14174102	2	15.16	6
英国	841664	4	14042524	3	16.68	4
中国内地	1581126	2	12875990	4	8.14	15
法国	660820	6	9474241	5	14.34	8
日本	806493	5	9188750	6	11.39	12
加拿大	572025	7	8558172	7	14.96	7
意大利	549117	8	7482787	8	13.63	9
荷兰	326675	13	5825208	9	17.83	2
澳大利亚	431477	11	5821169	10	13.49	10
西班牙	468337	9	5790699	11	12.36	11
瑞士	235719	17	4494425	12	19.07	1
韩国	423054	12	3672993	13	8.68	14
瑞典	216941	19	3510650	14	16.18	5
印度	439381	10	3225074	15	7.34	17
巴西	325024	14	2351918	16	7.24	18
中国台湾	246125	16	2188260	17	8.89	13
俄罗斯	289607	15	1633210	18	5.64	20
波兰	206740	20	1588886	19	7.69	16
土耳其	223373	18	1416158	20	6.34	19

数据来源:《中国科技论文统计结果 2015》,中国科学技术信息研究所

我国科学家在国际的影响力逐年加强。根据汤森路透发布的 2015 年全球高被引科学家名录(Highly-Cited Researchers 2015),中国大陆科学家共有 107

人入选，占比为3.6%，排名世界第四，仅次于美国、英国和德国。高被引科学家的学科分布是：化学(33人次)、材料科学(31人次)、工程学(24人次)、地球科学(8人次)、数学(6人次)、物理学(6人次)、计算机科学(4人次)、分子生物与遗传学(3人次)、生物学与生物化学(2人次)、环境科学与生态学(1人次)、农业科学(1人次)、植物学和动物学(1人次)、免疫学(1人次)、微生物学(1人次)，共涉及14个领域。中国大陆入选科学家中，主要来自中科院系统和各大高校，其中中科院有29人入选。从高校来看，北京大学有7名，排名第一；清华大学有5名，排名第二；中国科技大学、中国地质大学、浙江大学、哈尔滨工业大学分别有4人入选，并列第三。根据爱思唯尔于2016年1月26日发布的2015年中国高被引学者(Most Cited Chinese Researchers)榜单，来自社会科学、物理、化学、数学、经济等38个学科的1746名具有世界影响力的中国学者入选，比2014年增加了123名。高被引学者作为第一作者和通讯作者发表论文的被引总次数在本学科所有中国(内地)的研究者中处于顶尖水平，入选高被引科学家名单，意味着该学者在其所研究领域具有世界级影响力，其科研成果为该领域发展作出了较大贡献。这些高被引学者来自国内的224个单位，入选人数超过10(含)人的有39个单位。中科院及其相关机构277人入选位列榜首，清华大学入选110人、北京大学入选87人、浙江大学入选86人、上海交通大学入选76人、复旦大学入选57人、中山大学入选46人、中国科学技术大学入选40人、南京大学入选34人、华中科技大学入选33人，位居2015中国高被引学者入选机构的前十位。

总体说来，过去三十年，我国基础研究取得了跨越式的发展，从投入到产出都上升到世界第二位，这是值得骄傲的。当然，高兴之余还应该清醒地认识到，与走在前面的发达国家相比，毕竟我们发展的时间较短，积累不多。现在还是处于“量”的发展阶段，尚未达到“质”变的阶段，距离科技强国的目标尚远，需要继续努力。

我国计算机学科研究的总体态势

总体说来，我国科学家在计算机领域所处的地位，与总体平均位置相当，论文数量和影响力大都处于世界第二的水平。以下分别统计计算机科学技术各领域的情况。

计算机体系结构与硬件方面，2011—2015 年，我国计算机科学家共发表论文 4621 篇，占同期论文总数的 19.78%；美国发表 6837 篇，占同期论文总数的 29.27%，比我们多接近一半。在 ESI 高水平论文(highly cited paper)数量和占比方面，同期中国学者的论文有 104 篇，占总数 67.97%，美国有 44 篇，占总数 28.76%。

计算机软件方面，2011—2015 年，我国计算机科学家共发表论文 7577 篇，占同期论文总数的 19.41%，美国同期发表 10004 篇，占 25.63%。在 ESI 高水平论文数量和占比方面，同期中国学者的论文有 39 篇，占总数 33.05%，美国有同样有 39 篇，占总数 33.05%。

计算机科学理论方面，2011—2015 年，我国计算机科学家共发表论文 6697 篇，占同期论文总数的 19.50%，美国同期发表 8143 篇，占 22.70%。在 ESI 高水平论文数量和占比方面，同期中国学者的论文有 122 篇，占总数 52.14%，美国有 62 篇，占总数 25.51%。

人工智能与计算机应用方面，2011—2015 年，我国计算机科学家共发表论文 14263 篇，占同期论文总数的 24.99%，美国同期发表 9427 篇，占 16.52%。在 ESI 高水平论文数量和占比方面，同期中国学者的论文有 448 篇，占总数 59.73%，美国有 149 篇，占总数 19.87%。

对比上述数据不难发现，我国科学家在人工智能领域不论在数量和影响力方面都表现最好，其次是计算机硬件领域。这与近几年我国科学家(含外企在中国设立的研究院中的科学家)在人工智能的计算机视觉、模式识别、多媒体等多个分领域在国际上比较活跃的直观感觉相一致，同时也与近几年我国在超级计算机领域异常活跃的事实相符合。

当然，我们应该认识到，之所以能取得这样的数据，和我国从事计算机科学领域研究与教学的教师数量多也有一定关系。并且，计算机科学领域的原始创新源自我国的也很少，这是我们必须要清醒认识的地方。

如何成为优秀学者

在回答如何成为优秀学者之前，可能先要回答为什么要做研究学者，什么样

的人适合做学者。

实际上，不是每个人都适合做研究。成为研究学者需要内在条件和外在因素。内在条件就是个人的科学技术素质与专注精神，外在的因素就是社会价值取向。

个人的科学技术素质，部分是先天的，部分是后天由教育和训练得来的。对未知的刨根溯源，对问题的独立思考，对真理的执着等特质都是研究学者必备的。同时，良好的教育和训练越来越不可或缺。如果说近代和现代各个科学领域的开创者主要靠个人能力和机遇，他们的后人则需要更多的良好教育与训练。

社会价值取向也是决定一个人是否适合做研究学者的重要判据。一般而言，研究学者的社会任务包括：(1)探索未知，解决前人尚未解决的难题；(2)著书立说；(3) 教书育人。

做研究学者有很多优点，包括：(1)有学生，可以保持年轻心态；(2)有假期，时间自由；(3)有社会地位，受人尊重；(4)有各种国际学术会议，世界各地有同行，可以开会之余周游列国。

当然，做研究学者的缺点也不少，包括但不限于：(1)经济来源主要靠薪水，但很难成为富翁；(2)知名度有限，很难成为明星。

因此，耐得住寂寞，喜欢自由自在，只要满足基本生活需要就不太在乎钱多钱少的人，是适合做研究学者的。

一个优秀学者，应该是在一个特定领域内有贡献的人，一个被同行认可的人。所谓贡献是指：(1)开创一个领域；(2)提出一种理论、算法、概念……；(3)完成一件意义重大的工作。所谓被同行认可是指在该专业领域中有影响，小同行中学术排名靠前。例如：教授水平，小同行中应该进入前十名；副教授水平，小同行中应该进入前三十名(依据小同行专业人士数量不同此数字可以增减)，等等。

那么，如何才能成为优秀学者呢？目前国内外高校衡量一个学者是否杰出，评价指标有三个坐标轴。第一个是学术研究水平，第二个是学术影响力，第三个是学术服务。

学术研究水平主要看该学者在学术上的贡献，包括论文和有影响力的成果。好的论文和好的成果来源于好的研究。没有好的研究，是不可能有好的成果的。

我们现在有很多年轻人为了写文章而写文章，看别人在做什么自己就做什么，挖空心思把自己的结果比别人提高一点，或者方法扩展一下，为了赶快发文章。这种做法是不可能产生好的研究成果的。

什么是好的研究呢？我把研究根据影响度分成如下五种类别：

（1）原子弹级的研究。研究的问题属于科学技术界里全局性的、战略性的，一旦做出结果影响巨大，其影响就像放了颗原子弹；

（2）大炮级或者导弹级的研究。研究的问题是所在领域里非常关键的，一旦做出结果影响重大，其影响就像导弹或者大炮命中关键目标一样；

（3）机关枪级的研究。研究的问题是所在领域里比较受关注的、战术性的，一旦做出结果对于本领域影响较大，其作用就像冲锋陷阵时的机关枪一样，一扫一大片；

（4）手枪级的研究。研究的问题是所在领域里比较重要的，研究结果对于本领域有一定影响，其结果就像就像用手枪解决掉一个敌人一样；

（5）鞭炮级的研究。研究的问题是所在领域里大家关心的，但研究结果对于本领域的进步没有本质影响，只是增加了一些热闹气氛。

我们现在高校和研究所的部分研究人员和研究生，做前两类研究的人极少，能做第三类、第四类已经是很不错了。可能大部分人做的工作属于第五类。

造成上述这个结果的原因，还是由于研究动机不够明确造成的。改革开放以来，跟踪研究在很长一段时间是最主要的方式。例如 863 计划在开始的前十几年里，比较常见的项目立项答辩方式是三段论，第一段是这是一个什么问题，有什么挑战；第二段是美国科学家或者欧洲科学家什么时候开始做的、做到什么程度了；第三段是我也能做，大概在哪几个指标方面还可以做得比他们好。这是典型的跟踪研究，还算好的。有不少学校的教师从论文中找问题给自己和学生做。看了几篇论文，知道别人在做这个问题，然后就组织团队做。虽然出了结果，并到处发论文作报告，但可能并不知道人家为什么做这个问题，不清楚问题的来源，研究动机不明。其实很多情况下光读论文是无法知道真正需求背景的。美国军方有些基金部门有专门的专家把武器装备中的需求抽象成科学问题，交给大学教授去研究。至于研究结果如何使用，有时连承担课题研究的大学教授自己也不清楚。所以，不明需求和研究动机的研究，即使做出了结果，也许只是为他人作嫁衣。

因此，要想成为一名好的研究学者，首先就是要选准问题，要明确研究动机，长期坚持；其次找到解决问题的办法，把问题漂亮地解决掉；第三，把结果用论文形式发表出来，或者获得有价值的实际使用，获得奖励。换句话说，优秀学者的三个必备功夫是：提出问题（包括发现与抽象），解决问题（包括证明或者方法），公布答案（发表论文或者实际应用）。

如何提出好的问题？通常，青年学者可以从与导师、资深学者的交流中得知前沿挑战，这是获得问题的最好方法。因此，师从知名学者，以及经常参加顶级学术会议，都是获得好问题的最快途径，当然这在某种程度上属于跟进方式。对于资深一些的学者，他/她们获得问题的方式，更多的是从实际科学挑战中寻找。对于计算机学科来说，就是从计算机发展的前沿挑战中寻找。一个最好的路径是，申请与承担国家重大项目，不论是国家自然科学基金委的项目，还是科技部的国家重大研究专项或者国家重点研发计划，那里面的问题通常是比较有挑战性的。

如何漂亮地解决问题？这就是八仙过海各显神通了。不过有一条是共同的成功法则，即团队合作。现在的计算机科学领域的挑战中，没有团队几乎很难取得大的突破。这是因为现在挑战大都是综合性的，可能涉及理论、模型、算法、软件、硬件、甚至芯片设计，任何一个人全都擅长几乎不可能，因此需要合作，需要团队。特别是，现在模型和系统的软件工作量都不小，没有较大的团队都很难应付。所以，组建或者联合一个有不同专业侧重面的精干团队，是解决问题的基本保障。

公布答案，这里主要说论文发表，也是非常关键的。书写和发表论文是一门很高深的学问，需要时间磨炼和积累经验。书写论文需要抽象，把问题与解决问题的方法抽象出来，用数学语言形成漂亮表达的话，论文就会容易受到关注。反之，平铺直叙写成技术报告一般，就不太有人待见。因为数学语言表达的东西除了漂亮以外，内行专家读起来更容易，一篇文章的要点可能几分钟就抓住了。反过来读技术报告的话，不从头到尾反复看几遍很难抓住核心，所以读的人很难被吸引住。我们经常遇到有人做了很好的工作，但是不会写，茶壶里煮饺子。这样的人如果有幸遇到伯乐还行，否则就一辈子埋没了。

综上所述，要想成为一个好的研究学者，首先是主观兴趣驱动，愿意把探索未知作为一生的兴趣。其次是有自信心，有定力，不赶热潮，甘于坐冷板凳，要有十年磨一剑，有不撞南墙不回头的毅力。再次是有能力，即数学基础要好、外语能力要强、编程要过硬。我把这称为新时期的三好学生，这也是我选博士生的标准。同时，好的学者团队合作精神要强。在当下的信息社会中，没有团队合作精神应该不会被看好。

前面提到，目前国内外高校衡量一个学者是否杰出，评价指标有三个坐标轴。第一个是学术研究水平，第二个是学术影响力，第三个是学术服务。我们不是生活在真空里，作为一个好的学者，除了自身要做好研究以外，学术影响力和学术服务同样不可忽视。

学术影响力是一个很重要的指标。学术影响力表现有多个方面，包括但不限于学术贡献带来的影响力，学术组织任职带来的影响力，参与国家重大项目决策带来的影响力等等。研究学者在本领域的研究工作影响力比较好量化，例如 G-Index 比较高，或者代表性工作在所在领域的影响足够大。学术组织影响力主要反映在国内外专业学会担任重要职位，对于学术组织的运行，学术会议的举办、选址、选题，以及学术出版物发行和编委会的构成等有影响力。以往大多数优秀国内专家不太重视在国内外学术组织中任职，认为浪费时间，或者以不喜欢搞政治为由拒绝，其实是不对的。学术组织是科学共同体的组织，中国作为同领域专家人数较多的一个群体，在学术组织的决策层中一定要有代表有声音，这样才可能使我们这个群体在学术组织中的作用真正发挥出来。那么，如何进入学术组织的重要岗位甚至决策层呢？要从参与会议和参与会员活动一步步做起，例如担任学术会议的审稿人、分会主席、程序委员会委员、程序委员会主席、大会主席等等。期刊方面应邀出任编委，甚至主编。学会方面担任技术委员会委员、技术委员会主任，以及竞争学会理事、副理事长、理事长等等。

学术服务，是为科学共同体提供服务，包括担任组委会主席、本地主席组织和参与组织学术会议，组织和参与组织学术出版物，组织和参与组织学会的科学普及工作等等。学术服务既可能（部分）转化成学术影响力，也可能完全就是纯粹服务性质的。一个优秀学者，一定也是优秀的科学共同体成员，提供服务是责无旁贷的。做学术服务不应该带着功利心去做。

在研究生阶段，怎样才能打好基础，为将来成为优秀学者打开成功之门呢？我建议考虑三个一。即选择一个学会、绑定一个会议、锁定一本期刊。

选择一个学会，就是选择你今后科学技术活动的同行平台。例如国外你可以选 ACM 或者 IEEE，国内你可以选 CCF 等等。到底选哪个？物以类聚人以群分，你如果选择了你自己所在的小领域顶级专家所在的组织，就至少保证你不偏离主流。现在国内和国际学会通常都是有合作的，例如 CCF 和 ACM、IEEE 都有协议会员折扣，成为一个学会的会员再加入另一个，可以有较大优惠。

绑定一个会议，就是具体进入并逐步熟悉你今后科学技术活动的同行平台。坚持长期参加同一个会议很重要，只有这样才能深入交流，才能真正进入集体，才能逐步获得别人的认可，才能交到朋友。我们实验室在面试新的科研教学人员时，经常会问他/她主要参加的会议是哪些？如果是 1～2 个，这是很专注的人，可以往下考察。如果是一大堆会议，结果通常就会很差。

锁定一本期刊，就是固定你今后论文发表的主平台。很多学生博士几年发的论文都不在一个杂志上，这是很不好的，有投机取巧的嫌疑。当然，一步登天在最好的杂志上发论文也不现实，如果是按照时间顺序步步登高也可以理解。怕就怕在相近时间段在很多完全不相关的杂志上发论文，其动机需要认真考察。当然，也不是论文一定要在影响因子最高的杂志上发，而且论文也不一定非要用英文发。用什么语言发，在哪里发，要具体情况具体对待。比如希望别人容易看到，多引用的，可以到自己所在小领域读者群最集中的杂志上发。如果是抢时间，最好用母语在中国发。现在很多评奖都是看谁是第一个完成者，所以发表时间非常关键，语言是第二位的。

什么结果应该到会议上发表，什么结果可以到杂志上发表呢？会议发表和杂志发表的区别在于，会议论文是及时性的和面向同行讨论的，杂志论文是记录性的面向保存的。当然现在不少计算机会议论文是两者功能兼而有之。所以，原则上新鲜的和阶段性的成果可以拿到会议上发表，全局性研究结果应该写成正式论文发表。有时，杂志论文可以是几篇会议论文归纳整理而成的。在会议上讲好论文也是需要技能的。不少学生把录取的论文简单复制简化做成胶片(PPT)去讲，效果并不好。一般而言，没有经验的人可能需要花 2～3 个星期甚至更长时间准备 PPT 才行。即使有经验的人，大概也要一周左右的时间准备，否则很难吸引听众。现在很多学术会议都评选最佳论文、最佳学生论文。一般都会选出两倍的候选人讲，然后由奖励委员会投票选出最佳论文。投票的依据当然是讲得质量好坏和回答问题是否清楚。所以如果 PPT 准备不好，基本就没希望了。

青年研究学者如果能够获得学术会议甚至杂志、学报的最佳学生论文、最佳论文，包括 CCF 的优秀博士论文等都非常好，都将对后期学术生涯产生积极影响。

最后，说说青年研究学者易犯的一个错误：成果和答辩准备不足。成果准备不足主要表现在对代表作的理解上出现偏差。现在项目申请或者人才项目评审，都要求列出若干代表作(例如 5 篇代表作)。青年学者通常按照影响因子的高低选出 5 篇，这不一定恰当。代表作是你个人最有代表性的工作，应该是以你为主完成的。有的论文虽然发表的杂志影响因子高，但如果你在论文中的贡献不大，可能结果会适得其反。代表作也不见得都是英文，重要的成果在中文杂志上发也是可以列入的。有的代表作虽然发的杂志影响因子不那么高，但若被引用的多也是应该往前列的，很多时候引用多更能说明问题。所以，自己平时一定要有所准备，想好那些工作是代表自己水平的，列好单子，做点文字工作，写好自己的贡献是什么，最好内行外行都看得懂。

答辩准备不足或者说不知道如何准备也是青年学者易犯的一个错误。做好充分准备不仅仅是对自己负责，也是对评审人的起码尊重。答辩一定要根据评审人的不同做有针对性的调整。如果评审人是小同行，则应该直接切入正题，介绍自己的工作，对比同类研究的结果，说明自己的贡献。如果评审人是大同行，则要花一定比例的时间介绍背景，把挑战性问题以及研究现状解释清楚，再切入主题，说明自己的贡献。如果评审人是不同行业的专家(越是大的项目或者交叉类项目这种可能性越大)，则要花更多的时间把研究背景和自己的工作对于行业和领域的实质性贡献是什么说清楚，一定要讲得宏观一些，比较忌讳讲得太具体、太专业。因为一旦评审人跟不上你的思路，你的答辩就失败了。还有，合理分配时间很重要。经常遇到一些答辩人前半部分侃侃而谈，大讲特讲问题和挑战，等到后半段发现时间不够了，就急三火四拼命翻 PPT，草草结束。这样的答辩结果可想而知。所以，一定不打无准备之仗。

总之,要想成为优秀学者,就要做好自己,做强自己,善待学生,团结他人,服务国家,贡献科学共同体,造福人类。■

致谢:本文第一部分的数据与表格主要由国家自然科学基金委员会政策局郑永和同志及其团队提供,第二部分内容的数据主要由国家自然科学基金委员会信息学部何杰同志及其团队提供,在此表示衷心感谢。

高 文

CCF会士、CCF理事长, CCF王选奖获得者, 中国工程院院士, 北京大学教授。 主要研究方向为计算机视觉、视频编解码、数字媒体技术等。 wgao@pku.edu.cn

前十载粗刀钝剑，再十年干将莫邪

山世光

中国科学院计算技术研究所

关键词：兴趣　十年磨一剑　积累

《中国计算机学会通讯》(CCCF)专栏编委於志文教授邀请我写一篇短文介绍自己的科研成长经历，并分享一些“在路上”的经验和体会。我当时欣然接受，但真正落笔之时才发现自己的经历实在乏善可陈，一些所谓的经验和体会也是支离破碎难成体系，唯恐起不到正向的作用反而误人子弟，但最终还是硬着头皮写下来，希望自己的简单经历和点滴体会对大家有所启发。

前十载粗刀钝剑

时光荏苒，我从2002年留在中国科学院计算技术研究所(以下简称计算所)工作至今转眼已过去10年。回顾这10年，我在高文教授、陈熙霖研究员的关心和支持下，带领计算所人脸识别研究组在计算机视觉与模式识别领域做了一些工作，特别是在人脸识别研究上，可谓“十年磨一剑”。我们完成的人脸识别技术分别于2004年和2006年获得了国内和国际人脸识别竞赛第一名；2005年，我们完成的人脸识别相关成果获得国家科技进步二等奖(我是第三完成人)；2008年，我与博士生王瑞平合作完成的有关流形到流形距离的论文获得了国际会议

CVPR2008(中国计算机学会推荐的领域A类会议)的Best Student Poster Award Runner-up奖。我个人也获得了一些荣誉,如:中国科学院2008年度卢嘉锡青年人才奖、2009年度北京市科技新星、2009年"Elsevier Scopus寻找未来科学之星"银奖(信息领域共2名);2012年获得了国家基金委"优秀青年科学基金"的资助。

与上述荣誉相比,我更看重的是我们在相关领域最好的国际学术会议和最权威的学术期刊上发表的文章,以及这些文章的影响力。2005年以来,我们累计在ICCV/CVPR(中国计算机学会推荐的领域A类国际会议)上发表论文17篇,在IEEE汇刊上发表论文16篇(其中中国计算机学会推荐的领域A类国际刊物T-PAMI论文4篇)。我作为共同作者所发表的论文已被Google Scholar引用3100余次,SCI他引累计超过450次。这说明我们的工作得到了国内外同行的关注,产生了一定学术影响力。也许正因为如此,自2011年以来我连续应邀担任了国际计算机视觉大会ICCV2011、国际模式识别大会ICPR2012、亚洲计算机视觉大会ACCV2012以及人脸与体势识别大会FG2013的领域主席(area chair),承担了为这些重要国际会议处理人脸识别领域投稿的职责。

令我同样自豪的还有我们团队所研发的人脸识别相关技术在产业界的影响力。我们的技术经过银晨科技等合作企业的产业化,已成功应用在公安、金融、网络等领域,包括上海世博会、多省市公安局、海关以及百度寻人等。例如,在某省出入境管理局,该技术试用期间就成功比对出百余名多重身份的违法人员。与我们合作的企业也越来越多,既包括百度等知名的国内企业,也包括日本欧姆龙(Omron)、美国高通(Qualcomm)、日本电气公司(NEC)等国际企业。

兴趣是最好的老师

如果要问是什么力量让我在这个略显"古老"的人脸识别领域一钻就是十几年,我觉得最重要的是兴趣,或者说是对人脸识别以及推而广之的一般视觉问题的好奇心。这要从我最初进入研究领域的经历谈起。在哈尔滨工业大学计算机学院读书期间,为了增加实践经验,我在大三时进入了赵铁军教授负责的机器翻译实验室实习,做了点零零碎碎的小活儿。大四上学期,在获得本硕连读资格后选择研究生导师的关键时刻，赵铁军老师睿智地为我指明了方向，他说：“你应该根据自己的兴趣来选择导师，比如计算机应用领域的典型方向包括声、图、文的智能处理，你对其中哪个更感兴趣呢？”这个问题令我茅塞顿开，我毫不迟疑地选择了“图”，因为我觉得“图”直观，看得见摸得着，好玩有趣。于是赵老师推荐我加入高文教授在哈尔滨工业大学的视觉处理实验室（vilab），之后我联系高文教授并顺利地加入了该实验室攻读硕士，师从刘岩副教授从事图像识别问题的研究。1997 年本科毕业设计时，我的论文题目就是人脸识别，从此与人脸识别结缘。

从开始被一个简单的“图”字激发起兴趣，到深入了解后对视觉模式分析问题挑战性的深刻认识，我的内心萌发了越来越强烈的探索计算机视觉未知领域的主观愿望，从而引导着我无悔地在这个领域里探索。特别是进入人脸识别领域研究多年以后，我越来越清晰地认识到这个看似“古老”的课题其实还存在很多悬而未决的开放问题。将其推广到一般视觉问题，并联想到人类视觉信息处理系统之精巧和神秘，好奇心驱使着我持续探索并试图突破这些挑战性问题。在我看来，只要问题存在，无论有多难，我们都要去解决；只要有未知的神秘，我们就要去探索和发现！

因为这段经历，在我自己做了研究生导师后，我都会问每个报考我的研究生这样一个问题：“扪心自问，你到底对什么感兴趣？”如果学生不知道该怎么回答，我就会给他介绍相关领域情况，并希望每个学生都能够像我当年一样追随自己的内心做出无悔的选择。一次我给研究生作报告时说：“在选导师或选题的时候，要拿出找终身伴侣的精神来。”这并不是开玩笑，而是非常中肯的建议，因为只有当我们对某件事感兴趣时，我们才愿意付出，愿意舍弃其他，投入激情去做这件事。更何况，真正值得研究的问题往往都不简单，在这时候，尤其需要浓厚的兴趣和好奇心帮助我们抵抗其他的诱惑，并驱使我们不断探索。当我们终于解决了某个难题的时候，会感受到强烈的愉悦感、成就感，这也许正是研究的无穷魅力和乐趣所在吧。

要么不做，要么做到最好

1999 年，我考入中科院计算所读博士，师从高文教授。从那时到现在，高老师不仅指导了我的论文研究工作，还为我提供了自由宽松的学术氛围，传授我受益终身的科研理念。在高老师诸多重要的科研理念中，我印象最深的是他曾经教导过的一句话："要么不做，要么做到最好！"简单10个字，实际上包含丰富的内涵，也为我以及所在的团队秉持的一些重要科研理念奠定了基础。

首先，做研究的目标必须要高远，即要调研清楚自己所在研究领域的国际最高水平(state of the art)并不断超越它。从某种意义上讲，做研究就像参加奥运会，目标就是超越前人的"最好"；其次，做研究要学会坚持！一旦选定一个题目，就要坚持下去，切忌频繁更换题目和研究方向，更不能因为一时的挫折而放弃，或者因为别的题目看上去"更热门"或者"更容易出成果"而放弃自己的选题。奥运会的每个比赛项目夺冠的难度都是差不多的，科研也一样，每个方向做到前沿都需要付出大量的努力才行；最后，我特别强调"积累"的重要性。除少数新方向外，可以说大多数研究领域都已经被国内外同行"掘地三尺"反复研究过数年乃至数十年了，凭什么你一进来就能做到高人一筹？以我从事的人脸识别领域为例，20世纪60年代国际上就已经开始相关研究，70年代初期就有了这方面的博士论文，90年代初期国际上曾经掀起过研究热潮，美国麻省理工学院、卡内基梅隆大学等几乎每个国际名校都有赫赫有名的教授带领团队从事过相关研究，累计发表了数千篇相关论文，可以说"能想到的别人都想过了"，没有3～5年的积累，没有对前人工作的深刻理解和认识，超越前人的"最好"从何谈起？

正是秉持这样的理念，十多年来，无论在经费紧张的情况下，还是在遇到研究瓶颈的时候，我都没有想过要放弃人脸识别的研究。相反，我和高文教授、陈熙霖研究员共同带领的团队一方面深入研究以人脸表示和判别特征提取为核心的人脸识别的基础理论和方法，另一方面则面向实用人脸识别系统的开发，研究其中涉及的人脸检测、特征定位、人脸分类等关键技术以及姿态、光照、老化等问题的解决方案，并积极收集整理了越来越丰富的人脸图像数据资源用于验证上述理论、方法和技术。这些不懈的努力使得我们对问题的认识越来越深刻，从而在FERET、FRGC、Multi-PIE以及CAS-PEAL等公开人脸识别评测集上取得了国际领先的成果，赢得了两次人脸识别竞赛的第一名。同时我们的技术也得到了产业合作伙伴的认可，从而在众多实际系统中得到了应用。

“美”的才是好的

理念决定态度，态度决定行为。上述“做到最好”的理念显然是正向的、积极的，但怎么才算做得好却不是一个简单的问题。

在我踏上学术道路之初，国内学术评价体系还停留在“数文章数”阶段，而且多数文章发表在国内刊物或会议上，产生的国际影响力非常小。当时还处于学术童年期的我同样对该做什么样的研究，该发表什么样的学术文章懵懂无知。我还记得当年得知自己投稿国际图像处理会议（the 2000 IEEE international conference on image processing，ICIP 2000）的文章被接收时的欣喜以及大家的祝贺（现在看来这是个很一般的会议，但在当时似乎并不简单，据统计当年被ICIP 接收的来自大陆的文章仅十几篇）。对我这个标准的“土鳖”来说，走出上面的误区并不容易。幸运的是，我有高文老师高屋建瓴的指导，更有从卡内基梅隆大学归国的陈熙霖老师的言传身教。我们这个团队在国内较早地明确了冲击领域顶级国际会议和国际期刊的学术目标，即从单纯的“数数”升级为有选择的“数数”。再后来我们更加明确地认识到，发表所谓顶级会议/期刊文章本身并没有实质意义，其实质在于顶级会议文章普遍具有的更大的潜在影响力。因此，学术评价的准则应该回归其本质，即实质影响力。所谓实质影响力，我个人认为更多体现在“两用”上，即“引用”和“应用”。前者强调的是学术界的认可，对基础研究尤其重要；而后者则体现在工业界的认可，这一点在工业界日益重视前瞻研究和创新的今天显得更加重要。

需要进一步诠释的是，我认为上述的“两用”还只是现象或结果，并没有说明好的学术工作应该具有怎样的内涵。几年前，我们投稿的一篇论文被拒稿，审稿人之一认为我们的工作思路上有创新，实验也比较充分，但认为我们的工作不够优雅（elegant）。这件事或者说“优雅”这个词对我可谓醍醐灌顶，促使我再次认真考虑学术评价问题，并真正深刻意识到好的科研工作应该是美的，是优雅的。优雅和美更多是一种主观感受，但简单却是一种可度量的美之准则。科学并不排斥复杂，但一定会排斥无谓的复杂，在同等条件下优先选择简单。“奥卡姆剃刀原则”为此做了完美的诠释，即“如无必要，勿增实体”。实际上，上述的“两用”

评价准则就是科学共同体对学术工作"美"与"不美"的投票。以人脸识别为例，过去数十年来学术界逐渐沉淀下来的高引用的工作，如 Eigenface、Fisherfaces、ASM、AAM、Gabor、AdaBoost 和 LBP 等等，从某个视角看无不具有简单之美。

再十年干将莫邪

尽管我们的团队过去做了一些工作，可谓"前十载粗刀钝剑"，但与国际最高水平相比，我们还有很大的差距。虽然前行的道路艰难，但我期待自己和团队能够在未来 10 年内，不仅把目前已然成形的钝剑磨砺得更加锋利，更要做出突破性的创新性工作，所谓"再十年干将莫邪"。在我的理想中，"干将"应该是能够突破人脸识别领域现实应用中诸多瓶颈的关键技术，这些技术能够让公共场合的犯罪分子无可遁形；而"莫邪"则是关键技术背后的创新理论和方法，它们应该简单而优美，得到国内外同行广泛的关注，从而成为经典之作。

在这个世界上，有很多同行在做着与我们相同的课题，有很多来自国际名校。坦率地说，他们的智商恐怕要比我们高。据我所知，他们的勤奋程度往往超过我们，请问我们有什么理由超越他们做出一流的学术成果？难道仅仅靠运气吗?！显然，我们唯一能做的就是比他们更加勤奋刻苦。■

山世光

CCF 会员，中国科学院计算技术研究所研究员。主要研究方向为图像处理与理解、计算机视觉、模式识别、智能人机交互界面等。

sgshan@ict.ac.cn

用“咖啡”的精神做学问

唐　杰

清华大学

我在香港科技大学做短期访问期间，有一次在实验室一楼的咖啡厅偶遇杨强教授。我说这几天咖啡喝得太多，感觉有点儿上瘾，需要戒一戒了。杨老师说：“为什么要戒呢？上瘾也不一定是坏事呀。如果我们做研究能像喝咖啡一样上瘾，又何愁研究做不好呢？”是啊，“上瘾”便是人生的精彩所在，无论是研究，还是其他事，只要专注、努力，就一定能做好。

走上学术之路

我真正走上学术道路是通过一个偶然的机会——2002 年帮助清华大学计算机系知识工程实验室的李涓子教授写关于知识工程的课件时，闯进来的。当时真是初生牛犊，完全没有相关知识，就“接”了这项工作。一接触才发现至少有十多本关于机器学习、人工智能、数据挖掘的书需要认真读才行，于是整个暑假就泡在这个“入门”上了。暑假过后，我发现自己已被其深深地吸引住了，无论是人工智能、机器学习还是数据挖掘，都给了我一种全新的感觉。

读博士期间，微软亚洲研究院的李航博士对我的帮助很大。印象最深的是李航也很喜欢培根的名言——“阅读使人渊博，辩论使人机敏，写作使人精细”。我经常回味这句话，每次都有不同的感受。2006 年博士毕业后，出于对研究的热爱,我最终决定留在清华大学。

"咖啡"的学问

工作后我才发现做研究并不像自己以前想象的那样简单,发点儿 paper(论文)就行了。于是不停地追问自己到底要做什么,五年后应该有什么样的成果。我曾向实验室的王克宏教授和计算机系的多位老教授请教,最终明确了自己的定位,要"顶天立地":进行深入的理论研究,做出实用的应用系统。

"顶天立地" 我们选择了社会网络理论和数据挖掘算法作为研究重点,并以学术研究者网络作为应用载体,带着实验室的几个师弟、师妹,经过近一年的努力,终于研发出研究者社会网络挖掘与搜索系统 ArnetMiner(简称 AMiner)。系统利用信息抽取方法自动从互联网获取研究者相关信息(包括教育背景和基本介绍),并从多个数据源中自动集成论文信息。基于获取的语义信息,提供专家搜索、学术推荐、会议分析、图搜索、热点话题发现及其演化分析等功能。这一年来让我深刻体会到"咖啡"精神的重要性。系统研发是需要耐得住寂寞的,实验室在这一年几乎没有发表任何文章,大家都全身心地投入到系统设计和功能实现上。迄今为止,系统收集了 175 万名研究者信息、400 多万篇论文信息、5400 多万条引用关系和 8000 多个会议信息。系统在学术界得到广泛应用,吸引了 210 个国家和地区 298 万个独立 IP 的访问(有超过 1.4 亿条访问日志),访问量还在以每月平均 10%左右的速度增长。并且,系统 API 还得到全球最大出版社爱思维尔(Elsevier)青睐,KDD2010-2012、PKDD2011、ICDM2011、WSDM2011、ISWC2010 等 20 多个重要国际会议使用此系统进行论文一审稿人自动分发,并为其提供语义信息服务。现在这套系统的相关技术已申请专利 8 项,研究成果还在 IBM、谷歌、诺基亚、通用汽车等多个公司得到推广。

开阔视野和基础研究 我的导师王克宏教授曾多次告诫我不要做井底之蛙。从 2007 年到 2010 年,在实验室的资助下,尤其是李涓子教授的大力支持下,我曾多次出国进行学术交流,包括美国明尼苏达大学、香港科技大学、香港中文大学、美国伊利诺伊大学香槟分校和比利时鲁汶大学。虽然每次时间都很短,但最重要的是每次都能在合作者身上看到独特的研究视角和全新的研究思路。

在学术交流中，也深感自己理论基础研究的不足。2011 年我到美国康奈尔大学访问，师从图灵奖获得者约翰·霍普克罗夫特(John Hopcroft)教授和美国科学院院士乔恩·克莱因伯格(Jon Kleinberg)教授，从事社会网络理论方面的研究。见识了霍普克罗夫特教授的高瞻远瞩、对科学本质的孜孜追求，以及克莱因伯格教授的极其敏锐的思维能力。每次和他们的交流我都获益匪浅。

理论研究更需要执着的"咖啡"精神，我们实验室在社会网络理论分析和概率图模型方面进行了多年研究，渐渐形成了在社会网络影响力建模、用户行为建模以及核心社区方面的理论基础。我们将这方面的研究凝练为社会网络的微观机理研究，目的是从社会网络的微观角度(个体行为决策、用户影响力、网络结构)来解释社会网络中的宏观现象(如网络信息传播)。在算法方面，我们结合以前的工作基础在概率因子图模型上进行了一系列的深入研究，将概率因子图模型和社会网络理论(如结构平衡理论、社会地位理论、结构洞理论等)进行了有机融合，逐渐形成了我们的研究特色。这方面的研究成果我们已在 KDD、SIGIR、WWW 等国际会议和 *ACM*/*IEEE Trans*. 等国际期刊上以论文方式发表了多篇文章。

团队支持　团队的支持与合作是科研能够持续前进的保障。首先是实验室的李涓子教授和许斌副教授的大力支持，这些年来在实验室形成了一个非常宽松、愉快的环境；其次是清华大学计算机系的支持，先后推荐我参加了国家优秀青年科学基金、清华大学学术新人、北京市科技新星和 SCOPUS 全国青年科学之星的评选。

教书育人

我很幸运能够和一些优秀的学生合作，并且能从他们身上学到很多东西。几年的工作也让我越来越坚信"教书育人"是教师的根本任务(有时候想，不应该用"教书育人"，应该用"互相学习＋合作")。我很高兴看到在短短几年间，从实验室里走出多名市/校级优秀毕业生。他们中有许多人去了美国斯坦福大学、麻省理工学院、加州大学伯克利分校和卡内基梅隆大学等名校，很多学生在本科的时候就能发表 SCI 和国际顶级会议文章。而最令人兴奋的是这些出国的学生经常回到实验室,每次回来都能带回很多全新的概念和思维方式,是他们让实验室的水平不断提高。

学会经历

近年来,中国计算机学会(CCF)非常活跃,不论在搭建全国学术交流平台方面,还是在组织各种学术活动方面,为我们创造了很好的学术氛围。我曾作为特邀讲者,两次在 CCF YOCSEF 学术报告会上介绍我们的工作。一次报告的是“社会影响、信息传播和结构洞分析”,一次是“移动社会网络中的用户行为预测模型”。使我不仅在 CCF YOCSEF GS(研究生分论坛)学术报告会中分享了自己的研究经历,也通过 CCF 认识了许多在全国计算机学科有建树的中青年学者。真心感谢 CCF 为科研工作者提供的学术交流环境。

这篇短文回顾了我自己十年来的科研经历,希望能给大家一点启示。“成功无他途,唯有努力干”,这是我的博士导师王克宏教授在我毕业的时候给我的一句话,将其作为结束语,共勉之。■

唐　杰

CCF 杰出会员、YOCSEF 主席、杰出演讲者、CCCF 编委,清华大学计算机系副教授、博士生导师。主要研究方向为社会网络分析、数据挖掘、机器学习和知识图谱。jietang@mail.tsinghua.edu.cn

体系结构研究者的人工智能之梦

陈天石　陈云霁

中国科学院计算技术研究所

关键词：体系结构　人工智能　神经网络 ASPLOS 最佳论文

编者按：随着中国内地计算机体系结构研究水平的不断提高，相关的研究机构开始越来越多地出现在该领域的顶级会议上。在 ASPLOS 2014 上，来自中国内地的学者更是首次获得了 CCF 推荐的体系结构领域 A 类会议的最佳论文奖。而此前，ASPLOS 最佳论文奖一直被美国卡内基梅隆大学、德州大学奥斯汀分校、微软等 8 个欧美著名研究机构所垄断。历届 ASPLOS 最佳论文（如经典众核体系结构 TRIPS、首个实用化软件确定性重放方法 DoublePlay、云计算的主流基准测试集 CloudSuite 等）多为开创性工作，对业界产生了深远的影响。因此，此次获奖表明中国内地已经在体系结构基础研究的某些方面走到了世界的最前沿。本刊为此特别邀请获奖团队介绍他们的研究历程。

2014 年，我们的神经网络处理器工作 *DianNao: A Small-Footprint High-Throughput Accelerator for Ubiquitous Machine-Learning*[1] 获得了国际体系结构支持、编程语言和操作系统会议（*International Conference on Architecture Support for Programming Languages and Operating Systems*，*ASPLOS*）的最佳论文奖。这对我们来说是一个意外之喜。但更重要的是，它透露出一个信号：

体系结构和人工智能交叉研究(尤其是神经网络计算机)的重要性已开始得到体系结构领域的广泛认可。对于曾经在体系结构和人工智能交叉研究上经历过不少坎坷的我们来说,此次获奖既是鼓励,更是鞭策。

体系结构和人工智能

体系结构是一个与工程联系紧密但又充满魅力的研究领域,其研究成果不断地推动计算能力的发展,也给科学家乃至普通用户带来了巨大的便利,促进了生产力的发展。除了用于服务大众之外,科学研究的另一个重要动力来源是科学家对自然界基本规律的好奇心。在人类所有好奇的事物中,智能也许是最常见但又最神秘的一项。一旦人类能制造出与自己一样具有复杂认知和创造能力的强人工智能计算机,整个人类社会将会向前跨出前所未有的一大步。

我们有一个猜测,也许强人工智能这样的终极科学问题的解决不仅需要人工智能算法上的突破,还需要计算机体系结构(抑或说计算能力)上的突破。美国能源部的一个报告将计算能力的进步分成3类:(a)基于唯象假设的增量式进步,计算规模大一点,结果就好些。采用这种研究模式,即使问题规模再大也不可能变革一个学科。(b)无底洞式的计算——无论多大的计算能力都不可能解决问题。其基本的物理本质还不清楚,增加计算规模也无济于事。(c)变革式计算,只要计算能力足够强大就可以彻底解决以前解决不了的问题。

目前的体系结构研究大多属于(a)类,比如将以SPEC CPU2006为代表的通用计算提速3倍作为目标。这是因为(a)类研究能有效提升相关产品的竞争力,为我们的生活带来便利。不过(c)类工作显然在科学上有着非凡的意义❶。它意味着计算能力在计算机体系结构研究的带动下,将从量变最终突破某个阈值达到质变,从而解决以前无法解决的重要科学难题(如强人工智能)。非常有意思的是,从生物进化的角度来看,智能对于其载体的"硬件能力"的需求是存在阈值的。例如,从猿脑到人脑容量的3倍变化促使了生物智能的爆炸性增长。

❶ 后面我们会提到,(a)类和(c)类的研究并不是互斥的,完全可以相辅相成。

如果能够通过体系结构研究实现高效的神经网络芯片，就有可能以有限的代价构建出比人脑规模大百倍的神经网络超级计算机，使其有可能接近智能的本质。我们相信这是人类进步必将迈出的一步。

荆棘路上

我们在学生时代分别从事体系结构和人工智能研究，之后同在中国科学院计算技术研究所工作，并且都怀着强人工智能之“梦”(此处之梦是指比一般的理想还要虚无缥缈的志向)。

因此，2008年初，我们开始探索如何将这两个领域结合起来。由于强人工智能的梦想虚无飘渺，为了不陷入民科式的狂想，我们的技术路线必须脚踏实地，每一步都要迈得扎实，每一步都要对解决实际问题有所帮助。这样得到的研究成果既能为体系结构或者人工智能技术带来增量式进步，又能逐渐接近终极的变革。套用一句常用的俗语就是“沿途下蛋”。基于这个指导思想，我们决定从使用人工智能技术来解决体系结构研究问题入手，首先争取为国产处理器(如龙芯)的研发做一些贡献。

然而在实践的道路上，这第一步就迈得十分艰难，我们遇到了很多困难。从2008年起，我们多次尝试申请项目来支持体系结构和人工智能的交叉研究，但迄今为止获得的专项资助仅有一个青年科学基金项目。我们曾提出一系列基于人工智能方法的处理器研发技术，并多次向体系结构顶级会议投稿，好几次都获得了不错的分数，按我们以往的经验以为论文可以被接收，但最终还是被拒收。我们寻找原因，发现体系结构方向的很多审稿人更关心“鱼”(一个好的处理器的结构具体是什么样子)，而不关心“渔”(如何用智能方法去发现这个结构)。但项目经费申请和论文发表的不顺利并没有让我们放弃体系结构和人工智能的交叉研究。相反，我们坚信，只要把研究做得更深入，困难总是能克服的。

一次偶然的机会，我们向南京大学周志华老师介绍了使用人工智能方法来优化处理器结构方面的工作。周老师对我们的研究方向很感兴趣，并敏锐地意识到这类工作正是人工智能基础算法研究者希望看到的关键应用。在他的鼓励和指导下,我们提出了一种基于半监督学习的处理器结构优化方法来指导龙芯处理器的设计,成果发表在人工智能顶级会议IJCAI(International Joint Conference on Artificial Intelligence) 2011[2]上。这项工作大大增强了我们的信心,似乎也把幸运"传递"给了其他的几项相关工作。例如,我们使用机器学习和演化算法来加速处理器的功能验证的工作发表在多个ACM/IEEE的会刊上。我们与南京大学、中国科学技术大学合作提出的基于排序学习的处理器结构优化方法也被体系结构顶级会议ISCA(International Symposium on Computer Architecture) 2014接收[3]。这是ISCA第一次收录此类成果。

在使用人工智能方法来解决体系结构问题的同时,我们也努力向体系结构领域的同行宣传人工智能算法在通用计算中的重要性,呼吁体系结构研究者探索如何对关键智能算法给予硬件层面的支持。2012年初,我们作为第一单位,同美国威斯康星大学麦迪逊分校、法国原子能协会、法国勃艮第大学、IBM和法国国家信息与自动化研究所(INRIA)一起提出了BenchNN基准测试集。BenchNN将体系结构学术界最主要的并行基准测试集PARSEC基于神经网络算法进行了重写。这样做的原因是PARSEC中大部分程序的核心工作是逼近、分类、优化和聚类,而这些都非常适合用人工智能(尤其是神经网络)算法来实现(见表3-4)。这项工作充分说明提高神经网络的处理速度可以有效加速通用计算,有力地改变了体系结构领域对神经网络算法的认识。为此这项工作获得了基准测试集领域重要国际会议IISWC(IEEE International Symposium on Workload Characterization) 2012的最佳论文提名奖[4]。

表3-4 大部分PARSEC程序的核心函数可基于神经网络算法重写

测试程序	功能	类别	神经网络算法
blackscholes	期权估计	逼近	多层感知机
bodytrack	人体跟踪	分类	卷积神经网络
canneal	芯片布线	优化	Hopfield神经网络
dedup	文件压缩	分类	多层感知机
facesim	人脸移动建模	逼近	多层感知机
ferret	图片相似性	分类/聚类	自组织神经网络

续表

测试程序	功能	类别	神经网络算法
fluidanimate	流体力学	逼近	细胞式类神经网络
freqmine	频繁模式挖掘	分类	多层感知机
streamcluster	在线聚类	聚类	自组织神经网络
swaptions	期权估计	逼近	多层感知机

寒武纪 1 号

2012 年，在开发 BenchNN 基准测试集的同一时期，我们启动了寒武纪计划[1]，设计神经网络处理器芯片/计算机来加速神经网络。对于寒武纪计划应该采用何种技术路线，我们在 2012 年几乎花了一整年的时间来斟酌。尤其是第一款芯片，它必须既有广泛的实用价值，又能支持未来对智能的探索。当时我们主要有两种选择——脉冲神经网络（spiking neural network）和人工神经网络（artificial neural network）。脉冲神经网络比较接近生物的神经网络，被很多研究者认为比较适合大脑模拟。因此，IBM 在美国国防部高级研究计划署（Defense Advanced Research Projects Agency，DARPA）资助下开展的 SyNAPSE、高通的 Zeroth 芯片以及英国的 SpiNNaker 计划都采用了脉冲神经网络或其变种。虽然人工神经网络也受到生物神经系统的启发，但它的设计目标是求解机器学习问题，因而在工业界有广泛的应用。人工神经网络的代表性算法包括多层感知机（multilayer perceptron）、霍普菲尔德网络（Hopfield network）、自组织特征映射模型（self-organizing map）等。近年来学术界和工业界广泛关注的深度学习也属于人工神经网络。

为了选择一个好的技术路线，我们对脉冲神经网络和人工神经网络进行了大量实验和对比，发现脉冲神经网络在处理工业界常见的图像处理和语音识别

[1] 在地质时代，寒武纪是动物大爆炸的时代。目前地球上主要的动物门类都是在寒武纪出现的，包括我们人类所属的脊索动物门。取名寒武纪，是希望我们所处的这个时代，成为机器智能的寒武纪。

等机器学习任务时，其效果往往比传统人工神经网络差[1]。然而人工神经网络并不适合对大脑进行模拟。在机器学习和大脑模拟两者不可得兼的情况下，我们对二者孰轻孰重进行了多次讨论，最终取得两点共识：

第一，我们的梦想并不是准确模拟人类的大脑，而是制造出强人工智能。两者其实有很大的区别。模拟人类的大脑有很多用处，在治疗脑科疾病方面有深远影响，对人工智能研究也很有借鉴意义。但是借鉴人脑毕竟只是人工智能研究的辅助手段，就如同人类实现飞行梦想不能完全仿造鸟儿的翅膀一样。完全照抄大脑，并不会直接带来智能，这是因为即使是真正的人脑，一些基本的认知功能（例如语言）也必须通过有效的学习才能得到。所以机器学习对于强人工智能的探索有更重要的意义。

第二，人工神经网络有广泛的用途。尤其是近年来，深度学习的崛起使得人工神经网络被公认为最好的机器学习方法之一。因此，人工神经网络处理器可以广泛应用于从移动终端到云服务器的各种场景，有效加速广告推送、数据挖掘、语音识别、人脸识别乃至机器翻译等各种机器学习应用。而目前愈发突出的暗硅现象也使得通用处理器完全可以将人工神经网络处理器作为一个加速器集成进去。

基于上述两点，2012 年 12 月，我们最终在寒武纪 1 号（见图 3-9）的目标上达成了一致，即实现支持大部分主流人工神经网络算法的机器学习加速器。这样，寒武纪 1 号不但可以加速现有的机器学习应用（前述的（a）类工作），也可以

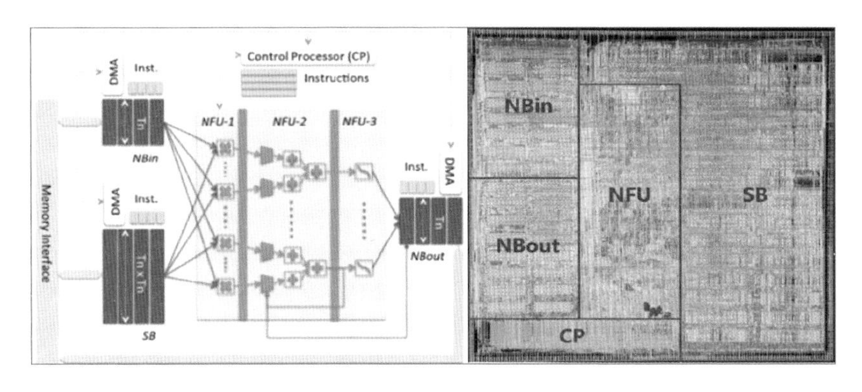

图 3-9　寒武纪 1 号的结构示意图和版图

[1] 当然，不排除今后脉冲神经网络的研究产生一些新的成果，使得它在机器学习应用上更加有效。

为未来神经网络超级计算机的研究打下基础(前述的(c)类工作)。为了让国际同行感受到我们工作的中国特色,我们给寒武纪1号起了个小名叫DianNao,因为Dian(电)代表Electronic,Nao(脑)代表Brain,合在一起就是电子的大脑。

目标确定之后,技术路线的讨论和具体的实现也就有了方向(由于本刊面向的是整个计算机领域的读者,这里不再赘述寒武纪1号的微体系结构技术细节)。事实上,在这样一个几乎是“处女地”的领域,我们的设计没有受到太多的限制,甚至无法与其他人类似的工作进行量化比对(在ASPLOS论文的实验中,我们只能与通用处理器进行对比)。唯一需要指出的是,我们发现处理大规模深度神经网络的性能和能效瓶颈不是运算,而是数据搬运和访存带宽。因此,我们精心设计了一套具有针对性的分块处理和访存优化方法,从而使得寒武纪1号能高效地处理任意规模、任意深度的神经网络。在台积电65nm工艺下,寒武纪1号主频可达0.98GHz、性能452GOPS、功耗0.485W、面积约为3mm^2。也就是说,它可以在通用处理器核1/10的面积和功耗开销下,达到通用处理器核100倍以上的人工神经网络处理速度。即便和最先进的GPU相比,寒武纪1号的人工神经网络处理速度也不落下风,而其面积和功耗远低于GPU的1/100。

2013年7月底,我们将寒武纪1号的论文投稿到ASPLOS。虽然我们为寒武纪1号在单位度过了无数个闷热的不眠夏夜,但在被体系结构顶级会议“伤”了很多年、很多次以后,我们其实对论文被接收是不抱什么期望的(尤其这是寒武纪1号的第一次投稿)。毕竟我们的目的不是为了将论文发表在哪里,它只是我们通向学术理想的必经之路。不过ASPLOS的审稿分数着实让我们吃了一惊:6位审稿人有3位给了满分,2位给了次高分。即便如此,我们也从未想到会与最佳论文奖有关系,直到程序委员会主席萨里塔·阿迪乌(Sarita Adve)教授在颁奖宴会上宣布的那一刻。

跟随还是等待

从2008年到现在,我们已经在体系结构和人工智能的交叉研究方向上工作了6年。作为国际上为数不多的几个长期开展此方向研究的团队之一,我们在不被认可中坚持了下来，并尝试通过自己的努力来改善这个领域的环境（当然近年来环境的改善也得益于深度学习的兴起），最终得到了学术界一定程度的肯定。

回想起来，如果我们紧紧跟随国际学术圈的热点走，我们是很难拿到ASPLOS最佳论文奖的。原因有两个方面：第一，当我们看到别人的“热点”论文发表后再去跟着做，可能已经比别人晚了若干年。尤其是体系结构领域，论文的工作周期非常长（ASPLOS 2014上发表的论文，我们在2012年就启动相关工作了），要跟上热点很困难。第二，当跟随热点时，我们的工作不可避免地会被视为对某个过往论文的改进。这种改进效果必须非常显著，机理必须非常清晰，才能打动顶级会议挑剔的审稿人。这对于论文写作提出了很高的要求，而中国大陆研究者往往在英文论文写作上不占优势。

但这里存在一个矛盾：紧跟多变的国际学术圈热点，论文不容易在顶级会议上发表；而探讨的问题若不是国际学术圈热点，论文同样很难在顶级会议上发表。面对这个矛盾，我们的看法是：研究者应该坚持自己的学术理想，重视论文但不为论文发表所左右；同时尽力宣传自己的研究方向，推动这个方向被国际学术圈的主流认可。经过长期的等待和努力，也许有一天，自己的研究方向就会成为热点。到那时，过去的一切坎坷都会被证明是值得的。

当然，如果身边的各种环境都不认可我们的学术理想，要坚持下去几乎是不可能的。因此，我们非常感谢中国科学院计算技术研究所各位师长的支持和鼓励。他们具有长远的眼光，并不计较一时的成败，给了我们宽松的研究环境。李国杰院士在攻读博士学位期间，就曾在人工智能和体系结构的顶级会议上发表过论文，是二者交叉研究的先行者，因此对我们的工作给予了很多帮助。孙凝晖所长从体系结构的角度对智能计算所做的思考非常深刻，他的很多具体指导帮助我们突破了实验中的一些关键难点。徐志伟老师有非常开阔的研究思路，带领我们走进了异构体系结构和领域加速器的研究。我们的导师陈国良院士、胡伟武老师和姚新老师一直鼓励我们按照自己的学术理想坚定地走下去。胡老师是我们开展交叉研究的第一位支持者。在龙芯产业化急需人才的情况下，他依然非常慷慨地把自己的得意弟子不断输送到我们的团队，以支持我们的研究。

未来工作

目前，强人工智能的研究处于停滞状态，少有人触及，甚至淡出了主流。在科学史上，其他终极科学问题（如宇宙起源）的研究也曾经处于类似的状态。诺贝尔物理学奖得主史蒂文·温伯格（Steve Weinberg）在《宇宙最初的三分钟》[5]里写到："在20世纪50年代……人们普遍认为研究早期宇宙是体面的科学家不屑为之的事情。……（当时）赖以构建早期宇宙史所需的充分的观测与理论基础根本就不存在。"然而十多年后，美国电报电话公司的研究人员在检测天线的噪音性能时偶然发现了宇宙微波背景辐射。在此推动下，科学家一举厘清了宇宙诞生0.01秒后的演化图景。

因此，强人工智能研究的井喷可能只是在等待某个相关领域（也许是计算机体系结构）的研究突破某个阈值。如果真是如此，我们希望寒武纪计划能成为通向强人工智能的大道上一块小小的铺路石。■

参考文献：

[1] Tianshi Chen, Zidong Du, Ninghui Sun, et al.. DianNao: A small-footprint high-throughput accelerator for ubiquitous machine-learning, Proceedings of the 19th ACM International Conference on Architectural Support for Programming Languages and Operating Systems (ASPLOS'14), 2014.

[2] Qi Guo, Tianshi Chen, Yunji Chen, et al.. Effective and efficient microprocessor design space exploration using unlabeled design configurations, Proceedings of the 22nd International Joint Conference on Artificial Intelligence (IJCAI'11), 2011.

[3] Tianshi Chen, Qi Guo, Ke Tang, et al.. ArchRanker: a ranking approach to design space exploration, Proceedings of the 41st ACM/IEEE International Symposium on Computer Architecture (ISCA'14), 2014.

[4] Tianshi Chen, Yunji Chen, et al.. benchnn: on the broad potential application scope of hardware neural network accelerators, Proceedings of International Symposium on Workload Characterization (IISWC'12), 2012.

[5] Steven Weinberg. The first three minutes, Basic Books, New York 1977.

陈天石

CCF 专业会员，2011 年 CCF 优秀博士学位论文奖获得者。中国科学院计算技术研究所研究员。寒武纪科技公司创始人兼 CEO。主要研究方向为计算机体系结构和计算智能。
chentianshi@ict.ac.cn

陈云霁

CCF 杰出会员，CCF 青年科学家奖获得者。中国科学院计算技术研究所研究员。主要研究方向为计算机体系结构。cyj@ict.ac.cn

理实交融　踏实做事

陈云霁

中国科学院计算技术研究所

关键词：优青基金　龙芯

我非常荣幸地获得了首届国家自然科学基金优秀青年科学基金和首届中组部青年拔尖人才支持计划的资助。但我自知和很多优秀的青年科学家相比还有很大差距，因此当《中国计算机学会通讯》（CCCF）专栏编委武永卫教授邀请我作为优青介绍一下成长历程时，我甚感惶恐。回首研究之路，自己在处理器设计领域就像挑山工一样，不图登顶豪情，但求踏实做事，付出艰辛，收获坦然。但看到还有很多青年学生与科研人员和我一样，承受学术和工程的双重压力，我还是鼓起勇气总结一下自己在国产处理器龙芯研发过程中有关学术和工程融合的一些经验，希望能对大家有所借鉴。

与体系结构的不解之缘

1997年，14岁的我来到中国科学技术大学读本科。大三上学期，同学们都进了实验室跟随老师搞科研，这使得懵懂的我觉得自己也得找一个实验室。于是我鼓起勇气把中科大计算机系所有实验室的门挨个敲了一遍，问是否接收本科生。最后，当时教《计算机体系结构》课程的周学海教授所在的实验室收下了我。

正是这个偶然事件，让我和体系结构结下了不解之缘。

当时周学海教授正在给一款国产处理器开发固件。计算机里的固件对我这样一个毫无处理器基础的本科生来说，是非常神秘的。加上又是给国产处理器做固件，更加让我激情澎湃。虽然在这个项目里只是给老师和师兄们打下手，但也足以让我掌握一些基础的体系结构知识。同时，我对处理器软硬件的交互、真正的计算机是如何一步一步运行起来的，也有了一些感性认识。更重要的是，固件研发让我感到，做一些有实际意义的工程是非常快乐的事。

大学最后一年，我听说中国科学院计算技术研究所(简称中科院计算所)开始研制国产处埋器(即龙芯1号)。如果能加入国产处理器的研发团队，那将是非常光荣的事，因此当时我特别希望能到那里读研究生并做龙芯。

我的工程与学术

2002年，我的心愿达成，来到中科院计算所跟随胡伟武研究员硕博连读，成为了国产处理器龙芯研发团队(当时成立仅一年多)中最年轻的成员。当时龙芯团队人不多，但在胡老师的带领下，团队干劲十足。在这种团队中成长，给思维方式和生活习惯还没有完全定型的我打下了很深的烙印：带着热情解决问题，一个问题如果没有解决就睡觉，我心里会不踏实，也睡不安稳。

读研期间，我主要是跟随龙芯团队进行龙芯1号和龙芯2号的研发工作。根据龙芯工程需求，我的博士论文方向被选定为处理器设计的模块级验证。这个方向对龙芯的工程有实用价值(英特尔曾经由于奔腾(Pentium)浮点部件验证不完备就销售，导致付出了数亿美元的代价)，也具备一定的理论性，适合博士生做。2007年博士毕业后，我留在了中科院计算所龙芯团队担任胡老师的助手。我们组开始做多核通用处理器龙芯3A的研发。当时龙芯1号和龙芯2号结构设计的骨干们基本都已经投身到了龙芯产业化中。因此，我有机会和一名同事在胡老师指导下进行龙芯3A的总体设计。胡老师言传身教，不仅在业务上教会我许多东西，他努力拼搏的工作作风也对我产生了很大影响。龙芯3A研发最紧张的几个月，我基本就住在实验室，每天除了睡觉和吃饭，就是坐在计算机前工作。

龙芯3A与龙芯1号和龙芯2号有所不同,已从单核发展到多核了。在龙芯3A的工程开发中,我逐渐感受到解决实际工程问题的困难,因为没有现成的解决方法可借鉴。即使到今天,多核/众核处理器到底应该怎么做,国际上依然存在很多争议。面对多种应用,有多种结构。每种结构有优势,也有劣势。各家走的路线不尽相同,想模仿都很难。可以说,我们在龙芯3A工程中遇到的很多问题,别人可能刚遇到,也可能还没有遇到。

这就逼迫我们要去解决一些国际上其他处理器厂商没解决或者解决不了的问题,因而必须进行体系结构方面的学术研究。我们对互联架构、存储一致性验证、缓存一致性等问题进行了独立的思考,取得了一些突破,不但在龙芯3A工程中发挥了很重要的作用,而且具备一定的学术价值。龙芯3A的一些工作发表在了*HPCA*、*Hot Chips*和*IEEE Micro*等高水平的会议和期刊上。

通过龙芯3A的锻炼,我不但积累了工程实施、组织管理方面的经验,在面向工程的学术研究方面也有了一些心得。胡伟武老师一直对我十分支持,把设计龙芯3B的任务也交给了我。与龙芯3A相比,龙芯3B不仅仅是把核数从4个变成8个,更重要的是峰值性能要达到3A的8倍,但由于封装能力的限制,内存带宽却只能和3A相同。一个形象的比喻是:以前一桌菜给一桌客人吃,现在一桌菜要给8桌客人吃。我们看了很多论文,也找不到现成的解决方法,只能自己摸索。最终,我提出了一种访存协处理器的结构,较好地解决了龙芯3B的高运算带宽比问题。龙芯3B的工作发表在*ISSCC*和*Hot Chips*等高水平会议上。IEEE发行量最大的刊物*IEEE Spectrum*对我进行了采访,以*Chinese chip wins energy efficiency crown*为题报道了龙芯3B。此外,龙芯3B验证和调试方面的工作也得到了国际同行的认可,在*ISCA*、*SPAA*、*IEEE/ACM Trans.*等会议和期刊上发表了一些论文。

心得体会

工作中,我们往往遇到学术和工程孰重孰轻的问题。实际上学术和工程都非常重要。在我国的科研院所里,有很多和我一样的年轻人(包括学生和教师),要把绝大部分时间和精力投入到导师或者领导带领的大型工程项目中去。做好上级交待的工程是一个人的职责,也是在社会上安身立命的基础。但是,团队的长期发展需要学术上的突破创新,学术界的评价体系也要求年轻人发表高质量的论文。因此,对于年轻人来说,学术和工程之间,毋庸置疑存在冲突。

我一直努力去融合自己的学术和工程工作,希望把对立的两方面统一起来。我体验过学术和工程双重压力在短时间内同时爆发的痛苦,当然也体验过做出有价值的学术成果的快乐。

白天求生存,晚上谋发展

学术与工程在本质上存在很大区别。想要做完一个工程项目的同时,自动地涌现出一篇高水平学术论文,是不现实的。因此,要想把这两件事情同时做好,就要有决心有毅力花接近两倍的时间。我认为见缝插针式地挤时间(也就是干一个小时工程看半个小时论文)效果并不好。最好是白天(或者说上班时间)做好工程,晚上(或者说节假日)集中精力搞好学术研究。原因如下:

(1) 做人做事比做学问重要。对于青年科研人员,发表学术论文是锦上添花。上级安排的工程任务,优先级要排到学术之上(例如,当工程的时间点和学术论文的时间点冲突时,我们必须优先完成工程任务)。在上班时间全力做工程,对自己对团队的发展都有好处。如果别人都在忙着干工程,自己却坐在一旁看论文,会给人留下一种不务正业的印象。

(2) 做工程容易集中精力进入兴奋状态,做学术的启动开销大,很难集中精力,容易被干扰。白天在办公室,人多嘈杂,往往会被一些琐事打断思路。对于学术研究(读论文或者思考问题)来说,思路一旦中断,想要恢复是很困难的。而晚上自己待在家里或者教室里,没有干扰,从事学术研究更容易进入状态。高效率地作 3 个小时学术研究,效果远胜于低效率地作 3 天学术研究。

(3) 学术研究中一个很关键的环节是写作,节假日写作效果最好。有一个成语叫作“文思泉涌”。状态好的时候,几天就能写出一篇文章的初稿。如果错过有写作冲动的时机,往往好几天憋不出一页纸的字(特别是写英文论文)。节假日自己有比较充裕的时间,可以调节写作状态。2008 年北京奥运会的时候,单位放假,当时我有个想法构思得差不多了,于是我在一个没有空调的宿舍里写论文。虽然挥汗如雨,但是心里感觉很爽。论文最终被体系结构领域三大旗舰

会议 *HPCA* 录用，这也是 *HPCA* 上第一篇第一作者来自中国内地的论文。

鉴别和提炼

我非常赞同“从工程中提炼学术问题”[1]这个说法。

在提炼过程中，鉴别一个工程问题是否具备学术性很关键。有些工程任务即使有再重要的实用意义，也很难从中提炼出学术价值来（一个极端的例子是用电烙铁在电路板上焊元器件）。我认为，绝大多数工程任务都是繁琐、耗时，不具备提炼价值的。就像我们可以从少数石头中剖出玉来，但绝大多数是普通的石头。与其把精力耗费在这些普通石头上，不如转移注意力，研究一些和工程有关联但并不完全相同的学术领域。

另外，从工程中不仅可以提炼出学术问题，还可以提炼出学术思路。该思路可能对当前工程无用，但对其他问题可能有着重要的作用。在工程中，我曾经花了很大的精力来改造和维护龙芯 2 号和龙芯 3 号处理器核的流水线。虽然我没有在多发射流水线中提炼出新颖的学术问题（甚至没有发表过一篇相关的学术论文），但是我认识到，处理器中处于“未决”状态的指令数是很少的（小于指令窗口的大小）。也就是说，只要两条指令的物理时间距离足够远，不在同一个指令窗口中出现，就会存在一个序关系（称之为时间序）。通过对时间序的认识，我发现传统并行理论仅仅考虑指令之间的逻辑序关系，实际上是不全面的。虽然我们没有利用时间序解决任何多发射流水线中的问题，却解决了一些多核处理器的验证和调试的工程难题，发表了数篇 *IEEE/ACM Trans*. 论文。

丢掉脚镣

身兼学术和工程两项任务的人，都希望自己的学术研究成果能够解决工程实践中的具体问题。但我们没有必要强迫每个学术成果都能在工程中立刻发挥作用。总是抱着过高的期望，很容易给自己带来挫败感。我的学术论文有 1/2 到 2/3 应用到了龙芯研发的工程中。一部分我自己感觉做得很满意的工程，并没能写成学术论文；一部分我发表在 *ACM Trans*. 或重要会议上的学术论文，实际上没能应用到龙芯工程中。

作学术研究可以以有用作为终极标准，但不必被眼前的工程牢牢拴死。学术成果在眼前的工程中用不上,若在未来的工程中能用上,则依然是很好的工作;在自己的工程中用不上,而在其他单位的工程中能用上,也是很好的工作。很多时候,工程中是否采纳一个学术成果,取决于很多非技术因素(如市场、时间节点,甚至人际关系等)。体系结构领域也存在大量先进技术被落后技术击败的现象。以学术研究是否能应用到工程中来论成败是不完全合理的。

因此,工程人员应该对学术研究的自由性和探索性持开放的态度,否则很难在高水平学术会议上发表论文。体系结构领域高水平会议(如 *ISCA*、*HPCA* 和 *MICRO*)审稿要求很严格。除了新颖性,审稿人对于学术研究的可行性也有着很高的要求。一个结构设计如果引入了不现实的带宽、面积、功耗和主频的开销,是很难被录用的。因此,学术工作能被高水平会议录用,就已经在一定程度上说明了工作本身的实用性。

扩展视野

相对专职学术研究者而言,工程人员没有时间去了解每个顶级会议的动态,很难有宽广的视野。要想做好工作,就需要弥补自己的劣势,和其他领域研究者合作,引入其他领域的方法和技巧。

举一个例子。龙芯研发中,设计人员一直面临一个重要问题:如何找到一个最合适的设计参数组合。处理器有多个设计参数,如寄存器数量、指令窗口大小、访存队列大小、流水级数等。每个参数都有多种选择,因而总的设计空间里有数千万、甚至上亿个可能的参数组合。用模拟的方法评估一组参数组合需要一周以上的时间。在庞大的设计空间中,评估出一个最优方案无异于大海捞针。我们在龙芯的工程中有过一些设计参数选择上的失误,总结出了一些教训,但是长期以来没有一个完美的解决方法。

2010 年,在和南京大学的机器学习专家周志华教授合作中,我们发现机器学习中的半监督学习方法可以高效地建立处理器的性能预测模型。借助此模型,设计者可以快速准确地进行设计空间搜索。这项工作发表在人工智能领域的重要会议 *IJCAI* 和 *ACM Trans.* 上。

我的母校中国科学技术大学的校训中包含“理实交融”。我一直将这 4 个字铭记于心,努力在处理器研发中把理(学术)和实(工程)融合起来。但我深知自己无论在学术上还是在工程上，和其他优秀的青年科学家相比，还有很大差距。很多老师对我进行耐心的指引和点拨，使我勇于面对失败、追求成功，成为一个能静下心来踏实做事的人。

致谢：感谢我的导师胡伟武研究员对我的培养。感谢中科院计算所的李国杰院士、徐志伟研究员以及各位同事、中国科学技术大学的陈国良院士、周学海教授、中科院软件所的张健研究员、南京大学的周志华教授等人对我的指导和支持。感谢所有在我的成长过程中关心和帮助我的人。

参考文献

[1] 彭思龙，学术和工程的完美结合，中国计算机学会通讯，第 8 卷，第 3 期，35～37

陈云霁

CCF 杰出会员。中国科学院计算技术研究所研究员。主要研究方向为计算机体系结构。

cyj@ict.ac.cn

人物篇

Web：为所有人
——记图灵奖得主 Tim Berners-Lee 的伟大贡献

鲍　捷

北京文因互联科技有限公司

关键词：万维网　互联的文档　互联的知识　互联的社会

编者按：Tim Berners-Lee[1]，人们通常称他为 Tim（图 4-1）。作为万维网（World Wide Web，Web）的发明人而为世人所知，他也因此获得了 2016 年的图灵奖。但他的贡献并不止于 Web。在过去近三十年的工作里，他的贡献大体可分为三个阶段。第一阶段从 1989 年到 1999 年，他的主要精力在 Web 本身的发明和推广上，贡献是互联的文档。第二阶段是 1999 年到 2009 年，他主要在推广语义网，贡献是互联的知识。第三个阶段从 2009 年至今，主要致力于数据的开

图 4-1　Tim Berners-Lee

放、安全和隐私，贡献是互联的社会。本文简述他在这三个阶段的贡献。

万维网：互联的文档

Web 是由 Tim 在欧洲核子研究组织(CERN)期间于 1989—1991 年发明的，初始目的是互联 CERN 内部的文档。Web 的发明，是时代发展的必然，也是 Tim 个人长期探索和实践的结晶[1]。

Web 发明的背景

很少有一项重大的技术，是一个天才先知先觉独立发明的。更多的是在某个时候，几年甚至几个月前后，有若干个人想到这个方法并把它实现。水到渠成时，没有张三来发明，也会有李四来发明。而在这之前，即使有最好的条件，也不见得能够做到。

Tim 并不是第一个尝试建立互联世界文档的人。较早的尝试有范内瓦·布什(Vannevar Bush，曼哈顿计划协调人)的 Memex(1945)，泰德·尼尔森(Ted Nelson，超文本发明人)的仙那度计划(Project Xanadu, 1965)和道格拉斯·恩格尔巴特(Douglas Engelbart，图灵奖得主，也是鼠标发明人)的 oN-Line System (NLS, 1968)。这些人的资历、背景和可控制的资源，都远远超过 1991 年的 Tim。但是由于时代的局限，这些努力都没有成功。

如果我们考虑到因特网(Internet，现在习惯称互联网)的前身阿帕网(ARPANET)在 1969 年才开始运行，显然更早的计划实现起来是遇到了物理和经济的限制。比如 Memex，相当于是基于微胶片的 Web，即使实现了，信息互联的代价也是极其高昂的。Web 是互联网上的一个应用，它显然不能脱离互联网本身的存在而存在。从 1969 年到 1991 年，这 22 年间为什么没有人发明 Web 或者相似的东西呢？主要原因是需求还不够强烈，也因为底层的支持技术还不成熟。

---

[1] Web 到底是什么时候发明的，各有争议，有的说是 1989 年 3 月 13 日，即第一次项目计划书发布的时间，有的说是 1990 年 11 月 12 日，项目书被接受开始实现的时间，还有的说是 1991 年 8 月 6 日，第一个服务器上线的时间。

这期间发生的相关大事有以下几点：

- 1971 年，电子邮件(Email)、文件传输协议(FTP)
- 1974 年，传输控制协议(TCP)
- 1978 年，网络互联协议(IP)
- 1979 年，UNIX 至 UNIX 复制协议(UUCP)
- 1980 年，Tim 在 CERN 写了 Enqiure 超链接程序，但还只是本地单机程序
- 1984 年，CERN 开始建立自己的 CERNET
- 1984 年，域名系统(DNS)实现(在此基础上才发展出 URI)
- 20 世纪 80 年代中期，ARPANET 逐渐进入民用
- 20 世纪 80 年代晚期，TCP/IP 逐步取代其他协议，成为因特网的共同基础
- 1989 年，边界网关协议(BGP)，因特网的路由成为一个分布式系统
- 1989 年，CERNET 终于通过 TCP/IP 和外部网络接通
- 1989 年，Tim 提出 Web 计划[2]
- 1990 年，ARPANET 停止，被民用的 NSFNET 取代(后者在 1995 年被停止，因特网全面完成民用化)
- 1990 年，Dynatext，标准通用标记语言(SGML)发布工具出现。SGML 影响了 HTML 的发明
- 1990 年，Tim 开始开发 Web
- 1991 年，Gopher 协议在明尼苏达大学被发明和实现出来
- 1991 年，Think Machines 公司开发了 WAIS(Wide Area Information Servers)协议，并在 UNIX 上开源
- 1991 年，Tim 正式对外发布了 Web[3]

也就是说，直到 20 世纪 80 年代晚期互联网才真正成为全球性的通讯平台。在这样的平台上，人们可以自由地发布、链接、浏览信息才会成为一种可能和必需。在这之前，Email、FTP、Usenet 都不需要信息的网状结构，因为它们总是面向一个较小的群体。当互联网变成一个全球性的存在，需要任何人都可以看任何人的信息，需要任何人都可以自由地组织他/她能看到的信息，上面的应用就

都不合适了。于是，几乎同时，Gopher、WAIS 和 Web(HTML, HTTP, URI)被发明出来。事后来看，Tim 几乎在第一时间抓住了这个机遇。

Web 成功的核心因素

Web 是超文本和互联网两大技术融合的结晶。Web 技术的核心是三个协议：

- 统一资源识别器(Uniform Resource Identifier, URI)，解决文档(这个概念被扩展为“资源”)命名和寻址
- 超文本传输协议(Hypertext Transfer Protocol, HTTP)，解决文档的快速传输
- 超文本标记语言(Hypertext Markup Language, HTML)，解决超文本文档的表示

按 Tim 的看法，这三个协议的重要性依次递减。这可能不符合日常 Web 用户的认识，因为 HTML、HTTP 是对用户可见的，而 URI 的重要性却不易察觉。但恰恰是 URI 的设计核心体现了 Tim 的设计指导哲学，即尽可能允许人们自由行事，自由地发布文档和互联文档。这可能是 Web 成功的最核心的原因。

尽可能降低文档发布的代价和文档互联的代价，是建立一个全球性文档系统的关键。Web 是一种可扩展性极好的系统，这里的可扩展性，不仅仅指计算的可扩展性，还包括人在内的整个系统的可扩展性。从数据的产生、资源的互联、知识的建模，到最后信息的消费，都要有人的参与。人的惰性、人的心理、人的经济头脑，都会深刻影响到一个系统能不能走出实验室。在吸取了 NLS、Gopher 和他自己以前在 CERN 这个极度多元化、极度分散的机构里的诸多实践教训之后，Tim 格外注意通过自由建立互联的设计。这可能是技术因素之外，Web 成功的最重要的一个因素。Tim 说：

“目睹了以前一些系统被干掉的事，我认识到问题的关键将是强调允许每个人对自己机器上的组织方式和软件各行其是(Having seen prior systems show down, I knew the key would be to emphasize that it would let each person retain his own organizational style and software on his computer)。”“我们可以建立一个通信的共同基础，同时又允许每个系统保持个性(We can create a common base for communication while allowing each system to maintain its individuality)。”

任何人都可以用自己选择的方式定义 URI 的本地解释；任何人都可以不经过他人（包括发布者）的批准就可以建立对外部资源的链接；没有一种强迫的信息组织方式（反例如 Gopher 要求严格的分类菜单）；任何人都可以使用 Web 技术而无须购买许可证。这种自由才是 Web 成功的关键。相比其他竞争对手，Tim 拥有的资源并不多，但正是这种自由的设计，才让 Web 脱颖而出。

Tim 也开发了世界上最早的浏览器，并在 Web 发展的早期，和全球各地的开发者沟通，让各个平台上的用户都可以通过浏览器访问 Web 上的资源。值得注意的是，Tim 在早期认为浏览器也应该具有编辑能力，让用户可以直接在浏览器里发布网页。这个想法并没有在 Web 的第一个十年流行起来，但在第二个十年，随着社交网络，特别是维基（Wiki）和协作系统的兴起，而得到了实现。

为了保障 Web 的开放性，他于 1994 年创立了万维网联盟（W3C），协调 Web 上各种技术的标准化和推广。W3C 本身就是 Web 开放与自由精神的体现，只用了很少的工作人员就实现了数千名专家的全球性协作。二十多年来，W3C 一直积极推进 Web 技术的发展。

语义网：互联的知识

在 Tim 最早的 Web 构想中，Web 不仅是一个文本文档的互联网络，也是一个知识的互联网络。这个想法到了 1999 年演化为语义网（Semantic Web）。语义网技术影响了之后十多年的全球知识互联的努力，2006 年演化为互联数据（Linked Data），2012 年以后以知识图谱（Knowledge Graph）的名义在工业界被应用。

在 1990 年的项目申请书中[2]，Tim 就把 Web 描述成一些互联的节点（见图 4-2），每个节点代表一些事物，如人、软件、组织、项目、硬件等。节点和节点之间可以有各种类型的链接，如父子、处理、依赖、时间顺序等。信息可以被自由地组织成网络。因为知识就是结构，这种“有类型的链接图”就是语义网及后来知识图谱的原型。

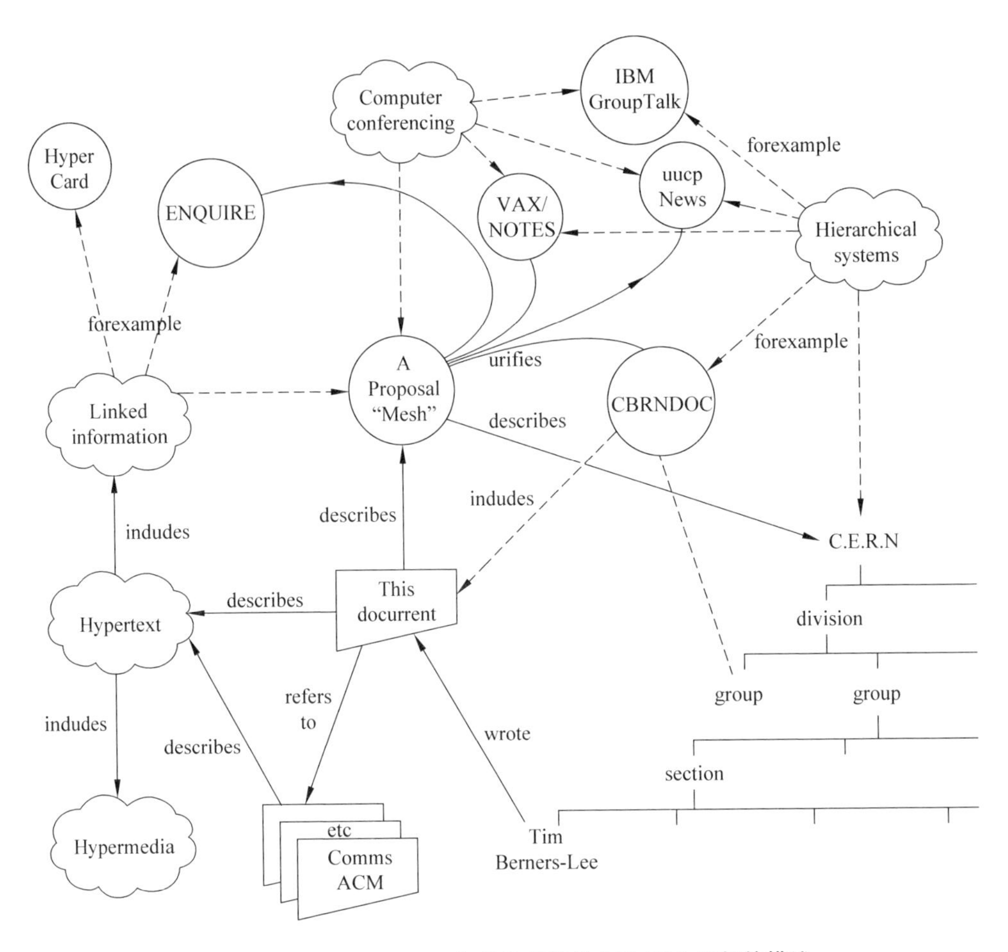

图 4-2 Tim Berners-Lee 在项目申请书中对 Web 思想的描述

(图片来自 Information Management：A Proposal[2])

1998 年，Tim 在 Semantic Web Road map[4] 中系统阐述了他对语义网的构想。其核心思想是通过为网页添加机器可读的元数据，让智能机器能理解网页上的内容，从而实现自动化信息处理。这些元数据可以为人工智能提供不可或缺的数据和知识。在该文中，他提出分层实现的技术栈：(1)基础的数据描述层，以资源描述框架(RDF)为语言；(2)模式(schema)层，允许对数据属性进行描述，如“父类子类关系是可传递的”；(3)转化语言，可以在多个数据源之间做相互翻译和映射；(4)逻辑层，表达数据之间更复杂的关系，例如“父亲是有孩子的男性”，也包括查询语言，提供一个类似 SQL 的语言，把整个 Web 变成一个分布式的数据库；(5)数字签名，提供信任和验证。这个路线图后来演化为著名的“语义网层次蛋糕”(见图 4-3)。

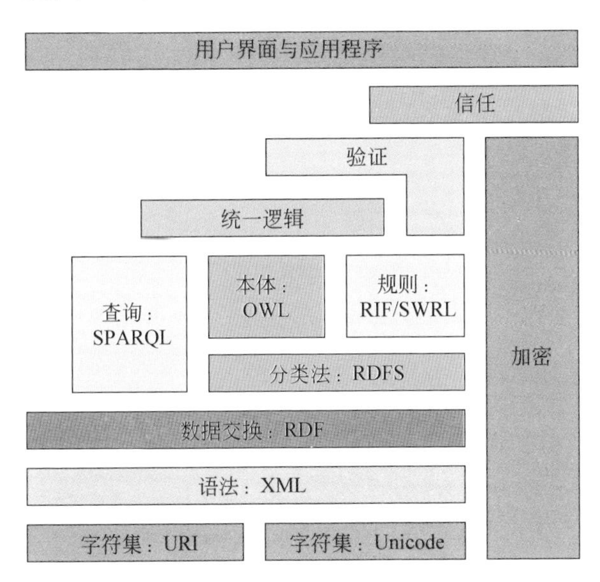

图 4-3　语义网技术堆栈，常被称为“层次蛋糕”

(图片来自 Wikipedia，Semantic Web Stack)

1999 年，Tim 在 *Weaving the Web* 第 13 章中，进一步详细描述了语义网的构想。当机器可以分析 Web 上的所有数据，我们就可以实现“智能代理”，它们能帮助我们进行日常生活中常规任务的对话和执行，诸如订票、预约、简单交易等等。可以自我描述(self-describing)的数据和文档，将增强 Web 应用的演化能力，让数据甚至可以为在发布时未知的应用所用。

2001 年，Tim 和詹姆斯·亨德勒(James Hendler)、奥拉·拉斯莱(Ora Lassila)一起在《科学美国人》杂志发表了经典的论文 *The Semantic Web*[5]，让语义网的概念走向大众。在文中，他描述了一种基于语义网的个人智能代理，非常类似大约十年后出现的个人手机助手(如 Siri)。

从 1998 年开始，Tim 推动了语义网的标准化，并得到欧美政府的资助。随着 RDF 模式语言(RDFS)、本体语言美国版(DAML)、本体语言欧洲版(OIL)、本体语言标准(OWL)、查询语言(SPARQL)、规则语言(RIF)的一一落实，语义网的技术基础模块基本实现。

在执行中，语义网界曾出现了过分看重逻辑而忽视数据的现实可得性、工具的可实用性问题。2006年，Tim提出了“链接数据”(Linked Data)[6]的概念，以推动语义数据的丰富。在随后的几年中，数以百计的RDF数据集被社区开放出来，覆盖了从医学到音乐等生活的方方面面[7]。尤其值得一提的是DBPedia和Freebase数据，在2010年前后对人工智能一些关键项目的突破起到了不可或缺的作用，如IBM Watson和Siri。Freebase后来演化为谷歌知识图谱。到2017年，大多数网页已或多或少包含了语义标签，知识图谱正在快速进入金融、法律、医疗等多个垂直领域。从这个意义上，Tim的语义网的理想已经部分实现了。

在语义网的实践中，Tim极为重视工作的实践可操作性。RDF/XML的语法过于繁复，他就亲自操刀来简化，设计了N3[8]，并最终演化为Turtle[9]，现在已经成为最常用的语法。他和其他人一起开发了语义浏览器Tabulator[10]、推理机cwm[11]、规则语言AIR语言[12]。他一步步引导了十几年来的实践，为语义网成为“有意义”的Web，起到了不可替代的作用。

开放，安全和隐私：互联的社会

近年来，Tim开始把注意力转向更大的课题：在Web进入第三个十年之际，如何保障互联网上的开放、安全、信任、隐私，以使社会得以互联？

在*Three challenges for the Web*一文中[13]，Tim谈到几个问题：大公司控制了个人数据但却建立了不能互联的数据孤岛，数据的集中导致了包括政府在内的组织滥用这些数据，虚假信息和政治广告泛滥，误导网民。

他不仅提出了问题，在过去数年中，Tim也为解决这些问题做了大量的工作。

在数据开放方面，他推动了英国政府和美国政府开放政府数据(Putting Government Data online[14])。目前，已经有数以百万计的各国政府数据被开放出来，涵盖经济的各个领域，并催生了数以百计的创业公司。此举对于世界经济未来可能具有极大的促进作用。

Tim也在推动包括大公司在内的各种组织开放数据。在2009年TED的演讲“未来的万维网”(The Next Web)[15]中,他提出了“Raw data now!”的口号,互联数据才得以释放数据的最大价值。他多次向脸书(Facebook)等社交媒体呼吁数据开放,并积极参与到分布式社交网络(Distributed Social Network)的研究和开发中,如 Crosscloud 和 Solid 系统。更关键的是,Tim 提出了数据是基本人权。

Tim 是网络中立(Net Neurtality)的坚定捍卫者。他认为,平等和自由的信息获取权是基本人权之一,不应该被互联网服务提供商(ISP)或其他组织以商业理由伤害。他也严厉批评了美国新任总统特朗普在此问题上的立场。在 2013 年,他发起了平价互联网联盟(Alliance for Affordable Internet, A4AI),致力于提升发展中国家的网络访问速度,让更多的人获得网络接入。

Tim 发起和参与了很多隐私保护的研究项目。他提出了信息可追责性(Information Accountability)[16]的概念,并在近十年中在法律、社交媒体、数据库等多种系统中实践。Theory and Practice of Accountable Systems (TPAS)项目致力于建立可追责的数据系统,建立了 AIR 策略语言。Transparent Accountable Datamining Initiative (TAMI)项目致力于在数据挖掘中保护隐私、提高透明性。Private Information Retrieval (PIR)则致力于在信息检索中进行隐私保护。

2009 年,Tim 创立了万维网基金会(World Wide Web Foundation),用 Web 来促进人类社会进步,推动开放、自由、互联。

Tim 一直秉持一个理念:“一个群体是否能够发展取决于在人和人之间创造正确的联系”,“如果我们成功,创造性就将在更大的和更多样化的群体中出现。这些高级思维活动,原来只发生在一个人的头脑中,而现在将出现在更大的、更相互联系的人群中。”[17]这个梦想一旦实现,Web 就可以发展为一种“社会机器”(Social Machine)[18, 19],人类提供灵感和创造,而机器提供推理和日常管理。互联的社会,可能会引导我们走向“全球性大脑”。

以人为本的总设计师

Tim Berners-Lee 是一位伟大的思想家。他总是从全人类的角度去思考技术问题。普通的设计师从“用户”的角度思考问题，伟大的设计师从“人”的角度思考，而 Tim 是从“人类”(humanity)的角度去设计。可以毫不夸张地说，Tim 是当今人类神经系统的总设计师。他的哲学思考以“设计问题”(Design Issues)[20]的名义发布并指导着 Web 社区。他的工作，在推动历史的进程。他领先于大多数的工业领袖至少十年在进行布局和推动。他又善于组织和影响，对于学术界和欧美政府的最高层，他都能施加影响，并能一步步地推进和具体实施。

Tim 说过，Web 从来不仅是技术的发明，而更多的是一种社会的创造。无论是 HTTP 还是网页排名(PageRank)，无论是维基还是脸书，人的因素都是主导因素。开放、交流、合作，新一代的 Web 的技术，必然还是要以人的需要、长处、局限、价值为出发点。技术只是一小部分，社会模式的变迁才是最根本的。

在 2012 年伦敦奥运会开幕式上，Tim 打出了“为所有人”(This is for everyone)的口号。允许人自由地以他自己选择的方式发布信息，允许他们自己相互链接，没人需要先请示任何人来添加一个链接，而奇迹会在这互联的过程中产生。一个互联全人类的文档、知识和社会的网络，是人类文明迈向下一步不可缺少的，也是 Tim 毕生的信念和矢志不渝为之奋斗的目标。

花絮： Tim Berners-Lee 的故事

Tim 发明 Web 后写了一篇论文，投到 Hypertext 会议，被拒绝了。一个评审意见说：系统违背了超文本系统当时被视作基础的构建原则。

Web 推广的头两年很艰难。Tim 想尽了一切办法，一年下来每天也只有 10～100 次点击率。1991 年他去超文本大会演示 Web，但会场连互联网都没有。为了演示，他和罗贝尔想办法从德州大学找到了拨号服务器，但是美国的电压无法运行瑞士产的调制解调器，他们商量了一下，拿焊枪直接修改了调制解调器的电路。

Tim 是美国科学院院士、英国皇家学会院士，可很少有人知道，他并没有拿过博士学位。他当年考虑过离开 CERN 进入学术界，可他并没有时间去读一个博士学位。Tim 应该是少有的没有博士学位的院士。当然，后来很多大学授予了他荣誉博士学位。

Tim是英国人，他思考快，语速也非常快，有浓厚英国口音。有一次，有“专利流氓”将Web交互方式申请了专利，Tim不得不去德州一个法院作证，证明早在1993年这种交互方式就已经存在了。法官基本听不懂Tim在说什么。法官说，“你讲的不仅是深奥的技术语言，而且你的英国口音也让我们感到双倍的困难。”不过在证据面前，“专利流氓”还是输了。

作为名人，Tim并没有什么架子，平等待人，处处为他人着想。有一次DIG实验室（分布式信息系统实验室[21]，Tim在MIT的实验室）来了个女本科实习生。Tim路过，问她有没有问题，她说搞不懂Tabulator的代码。Tim就坐下来给她讲代码，仔细找毛病。Tim不懂的问题，也会平等地去请教学生和下属，保持谦虚的态度和不断学习的精神。我曾在Tim Berners-Lee的MIT DIG实验室访问工作（之前也参与了多个RPI和DIG实验室的合作项目，包括TPAS和TAMI；并曾在W3C Web本体语言工作组工作），这期间曾就N3Logic和OWL的语义与Tim有过很多讨论；虽然很多概念就是他本人提出的，但是对他不懂的逻辑和推理的细节，他依然会很虚心地学习。每逢周二，W3C的工作人员会一起聚餐。Tim只要出现，就会自然地成为交谈的中心，因为他的亲合力，也因为他总是能敏锐地抓住问题的核心。大家都愿意和他聊天，向他请教问题。

Tim也是身体力行的实践者，自称为“实用主义”者。他尽管功成名就，还坚持编程，磨砺自己的工程能力。他习惯于从小事出发去推动。2010年语义网陷入低谷，他就在MIT办“企业家学习班”，亲自向各行各业的人讲语义技术如何能商业落地。这个学习班上就孕育了像Locu这样成功的企业（后来被GoDaddy收购）。

在DIG，大家私下都认为Tim得图灵奖只是时间问题，所以私下打趣他说，“Tim，你只要锻炼好身体就可以了。”Tim当时骑自行车上下班，五十多岁的人，身材保持得非常好，精力充沛，有着年轻人的活力。没想到得到图灵奖的预言这么快就实现了。

Web发源于欧洲，成长于美国。1994年，Tim离开瑞士到美国创建W3C，他说“我必须到互联网的引力中心去”。中国现在是全球互联网发展最快的大区。2013年，设立在北京航空航天大学的W3C办事处成为W3C全球四总部之一。作为中国的互联网人，我们或许应从 Tim 的人生哲学和经历中学习，中国会不会、何时会成为互联网的新“引力中心”？如何发扬 Tim 开放、自由的理想，让中国在下一个十年的 Web 发展中发挥更大的作用？■

参考文献

[1] TimBerners-Lee[OL]. https://www.w3.org/People/Berners-Lee/Overview.html.

[2] Berners-Lee T. Information Management: A Proposal[OL]. (1989). https://www.w3.org/History/1989/proposal.html.

[3] http://info.cern.ch/hypertext/WWW/TheProject.htm.

[4] Berners-Lee T. Semantic Web Road map[OL]. (1998-10-14). https://www.w3.org/DesignIssues/Semantic.html.

[5] Berners-Lee T, Hendler J, Lassila O. The Semantic Web[J]. Scientific American, 2001, 284(5):34-43.

[6] Berners-Lee T. Linked Data[OL]. (2009-06-18). https://www.w3.org/DesignIssues/LinkedData.html.

[7] Linked Data-Connect Distributed Data across the Web[OL]. http://linkeddata.org/.

[8] Berners-Lee T. Notation 3 Logic [OL]. (2011-09-27). https://www.w3.org/DesignIssues/Notation3.

[9] Turtle - Terse RDF Triple Language [OL]. (2011-03-28). https://www.w3.org/TeamSubmission/turtle/.

[10] The Tabulator Extension[OL]. (2007). http://dig.csail.mit.edu/2007/tab/.

[11] Cwm[OL]. (2000). https://www.w3.org/2000/10/swap/doc/cwm.

[12] AIR Web Rule Language[OL]. (2009). http://dig.csail.mit.edu/2009/AIR/

[13] Three challenges for the web, according to its inventor[OL]. (2017-03). http://webfoundation.org/2017/03/web-turns-28-letter/.

[14] Putting Government Data online[OL]. https://www.w3.org/DesignIssues/GovData.html.

[15] The Next Web[OL]. (2009-02). https://www.ted.com/talks/tim_berners_lee_on_the_next_web

[16] http://www.w3.org/2004/Talks/w3c10-HowItAllStarted/?toc=true.

[17] Berners-Lee T, Fischetti M. Weaving the Web: The Original Design and Ultimate Destiny of the World Wide Web by its inventor[M]. Britain: Orion Business, 1999.

ISBN 0-7528-2090-7.

[18] Hendler J, Berners-Lee T. From the Semantic Web to social machines: A research challenge for AI on the World Wide Web[J]. Artificial Intelligence, 2010, 174(2): 156-161.

[19] SOCIAM—the theory and practice of Social Machines[OL]. http://sociam.org/.

[20] Design Issues[OL]. https://www.w3.org/DesignIssues/.

[21] Decentralized Information Group(DIG)[OL]. http://dig.csail.mit.edu/. ty. Commun. ACM 51, 6 (June 2008), 82-87. DOI=http://dx.doi.org/10.1145/1349026.1349043

鲍　捷

CCF专业会员，CCCF动态栏目编委。北京文因互联科技有限公司创始人、首席执行官。W3C OWL（Web本体语言）工作组成员。主要研究方向为机器学习、神经网络、自然语言处理、形式推理、语义网和本体工程。baojie@memect.co

图灵奖获得者清华大学姚期智教授

孟小峰　丁治明　韩玉琦

采访编辑整理

关键词：图灵奖　清华大学　交叉信息研究院

姚期智教授，世界著名计算机科学家，2000年图灵奖得主，美国科学院院士，美国科学与艺术学院院士，中国科学院外籍院士，国际密码协会会士，清华大学交叉信息研究院院长，清华学堂计算机科学实验班首席教授，973项目首席科学家，香港中文大学博文讲座教授(见图4-4左)。

图 4-4　孟小峰(右)在采访姚期智教授(左)

姚期智教授1967年毕业于台湾大学，之后赴美国深造，1972年在哈佛大学获得物理学博士学位，1975 年在伊利诺伊大学香槟分校获得计算机博士学位。1975 年至 1986 年期间，姚期智教授先后在麻省理工学院（1975—1976 年）、斯坦福大学（1976—1981 年、1982—1986 年）、加利福尼亚大学伯克利分校（1981—1982 年）等美国高等学府从事教学及研究工作；1986 年姚期智教授出任普林斯顿大学威廉及爱娜麦克里工程及应用科学讲座教授。姚期智教授的研究方向包括计算理论及其在密码学和量子计算中的应用，在三大方面具有突出贡献：(1)创建理论计算机科学的重要次领域：通讯复杂性和伪随机数生成计算理论；(2)奠定现代密码学基础，在基于复杂性的密码学和安全形式化方法方面有根本性贡献；(3)解决线路复杂性、计算几何、数据结构及量子计算等领域的开放性问题并建立全新典范。他是研究网络通信复杂性理论的国际前驱，于 1993 年最先提出量子通信复杂性，基本上完成了量子计算机的理论基础。1995 年姚期智教授提出分布式量子计算模式，后来成为分布式量子算法和量子通信协议安全性的基础。2000 年，因姚期智教授对计算理论，包括伪随机数生成，密码学与通信复杂度的诸多贡献，美国计算机学会（ACM）授予他该年度的图灵奖。他成为图灵奖创立以来首位获奖的亚裔学者，也是迄今为止获此殊荣的唯一华裔计算机科学家。

2004 年至今，姚期智教授加盟清华大学，任全职教授。开办了以培养国际拔尖计算机科学人才为目标的计算机科学实验班（姚班），创建了理论计算机科学研究中心、成立了交叉信息研究院、量子信息中心。特别是交叉信息研究院，强调计算机科学与数学的交叉，强调计算机、信息科学与物理学的交叉。其领导下的研究机构正在从国际视角探索一流学科建设的新理念，致力于建立一支国际化的教师队伍以及优秀的博士生项目，开展了高水平的国际化学术交流，并取得了显著而鼓舞人心的成果。

问：您于 1967 年在台湾大学获得物理学学士学位之后便到美国攻读博士学位，当时是什么原因促使您选择出国留学的道路的？您在美国求学的过程中遇到的困难都有哪些？

姚期智：现在回想起来，在我们那个时候，留学也是刚刚开始。在台湾大约有七八年的历史吧。不过那时出国留学也是很平常的一件事，只要你的功课好就可以。我们去的哈佛大学，是很开放的大学，对留学生没有什么歧视，在那里可以得到比较自由的发挥。在留学期间，由于功课还可以，我几乎没有遇到什么困难，一切还比较顺利。

问：您在哈佛大学的导师格拉肖教授(Sheldon Lee Glashow)是1979年的诺贝尔物理学奖获得者。请问姚教授，在跟随格拉肖教授求学的过程中，这名诺贝尔物理学奖得主给予您最大的帮助是什么？

姚期智：在哈佛大学求学是很幸运的一件事。那里有许多知名的大师，各人有各人的风格。有价值的地方是，除了有许多很好的同学外，我的导师格拉肖教授给了我很大的影响。他对做学问做研究，有很严肃的态度和很轻松的心情。他说对任何事情，都可以有大胆的想法。我从导师身上确实学到了很多。

问：您于1972年在哈佛大学获得了物理学博士学位，但您并没有从事物理学研究而是改变了自己的专业，去伊利诺伊大学香槟分校学习计算机专业，并于1975年获得了计算机博士学位。当年您为什么要改变自己的专业呢？计算机的魅力何在？在重新攻读计算机博士学位的时候，您又遇到了哪些困难呢？

姚期智：我那时学的是理论物理学。当时大家觉得要了解宇宙的基本物理方向，尤其用数学推导出来，都是比较悲观的。我当时感觉物理学研究与我原来想象的有些不同。恰在那个时期计算机刚刚兴起，有很多有意思的问题等着解决。当时计算机也不像现在有专业不专业之分。我恰巧遇上这一学科，我认为这个选择是对的，也很顺利。因为我在哈佛拿到过一个计算机方面的硕士学位，来到伊利诺伊大学，学校当时有一个规定，读博士可以拿过去的硕士课程来冲抵博士课程，所以我去了不久就拿到了计算机博士学位。

问：在计算机领域，很少有像您一样曾经在四个国际顶尖大学任职，加上现在的清华就是五个。您能评价一下这些美国传统名校之间都有哪些差异？国内的高校存在什么差距？

姚期智：美国的这几所一流大学无论在学风、还是在研究方式上的确有很大的差异。简单地说，我觉得麻省理工学院给人的印象是一个非常活跃、看起来很忙碌的地方。那里有很多的访问学者、很多的交流与演讲。在那里，学生之间的竞争也十分激烈，当然是良性的竞争。可以看到，那里的学生对各种事情、不同的研究方向都有浓厚的兴趣。斯坦福大学，由于背靠硅谷，因此它在计算机科学和应用方面有一个传统,就是不论是教师还是学生对于与产业界合作或是自己创业,都有很浓厚的兴趣。加利福尼亚大学伯克利分校的特色是国际化,而且非常明显。那里的国际学生很多,有一多半都是来自世界各地,比如亚裔学生就很多。同时,学校注重学生的发展,教师对学生十分关心,那里有非常浓厚的自由氛围。

相对而言,普林斯顿大学更像是象牙塔的地方,它的规模相对较小,没有更多职业化的学院,如法学院、医学院等,更偏重教学。我刚到那里的时候发现,其他学校鼓励教师在外多争取项目,可以用于补贴薪水,有时还可为此冲抵一些课程教学。而普林斯顿则十分注重教学,不会因为教师拿到的项目多而减少他的教学任务。而且我感觉它本身就不太鼓励教师去申请科研项目,这是一个非常注重教学的传统学校。

国内的大学还需要找寻自己的方向,例如,清华大学在科研方面还处于追赶一流大学的阶段,我想未来,经过十年二十年的努力后,清华会成为一流的研究性大学。

问:您刚才提到像 MIT 这样一流大学中的教授很“忙”,我们知道当下国内大学里的教师也很“忙”,您觉得这两种“忙”的含义相同吗?

姚期智:我觉得完全不一样。国外的忙是为了研究而忙,在计算机这样一个很兴旺的学科内,有很多不同的研究方向,在任何时期都会有很多选择,因此在学校内,交流很多,比如一周有七八个演讲,你需要挑选哪两三个演讲要听。但在像麻省理工学院这种地方,招待来访的人则是比较简朴省时的。相比国内的“忙”呢,我觉得确实很大部分时间花在了为让研究工作有一个好的研究环境方面。由于在这方面投入的精力多了,在做研究上花费的时间就会少了。这需要不断地改进。

问:您于 2000 年获得了计算机领域的最高奖项图灵奖,可否请您分享一下获得图灵奖的感受,以及作图灵奖主题演讲的情况。

姚期智:ACM 在颁发图灵奖时,有一个典礼。ACM 会给获得图灵奖的人安排一个主题演讲。演讲是按照获奖人的学科方向而设,会安排他在这个领域的某个会议上作主题演讲。我是 2001 年在希腊召开的一个计算机科学的会议上作的演讲,主要讲述了我对于在过去 20 年里计算复杂性进展情况的看法。

我想我获得图灵奖的主要成就在于提出了两个理论。一个是 1979 年提出的关于通信复杂性的理论,就是在分布式计算方面需要多少个通信才能达到所要的计算目的;另一个是 1982 年提出的伪随机函数生成,即关于什么是真正好的伪随机数及其生成方法。过去在这方面科学界没有系统的定义,往往把它归为统计学范畴,对于伪随机数的好坏通常采用统计学方法上的测定。我在当时提出了一个非常大胆的想法,就是有没有可能做一个伪随机产生器,不论用什么方法测试,它都能够通过测试。这两个观念之所以重要,现在回想起来,应该是它的产生顺应了潮流。那时有两个最大的潮流——虽然当时并不明显,一个是计算机科学正从单一机器的计算变成了网络的计算,还有一个就是未来可能是网络的世界。在网络世界中电子商业会变得很重要,其中用到的保密和密码学也会变得很重要。因此,我提出的两个理论在这两个潮流中都占有非常基础的地位。所以,我想如果在大的潮流刚开始发展的时候做一些奠基性的工作,那么这些工作将会产生深远的影响。

问:从您的谈话中,我们感到如果把自己的研究同技术发展的趋势联系起来,会产生比较有价值的工作,这对年轻学者选题非常有参考意义。面对年轻的学者,在当今技术变革的时期,从研究的选题上,您有什么建议?

姚期智:我觉得发现一个真正的现在所想得到而将来会变成重要的潮流,基本需要靠自己的眼光。通常,最可能发现潮流的人应该是年轻人。能够看到未来的发展方向,不见得一定是资深的科学家,因为可能他们对自己的研究工作太投入了,一些伟大的思维从开始到成熟,需要持续地做下去,这使得他们不会轻易跳出自己的研究思路。因此年轻人应该依靠自己,凭借自己的天分充分找到自己的研究兴趣。我个人比较欣赏那种自己找寻题目的人,他们可以在工作过程中,请资深的导师给出建议,等他完成论文后,他就会成为完全自主的研究者。

问:有一个比较具体一点的问题。许多年轻学者在发表论文的过程中常常为拒稿困惑。在您的科研过程中,有没有被拒稿的经历?如何面对这一问题?

姚期智:我认为发表论文的目的应该是如何让别人更好地了解自己的工作,所以如果被拒了,那么可以从如何更好地阐述自己的观点和工作方面考虑问题。在我的研究生涯中发表论文还是比较顺利的。年轻学者应该努力去找寻有价值的研究去做。

问：您在美国学习和工作了那么多年后，是什么原因促使您回国来到清华大学工作的呢？

姚期智：之所以回国从事学术工作，在我看来是一件非常自然的事情。原因在于，对于在中国构建几个世界一流的研究型的大学，我觉得能够有机会参加这些工作的意义远比在美国帮助他们维持一流大学的意义更重大。此外，国内的高级人才还比较缺乏，中国年轻的学生非常优秀。如果在大学期间，能够让他们多接触一些资深的学者，为他们提供交流的平台和资源，并且能够对他们未来的发展起到一些作用，那么对我来说这是一件多么值得欣慰的事啊。

问：您回来后首先对人才培养倾注了大量心血，开设了计算机科学实验班，在教学过程中既严格又宽松，鼓励同学和老师之间可以就科研问题随时进行轻松地沟通。请问您设立计算机科学实验班的初衷是什么？

姚期智：清华大学是中国最好的大学之一，但要成为世界一流大学必须做到三件事情：第一，一流的本科生教育，培养出最好的本科毕业生；第二，一流的博士研究生教育，培养出最好的博士毕业生；第三，创造一流的科研环境，吸引世界一流的科学家来学校做研究。第二、三条实现的难度比较大，需要我们不断地努力，需要国家的整个科研水平到达一个很高的境界才可以。但是我们有能力、有条件在3～5年的时间里，在若干大学里可以做到第一条，即实现一流的本科生教育，培养出一流的本科毕业生。

建设一支优秀的教学队伍、制订一个核心的教学课程，课堂上给学生一个发表自己意见、互相交流的机会，给学生设计一些发人深省的作业、研究出一套具有挑战性的试题……做到这些就能达到一流本科生教育的目的。世界上有很多规模很小的大学，甚至是做研究比较差的大学，但他们却有着非常优秀、非常有效、非常著名的本科生教育。所以，我觉得实现第一条是能够立竿见影的，同时也是成效最大的。中(共中央)组部、教育部非常注重人才培养计划，清华大学就是要在各学科做好一流本科生的培养工作，比如清华学堂计算机科学实验班，也正是围绕这个目的在努力。

问：人才培养是很重要的事情，您的努力也许是解决“钱学森之问”的一种途径、一种希望。您知道国内热议的“钱学森之问”吗？

姚期智：哈哈，我当然知道“钱学森之问”。培养人才，让中国成为科学教育的强国是一项非常大的工作。我想，经过国内从上到下的努力，这个理想是可以实现的。通过我们每个人的努力，可以推动社会乃至国家力量的聚集，每个人的小贡献会凝聚成巨大的力量。

问：之前您提出了“中国计算机科学 2020 计划”，引起国内同行极大反响。结合近年在国内工作积累的经验与认识，您认为这对中国建设世界一流大学有何作用？

姚期智：建设一流大学，每个学科要建设成一流的科系，不外乎在若干研究方向建立起一个好的研究团队，比如计算机安全、计算机算法、机器学习等。如果从每个研究方向都能够建设成一流研究团队的话，就可以达到建立一流科系的目的。中国计算机科学 2020 计划，就是要做这样的工作，即怎么样把这些工作具体化。我个人的力量就是要在我熟悉的领域以及相关领域，逐步建设成为这样的团队，以期在 5～10 年做到有相当规模的教师群，在这些领域里能够做出世界众所周知的贡献，培养出一流的博士毕业生、创建一流的科研环境。2020 计划就是要通过我的努力，在能够达到的范围内实现这两个目标。

问：当下国内计算机领域学术评价体系是人们争论的焦点问题。作为本领域知名学者，您认为我们的成果到底应该在期刊上发表还是在会议上发表？有人说，现在好些会议被垃圾文章所充斥，您怎么看这一问题？

姚期智：不同学科会有不同的情况。比如，一般来讲，数学是在期刊上发表文章为主。计算机科学基本上以会议发表文章为主，这是世界的一个潮流。会议可以发表论文、进行交流、参加讨论。

至于说到会议的垃圾文章，确实有好多会议有这样的情况。但好文章还是国际会议的主流，多数计算机科学领域的会议还是相当不错的。

问：最后我们问点轻松的话题。作为一个学者，如果您可以改变您自己的一个缺点或一件事情，希望是什么？

姚期智：一个人长时间犯一种错误是不可能的，大多数人都能够及早发现并改正错误。一般来讲，每个人学习、工作方式是不同的，尤其是做学问的人，他会选择一种最适合自己的方式来学习、工作。比如有人喜欢白天工作，但也有人喜欢晚上工作；有人喜欢从比较难的问题入手进行研究，也有人喜欢从容易的问题入手进行研究。做学问的人都有自己喜好的方式，如果改变这种方式，可能会适得其反。但是一个人的心情、身体对你做学问会有很大的影响。比如说，身体好的话，可以多花点儿时间，用更好的精力来做工作，即便出去玩也可以玩得更好，也可以做点儿别的事情。所以要我改变一件事情的话，那就是“把身体搞好”，应该从年轻时就多做运动。当然现在锻炼也不晚，今后的生活要更加有规律。清华大学有一句口号，叫做“健康工作 50 年”。清华大学一向注重体育锻炼，这的确是一项明智的举措。

问：如果您有足够时间去做一件您从未做过的事情，那将会是什么？

姚期智：如果我还有真正无穷的时间，我会再读几个不同学科的博士学位，如海洋学、考古学、文学等，这些都是我向往的。人类的文化活动很丰富，每一样都有非常吸引人的地方，如果能够深入研究将会体会到一种常人难以企及的快乐。我常常想，人生如果能够多接触、多研究一些不同领域的事情，将是非常快乐的。

问：从这里我们感受到您这样的年纪仍对知识充满渴望，实在令我们敬佩。最后请您对《中国计算机学会通讯》的读者送上您的寄语。

姚期智：计算机科学是 20 世纪最伟大的创造之一，21 世纪将会有更重要的发展。参加“中国计算机学会”是一个非常聪明的选择，祝福中国计算机学会的会员、《中国计算机学会通讯》的读者，能够在未来的职业生涯中发现、创造对国家对社会非常有价值的科学研究，同时也祝福他们个人在科学研究中获得无穷的幸福。■

教育、科学、因果之美*

——访 2011 年度图灵奖得主、加州大学洛杉矶分校居迪亚·珀尔教授

姚鸿勋　孙晓帅　郑　影

哈尔滨工业大学

关键词：图灵奖　人工智能　因果理论

居迪亚·珀尔(Judea Pearl)(见图 4-5)，美国加州大学洛杉矶分校计算机科学系教授、认知系统实验室主任，2011 年度 ACM 图灵奖获得者。居迪亚·珀尔最著名的贡献是将概率方法引入到人工智能领域，研发了贝叶斯网络。然而他荣获图灵奖却不是因为这个，而是因为他的"因果理论和基于结构化模型的反事实推理"。这项研究成果被业界誉为是"对人工智能领域做出的根本性贡献"。

图 4-5　居迪亚·珀尔

居迪亚·珀尔教授是电气电子工程师学会(IEEE)、美国人工智能协会(AAAI)的会士。1960 年，他毕业于以色列理工学院，并获得电气工程学科学士学位；1965 年，获得罗格斯大学(Rutgers)的物理学硕士学位，同年获得了布鲁克林理工学院的电气工程学的博士学位。由于在

* 访谈内容由居迪亚·珀尔教授授权使用，姚鸿勋、孙晓帅、郑影翻译整理。

统计与因果理论、人工智能和感知领域中突出的研究工作和成果，他获得过多个奖项，包括富兰克林研究所计算机与认知科学专业的富兰克林奖章、戴卫·罗美哈特杰出成就奖、2003年ACM和AAAI提名的艾伦·纽厄尔(Allen Newell)奖、2011年英国伦敦经济和政治科学学院的拉卡托斯(Lakatos)奖等。2012年，他获得了以色列理工学院颁发的科学技术领域"哈维"奖(Harvey)，这也是他最引以为自豪的奖项，是他回报母校的最好证明。

居迪亚·珀尔教授的工作改变了人工智能领域的诸多方面，在不确定的条件下为信息处理创造了具有代表性的计算基础，并且提出以概率论算法作为知识获取及表现的有效基础。他的工作超出了基于逻辑理论的人工智能以及基于规则的专家系统范畴，通过发展概率和因果推理理论对人工智能领域做出了根本性的贡献。居迪亚·珀尔是对信息时代有根本性理论推进的杰出科学家之一。

优质教育的深远意义

问：感谢您接受CCCF动态栏目的专访，感谢您愿意和众多的中国学者、年轻朋友一起分享您宝贵的知识、见解和智慧。我们特别希望能听到一个独特的、能展示您不同侧面的故事。请先谈谈您的成长之路，有什么特别之处？

答：我一直觉得我的成长之路没有什么特别之处。但很多人都这么问，尤其是在我获得图灵奖之后，所以我认真地思考了这个问题，我的成长确实有些与众不同，这与我在以色列受到的教育有着重要的关系。那些教育是十分独特的，并对我的人生产生了重要影响。

20世纪中叶，由于某些特殊原因，一些德国海德堡和柏林的"大牛级"教授、学者来到以色列，在高中担任教职。他们学识渊博，一般通晓数个国家的语言，精通地理、历史、数学和自然科学等学科，并有着极强的专业技能和崇高的研究精神。我非常幸运，正好赶上那个时期。我从这些优秀学者的专业技术和知识中获益，并习惯了在科学挑战氛围中成长。

我受教育时期，正值以色列国家建设的全面文化复兴，整个社会向着共同的理想进发。那些落后陈旧的东西都被损毁，所有的事物都要重新创造，国家的未来完全掌握在我们自己手里。很快，这种无畏的创新精神就扩散到了科学教育中。我高中的一位数学老师传授给我们这样的思想：你，可以在数学领域作出原创性贡献；你，也可以发现一种前所未有的勾股定理的证明方法，或者发现牛顿力学中可能被牛顿忽略的新问题。

在大学时期，情况更是如此。我遇到了非常优秀的老师，他们讲解新发现的时候就好像当时他们在现场一样，也使得我们的思想生动鲜明。这是我在美国加州大学洛杉矶分校的教学中没有看到过的。

我读大学时正好赶上国家财政紧缩时期，但值得庆幸的是，以色列的高等教育并没有因此受创。20 世纪 50 年代，以色列的人口增加了两倍，从 60 万增加到 180 万，但是没有一个人挨饿，高等教育经费也没有遭受任何形式的削减。这要归功于国家领导者高明的远见。我就是这种远见卓识的受益人之一，我所取得的一切成就都归功于我所接受的教育以及以色列建国时期那种追求创新和卓越的精神。

我认为从事科学研究应该是一个人不断奋斗、不断揭示大自然奥秘的过程。在美国，我花费了相当多的精力试图把这一观点引入到科学教育中来，然而我的努力远没有成功。我发现教育的惯性比我想象的要严重得多，这主要是由于教职人员不愿意以不同于他们的老师的教学方式去教学。

但从乐观的角度看，计算机领域的科学教育是我们目前所拥有的最灵活可塑的系统，因为它很年轻，与传统领域大不相同。正因为此，改革的希望也是最大的。

从超导体到人工智能

问：我们很想知道，您是如何一步步踏上研究的顶峰的？

答：20 世纪 60 年代，我第一次接触计算机科学，这个领域的发展潜力令我欣喜若狂。所有的一切都是新兴的，你能想象到的每一个物理现象，都有可能被计算机的未来技术实现。比如大家研究真空管甚至晶体管，不断寻找新的物理器件或发现物理现象，并将它们应用到计算机中。

我来到美国之后，先是进入新泽西州普林斯顿大学的 RCA 实验室，负责超导存储设备的研究；还曾在加利福尼亚的 Electronic Memories 进行高级存储系统的研究工作。超导体内可以存储混乱的信息，就像漩涡一样，不需要去梳理他们。研究超导体存储，时常令我兴奋不已。不过，半导体的出现令所有研究存储设备的人们不得不去寻找新的工作。

幸运的是，我得到了南加利福尼亚大学一份存储技术专家的工作。但是，当时存储方面或者说整个计算机领域的存储设备方面都没有任何动静，所有的活动都围绕半导体展开。在这种情形下，我开始从工业界转向学术界。当时相机方面的研究刚刚起步，于是我开始研究其中令我感兴趣的东西；之后开始进行模式识别和计算机视觉方向的研究。最终，我进入了人工智能领域，启发式搜索和概率因果性推理成为我现在的主要研究领域。在这个领域，我对一些问题的独特看法被大家慢慢地认同、接受，但决不是顶峰，既不是别人的顶峰，也不是我自己的顶峰。

概率和因果关系

问：您如何看待您所在研究领域的特点？您又是如何进行研究并最终获得图灵奖等多个奖项的？您可否深入浅出地向读者介绍一下您的成果？

答：在机器原理、自然语言处理、计算机视觉、机器人学、计算生物学、感知科学、统计学、哲学等科学领域存在着一个共同点，就是不确定性。它们都有不确定的数据和噪声，都需要通过滤波来获取想要的信息。这就是我的选择——主攻不确定性方面，也是最有趣味的。

在人工智能研究的早期阶段，专家系统刚刚成形。人们所做的基本上都是首先确定一个决策规则，然后给出不确定性的置信度，最后纳入专家系统。这是将固化和约简了的不确定性规则放进一个神秘的系统，整个过程即使对于编程者而言也是不够清晰的。

在很长一段时间里，我认为概率分析是一个主流的用来处理不确定性的方法。当时我坚信只要用到概率理论，就能够保证有一个直观的结果出现，也极少有矛盾出现。一旦确定概率是可行性的保证，就把概率性应用到计算机中。但我面临着一个棘手的问题，尽管变量非常少，内存和编程需要的开销却增长很快。为了解决这个问题，我开始寻找可行的近似解，以便快速得到解答，减少内存开销。我在寻求近似算法上花费了很长时间。当把一个难题分割成几个子问题时，问题变得清晰而简单，最终把专家系统改造成基于概率的模型。

基于此，我得到一个启发，或许计算机也可以像人类一样有条理地、分布式地处理一个任务。当人眼看到一幅图后，大脑神经元会受到刺激产生响应。事实上，每一个神经元只会被周围的神经元刺激，而事件的响应是异步地、自发地进行。每一个神经元会在被唤醒后自发决定即时响应，这时系统需要接收、传递响应，并找到某种平衡。也就是说，在响应的最终，每一个接收到的信息会被给予正确的置信度。

于是，我开始寻找一个可以异步传递置信度的结构。概率传递、置信度、参数，这些都是为了传递信息而发明出来的。它们都是真实现象的本质部分，可以用因果关系来解释。因此，我的研究方向从概率转向了因果关系。目前机器人技术领域、认知科学领域都需要面对因果关系。如果想让机器人处理不确定的环境，只有当机器人理解了环境中的因果关系才能实现。

因果关系的推理和以往的概率判断结果并不一致。这就好比现在要使用一种新的语言，这种转变对目前大多数科学家来说接受起来是十分困难的。因果关系需要自己的语言，它在从容地等待人们逐渐适应从一种语言到另一种语言的转变。这也可以简单地解释因果概率理论。世界上每件事情都是不确定的，其中包含各种各样的噪音，我们对此作出了估计，但是事实证明估计得并不一定正确，这就是不确定性。

举个形象一点的例子，比如福尔摩斯侦探接到了一个电话，他的邻居说听到了防盗器报警，所以福尔摩斯的助理华生很担心邻居家发生了盗窃事件，然后华生又听到收音机播报附近发生了地震，结果他就不确定防盗器报警是发生了盗窃事件还是因为地震，抑或是由其他事件引起的。

我给学生讲上面的故事，然后要求他们把这个故事编译进计算机，让计算机回答一些适当的问题，比如“收音机播报的地震事件会增加还是降低房间中发生盗窃事件的概率？”计算机通过计算给出的回答是地震事件使房间中发生盗窃事件的概率降低了20%。这就是因果论要给出的结论。当你推导一个结论的可能性时，起作用的可能是其他原因，而非原先的条件概率值的大小。

问：在您发表的论文中，您认为哪一篇最美、最有代表性？哪一篇的影响力最大？

答：如果谈到影响力，当属我在 1986 年发表的论文 *Fusion Propagation and Structuring in Belief Networks*，在这篇论文中诞生了贝叶斯网络、置信转播以及 d 分离等经典方法。后来发表的论文 *Graphical Models and Causal Reasoning* 很有代表性。如果说到"美"和令人振奋的文章，我会选择 1994 年发表的论文 *Probabilistic Calculus of Action*，在写这篇论文的过程中，我难以抑制对符号演算强大力量的崇拜之情，因为它能够将大脑中难以想象的因果推理问题形象地刻画出来。

机器人有自由意志

问：谈谈您对人工智能走向的看法？您现在的研究重点是什么？能否介绍一下您最近工作的新进展和有意思的新发现。

答：如果能够驾驭反事实(counterfactuals)思维，那么我们就可以驾驭回溯和自省思维(retrospective and introspective thinking)，然后给机器人提供"自由意志"。对于机器人学和人机交互而言，这将是一个巨大的发展潜力。因为人们之间的交流是建立在有自由意志存在的前提下的，然后在这个前提下迁移知识，让彼此做一些事情。

相信我们可以拥有具备自由意志的机器人。自由意志实际上是一种幻觉，可以通过反事实来对这种幻觉进行设计。为机器人提供这种幻觉，将会促进人类和机器之间的交流，也将为我们进一步理解人类的认知系统提供更大的帮助。

当提到"机器人能否具备自由意志"这个问题时，可以说任何一台会下象棋的机器都已经具备了自由意志，否则，它就不会走棋。当然，这是用比较浅显的方式来思考一个哲学问题，实际上这个问题比想象的要深刻得多。那么，在什么条件下，我们可以说一个机器人具备了自由意志呢？

这就像是一个迷你的、关于自由意志的图灵测试。当我们谈到人类时，讨论立刻就进入了哲学范畴。因为我们已经具备了自由意志的幻觉，或者说我们已经具备了真正的自由意志。但是当我们谈论机器人时，思路变得很清晰，因为几乎没有人会声称机器人具备自由意志。

那么，我们可以使机器人具备自由意志吗？我认为可以，其解决方案在于让机器人可以明确地表达它的意志。比如，让机器人具备在做一件事情之前先问"为什么要这样做呢？"一旦机器人有了这种能力之后，依据图灵测试，如果我们无法区分它究竟是人还是机器人，那么就可以理解为它和人一样具备自由意志。

我近期的研究重点是探索"遗憾"和"自由意志"的计算收益，即"及时的反向思维"，"考虑过去可用的替代选项"，并且"在未来采取正确行动"的能力。对反事实的计算能够帮助我们探索这些功能，因为它可以使我们基于对世界的假设来预测什么可行，什么不可行。

科学、哲学和宗教

问：*您认为您是个什么样的人呢？有哪些兴趣爱好？*

答：我除了做技术，还研究哲学，涉足新闻。

技术方面，我正在探究那些从因果推理的不断进步中受益的统计学应用领域，而因果推理的成果对于统计学领域内的很多研究者而言都是未知的。举例来说，在元分析和缺失数据这两个早已存在于统计学的研究领域中，我们发现如果将其看作因果问题，就能够取得更大的进步。

在哲学方面，我认为最近的反事实推理思维理论将能很好地解除阻止下一代科学工作者产生问题的障碍。这些问题包括意识形态、意识自由等。我希望有一天能了解为什么我们因一些幻觉受到锤炼而进化，并且我们的幻觉帮助我们创造出巨大的计算能力。

我是一个无神论者，不相信灵魂，不相信管理众生的造物主。但是，作为一个计算机科学家，我理应将人们交流的语言翻译成一个在算法上有意义的语言。

从伦理上讲，人们总想将短暂的满足变成长远的需求，而长远的需求要求整个机体都要有此需求。所以从历史的角度来讲，所有宗教、寓言都有意义，所有的事情都有因果。我们关注人的内心世界，寻求内心的平静和安宁。

"如果你相信给一个新闻工作者投资相当于给数十万读者投资的话，那么你就能看到我们投资新闻业所获得的巨大影响。"这是我们做新闻的动力。

时不再来，听从自己的好奇心

问：对于年轻科研工作者，尤其是统计学习、人工智能领域的新人，请您给些建议或忠告。

答：我想，给年轻人最好的建议就是跟随自己的直觉，听从自己的好奇心，从而了解自己。我相信这也是大多数科学家的动力所在，将自己仿真出来，但是首先要做的就是了解自己。另外，我建议中国的年轻科研工作者应多去学习哲学、历史等课程，这将为他们在和西方的同事们沟通时打开一扇大门。

“人的一生中，最多只有一次机会来重塑某个沉寂了一个世纪后亟须取得突破的领域。千万不要错过它。”■

姚鸿勋

CCF高级会员、原CCCF编委。哈尔滨工业大学教授。主要研究方向为图像处理及模式识别、多媒体信息处理与挖掘、信息内容安全与数字版权保护等。h.yao@hit.edu.cn

孙晓帅

原哈尔滨工业大学博士生。主要研究方向为计算机视觉与人工智能。xiaoshuaisun@hit.edu.cn

郑　影

原哈尔滨工业大学硕士生。主要研究方向为多媒体技术与模式识别。zhengying@hit.edu.cn

自然语言处理的发展趋势
——访卡内基梅隆大学爱德华·霍威教授

周　明

微软亚洲研究院

关键词：自然语言处理　语义处理　深度学习

CCF 自然语言处理和中文计算国际学术会议（NLPCC2014，http://tcci.ccf.org.cn/conference/2014/）于 2014 年 12 月 8～9 日在风景如画的深圳麒麟山庄举行。这个时节，北方已经进入寒冷的冬季，而这里却是风和日丽，草色青青。NLPCC 2014 国际会议是中国在自然语言处理领域组织的级别最高、规模最大的国际学术会议。会议旨在增进自然语言处理和中文计算研究领域科研人员之间的交流、开拓视野、加强合作，促进相关研究领域的发展和深入。来自中国、美国、加拿大、新加坡、中国台湾、中国香港等国家和地区的近 300 位自然语言处理和中文计算研究领域的科研人员参加了本次会议，围绕“自然语言深度理解和知识整合”这一主题进行讨论。大会邀请新加坡国立大学黄伟道教授、美国卡内基梅隆大学爱德华·霍威教授（见图 4-6）、美国伊利诺伊大学厄巴纳-香槟分校刘兵教授作大会特邀报告。此外，来自多个国家的科研人员作了超过 60 个会议报告，全面介绍了相关研究领域的最新进展和未来趋势。在会议之前，作为本次会议的专题讨论会，还进行了为期三天的以“面向网络文本处理的统计学习方法”为主题的中国计算机学会《学科前沿讲习班》，涵盖了实体链接、统计机器学习、情感计算、信息检索、互联网经济和广告学等诸多热门领域。在会议期间，我们专门采访了我们的老朋友爱德华·霍威教授。霍威教授曾经任职于南加州大学,现任职于卡内基梅隆大学语言技术研究所。他是国际著名的自然语言处理学者,国际计算语言学协会(ACL)首批Fellow,曾任ACL 2001年主席。他的研究兴趣很广泛,包括计算语义学、社会媒体文本处理、文本分析、文摘、文本生成、问答系统、篇章和对话处理、机器翻译评价和数字政府等。他在机器翻译、自动文摘、自动问答、文本理解等领域都做出了杰出的贡献。他这次应大会之邀,作了“计算语义学进展:结构分布及其应用”的特邀报告。

图4-6 爱德华·霍威教授

问:请谈谈你对NLPCC 2014的总体印象。

爱德华·霍威:感谢大会的邀请,我很高兴有机会参加本次盛会。论文的质量和会议的出色组织,给我留下了深刻的印象。我自1996年以来,每隔两年或三年就来中国访问一次。我了解到中国的自然语言处理和人工智能领域的研究项目逐年增多,研究领域不断拓宽,许多项目都取得很好的进展。我注意到,本次会议由于在今年开始转变为国际会议,首次采用英语作为工作语言,我感到非常有意义。大家(除了我以外)在房间里讲中文,但是在会场里面,除了一些中文文章专题之外,都在用英文宣读论文!我觉得这样做很好,使得中国的研究人员和学生逐渐可以跟国际接轨。我也注意到论文宣读者表现得训练有素,思路活跃,实验充实,论述井井有条,对国际相关研究有深刻的了解。这使我回想起十年前我来中国访问的时候。那时大家都在努力地学习技术英语,深入研究国际上最新的研究模型和评测活动,努力与世界其他地方的研究水平保持同步。

今天与10年前相比，中国的自然语言研究有了长足的进步。2015年夏天，中国将在北京承办ACL国际会议。我认为这将提供一个很好的机会，使得中外学者可以充分交流和互相学习。中国学生将有机会直接接触国际先进的技术思想，而国外学者也可以亲身了解到中国自然语言处理领域的丰富经验。

问：我知道你几年前从南加州大学转到了卡内基梅隆大学。能否介绍一下你目前在卡内基梅隆大学所从事的研究吗？

爱德华·霍威：几年前我转到了卡内基梅隆大学。该所大学有世界上最大的大学办的NLP研究中心和NLP教育体系，约150名研究生和35名教授，其研究范围几乎涵盖了NLP的各个领域，从语音识别、信息检索、机器翻译，到社会媒体语义分析，差不多应有尽有。另外还设有与NLP相关的学科，譬如机器学习和AI等系所，构建了学科齐全、知识丰富、多样化、引人入胜的教学和科研的氛围。我所在的卡内基梅隆大学语言技术研究所涉猎了NLP各个领域的教育和研究。我个人最感兴趣的是计算语义的研究以及在如下两个研究方向的应用。一个是计算机理解：计算机是在理解一篇整体的文本，而不是对一个个句子进行孤立的理解，这中间需要进行指代消解、实体解析和实体链接等很多工作。第二个研究方向是社会媒体。我的兴趣并不在研究连接网络的拓扑结构，而是研究流经网络的海量的实时化的内容，从而发现人们的性格、角色和专长。

问：你在你的特邀报告里面谈了很多语义的问题。这引出我的这样一个问题：你认为当前自然语言处理领域新的技术趋势是什么？我们遇到的挑战和机遇在哪里呢？

爱德华·霍威：每隔10年左右，NLP领域就会出现一个很大的突破。这些突破向世界展示了我们所能做的事情，但也揭示了我们尚不能做的事情。最近的一次突破是IBM的沃森系统，它是一个自然语言问答系统，它在2011年战胜了两位人类冠军选手，赢得了美国著名电视节目比赛《危险边缘》[1]。在此之前的突破是2005年前后的统计机器翻译走向实用（尽管质量还不理想），再往前的两个主要突破包括20世纪80年代大规模的信息检索/网络搜索和70年代中期

[1] 《危险边缘》是哥伦比亚广播公司益智问答游戏比赛节目。该比赛以问答形式进行，问题涉及历史、文学、艺术、流行文化、科技、体育、地理、文字游戏等领域。根据出题线索，参赛者必须做出回答。与一般问答节目相反，《危险边缘》以答案形式提问、提问形式作答。

的语音识别系统。伴随这些突破的是新技术的出现和研究方法的改良。例如，大约在 2000 年，人们从早期手工编制的基于规则的系统（这种基于规则的系统做硬性决策：要么给出一个正确答案，要么失败）演变到自动化的机器学习（它可给出多答案，每个答案有一个由多个参数加权获得的分数，答案可以根据分数进行排序优选，即使有时候可能没有一个答案是完美的）。这使得 NLP 领域从原来侧重算法理论转到重视试验。因此，研究人员变得更像工程师，而不是理论家了。这是一件好事，大家更加务实，更加注重大系统的构建，不过也可能会多少影响研究的深度。

今天我觉得我们面临的大挑战是怎么才能打破 NLP 系统性能的天花板，现在几乎每个 NLP 应用程序的性能都到了一个限度：IR 的水平大约在 0.45F-得分，这已停滞 10 年之久了。语音识别除了在狭窄的领域（譬如受限领域的对话）外都还不算完美。信息提取停留在 0.80F，通常情况下会比这个数字还低。机器翻译对超过 25 个词的长句子，翻译质量仍然不行，无法体现其语用内涵。为什么这些 NLP 任务的水平停滞不前呢？我认为，目前的系统仍然还只停留在对词汇表层的处理，仅仅使用词串和词串模式。而对语义，无论何种层次的语义，以及跨句子的篇章处理，我们没有做多少。

如果把 NLP 看作是一个符号变换问题，即经过一组连续的"深层"符号层次的变换。每一层体现出一种新的表达能力，每一层都可按照不同的形式泛化和归类，则我们应该从浅层语义出发，然后越来越深层地研究这个泛化问题。这里给一个例子。POS 标记（词性标记）把词按照一种方式归类，譬如名词和动词分开，这样的分类就对分析器非常有效。我们再深入一层，一个句法树的分枝可把词汇按照另外一种方式归类，从而把主语和直接宾语分开。这种分开有利于某些任务，譬如问答系统中的问题分析。另外一种区分是词义标注，譬如"bat"的不同意义（可飞行的动物以及体育器材）标记出来，有助于邻近句子的处理。NLP 已经开始于很浅层的语义，譬如把 human、location 和 organization 区分开来。但是实际上，这些分类是非常细微且不稳定的。你可以认为"library"是一个建筑物，可能有时候又是一个机构。但是我们还没有一个特别好的计算方法进行这种分类，把两者区别开来。此外，系统总是一次处理一个句子，然后再处理下一句。系统处理当前句子的时候一般是跟上一句没有关联，缺乏语片的记忆,而且不能把对每一个句子处理后所得到的知识积累下来。由于缺乏这个能力,系统就是把一个句子解析过 500 万次,再遇到这个句子的时候,速度也不会加快一丝一毫。可是你看看三岁孩子,他们是不停地学习的,越来越聪明,越来越快。因此,我们的系统很弱。如果你碰到一个人,他只会做词汇级别的模式匹配,记不得刚刚说过的话,你会以为他是个白痴吧!可是目前的 NLP 也许就是这样。

现在,确实不好定义语义的层次和类型,以使得这些层次很好地工作。如果有这样的东西,语义的问题就基本解决了。但是希望还在。我后面还会继续谈这个问题。

问:回顾 NLP 的历史,你能总结一下 NLP 的重要事件吗?从历史中我们可以学到什么教训?

爱德华·霍威:我前面已经提到一些 NLP 历史上的重要里程碑。我有两个体会:

- 当有人展示出一种新型的或者一种新层次的表达(expression)的能力,并给出与之相关的算法的时候,NLP 就会出现一个新里程碑。
- 与之伴随的是,会产生一种新的工作/研究模式,人们开始用新方式看待问题。

在所有的 NLP 里程碑中,最大的工作/研究模式的变化发生在人们认识到某些自然语言任务用现有的手写符号变换规则难以成功,因而转向到某种大规模的机器学习方法(通常采用了比较简单的符号体系)的时候。以语音识别为例。语音识别经过傅里叶变换,把连续语音分解成一组短期向量,然后应用各种变换把这个向量序列变换为一个音素序列,然后变换到字母序列,然后到词汇序列。跟以往方法语音识别不同的是,每一个变换都是学习得到的,而且很多用来建模嗓子和口腔气流的模型都不用了。这个新模式需要训练数据和评价驱动的方法来进行参数优化。同样,最初的统计机器翻译方法简单地丢弃所有的词类、句法知识以及转换规则,代之以两个非常简单的符号转换:首先是两种语言之间的词到词的变换,然后是从一个词袋到另一个词袋的变换。这两种变换也是通过训练数据和一个由系统性能评价所驱动的参数优化过程学习到的。这种变换,也同样发生在信息抽取领域以及问答系统的各个处理流程中。

我们可以继承下来的是：当研究语义时，如何采用同样的表达方式，并且进行研究模式的转变？因为我们通过AI所获得的数学逻辑和哲学思路根本不怎么奏效。

问：*我们前面谈了很多技术变革，现在展望一下未来的发展。对NLP来讲，未来会是什么模样？你认为NLP研究将要进入的哪些重要方向？*

爱德华·霍威：最近，分布式语义或深度学习的研究非常重要。虽然其表示：词向量(word vector)和嵌入(embedding)，可能不适合语义，但是也确存在一些特性，在以往的语义表达中是欠缺的。例如，这些表示是连续的。你可以通过改动词向量中的某一个单元使得表示某个主题的词向量向另外一个词向量接近或者远离。这样可以模拟语义的"意义的连续性"。但是，它们也很难处理其他问题。例如，你怎么对一个向量求"反义"？给出了向量"short"或"pretty"，什么向量表示"tall"或"ugly"。如何用否定运算符求反义词的向量？

我认为，我们正开始看到出现一个新的模式：一个基本表式可通过学习得到，例如embedding，其各类组合运算也可以学到，譬如"标注"，"分析"或者隐喻的检测。其方法也与以前不同。传统机器学习方法也许要逐渐远去，而各类神经网络(recurring，recurrent，以及其他类型。类似于"subroutine"，像最近提出的长期短期记忆模型[1])会变得越来越重要。可是，还不能判断一个embedding是一个词、一个概念，还是一个句子，或是一个篇章，并且识别它的成员特性。它也不可能检查一个组合操作符网络并且知道它所正在做的事情，只有运行一下才知道。由于所有模式和方法都在转变，这对从事这个领域的人来讲有点紧张。但是我认为人们会很快开始喜欢用这种方便的方式，通过一系列很小的表示变换来实现每一个自然语言任务，而每一个任务可以通过一个适当规模的、适当形式的网络来训练，而且训练是自动进行的。正如我所说的，所有这些模式转变会使我们失去一些东西，但是也获得了更多东西。

---

[1] LSTM最初是由Sepp Hochreiter和Jurgen Schmidhuber于1997年为改进普通RNN(Recurrent Neural Network)网络在训练中易于出现的梯度消失问题而提出的一种新型神经网络模型。LSTM网络具有和RNN网络类似的宏观结构，但微观上每个神经元都被替换成具有复杂内部结构的记忆单元(cell)。记忆单元依靠内部的输入门、输出门和遗忘门等机制来控制神经元内部的信息存储及其应用的条件。近来，这种模型已被成功地应用于学习自然语言中的长距离依存现象，在句法分析(Vinyals et al.，2015)和机器翻译(Sutskever et al.，2014)任务上取得了满意的效果。

这一模式的转变主要是方法论的转变。我们还要考虑我们所处理的具体任务。NLP可能没有什么核心理论，我们在这个领域基本上是这个问题做完了再换到另外一个问题，没有什么规律，取决于有什么数据，有什么经费，当前是什么潮流。我觉得目前有两个任务：一个是对连接的句子进行深度学习（前述），一个是交互处理（多参与者，多轮NLP处理，篇章级处理，或在社会媒体）比较引人关注。

在长远的未来，我认为我们将不可避免地“往上走”和“往下走”：“往上走”指的是嵌入到人机交互系统（集成NLP功能，譬如检索、机器翻译、QA和文摘）支持与人的交流，“往下走”是指把基本知识加入到知识表达和推理（KR&R）帮助进行推断。

问：现在到处都在谈论大数据。据认为，大数据将是AI成功的一个关键因素。你能就使用大数据服务于AI这个问题，谈谈你的观点吗？

爱德华·霍威：其实，NLP已经在过去的10年里，使用了大数据（虽然也许早期的时候，数据不算“太大”）。例如，在进行统计机器翻译的时候，为了产生二元语言模型，需要大数据强大的处理能力和存储能力。三元语言模型更加如此。我不认为数据加倍会对NLP有多大的影响。我们已经处理了实体消歧和词意消岐等问题。我觉得更多的数据将帮助NLP的一个重要方面是：(1)说的人数较少的语言（祖鲁语言、斯瓦希里语），以及(2)建立大型知识集合，譬如DBpedia，YAGO和NELL。前者面临的主要技术挑战是语言本身的问题（语言的普遍性），后者面对的是哲学问题（如何概念化、如何表达和如何组织知识类）。

问：关于NLP深度学习问题。深度学习在目标识别和语音识别中取得了重大突破，人们期望在NLP得到类似的突破。人们将深度学习应用于统计机器翻译、句法分析器和情感分析并取得了一定进展，但是突破并不像人们预期的那么大。这背后的原因是什么呢？关于NLP的深度学习，你的建议是什么？

爱德华·霍威：我前面已经有所述及。我认为分布式语义/深度学习，或类似的方法，不仅仅对NLP，而且对人类认知都有很大的潜力。请注意，这里不仅仅是指狭义上的深度学习，而是只用一个向量或者张量来代替原来的一个符号这种思想。在对知识的研究中，一直存在着一个概念之间的脱节：逻辑、推理（二者需要一个正式表示系统来表示所讨论的概念）与它们的“意义”和外延，之间存在着脱节。外延多少在系统之外,通过外延模型与系统连接。使用 embeddings 各种类型的分布使得人们可以在计算机内部放入这种外延。表示符号不再通过一个本体或者元数据体系或自然语言来定义(这些东西都是有限的并且需要手工制定的),现在它们被定义为数字的向量或者张量,并经过自动学习,每一个向量和张量从系统中的其他成员那里获得。这是一个只有 NLP 才可以带给知识研究的根本性进步,它开辟了 NLP,KR&R 和认识论之间新的联络。人们已经在最近把语言和图像联系起来的研究中看到了这个拓展了的概念的威力。我觉得也许我们尚不真正知晓这一进展的重要性。

问:在数据挖掘、知识获取技术支持下,知识图谱组织人类的知识,支持搜索、QnA、聊天机器人等任务。许多公司如微软、谷歌、百度、搜狗,都开始了知识图谱的相关研究。我想请你与读者分享一下你的想法,谈谈知识图谱技术的现状、挑战和机遇,它对当前基于统计学习的 NLP 和人工智能的影响。

爱德华·霍威:这类知识图谱,我认为将会变得越来越流行。这是一件好事。在某种意义上正是知识图谱使得语义互联网(semantic Web)成为现实,而不是今天语义互联网研究的样子。在语义互联网的研究中,工作重点局限于有限的几个方面。我觉得其主要原因是语义互联网的研究人员一般都不是 NLP 的专家,也不是 KR&R 的专家。知识图谱的主要挑战不是事实的获取,而是标准化问题、知识分类、内容的组织方式等。要考虑知识的更新,比如美国总统每隔 4 年或者 8 年要换新人,还有世界上国家列表也在变化。更新事实是一个未解的问题,但是如果解决不好将会毁灭知识图谱的研究。这些问题本质上是认识论的问题,更加需要知识表达的专家。

所以我认为现在是一个很好的机会,NLP 和 KR&R 科研人员又开始密切合作,像他们以前在 20 世纪 70 年代那样(其实有一些有名的学者从那时起开始就一直合作,像杰里·霍布斯和詹姆斯·艾伦)。

问:你对年轻学生和研究人员有什么建议吗?他们也许被这么多新的科技趋势搞糊涂了。他们渴望找到有前途的研究和创新的机会。

爱德华·霍威:我总是有建议!太多的建议了!我认为,(1)选择一个有希望的且可以持久的题目,不是一件容易的事情,它需要很多经验;(2)有许多题目现在很流行,但是,我看都比较肤浅,不太可能持续。怎么看清楚这两者的区别?

我认为最好的办法是，你需要考虑你要解决的基本问题是什么，以及你正在进行研究的类型。如果基本的问题主要是方法(譬如“我要怎么做X?”或“做X什么是最好的算法?”)，那么该领域就不深，仅仅是探索把新的方法应用到现有的数据集上，而不去考虑数据的质量和准确性。但如果基本的问题主要是关于概念(譬如，“问题X的结构是什么?”或者思考“表达X的最好的方式是什么?”)，那么对这个领域就可以更深一些，持续时间会更长。一个明显的例子是情感检测，这是目前非常受欢迎的课题，而文本蕴涵就不那么热。对我来说，情感检测是一个相对而言比较简单的问题。它分配一个标签(正、负、混合等)给一个文本片段，并确定在该文本片段内哪个子片段对应于这个标签，就是确定问题的哪个方面。方法大多是匹配词和词的组合，虽然最近的一些工作已使用embeddings用于词的表达，并改进了效果，但是这些文章主要是对原有的匹配/聚类算法做了一些小的改动，没有讨论情感是什么，为什么人们有情感判断，如何解释一个人对情感的判定等问题。实际上，情感(sentiment)是什么，情绪(emotion)是什么，这两者经常混淆。为了加深对这方面的研究，我们应注意到有两个基本原因使得人们觉得什么是正面/可爱的：第一，要么判断的主题是什么可帮助(或阻碍)他们的目标，要么他们已经对不能解释的主题有了很深的情感倾向。例如，你喜欢手表，因为它便宜(与你省钱的目标相匹配)，或者因为你只是喜欢蓝色，这是你喜欢的颜色。为此，许多新的问题出现了。哪些主题落入哪个类，需要哪种解释？对于这些基于目标的主题而言，如何才能发现一个目标？有多少与基本情感有关的目标？这类分析和探讨使得讨论逐渐远离纯粹的算法，逐渐关注概念。进入到问题最困难的部分，从而进行持续而深入的研究。

相比之下，蕴涵问题，它是基于推理的，几乎是未定义的。没有人知道如何解释到底一个好的蕴涵是什么，存在多少种类的蕴涵。可以肯定地说，空间蕴涵，因为靠近或远离别的东西，与社会蕴涵(人们社会上的联系)不一样。同样，与心理学或者时间的蕴涵也不相同。如果不对这些不同点进行研究，并获得相关的事实和语料库，蕴涵的研究注定只会停在狭窄的句法层次，以一个薄弱的方式，匹配有关的词汇和句法变换模式。今天NLP中，似乎没有人对蕴涵探究一些很难的问题，如果真有人这样做，那么我认为我们将看到一些深的，非常有趣的研究，而且将持续相当长的时间。

对学生而言，很难一开始就考虑大的方向。第一，学生没有多少经验，对过去的研究工作所知不多。看起来很简单的问题还没有好好解决，主要是问题太难了，要知道，以前的人们并不笨，要是容易，早就解决了。因此我们必须了解过去，加强读书。因果关系的问题就是这样的，它听起来很容易，“让我标注当一个事件引起另一个事件时”，有可能得到一些一致性弱的标注，但实际上解释因果关系是需要一个非常复杂的模型，研究生通常不能形成思路。第二，学生需要找一份工作，这意味着他需要出论文，你要是写一些不是工程或者技术导向的论文，也很难发表。事实上，我们现在太倾向于技术，虽然可以取得短期商业的成功，但我们的长期知识积累会有问题。

我建议学生寻找有一定深度的问题，寻找新的技术，要用不同于前人的角度看待问题。也要引入新的知识，从而争取对问题的求解带来一定的改进。要有开放精神和创造力，可以体现在技术方面也可以体现在知识方面。例如，你要是做情感检测，你可以选择一个目标，寻找各种问题表达方式，编程实现一个合适的分类器，最后争取发表一篇论文，声言自己开始回答情感分析的“为什么”之类的问题了。

幸运的是，人类的语言是一个非常复杂和开放的领域，它是免费使用的，我们有很多免费的语言数据，我们自己也每天在创造语言数据。我们只是受限于我们自己的创意，而不是别的什么东西。对于一个研究员而言，这确实是一个美妙的机会。■

周　明

CCF 高级会员、杰出演讲者，原 CCCF 动态主编。微软亚洲研究院首席研究员。主要研究方向为自然语言处理、机器翻译、文本挖掘、信息检索等。mingzhou@microsoft.com

与新晋图灵奖得主的虚拟对话

包云岗

中国科学院计算技术研究所　特邀专栏作家

关键词：图灵奖　科研成功之路

日前，ACM公布了2017年度的图灵奖得主。斯坦福大学的约翰·轩尼诗(John Hennessy)教授和加州大学的大卫·帕特森(David Patterson)教授获此殊荣(见图4-7)。他们创建的系统的、量化的方法，能设计出更快、更低功耗的精简指令集(RISC)微处理器。这也是计算机体系结构领域的科学家第五次获得图灵奖。相比于前几位图灵奖得主或是家族显赫[1]，或是出身名门[2]，2017年度的两位图灵奖得主的人生轨迹更似"寒门出贵子"。轩尼诗出生于一个工程师家庭，本科就读于很多人并不了解的维拉诺瓦大学[3]，博士毕业于纽约大学石溪分校；而帕特森则是他家族里的第一位大学生，本硕博均毕业于加州大学洛杉矶分校(UCLA)。

"英雄不问出处"，但为何出生平凡的人能成长为英雄，还是值得一探究竟。

---

[1] 1987年图灵奖得主约翰·科克(John Cocke)父亲是杜克能源公司总裁、杜克大学校董事会成员。

[2] 1963年图灵奖得主莫里斯·威尔克斯(Maurice Wilkes)毕业于剑桥大学，1999年图灵奖得主佛瑞德·布鲁克斯(Fred Brooks)毕业于哈佛大学，2009年图灵奖得主查克·萨克尔(Chuck Thacker)毕业于加州大学伯克利分校。

[3] 维拉诺瓦大学是一所美国地区大学，于2017年首次进入US News的美国全国大学排名前50位。

图 4-7　轩尼诗与帕特森教授

由于我的研究方向也是计算机体系结构，经常拜读轩尼诗与帕特森的文章，多次在现场聆听他们的报告，看过他们的访谈与口述历史，也曾当面与他们交流请教过，因而对他们的成长轨迹略知一二。下面我用蒙太奇手法来进行一场虚拟对话——摘录和拼接出他们以往的报告、采访他们文章中的精彩语录，和大家一起探究科研人生的成功之路。

超前教育

主持人：你们上大学时很多学校还没有计算机专业，怎么会选择这个方向？

轩尼诗：我的父亲是一位工程师，他让我对计算机产生了好感。但让我真正对计算机感兴趣是高中时在一台分时共享的机器上用纸带编程的经历。然后，我和一位好朋友一起参加高中科学项目——设计一台 tic-tac-toe 机器。我们使用了决策树，不是很难。但人们看到这台机器能战胜他们时还是很吃惊……我高中时就会一点 FORTRAN 编程了。但那时大学还没有计算机专业，我就选择了电子工程，但我对计算机的兴趣越来越浓。[1]

帕特森：我是我们家里第一个大学毕业生。那时我们高中开了大学数学预修课，我记得自己上了一门微积分课。我在加州大学洛杉矶分校上本科，选了数学专业。大三时有一门数学课取消了，所以我只能选一门计算机的课来算学分。那时我知道什么是计算机，但其实我并不感兴趣。我想是那门课让我对计算机产生了兴趣。[2]

场外音：高中时代就学习编程、学习微积分，这不正是被很多国人诟病的“超前教育”吗？而从两位图灵奖得主的回答中，我们可以了解到，20世纪60年代的美国高中教育不管是在教学理念上，还是在知识结构上，都相当领先。可见，超前教育正是发现和选拔人才的有效方式。

成家立业

主持人：请两位谈谈你们是怎么认识另一半的？

帕特森：我和太太在12岁认识，16岁开始约会，19岁结婚，21岁生了第一个孩子[7]，我想家庭的点点滴滴是我最骄傲的时刻，这一点毫无疑问。不过，这一路走来并不容易。第一个孩子出生时，我就觉得经济上有些麻烦了，老二出生时，我感到了强烈的经济危机。心想，嗨，我要变成一个真正的男人了，要养家糊口了。[2]

轩尼诗：我赢得太太芳心靠的是努力工作和科学知识。17岁时，我放学后在一家食品杂货店打工当库员，盯上了也在店里打工的17岁收银员女孩。[8]

轩尼诗太太：(我记得)第一次约会是在高三。他拿了tic-tac-toe机器到我家，给我妈妈留下了深刻印象。[8]

场外音：幸福美满的家庭是成功事业的基石——1966年，帕特森(图4-8)与太太结婚，如今已过金婚之年；1974年，轩尼诗和太太在22岁那年举行了婚礼，今年是他们结婚44周年。他们的成功离不开两位太太一生的支持。

图4-8　帕特森教授

最好的学生选择学术界

主持人：你们在博士毕业后为什么会选择留在学术界？

帕特森：我太太起了非常重要的作用。当时我拿到了贝尔实验室和加州大学伯克利分校的聘书。我问太太："我们在学校宿舍住了很久，经济上也很紧张。你是不是想让我去公司工作好先买房？"她问道："如果你现在拒绝伯克利，先去公司，那以后你想改变主意还能再回伯克利吗？"我说："哦，这个不太可能。""那如果你先去伯克利，然后再跳槽到公司呢？""这个还是很容易的。"她说："那好，去伯克利！我们会穷一些，但很骄傲。"[2]

轩尼诗："我从一开始就决定留在学术界，所以只参加了大学的面试。实际上，斯坦福是我面试的第 14 所大学。"[1]

场外音：帕特森在 1976 年加入了加州大学伯克利分校，一待就是 40 年，一直到 2016 年退休。轩尼诗（图 4-9）在 1977 年加入了斯坦福大学，到现在也有 41 年了。他们都很享受在学术界教书育人、与学生们一起开展研究的生活。他们显然是当时最好的一批学生，也都选择了学术界，这种选择背后体现了社会价值观的导向。

图 4-9　轩尼诗教授

好的研究品味

主持人：你们认为什么是好的研究？如今计算机领域的论文越来越多，你们怎么看？

帕特森：现在计算机领域论文发表状况令人担忧。当你看到刚毕业的博士就发表了几十篇论文，给人的感觉就像是大量最小可发表单元（Least Publishable Unit，LPU）的堆积，重数量而轻质量。[3]研究的目标应该是追求影响力，去改变人们开展计算机科学研究与工程设计的方式。论文数量是学术界糟糕的评价指标，我推崇理查德·海明（Richard Hamming）的观点——解决重要的问题[4]——可以用研究项目来评价。当然，应该是完成了多少个项目，而不是启动了多少个项目。[4]

轩尼诗：（其实）在学术界很容易判断（研究价值）：告诉我你最重要的5～6篇论文是什么？我们应该摒弃唯论文数量的观念。一个人真正做成了什么？最终还在于影响力。看他们对工业界产生了什么影响，对其他研究人员产生了什么影响。这才是评价教授们的研究工作时真正应该关心的。[3]

场外音：由此看来，"重数量而轻质量"并不是国内学术界特有的现象，在国际上也同样存在。这引起帕特森与轩尼诗的担忧，因为与他们那个年代的研究氛围相比，今天的学术论文"通货膨胀"现象已经非常严重。表4-1是他们在职业生涯早期的论文发表情况，其中1980—1985年正是他们开展RISC和MIPS处理器研究的黄金时期。轩尼诗在1982年有一个论文发表高峰，这是他加入斯坦福大学6年工作的积累。同年，他启动了MIPS项目，此后三年论文数又回归到每年1～3篇的正常状态。可以看到他们在职业生涯早期平均每年只发表约2篇论文，但这段时期的成果却让他们获得了图灵奖。对比其亲身经历，这也难怪他们会对当前追求论文数量的现状表示担忧。如何培养好的研究品味，值得每一位年轻科研人员思考。

表 4-1　两位图灵奖得主职业生涯早期论文数

时间	轩尼诗	帕特森
1977 年	0	0
1978 年	0	2
1979 年	0	2
1980 年	2	2
1981 年	3	4
1982 年	9	4
1983 年	1	1
1984 年	3	1
1985 年	1	1
合计	19 篇	17 篇
平均	2.1 篇	1.9 篇

与工业界密切联系

主持人：我发现你们都做了很多和工业界有关的项目，轩尼诗教授甚至还亲自创办了 MIPS 公司。请问你们如何看待学术界与工业界之间的关系？

轩尼诗：在斯坦福大学有这样一种信条——和工业界的互动，不管是咨询还是其他角色，都是非常有价值的事。这不仅可以使大学对工业界产生更大的影响力，也可以让教授们对研究有更好的理解与洞察。我想这个信条是千真万确的。你想，其实班上的学生大多数不会留在学术界，即使是研究生，都会去工业界。教授们当然要讲授那些经典的基本原理，但理解甚至经历过如何应用这些原理，则会给教授们带来不可思议的价值。[1]

帕特森：我们是做体系结构的，有产业基础，我觉得这很关键。我们有想法，就能找到地方去试验这些想法。所以不断和工业界互动就很重要，一方面当你觉得有好想法时他们可以来检验你的想法；另一方面，他们会帮你发现研究问题，帮你确定一个问题是否重要。有趣的问题很多，但它们又有多重要呢？所以我总是从与工业界的互动中判定一个问题是否重要。[2]此外与工业界交流对学生也有帮助，应该多给学生机会让他们向工业界专家作报告、介绍海报，多与工业界互动。[4]

场外音：只有更深入地了解企业，研究人员才能获取真正的产业前沿需求，才能做出真正有价值、有影响力的研究工作，才能赢得企业的信任与尊重。近年来，国内的学术界与产业界之间的合作已经打开了局面。假以时日，相信中国必然会涌现出越来越多的高水平研究工作。

好教材成就影响力

主持人：你们合著的《计算机体系结构：量化研究方法》（图4-10）被称为体系结构界的圣经，为什么会想到写书？

轩尼诗：因为做了MIPS后，我一直被迫努力地去思考RISC到底是怎么工作的，它的优势到底是什么。这让我们产生了想写一本书来量化解释计算机体系结构的念头。当然，这也让我做出了一些其他贡献[1]。写出一本好书的影响力令人不可思议，有一次我走过清华大学一个研究实验室的走廊，我太太指着一本书和我说："看，这里有一本你的书。为什么不给这位女孩签个名？"于是我停下来签了名。结果，不到30秒，一下子站出来五六十个学生从他们的书架上拿出书来找我签名。这时你会有一种意识——这本书会让你接触到世界上遥远的人们。[1]

图4-10 轩尼诗和帕特森合著的《计算机体系结构：量化研究方法》一书

帕特森：我们对当时的体系结构教材很不满意，这些书就像是购物手册，这是一个研究项目A，这是一台计算机B。所以，我们觉得应该写本书[2]。（关于）影响力，我想RISC和那本量化方法书确实改变了人们设计计算机的理念。[1]

场外音：其实写一本好教材不容易，并不是所有的教材都有如此影响力。轩尼诗与帕特森亲自从事RISC架构处理器设计的经历，让他们对体系结构有更深入的理解，这才是这本教材成功的关键。

学生是最大的财富

主持人：你们是如何指导学生的？

轩尼诗：我喜欢教书，我喜欢和学生一起做研究，我真的觉得这是我生活中最美好的时刻[1]。在那些出色的研究成果中，我做的贡献和学生们相比是那么的微不足道，他们就好像是一种神奇的放大镜。我想这也正是大学的伟大之处：学生的作用就是放大镜，真的是惊人的放大镜！[1]

帕特森：（加入伯克利）32年后，我进一步明确了如下目标：导师最大的财富是你指导的那些学生，而不是你发表的那些论文。我对导师的建议是，让你的学生有一个好的开始，建立令人兴奋的研究环境，帮助他们培养好的研究品味，起到表率作用，教会他们在公开场合作报告，在他们生活遇到困难时给予帮助。学生才是学术王国中真正的财富。[5]

场外音：轩尼诗培养了十余位博士，已有两位入选美国工程院院士，还有多位ACM Fellow。帕特森在过去40年培养了36位博士❶，有5位已经是ACM Fellow。值得一提的是帕特森有两位中国学生，分别是2010年毕业的现在清华大学任教的徐葳教授与2013年毕业创办了一家创业公司的谭章熹博士。

服务精神

主持人：你们都曾担任过一些行政职务，比如轩尼诗教授担任过系主任、工学院院长、教务长直至校长；帕特森教授担任过系主任、ACM主席等。你们如何看待行政职务？

❶ 帕特森教授的学生列表：https://www2.eecs.berkeley.edu/Pubs/Dissertations/Faculty/patterson.html。

轩尼诗：当我正在考虑工学院院长这个职位时，当时的院长跟我说，“这是一个服务性职务。你是在为教授和学生们服务。”这让我陷入思考。从此，我一直感觉自己在这里就是为了帮助他们成长[8]。工学院有超过200位教授，横跨不同的领域。（当院长期间），我能理解每一位教授正在做什么，我欣赏他们的工作。不需要姓，只根据名字，我就能知道所有的教授。[1]

帕特森：为学校服务，为学术同行服务，对一个人的职业生涯是非常有益的。比如，1990—1993年，我在担任计算机系主任期间设立了一个奖，后来我自己也获得了这个奖；2001—2004年，我担任加州大学伯克利分校的预算委员会成员，为全校教授争取更好的薪酬，相应地我的工资也涨了；2004—2006年，我担任ACM主席，当时美国国防部高级研究计划署（DARPA）削减了研究经费，我希望召集更多同行一起向DARPA写信抗议，但大家都担心DARPA报复，但我还是写了一篇文章发表在*Science*上。结果两年后，我被提名评上了美国科学院院士。我想是那篇文章让更多人知道了我。[6]

场外音：学术生态的发展是建立在服务精神基础上的。一个有趣的现象是国外学者往往将会议程序委员会委员视为一种学术服务，是为学术同行免费做贡献的。因此，当大家收到担任程序委员会委员邀请时，往往会回复“I'm happy to serve（我很乐意服务）”。在国内则普遍把在顶级会议上担任程序委员会委员看作是一种荣誉（包括我自己也曾这样认为），认为拥有了对投稿论文“生杀予夺”的权力。在此提一个建议——年轻学者们不妨主动向自己所在领域的顶级会议的程序委员会主席毛遂自荐，表示愿意为学术社区提供审稿服务。这种观念的转变，将有利于国内学者融入国际学术界。

团队建设

主持人：你们的研究都是由团队一起完成的。为什么采用这种团队模式？对团队建设有什么建议？

轩尼诗：我们发现一个困难是真的要交付和演示（MIPS）技术时，你不得不建设一支能实现完整系统的工程团队。（MIPS）是一个好项目，当你回想起来它真的很不可思议……我们有一个团队，按今天设计芯片的标准是很微不足道的，但每个人的工作都非常勤奋，而且敢于尝试一些有点离谱的事情。我学到的最重要的事情之一就是从一开始就聘用最优秀的人。[1]

帕特森：回顾过去40年，当我在1976年加入加州大学伯克利分校时，还只有“三巨头”：斯坦福大学、麻省理工学院和卡内基梅隆大学。今天，我相信我们已经稍胜一筹，这得益于：(1)我们总在吸引和培养最优秀的年轻人；(2)我们有其他顶尖学校所不具有的、激进的“集团作战”的科研模式；(3)我们做事的出发点是计算机系的利益最大化，而非自己方向或个人利益最大化。[9]

场外音：在团队合作研究方面，加州大学伯克利分校具有更鲜明的特点。帕特森曾列出他在过去40年间与27个同事合作开展了12个研究项目，一共有297位学生参与。这些项目有一半在产业上成功了，但他认为更重要的是培养了大量人才——27位同事中，有11位成为了美国工程院院士；297位学生中有15位成为ACM Fellow。

敢于尝试与乐观心态

主持人：我们的采访快结束了，请你们谈谈人生最大的体会？

轩尼诗：我经常给人们的一条建议是不要胆怯。海伦·凯勒曾说“懦弱者和勇敢者遭遇不幸的概率差不多”，我想这是对的。如果你不愿意尝试风险，就很难成功。所以每年我都鼓励学生去尝试风险，各种各样的风险。[1]

帕特森：如果要说最大的(人生)体会，我想是乐观吧。当然不是盲目的乐观，而是谨慎的乐观。我做过很多只有五六成把握的事情，有的甚至只有四成把握，我总是说“去干吧，让我们先试试看再说”。这种乐观的方式对我很有效。我想如果我稍悲观一点，就不会给伯克利打电话了。当然也有很多事我没有做成，所以我说是谨慎的乐观。[2]

场外音：事实上，这并不是两位图灵奖得主所特有的体会，其实国内年轻科研人员都具备这样的心态，但有时因为各种约束而无法发挥。也许可以创造更能容忍失败的环境，让年轻人能更勇敢地去尝试风险。

结　语

这场虚拟的对话结束了。我们试图从十个角度来探讨轩尼诗与帕特森的科研成功之路。如果把每个角度都当作一个成功因素，那么中国学者在哪些方面已经具备条件？哪些方面还有明显不足？我们尝试把答案总结在表 4-2 中（偏颇之处请读者指正），以此作为努力方向，期望中国早日涌现图灵奖级别的工作。■

表 4-2　中国计算机科研成功要素分析

序号	因　素	差距	努力方向
1	超前教育	★	社会需形成一致的理念
2	家庭幸福	★	传播事业家庭不冲突的观念
3	好学生选择学术界	★★	形成社会价值观导向
4	培养好的研究品味	★★★	改革科研评价机制
5	与工业界密切联系	★★	增加技术转化方式
6	写本好教材	★★★	鼓励一流学者写教材
7	培养好学生	★★	参与挑战性科研项目
8	服务精神	★★	积极融入国际学术界
9	团队建设	★	给团队青年人更多机会
10	勇于尝试/乐观心态	★★	创造更能容忍失败的环境

备注：★越多差距越大。

参考文献

[1] Mashey J. Oral History of John Hennessy. Computer History Museum, Sept. 20, 2007.

[2] Mashey J. Oral History of David Patterson. Computer History Museum, Sept. 13, 2007.

[3] Patterson D. An Interview with Stanford University President John Hennessy. Communications of the ACM, 3016; 59(3):40-45.

[4] Patterson D. How to have a bad career. Talk at Google, Nov. 18, 2015.

[5] Patterson D. Your Students are Your Legacy. Communications of the ACM, 2009, 52(3): 30-33.

[6] Patterson D. How to Build a Bad Research Center. Communications of the ACM, 2014, 57(3): 33-36.

[7] Patterson D. My Last Lecture: How to be a bad professor. Talk at UC Berkeley, May 6, 2016.

[8] Swanson D. Favorite Son. Stanford Alumni, 2000.

[9] Brown A S. John Hennessy: The Godfather of Silicon Valley. THE BENT OF TAU BETA PI, 2016.

[10] Patterson D. Passing the Baton, 2015.

包云岗

CCF 高级会员、CCF 理事、CCCF 编委、CCF 普及工委主任。中科院计算所研究员，先进计算机系统研究中心主任。主要研究方向为计算机系统结构。baoyg@ict.ac.cn

技 术 篇

人工智能的缘起

尼　克

乌镇智库理事长

关键词：达特茅斯会议　人工智能

背　　景

1956年的达特茅斯会议(Dartmouth Conference)被公认为是人工智能的起源。殊不知,1955年在洛杉矶召开的美国西部计算机联合大会(Western Joint Computer Conference)上已经展开了"学习机讨论会"(Session on Learning Machine)。讨论会的参加者中有两个人参加了第二年的达特茅斯会议,他们是奥利弗·赛弗里奇(Oliver Selfridge)和艾伦·纽厄尔(Alan Newell)。赛弗里奇发表了一篇关于模式识别的文章,而纽厄尔则探讨了计算机是否能下棋。他们分别代表两派观点。讨论会的主持人是神经网络的鼻祖之一皮茨(Pitts),他最后总结时说"(一派人)企图模拟神经系统,而纽厄尔则企图模拟心智……但殊途同归"[16]。这预示了随后的几十年人工智能关于"结构与功能"两条路线的斗争。

让我们先了解6位与达特茅斯会议相关的人。首先,会议的召集者麦卡锡(John McCarthy),当时是达特茅斯学院数学系助理教授。两年前的1954年,达特茅斯学院数学系同时有四位教授退休,这对达特茅斯这样的小学校而言是不可承受之痛，刚上任的年轻的系主任克门尼(Kemeny)，两年前才在普林斯顿大学逻辑学家丘奇(Church)门下获得了逻辑学博士学位，于是跑到母校求援。克门尼从母校数学系带来了刚毕业的四位博士前往达特茅斯学院任教，麦卡锡就是其中之一[8,9]。麦卡锡后来发明的LISP语言中最重要的功能eval，实际就是丘奇的lambda(λ)演算，他对逻辑和计算理论一直有强烈的兴趣，后半生致力于用数理逻辑把常识形式化。

会议的另一位有影响力的参加者是明斯基。他也是普林斯顿大学的数学博士，和麦卡锡在读书时就相熟。他的主要研究方向不是逻辑，尽管他后来写过计算理论的书，还培养过好几个计算理论的博士，其中就有图灵奖获得者布鲁姆(Manual Blum)。明斯基的博士论文研究的是神经网络，他在麻省理工学院150周年纪念会议上回忆说，是冯·诺依曼和沃伦·麦卡洛克(Warren McCulloch)启发他研究了神经网络[13]，但后来却和神经网络结下梁子。

赛弗里奇被后人提及不多，其实他也是人工智能学科的先驱。赛弗里奇在麻省理工学院时一直在维纳手下工作，是维纳最喜欢的学生，但是他没有读完博士。维纳《控制论》一书的第一个读者就是赛弗里奇。赛弗里奇是模式识别的奠基人，他写了第一个可工作的人工智能程序。后来他在麻省理工学院参与领导MAC项目，这个项目之后被分化为麻省理工学院计算机科学实验室和人工智能实验室。如今这两个实验室又合并为MIT CSAIL。

信息论创始人克劳德·香农(Claude Shannon)也被麦卡锡邀请参加了达特茅斯会议。香农比其他几位年长10岁左右，当时已是贝尔实验室的资深学者。其实麦卡锡和香农的观点并不一致，平日相处也不睦。香农的硕士和博士论文都是关于如何实现布尔代数方面的，由当时麻省理工学院校长布什(Bush)亲自指导。博士毕业后香农去了普林斯顿高等研究院，曾和爱因斯坦、哥德尔、外尔(Weyl)等共事。战争中，他一直在贝尔实验室做密码学工作，阿兰·图灵(Alan Turing)在1943年曾秘访美国，和同行交流破解德国密码的经验，期间和香农曾有会晤，一起聊过通用图灵机。战后香农去英国还回访过图灵，一起讨论计算机下棋的问题。香农内向，以前从没说过这段往事，直到1982年接受一次采访时才提起。1950年，香农在《科学美国人》发表过一篇关于计算机下棋的文章。

另外两位重量级参与者是纽厄尔和司马贺(Herbert Simon)。纽厄尔是麦卡锡和明斯基的同龄人，硕士也是在普林斯顿大学数学系读的，导师是冯·诺依曼的合作者、博弈论先驱摩根斯顿。纽厄尔硕士毕业后加入著名的智库兰德公司，在兰德开会时认识了赛弗里奇，受其神经网络和模式识别工作的启发开展人工智能研究，但方法论走的却是另一条路。司马贺比他们三个大11岁，当时已是卡内基理工学院（卡内基·梅隆大学的前身）工业管理系的年轻系主任。他在兰德公司学术休假时认识了纽厄尔，随后力邀纽厄尔到卡内基·梅隆大学，并给纽厄尔颁发了博士学位，开始了终身合作。纽厄尔和司马贺代表了人工智能的另一条路线：符号派。他们后来把此哲学思路命名为“物理符号系统假说”。简单地说就是：智能是对符号的操作，最原始的符号对应于物理客体。这个思路和英美的经验主义哲学传统接近。他们共享了1975年的图灵奖，三年后司马贺获得诺贝尔经济学奖。

达特茅斯会议筹备

1953年夏天，麦卡锡、明斯基与香农都在贝尔实验室工作。香农当时的兴趣是图灵机以及是否可以用图灵机作为智能活动的理论基础。麦卡锡建议香农编一本文集，邀请当时做智能研究的专家贡献文章。这本文集直到1956年才以《自动机研究》(*Automata Studies*)为名出版，书名是香农起的，但麦卡锡认为这并没有反映他们的初衷[9]。文集的作者有两类人，一类是逻辑学家（后来都变成计算理论家了），如丘奇的两个优秀的学生马丁·戴维斯和克里尼。明斯基、麦卡锡也都有文章被收录，香农本人贡献了一篇关于只有两个内部状态的通用图灵机的文章，文集还收录了冯·诺依曼的一篇开创容错计算的论文。文集的另一类作者几乎都是维纳的信徒，如阿什比(Ross Ashby)等，以控制论为基础[17]。麦卡锡不喜欢控制论和维纳，但又觉得香农太过于理论，于是想独立门户，只专注于用计算机实现智能。他开始筹划举办一次活动。

1955年夏天，麦卡锡到IBM学术访问时遇见IBM第一代通用机701的主设计师罗切斯特(Nathaniel Rochester)。罗切斯特对神经网络素有兴趣，于是两人决定第二年夏天在达特茅斯学院举办一次活动。他俩说服了香农和当时在哈佛大学做初级研究员(junior fellow)的明斯基一起给洛克菲勒基金会写了一份项目建议书,希望得到资助。

麦卡锡给这个活动起了一个当时看来别出心裁的名字:“人工智能夏季研讨会(Summer Research Project on Artificial Intelligence)。”普遍的误解是“人工智能”这个词是麦卡锡想出来的,其实不是。麦卡锡晚年回忆说,一直有印象“人工智能”这个词最早是从别人那里听来的[8,9]。后来英国数学家菲利普·伍德华德(Woodward)给《新科学家》杂志写信说麦卡锡是听他说的,因为他1956年曾去麻省理工学院交流,见过麦卡锡。但麦卡锡在1955年就开始用“人工智能”了,如今最后一位当事人明斯基也已仙逝,“人工智能”的来源恐怕要成悬案了。

大家最初对“人工智能”这个词并没有达成共识,很多人认为任何事情一加“人工”就变味了。纽厄尔和司马贺一直主张用“复杂信息处理”这个词,以至于他们发明的语言就叫IPL(Information Processing Language)。从某种意义上说,他们是偏功能学派,找到智能的功能不一定非得依靠结构相同或相似。图灵机和递归函数等价,但结构完全不同,所以他们强调“信息处理”。他俩一开始就颇不喜欢“人工智能”这几个字。直到1958年在英国国家物理试验室(NPL)召开的“思维过程机器化”(Mechanisation of Thought Process)会议上[1],有人再提“人工思维”(artificial thinking)的说法,司马贺等人才逐渐接受了人工智能的说法。司马贺晚年还写了《人工科学》(*The Science of the Artificial*)这本书,把“人工”这个词放大了[19]。

达特茅斯会议与人工智能历史

历史研究有两种方法——基于事件的与基于问题的。人和事的陈述属于前者。纽厄尔在1981年为一本颇为有料的文集《信息研究》贡献的一篇文章《人工智能历史的智力问题》就属于后者。纽厄尔的方法挺有意思,把人工智能历史当作斗争史,把历史分为两条路线的斗争,于是历史成了一串对立的议题,如“模拟与数字”“串行与并行”“取代与增强”“语法与语义”“机械论与目的论”“生物学与活力论”“工程与科学”“符号与连续”“逻辑 vs. 心理”等。在每一个议题下有进一步可分的子议题,如在“逻辑与心理”下又有“定理证明与问题求解”等[7,14]。

被提到最多的是“人工智能与控制论”。在谷歌 Ngrams 里显示“Cybernetics”和“Artificial Intelligence”两个词在谷歌图书搜索(Google Books)里出现的词频,可以看出学科的跌宕起伏,如图 5-1 所示。“人工智能”这个词真正被共同体广泛认可是在 10 年后——1965 年伯克利大学的欧陆派哲学家德雷弗斯(Hubert Dreyfus)发表了《炼金术与人工智能》一文之后。这篇文章一开始只是针对纽厄尔和司马贺的工作,几年后演变成了著名的(或者被人工智能学者称为“臭名昭著”的)《计算机不能干什么》一书,把整个人工智能当作批判的靶子[4]。

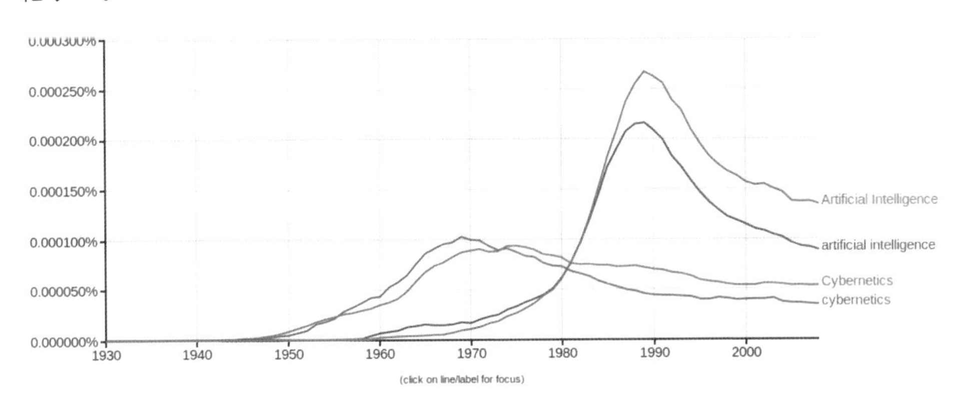

图 5-1 Cybernetics 和 Artificial Intelligence 在谷歌图书搜索中出现的词频

麦卡锡和明斯基向洛克菲勒基金会提交的建议书里罗列了他们计划研究的七个领域:(1)自动计算机,这里的“自动”指的是可编程;(2)编程语言;(3)神经网络;(4)计算规模的理论(theory of size of a calculation),这里指的是计算复杂性,明斯基后来一直认为计算理论是人工智能的一部分;(5)自我改进,这里指机器学习;(6)抽象;(7)随机性和创见性[10]。

麦卡锡的原始预算是 13500 美元,但洛克菲勒基金会只批准了 7500 美元[2,5,10]。麦卡锡预计会有 6 位学术界人士出席,会议应该支付每人 1200 美元的薪水。除了那 6 位学术界人士外,还有 4 人也参加了达特茅斯会议。他们是来自 IBM 的撒缪尔(Arthur Samuel)和伯恩斯坦,一个研究跳棋,另一个研究象棋。达特茅斯学院的教授摩尔(Trenchard More)也参加了会议,而另一位被后人忽视的先知是所罗门诺夫。

和其他人不同,所罗门诺夫在达特茅斯学院待了整整一个暑假。他 1951 年在芝加哥大学取得物理硕士学位后就来到了麻省理工学院。在芝加哥对他影响最大的是哲学家卡尔纳普。有意思的是，神经网络的奠基者之一皮茨也受惠于卡尔纳普。司马贺的回忆录里也讲到他在芝加哥时听卡尔纳普的课受到启蒙才开始了解逻辑学，从而对与智能相关的问题感兴趣。这么说来，人工智能的两大派：逻辑和神经网络都起源于卡尔纳普。卡尔纳普当时的兴趣是归纳推理，这也成为所罗门诺夫毕生的研究方向。所罗门诺夫后来结识了明斯基和麦卡锡，在他们的影响下开始研究逻辑和图灵机。达特茅斯会议时，他受麦卡锡“反向图灵机”和乔姆斯基文法的启发，发明了“归纳推理机”[21]。他的工作后来被苏联数学家柯尔莫格罗夫(Kolmogorov)重新独立发明了一遍，即“柯尔莫格罗夫复杂性”和“算法信息论”(加拿大滑铁卢大学教授李明是这个领域的著名专家，曾有专著)。柯尔莫格罗夫 1968 年开始引用所罗门诺夫的文章，使得后者在苏联的名声比在西方更加响亮。所罗门诺夫的另一个观点“无限点”后来被未来学家库兹维尔改名“奇点”。目前人工智能中广泛用到的贝叶斯推理也可以见到所罗门诺夫的开创性痕迹。

按照麦卡锡和明斯基的说法，上述 10 个人参加了达特茅斯会议，但现在有证据表明也有其他与会者，包括后来一直做神经网络硬件研究的斯坦福大学电机系教授维德罗(Bernard Widrow)。他回忆说他也去了达特茅斯学院并且在那待了一周[22]。给所有人留下深刻印象的是纽厄尔和司马贺的报告，他们公布了一款“逻辑理论家”的程序，可以证明怀特海和罗素《数学原理》中命题逻辑部分的一个很大的子集。司马贺回忆录里说自己学术生涯最重要的两年就是 1955 年和 1956 年。纽厄尔和司马贺的报告后来成为人工智能历史上最重要的文章之一。当时有一段有趣的插曲：这篇文章最早是投给逻辑学最重要的刊物《符号逻辑杂志》的，但被主编克里尼退稿，理由是“把一本过时的逻辑书里的定理重新证明一遍没什么意义”。纽厄尔和司马贺给罗素写信报告这一结果，但罗素不咸不淡地回复说：“我相信演绎逻辑里的所有事，机器都能干。”[18]

值得注意的是“逻辑理论家”对人工智能后来的一个分支“机器定理证明”的影响并不大。哲学家王浩 1958 年夏天在一台 IBM-704 机上，只用 9 分钟就证明了《数学原理》中一阶逻辑的全部定理。当然《数学原理》中罗列的一阶逻辑定理只是一阶逻辑的一个子集。目前，一阶逻辑的机器定理证明比起 50 年代已有长足进展，但仍然没有更高效的办法。毕竟，王浩证明的是一阶逻辑，而“逻辑理论家”只能处理命题逻辑。数学家马丁·戴维斯和哲学家普特南合作沿着王浩的思路进一步提出了戴维斯-普特南证明过程，后来进一步发展为DPLL。王浩在1983年被授予定理证明里程碑大奖，被认为是定理证明的开山鼻祖。司马贺在回忆录里对此表示不满，认为王浩的工作抵消了“逻辑理论家”的原创性，他们的初衷并不是要有效地证明定理，而是研究人的行为[18]。

麦卡锡多年后回忆说：他从纽厄尔和司马贺的IPL中学到了表处理，这成为他后来发明LISP的基础。明斯基后来接受采访时说，他对纽厄尔和司马贺的“逻辑理论家”印象深刻，因为那是第一个可工作的人工智能程序。但事实上，明斯基当时为大会写的总结里对“逻辑理论家”只是轻描淡写。因为他与麦卡锡举办会议旨在创立一门新学科，但纽厄尔和司马贺却抢了他们的风头。

会议之后

达特茅斯会后不久，1956年9月IRE（后来改名为IEEE）在麻省理工学院召开信息论年会，麦卡锡被邀请作一个对一个月前达特茅斯会议的总结报告，这引起司马贺的不满。经过多方协调，最后决定由麦卡锡先作总结报告，然后纽厄尔和司马贺报告他们的“逻辑理论家”，并发表一篇题为*Logic Theory Machine*的文章[9,12,15]。

1956年的IRE信息论年会是个值得纪念的会议，除了纽厄尔和司马贺发表的那篇文章之外，心理学家乔治·米勒（George Miller）发表了*Human Memory and the Storage of Information*，这是著名的*The Magic Number Seven*文章的另一个版本。同时，乔姆斯基发表了《语言描述的三种模型》（*Three Models for the Description of Language*）。该文证明了有限状态句法不能表达某类语言，这是乔姆斯基分层的起源，文中引用了当时尚未出版的不朽名著《句法结构》。乔姆斯基当时刚刚到麻省理工学院现代语言学系（该系后来演变为语言学与哲学系）出任助理教授，并在麻省理工学院电子实验室做机器翻译的研究。

从参与者的角度看，大家认为IRE的信息论年会比达特茅斯会议更重要，影响也更深远。乔治·米勒回忆说，他当时的直觉是实验心理学、理论语言学、认知过程的计算机模拟，都是一个“大家伙”里面的组成部分。这个所谓的“大家伙”就是现在的人工智能加认知科学。

麦卡锡 1958 年离开达特茅斯学院去了麻省理工学院，帮助麻省理工学院创立了 MAC 项目，和明斯基一起领导了 MAC 项目中的人工智能实验室，1962 年他再次跳槽到斯坦福大学。MAC 项目孕育了计算机科学中很多原创的概念。以至于明斯基后来认为 UNIX 系统是落后反动的东西，因为他们丢掉了很多 Multics 中的精华。计算机操作系统里“分时”的概念是由麦卡锡在 MAC 项目中首创的。他回忆说，当时机器太少，但等着上机的学生很多，于是就提出了分时系统概念。按说分时系统的贡献要比麦卡锡后来的人工智能更为彰显，但麦卡锡得图灵奖也不是靠“分时”，这就像爱因斯坦并不是因为相对论获得了诺贝尔奖一样。从这个意义上讲，人工智能有点像哲学——自身衍生出很多问题，而对这些问题的解决又产生出许多子学科；一旦这些子学科独立，就不再喜欢“人工智能”了。

1968 年，参议院多数党领袖曼斯菲尔德对 ARPA（Advanced Research Projects Agency）的资助方向不满，认为国防部的钱不能用于军事目的之外，非军事目的的项目应该由美国国家科学基金会（NSF）负责。于是，ARPA 改名为 DARPA。70 年代初期在海尔梅尔（George Heilmeirer）任期内，他以人工智能不能帮助制造武器打仗为理由，大幅削减了人工智能的经费，转而重金资助了隐形飞机和空间武器技术，使美国在相关领域一直保持领先。由于协调政府和麻省理工学院人工智能实验室的工作头绪繁多，明斯基决定从人工智能实验室退位，让他刚毕业的学生温斯顿（Patrick Winston）接手[12,24]。

尽管明斯基说他不喜事务性工作，但在他的采访和回忆中，触及的话题总是和联邦政府的资助有关[12]。温斯顿后来回忆时说：成功地管理一个实验室要管理好三个圈子，即出资人（主要是政府）、科学上有创建的人、有国计民生价值的项目。温斯顿试图说服几任 ARPA 的领导别把人工智能当作一个几年一次的项目，而是长期而独立的一门学科。ARPA 对人工智能的资助在克罗克（Steve Crocker）在任时才逐步恢复，后来的 ARPA 信息技术办公室的负责人中还有图灵奖获得者苏泽兰（Sutherland），也继续对人工智能进行了投入。另外温斯顿对比了早期 ARPA 和 NSF 的不同，NSF 给钱少，而且都是同行评议制，结果是越有成就的学者得到的资助越多，但很少会有根本性的原创性的贡献。而ARPA早期都是项目负责人制，如果负责人品味好，则有可能支持到好的研究项目，比如ARPA也支持了ARPAnet，后来演变成互联网。这类项目如果通过同行评议是很难实施的。这点非常值得国内科技界借鉴——精英制风格的ARPA更适合做大型开创性项目，有时，能否成功取决于少数的决策者；而以民主制为基础的NSF，历来就是小规模资助的基础研究。

预测未来：会有奇点吗

司马贺在1957年曾预言10年内计算机下棋会击败人。1968年麦卡锡和国际象棋大师列维(David Levy)打赌说，10年内程序下棋会战胜列维，最后赔了列维2000美元。乐观的预言总会给对手留下把柄：德雷弗斯后来每年都拿此事嘲讽人工智能，说计算机下下跳棋还行，下国际象棋连10岁的孩子都比不过。但这种说法在1997年IBM深蓝击败卡斯波罗夫后便不攻自破了。1995年卡斯帕罗夫还在批评计算机下棋缺乏悟性，但1996年他已经开始意识到“深蓝”貌似有悟性了。而两年间“深蓝”的计算能力只不过提高了一倍而已。当时，司马贺和日本计算机科学家宗像俊则(Munakata)合写了一篇解气的文章*AI Lessons*，刊登在《ACM通讯》[20]上。现在两台普通计算机对弈，人类下棋高手都看不懂了，所有棋手现在都用机器做教练。

当然，德雷弗斯们还可以将“计算机仍然不能干什么”，并加上若干“仍然”接着批评。明斯基1968年在库布里克的电影*2001：A Space Odyssey*的新闻发布会上曾大胆预言，30年内机器智能将赶上人类，1989年又预言20年可以解决自然语言处理。然而，现在我们恐怕还不能说机器翻译令人满意。过分乐观的另一个原因，按照明斯基的说法是，一门年轻的学科，一开始都需要一点“过度销售”。但过头了就不免被人当作狗皮膏药或炼金术。

2006年，达特茅斯会议召开50周年，10位当时的与会者有5位仙逝，在世的摩尔、麦卡锡、明斯基、赛弗里奇和所罗门诺夫在达特茅斯学院重新团聚，忆往昔展未来。参加50周年庆祝会之一的霍维茨(Horvitz)现在是微软实验室的一位领导，他和夫人拿出一笔钱捐助了斯坦福大学的一个AI 100的活动，目的是在未来 100 年,每 5 年要由业界精英出一份人工智能进展报告。第一期已于 2015 年底发表。

乔姆斯基晚年边做学问边做斗士。2015 年 3 月,他和物理学家克劳斯对话时被问及“机器会思考吗”,他套用计算机科学家迪杰斯特拉(Dijkstra)的说法反问:“潜艇会游泳吗?”如果机器人可以有意识的性质,那么机器人可以被认为有意识吗?他进一步说“意识”是相对简单的,而“前意识”是困难的。他把人工智能分成工程和科学。人工智能工程,如自动驾驶汽车等,能做出对人类有用的东西;而人工智能科学,乔姆斯基明显不认可。他引用图灵的话——这问题没有意义,不值得讨论。当一帮奇点理论的粉丝带着正面的期望采访乔姆斯基时,他却对人工智能这个被他深刻影响过的学科没太当回事,他认为气候和毁灭性武器是比奇点更紧迫的问题。这算有意回避吧。

明斯基在 2012 年曾接受他的学生、预言家、奇点理论炮制者库兹维尔的采访。他说相信奇点的到来,可能就在我们的有生之年。两位“斯基”在麻省理工学院 150 周年纪念会上,参加同一个研讨小组,但却只打了一下“太极”,并没有针锋相对。倘若他们能在 2016 年达特茅斯会议 60 周年时面对面论剑一番,肯定会很精彩。然而,明斯基已溘然长逝。■

参考文献

[1] Blake, D. V., and A. M. Uttley (eds). Proceedings of the Symposium on Mechanisation of Thought Process. H. M. Stationery Office, 1959.

[2] Boden, Margaret, Mind as Machine: A History of Cognitive Science. Oxford University Press, 2008.

[3] Copeland, Jack, Artificial Intelligence: A Philosophical Introduction, Blackwell, 1994.

[4] Dreyfus, What Computers Can't Do: The Limits of Artificial Intelligence. MIT Press, 1972.

[5] Gardner, Howard. The Mind's New Science: A History of the Cognitive Revolution. Basic Books, 1987.

[6] Lungarella, M., F. Iida, J. Bongard and R. Pfeifer. 50 Years of Artificial Intelligence: Essays Dedicated to the 50th Anniversary of Artificial Intelligence. Springer, 2007.

[7] Machlup, Fritz and U. Mansfield, ed. The Study of Information: Interdisciplinary

Messages. John Wiley, 1983.

[8] McCarthy, John. Science Lives, interview at Simons Foundation. https://www.simonsfoundation.org/science_lives_video/john-mccarthy/, 2005.

[9] McCarthy, John. Oral History Interview with John McCarthy. Charles Babbage Institute. http://conservancy.umn.edu/handle/11299/107476, 1989.

[10] McCarthy, John, M. Minsky, N. Rochester, C. Shannon. A PROPOSAL FOR THE DARTMOUTH SUMMER RESEARCH PROJECT ON ARTIFICIAL INTELLIGENCE. August 31, 1955.

[11] McCorduck, Pamela. Machines Who Think: A Personal Inquiry into the History and Prospects of Artificial Intelligence. Freeman and Company, 1979.

[12] Minsky, Marvin. Oral History Interview with Marvin Minsky. Charles Babbage Institute. http://conservancy.umn.edu/handle/11299/107503, 1989.

[13] MIT. MIT 150 Symposia on Brains, Minds and Machines. http://mit150.mit.edu/symposia/brains-minds-machines, 2011.

[14] Newell. Alan, Intellectual Issues in the History of AI, in the Study of Information ed. Machlup and Mansfield, 1981.

[15] Newell, Alan. Oral History Interview with Alan Newell. Charles Babbage Institute. http://conservancy.umn.edu/handle/11299/107544, 1991.

[16] Nilsson, Nils J.. The Quest for Artificial Intelligence: A History of Ideas and Achievements. Cambridge University Press, 2010.

[17] Shannon, Clause and John McCarthy. Automata Studies. Princeton University Press, 1956.

[18] Simon, Herbert. Models of My Life. MIT Press, 1996.

[19] Simon, Herbert. The Sciences of Artificial, 3rd Edition. MIT Press, 1996.

[20] Simon, Herbert and Toshinori Munakata. AI Lessons. Communication of ACM, August, 1997.

[21] Solomonoff, Ray. The Discovery of Algorithmic Probability. Journal of Computer and System Sciences, vol 55, pp73-88, 1997.

[22] Widrow, Bernard. Oral History of Bernard Widrow. http://archive.computerhistory.org/resources/access/text/2014/01/102746758-05-01-acc.pdf. Computer History Museum, Mountain View. California, 2013.

[23] Wiener, Nobert. I Am a Mathematician. MIT Press, 1964.

[24] Winston, Patrick. Oral history interview with Patrick H. Winston, Charles Babbage Institute. http://conservancy.umn.edu/handle/11299/107719, 1990.

尼 克

国家千人计划专家。图灵基金合伙人。早年曾任职于哈佛大学和惠普公司，后连环创业。乌镇智库理事长。中文著作包括《UNIX 内核剖析》和《哲学评书》等。nickz007@outlook.com

对于 AI，我们应该期待什么

李　航

字节跳动科技公司　特邀专栏作家

关键词：人工智能　机器学习

这是一个激动人心的时代，也是一个令人失望的时代；这是一个让人对未来心生向往的时代，也是一个令人对未来心存忧虑的时代；这是一个让人明晰贯通的时代，也是一个使人疑惑误解的时代；这是一个催人奋发上进的时代，也是一个促人浮躁迷茫的时代[1]。如果狄更斯在世的话，他也许会这样描述当今人工智能（Artificial Intelligence，AI）所处的状况。

对于人工智能，在可预见的及更遥远的未来，我们应该期待什么？这个问题对做人工智能的和用人工智能的都是一个很重要的问题。本文对此论述自己的浅知拙见，以激发大家的思考。

我们应该对人工智能期待什么

强人工智能与弱人工智能

人工智能分强人工智能和弱人工智能。简单地说，强人工智能的目标是在

---

[1] 模仿狄更斯《双城记》的开篇。

计算机上完全实现人类智能，甚至超出人类智能；弱人工智能是部分实现人类智能，使计算机成为人类的智能工具❶。

强人工智能是否能够实现尚不清楚，至少从情感、创造力和自由意志几个方面看，在现代计算机上实现强人工智能是非常困难的。

表 5-1 从几个角度对人脑和计算机进行了比较。可以看出，现代计算机和人脑在规模上已经相当，人脑大概有 1000 亿个神经元，1000 万亿个突触；一个典型的计算机大概有 100 亿个晶体管。两者的架构却截然不同，人脑的架构是紧密连接型，计算机的却是稀疏连接型。处理速度上，计算机有很大优势，基本是人脑处理速度的 100 万倍。但是，人脑进行的是并行处理，计算机进行的是顺序处理，所以在处理某些问题上人脑的效率更高。人脑和计算机在能力上有很大差别，计算机的处理都是基于数学模型的，而人脑做的感知、认知处理很多都很难用数学模型，至少现在很难用数学模型刻画。

表 5-1　人脑与计算机的比较（Rao & Fairhall 2015）

类别	人　　脑	计　算　机
系统架构	10^{11} 个神经元，10^{15} 个突触，稠密连接	10^{10} 晶体管，稀疏连接
处理速度	$100\mu s$	100ps (10GHz)
计算模式	并行计算	顺序计算
能力	可处理数学上无法严格定义的问题	处理数学上严格定义的问题

为什么在现代计算机上实现情感、创造力以及自由意志这些人类智能的基本能力还极具困难？

喜怒哀乐是人的基本情感。现代科学认为，情感主要是在人的大脑边缘系统（下意识）产生，在人的智能活动中起着重要作用。比如最典型的情感——恐惧，当人感受到危险时，边缘系统中的杏仁核瞬间产生化学物质，促使身体进入紧张状态，心跳加快，呼吸加速，开始攻击或防御行动，同时信息传到大脑皮质（意识），这时人才意识到发生了什么。有人或许会问：如果一个人没有情感的话，他的判断是不是都是理性的？结论是否定的。有一些病人，不幸因大脑受伤

❶ 其实智能是什么并没有严格的定义，包括强人工智能、弱人工智能。本文为了叙述方便使用这两个概念。相关论述可参见文献[1]。

丧失了情感功能，后来观察发现，离开了情感他们在日常生活中很难做出理性的判断。神经科学的权威达马西奥（Antonio Damasio）在他的名著《笛卡儿的错误》一书中，详细介绍了这些病例，论述了情感对理性及智能的重要作用[2]。可以看出，情感涉及化学现象，能否在电子计算机上实现是个很大的疑问。

人拥有创造力。创造力的主要特点是把看似不相关联的东西联系在一起。著名的认知科学家雷科夫（George Lakoff）等做了大量研究，他们在名著《我们赖以生存的比喻》中指出，比喻是语言的一个重要特性，比喻的使用是人类创造力的体现[3]。比如我们说“在微信里面潜水”就是一个比喻，这个比喻把两个看似不相关联的事物——潜水和（在微信里面）沉默联系起来。人们第一次发明这个说法，或者第一次理解这个说法时，都会思考这两个概念联系在一起的意思。让计算机拥有这种创造力意味着进行某种全局的相似度计算，尚不清楚如何实现。

人的另外一个重要特点是拥有自由意志，即意识能够支配自己的行为。人脑信息处理的大部分，有人说高达98%，都是在下意识进行。人工智能创始人之一明斯基（Marvin Minsky）在《心智社会》一书里提出了人脑是由许多智能体构成的社会的想法[4]，也就是说，下意识可以被看作许多智能体组成的社会，它们各自独立的且协调的作用构成了下意识。最新研究发现，下意识对意识的决定，对人的智能起着重要作用。具体地，人在做判断的时候，下意识有时超前于上意识提前做出反应，比如，有大量实验结果显示，意识做出举手的决定时，这个决定在500毫秒之前下意识已经做出。这好像在一个组织里表面上决策是领导做的，其实在那之前部下已经提出建议。自由意志仍是一个热门的研究课题[5]，可以推断实现这样的功能需要全新的计算机架构。

机器学习的优势与局限

假设有一个（弱）人工智能系统，能够智能地完成某种任务，它应该具有以下功能：从外界环境得到输入，识别其特点，理解其内容，在此基础上进行推理，最后做出决策，对外界环境实施操作。对应人的识别、理解、推理、决策能力，第一部分被称为感知、后三部分被称为认知，如图5-2所示。

现在人工智能主要依赖于机器学习，特别是监督学习，比如分类、回归。机

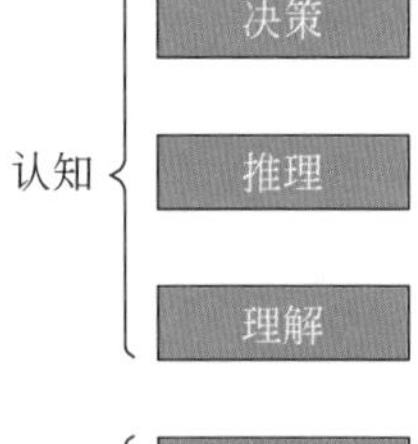

图 5-2　人工智能系统的信息处理

器学习可以基于数据，帮助智能系统做出各种各样的判断，可能对应于感知的处理，也可能对应于认知的处理，比如识别一张照片里面是不是有人脸，或者判断在下围棋时该走哪一步。近年深度学习有了突飞猛进的发展，成为机器学习中最强大的一个分支。机器学习本身并不具备推理能力，机器学习与推理的结合，会使系统的智能水平提升到更高的高度，是未来人工智能技术发展的大方向。

机器学习既有优势，也有局限。

机器学习的优势是，数据驱动，在特定场景下做出的判断，可以逼近甚至超过人类。这一点在汽车自动驾驶，在计算机围棋系统 AlphaGo 中已经得到充分体现。AlphaGo 系统有两个模型被循环使用，在不同的棋局中帮助系统做出判断。这样一个简单的架构就能完成非常智能的工作。

机器学习也有若干局限。第一个局限是严重依赖于数据，如果训练数据的质量不够好，就可能导致系统学到不全面或不正确的模型。极端情况，如果完全没有数据，那么机器学习也面临“巧妇难为无米之炊”的困境。比如人脸检测，如果给出的训练数据不充分，系统就很难检测出在各种情况下照片中的人脸，人在墙后露出半张脸或者把脸捂上的时候，系统就无法检测。如果想让系统能够覆盖这些情况，就要给系统提供充分的训练数据。数据驱动是机器学习的重要特点，换句话说也是它的局限。

机器学习的第二个局限是依赖于学习模型的类型[1]。构建机器学习系统时，需要事先决定模型的类型，或者说定义模型的可能集合，比如做分类时，需要

[1] 机器学习有模型、策略、算法三要素。从应用的角度，模型是最重要的。算法是机器学习研究的主要对象。

决定要学习的模型是线性模型还是非线性模型。如果问题是非线性问题，而选择的是线性模型，那么分类的效果就不会好。模型类型的选择左右了机器学习系统的性能。深度学习的本质是复杂模型的学习，近年深度学习的突破主要源于大数据的普及以及计算机能力的提升，这些使得复杂神经网络学习成为可能❶。

不能执行不特定多种任务，这是机器学习的第三个局限。可以把智能系统做一简单分类(图 5-3)，首先看环境是否动态变化，如果环境不是动态变化的，这样的智能系统可能就是工业机器人。如果环境动态变化，其次看智能系统是否需要执行不特定多种任务，也就是说要做的事情是否已经事先定义好，只能执行特定多种任务就是汽车自动驾驶的情况，比如“直行、刹车、换道”。如果任务是不特定多种，那么基于机器学习的智能系统就难于应对。假想有一个建筑机器人，这个机器人可以搬砖、摆砖，但是它可能不会清理倒掉的砖墙。如果没有设计让机器人完成的任务，机器人就不会像人一样自主地去做。构建一个能够像建筑工人一样去工作的机器人，还是极其困难的。智能系统和任何一个工程系统一样，都只能在设计范围内工作。

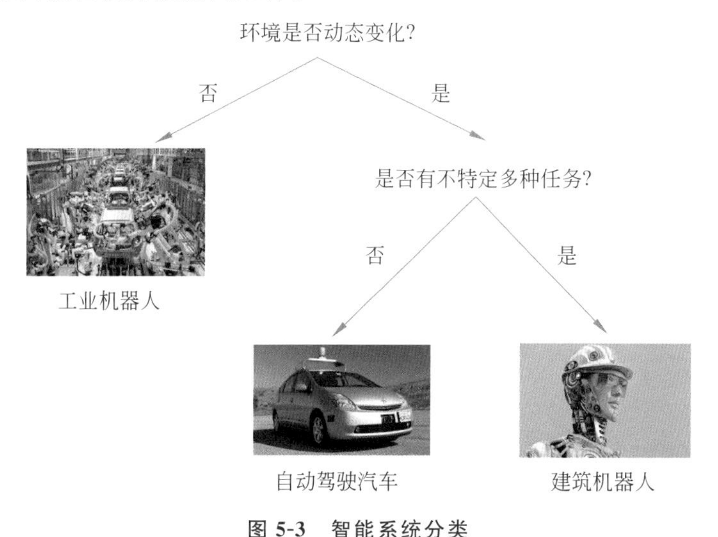

图 5-3 智能系统分类

❶ 这也是深度学习之父辛顿(Geoffrey Hinton)的观点。

人工智能的发展机遇

目前(弱)人工智能主要基于机器学习和大数据。也就是说,现在的人工智能只有机器学习这一“招”,还没有和推理等结合起来。但是,就是这一基本技术已经能把人工智能做得非常强大,我们已看到很多成功案例。阿基米德曾经说过,“给我一个支点和杠杆,我能把地球撬起来。”对于人工智能研究人员来说,给我们机器学习和无穷多的数据,应该也能实现人工智能。

几乎所有人工智能系统都遵循这样一个规律,我们称之为“人工智能闭环”,是由系统、用户、数据、算法构成的闭环(图 5-4)。先有系统,之后有用户,然后产生大量数据,机器学习算法基于数据构建模型,提高系统的性能,系统性能提高后又能更好地服务于用户,形成一个闭环,不断迭代,系统变得越来越智能。现在这个闭环还多半需要人的参与,如果智能系统能够自己在这个闭环中迭代,那么智能的水平又会上一个台阶。

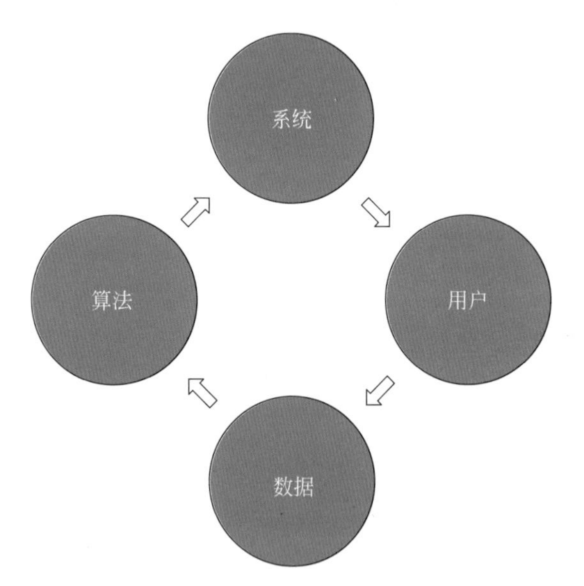

图 5-4　人工智能闭环

所以,如果要用现在的技术构建人工智能系统,需要做的就是快速建立人工智能闭环。而人工智能的研究,焦点也是如何开发强大的机器学习算法,支撑这个闭环。如果未来机器学习能与推理、知识等结合，人工智能的闭环将会发挥更大的威力。

人工智能将改变所有行业

人工智能将改变包括金融、医疗、通信、教育、交通、能源在内的所有行业，基于人工智能技术的升级是未来各个产业发展的必然趋势。诺亚方舟实验室正在针对华为的主要产品在通信、手机、云计算等方面做人工智能技术的开发，目标是让这些产品更加智能化，更好地为用户服务。以下以通信行业为例，介绍人工智能可能带来的巨大变化。

未来通信网络

未来的通信网络将变得更加自动化和智能化。通信网络通常有两大任务：网络控制、网络管理和维护。网络控制方面，基于人工智能技术，可以让网络的使用效率得到更高的提升；可以让网络的资源得到更有效的利用。网络管理和维护方面，基于人工智能技术，可以做出更加合理的网络设计、设备部署；可以更加准确地监控网络的状况，预测网络可能发生的问题；一旦网络发生故障，能够帮助工程师及时排除故障。

智能流量控制系统 NetworkMind

软件定义网络（Software Defined Network，SDN）被认为是通信网络未来发展的方向，其基本思想是将通信网络中的硬件和软件解耦，更好地进行网络控制，但是如何实现网络的控制逻辑仍是一个未解问题。

诺亚方舟实验室开发了 NetworkMind 系统，目标是通过人工智能技术实现软件定义网络的网络流量控制。部署在软件定义网络中的 NetworkMind，可以自动观察网络流量状况，预测网络流量变化，在其基础上做出数据流的路由决策。系统全部基于机器学习，特别是控制的部分基于深度强化学习。NetworkMind 被首先应用于数据中心的软件定义网络。数据中心有许多服务器，由软件定义网络连接，用户在上面执行不同的分布式处理任务，网络流量动态地发生变化，NetworkMind 能够根据网络的状况自动做出路由决策，使网络的传送效率大幅提升，完成任务的平均时间比业界已有方法缩短了 50%。

NetworkMind 中的深度强化学习模型如图 5-5 所示，“动作”表示所有可能的路径，“状态”表示各个链路的容量、使用的状况，“奖赏”表示完成任务的时间，Q 函数由深度网络实现。

学习模型

- **动作 a: 所有可能路径**
- **状态 s: 由连接容量、连接使用量等特征描述**
- **奖赏 r: 任务完成时间**
- **学习规则**

$$Q_{t+1}(s_t,a_t)\leftarrow Q_t(s_t,a_t)+$$
$$\lambda_t\cdot(r_{t+1}+\gamma\cdot\max_{a\in A}Q_t(s_{t+1},a)-Q_t(s_t,a_t))$$

- **深度网络表示 Q 函数**

$$\tilde{Q}(s_t,a_t,w)$$

图 5-5　NetworkMind 系统

智能故障诊断系统

智能故障诊断系统可以帮助网络维护工程师迅速地排除网络故障。华为有两万名工程师每天 24 小时维护全球 1/3 的通信网络，一旦网络发生故障，工程师需要在很短的时间里排除故障。如何帮助工程师提高工作效率是一个非常重要的问题。华为有所有网络故障的历史记录，有工程师用中文或者英文整理出来的网络维护知识，我们的诊断系统可以从已有的数据里自动构建通信领域知识图谱，同时构建在知识图谱上进行概率推理的机制。整个系统以自动问答的形式呈现，工程师通过自然语言描述遇到的问题，系统用自然语言问答，帮助工程师找出故障的根本原因，以及给出排除故障的方案。

智能故障诊断系统使用了卷积匹配模型(见图 5-6)，诺亚方舟实验室提出的这个深度学习模型是自动问答领域具有代表性的工作[6]。在自动问答中，针对给定的问句、答句，通过二维的卷积神经网络抽取问句和回答的特征，以及问句和答句相互关联的特征，然后对这些特征进行筛选，最后做出问句和答句关联度

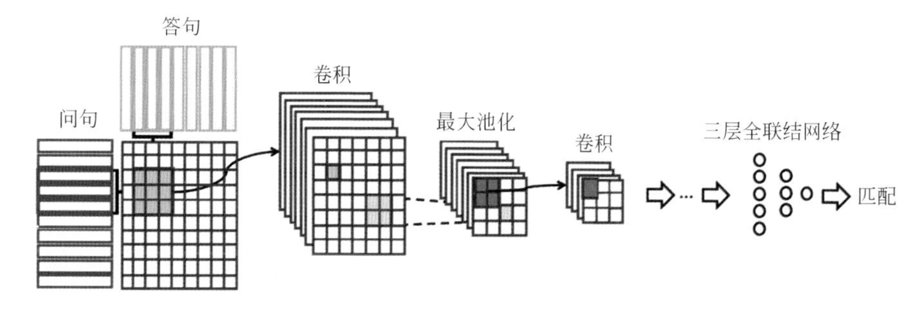

图 5-6　卷积匹配模型

的判断。使用训练数据学习这个模型，帮助系统做出准确的回答。目前系统的回答准确率在 70%左右。我们还在不断改进这个系统，希望今后能够更好地服务于工程师。

结　　语

机器学习权威乔丹(Michael Jordan)教授在 IJCAI 2016 的报告中表达了他对当前人工智能发展的担忧，"人工智能将何去何从？(当前)有太多的混乱，不区分什么是已经实现的，什么是能够实现的，什么是可能实现的。有太多的混乱，不区分什么是科学，什么是科学幻想。"对于人工智能的未来发展，我们应该抱有正确的期待，这一点是至关重要的。

笔者认为，人工智能将给我们带来非常美好的前景。人工智能是强大的，但是，对其期待也不能过高。在现在的计算机上实现"强人工智能"还是非常困难的。在可预见的未来，人工智能还主要靠机器学习，也有可能会与推理等结合起来，但能够实现的还是"弱人工智能"。虽然如此，机器学习在特定场景下的判断已经能够逼近或超过人类。在大数据时代，基于机器学习的人工智能闭环能使系统变得越来越智能。人工智能技术会改变所有行业。在华为诺亚方舟实验室，我们针对华为的主要产品在做人工智能技术的研发，希望能够使这些产品更加智能化，更好地为用户服务。■

参考文献

[1] 李航. 简论人工智能[J]. 中国计算机学会通讯，2016，12(3)：55-58.

[2] Damasio A. Descartes' Error：Emotion，Reason，and the Human Brain[M]. Putnam publishing:1994.

[3] Lakoff G，Johnson M. Metaphors We live by. The University of Chicago Press，1980.

[4] Minsky M. The Society of Mind [M]. New York：Simon & Schuster，Inc. Press，1988.

[5] Haggard P. Human volition：towards a neuroscience of will [J]. Nature Reviews Neuroscience，2008，9(12):934-946.

[6] Hu B，Lu Z，Li H，et al. Convolutional neural network architectures for matching natural language sentences[J]. Advances in Neural Information Processing Systems，2015，3:2042-2050.

李 航

CCF 高级会员，CCCF 特邀专栏作家。原华为技术有限公司诺亚方舟实验室主任，字节跳动人工智能实验室总监。主要研究方向为信息检索、自然语言处理、机器学习等。lihang.lh@bytedance.com

从类鸟飞行到类脑计算：读《莱特兄弟》

张　峥

上海纽约大学

关键词：莱特兄弟　飞行者一号　类脑计算

1969年7月20号，尼尔·阿姆斯特朗和他的同伴驾驶阿波罗11号，登陆月球。他随身带着的一小块细平布，和他一同跨出了这“人类一大步。”

这块看似普通且已经上了岁数的小布，来自他的家乡，在66年前见证了人类征服空间的另一段历史——作为莱特兄弟的“飞行者一号”(Flying Machine)机翼的一部分，自由腾飞到高空。说是“高空”，其实当莱特兄弟在小鹰镇试飞时，“飞行者一号”离地距离和翼展差不多，不过三层小楼高而已。那时的先驱者，是要“像鸟儿一样自由飞翔”，往高处走，并不是目标。1907年8月，哥哥威尔伯·莱特在征服法国观众的试飞中，拉到30多米的高度，原因是观众的欢呼声太过喧闹，影响他全力驾驶。三年后，在家乡俄亥俄州代顿(Dayton)的飞行中，弟弟奥威尔·莱特把飞行高度的记录刷新到了800多米。

将近60年之后，阿姆斯特朗离他们共同的家乡38万公里。离开地面不到一公里，人类用了整整十年的时间，而在其后的60年，却跃出了40万倍。

科学和技术的发展从来不是线性的。20世纪初，正是科技风起云涌之时。当时，进化论为世人所知不到四十年，埋没了三十余年的孟德尔实验正在欧洲大陆被重新发现，从此揭开人类通过基因了解自身的序幕。而在美洲新大陆，各种技术发明竞相横空出世：电梯、汽车、电子缝纫机、柯达相机、安全剃须刀……

征服空间的梦想，在人类抬头望天的时候，就从未停止过。威尔伯将"飞行科学第一人"的功名归于在他之前近100年的英国人乔治·卡里爵士。此后，又有发明机关枪的哈拉姆·马克心爵士，发明电话的贝尔，以及赫赫大名的汤姆斯·爱迪生。他们均追求过飞行之梦。莱特兄弟在本土最强劲的对手是经验丰富、经费充足的塞姆·皮蓬·兰利教授——贵为史密森尼博物馆的总管，早在莱特兄弟开始前几年就在河上成功弹射以小型蒸汽机为动力的无人飞机，滑行了四分之三英里。来自欧洲的竞争也非常激烈，其中多为贵族或贵二代。在今年奥运会上出现的"倒飞"的飞机原型，则来自巴西人阿尔贝特·桑托斯·杜蒙特，一个非典型的富二代。

这些竞争者们不是更有钱，就是更有闲，甚至更有经验。相比之下，莱特兄弟只是小镇青年，业余发烧友。但是能在历史轨迹上刻下印记，都是因为各种渊源不小心把自己"作"到了钟形曲线的末尾。莱特兄弟绝非普通的小镇青年，他们的非典型在哪里呢？

戴维·麦卡洛(David McCullough)曾写了一本《莱特兄弟》(*The Wright Brothers*)的传记。麦卡洛是一位伟大的作家，得过多次普利策奖。他叙事浩瀚，文笔优美，人物刻画生动，也是我最喜爱的作者之一。

"找个好家庭"

这是威尔伯半开玩笑给年轻人的忠告。他们的母亲心灵手巧，家里的玩具自己动手做，能"和店里的一样赞"。两兄弟出色的动手和实验能力，来自母亲的遗传和身教。他们的父亲是一位负责西密西西比地区的主教，因工作关系每年要旅行几千英里。他经常在火车上给孩子们写长信，描述旅途中的人文和物事，极大地刺激了他们对世界的好奇。在对孩子们的教育方面，相比学校的课程，他更重视不正规的终身自习。莱特兄弟的父亲自己就是一个读书的瘾君子，家里藏书甚丰，范围广泛，既有弥尔顿的《失落的天堂》，也有达尔文的《物种起源》，还有两整套百科全书。

多年以后，当一个朋友感慨莱特兄弟俩是典型的逆袭案例时，奥威尔纠正道："哪里，我们的优势在于一个每时每刻都鼓励你的好奇心的家庭。"

绝对"政治正确"的三观

莱特兄弟有着极好的家教和几近完美的君子形象：勤奋、低调、谦虚、克己奉世。对于财富，他们用双手去挣得，但绝不贪婪。成名之后，莱特兄弟最后的财富加起来，按今天的标准亦不过千万美元。两兄弟始终坚守主教父亲的一句话："任何人需要的金钱，只要不让自己成为其他人的负担，就够了。"

德艺双全是世人美好的愿望。而事实上，处于长尾末端的人，也难免会有一些道德缺陷。在这点上，莱特兄弟算是个异类。

堵上耳朵粘上鼻子

在当时的普罗大众看来，"飞上天"这种事，相当于现代人说的"是脑子进水了"的表现，对这两个修车匠不是无感就是漠视甚至抵制。莱特兄弟滑翔机试验场、北卡罗来纳州小鹰镇的村民的观点很有代表性——"我们相信一个好上帝，一个坏魔鬼，一个滚烫的地狱，我们尤其不相信上帝想让人飞起来。"最不可思议的是他们家乡的乡亲们。1903 年底在小鹰镇的试飞成功之后，莱特兄弟把试验场拉回家乡，就在代顿的哈夫曼(Huffman)草原，火车上都能看到他们的实验。那么多次飞行，居然没有一个记者前往。多年之后，当《代顿日报》的编辑被问及此事，他一脸懵懂，想了半天之后叹口气说："唉，当时我们都是一群傻瓜！"

1909 年 5 月 20 日，莱特兄弟的乡人、当时的美国总统塔夫特(Taft)在白宫为莱特兄弟颁奖。他用"粘上鼻子"的坚持和专注表扬两个兄弟，并以此激励美国人民——"You made this discovery by a course that we of America like to feel is distinctly American— by keeping your noses right at the job until you had accomplished what you had determined to do."

一个月之后，代顿终于醒过来了，举行了历时两天、"史上最盛大"的庆祝仪式。商铺关门，大小教堂钟声齐鸣，花车游街，名人演讲祝贺，"飞行者一号"模型玩具和莱特兄弟的明信片到处都是……

只有眼尖的人才发觉，莱特兄弟时不时隐秘地玩失踪，短到十分钟，长也不过一两个小时——只要逮到空档，他们就回到工作坊，挽起袖子工作。

除了坚持和专注，莱特兄弟的抗压能力也远超常人。每一次试飞，从走向跑道的那一刻到发动飞机引擎，其中有许多道检查。一步步排查过来，耗时不菲。即使现场有很多达官贵人，即使他们在烈日下站着等了很久，也完全影响不了莱特兄弟一板一眼的工作。如果飞机或者环境(气象)出了问题，他们可以一挥手就把此次飞行取消。一个到场的参议员对他们的独立性非常佩服："我们(官员)对他们来说啥都不是，他们有太多的理由坚持这么做！"

换一个角度切入

1896 年，莱特兄弟开办了自己的印刷车间，发行了一份小报，两人的自行车修理铺开得也很红火，并开始推出自己的品牌。同一年，兰利教授成功弹射无人机，航空先驱、德国飞行狂人李林塔尔在一次飞行中失事丧生，而正是后面这个消息刺激了莱特兄弟挽起袖子正式"下水"。

和李林塔尔一样，莱特兄弟坚信要从掌握鸟类的飞行规律开始。在认真学习了李林塔尔的记录之后，莱特兄弟归纳了两条重要的结论。其一，滞空时间太少直接导致了无法总结控制经验。李林塔尔在 5 年的飞行实践中，试飞 2000 多次，总计滞空时间为 5 个多小时，平均每次飞行不到 10 秒。其二，虽然李林塔尔的机翼提供了升力，但由于来回移动身体的方式改变了整体重心，不够敏捷，不能及时应变。

而在当年的技术手段下，向鸟学习何其难！对此，弟弟奥威尔有个很精确的总结："就像看魔术表演来学习魔术一样。"两兄弟通过不断研习百科全书，而且在户外做了大量的观察和记录后得出一个现在看来几乎是常识的重要结论：不要改变重心，而是"动态"地利用气流。后来他们在飞行者一号上的几个关键性的改动(翘曲机翼、可控尾舵)和飞行技巧(失去升力之后向下俯冲)，都来自这个简单的理念转换。

不是求稳，而是求控制——这也是莱特兄弟和其他竞争者不同的关键点。兰利教授的飞行实验要使劲躲开的“风”，却是莱特兄弟的朋友。

不折腾的人飞不起来

无论创业还是研究，有句话叫做“想法是最不值钱的”。莱特兄弟征服天空，靠的不是空想。他们几次远征小鹰镇，在1902年之前是滑翔机，1903年带上了引擎，总重近700磅。每次都是拆了打包，靠火车靠船运过去，到现场重装。最后那次，从9月开始组装，试飞，掉下来，修理，再飞，再掉……

1903年12月11日，莱特兄弟的“飞行者一号”首次上天，历时12秒，随后的一次飞行摔了下来，两兄弟花了几天时间修好，在12月17日再飞，滞空将近一分钟。这一次，是人类航空的真正开始。

此前的夏天，兰利教授的载人飞行刚刚失败，耗资七万美元。而莱特兄弟完全靠自己的自行车铺筹资，全部不过1000美元。至于团队，加上他们的一个做引擎的工程师朋友，一共只有三个人。

深入骨髓的艺术气质

艺术和科学、技术的跨界，如今是个特别时髦的话题。莱特兄弟是小镇文艺青年，喜欢做饭，喜欢音乐，但也不过是初级发烧友的水平：老大威尔伯吹口琴，老二奥威尔弹曼陀铃，玩起来常把大姐卡莎琳折磨得要夺门而出。

1906年，为了安排在法国的飞行，威尔伯第一次离开故乡到了巴黎，立刻被建筑和艺术吸引。当地的媒体完全不能理解这个来自美国乡下的自行车匠为什么频频光顾卢浮宫，并且达到九次之多，每次都花上大把的时间。他对艺术有自己独特的判断，口味偏现代（比如喜欢伦勃朗而不是拉斐尔），喜欢达芬奇的施洗者圣约翰远胜过被大众追捧的蒙娜丽莎，还尤其偏爱印象派作品。

艺术和科学技术的交融是一股潜流，该发生的自然会发生，该发力的时候都未必想得到。

攀上运气的翅膀

如果没有莱特兄弟，人类的航空史会怎么被改写？我相信飞机还会被造出来，最多被推迟而已。当然有人会说，按照求稳的思路下去，合理的发展该是艾伦·马斯克(Elon Musk)的超级火车吧？但是，如果没有飞机，人类交流的带宽会减少很多，很多技术的发明会往后推。

偶然中也有必然。1909 年的莱特兄弟，老大威尔伯 42 岁，老二奥威尔 38 岁，是相对高龄的发明家。但对发明飞机这样高危的项目，他们的年龄刚刚好。再老一点，没了冲劲和精力；再年轻一点，也许莽撞有余谨慎不足，把自己“搞挂”了。无论是设计还是实验，莱特兄弟对安全的考虑竭尽全力，能保守而治的绝不冒险。

历史的可能性，是一大堆散乱放置的多米诺骨牌；我们所看到的历史，是被偶然和必然合力撞倒的那一条路。

科技双刃剑

科幻作家无疑是对科学技术发展和人类活动最敏感、最富有想象力的一群人。因《时间机器》一举成名，又留下《莫洛博士岛》《隐身人》《星际战争》等传世之作的科幻作家威尔斯(H. G. Wells)，在 1908 年的一篇小说中放了一幅插图——在飞机的轰炸中，纽约城被烈焰吞没。飞机的出现，对他而言意味着地球上再没有一块安全的角落。他的担心完全正确：把航空技术带入实用的最大推手正是几个强国的军方。

老大威尔伯在一战前英年早逝，老二奥威尔目睹了飞机投入战场，成为人类屠杀同胞的新工具。为此他心痛不已，在一篇文章中说：“我们希望我们的发明能给世界带来长久的和平，但显然我们错了。”“但我并不后悔参与飞机的发明”，奥威尔接着说。他把飞机类比于火，“虽然火造成了那么多灾难，但我很高兴有人发明了怎么生火，我们也因此学会了把火用到了千万个重要的应用中。”

人工智能与类脑计算

我的本职工作是计算机研究，偏工程，重实用。和很多同事一样，我对人的智慧、人的智能是什么、怎么形成的充满了好奇。从青少年时期到现在，这方面营养的来源是从哲学书向脑科学的科普文章和著作转移，科学阅读占据了很大比重。

前几年开始通过深度学习研习人工智能，在这方面我是个后来者。无知者无畏，我曾经也认为攻破人工智能不必太拘泥于脑科学的成果，并常常把"就像飞机不用像鸟"这句话挂在嘴边。阅读《莱特兄弟》的传记后，我完全改变了这个看法——问题的关键在于学到什么程度。

总之，我认为深入到局部细节，就如同给飞机披上羽毛，是完全没必要的。但是人工智能与脑科学之间关键的部分一定要搭起桥梁，例如可能是效率问题（深度网络做图像识别和人脑视觉回路相比不仅极其暴力，而且相当不灵活），可能是必需的功能（自然语言理解是为了人和人工智能的交流服务），也可能是更前沿的探索，有无必要尚不可知（逻辑的形成和数学体系的建立）。

人工智能作为一个即将发生的重大技术突破将给世界带来什么，这是一个让人困惑的问题。但是，我们不妨简单地秉持莱特兄弟的态度：任何工具，都是某种意义上的火，都需要使用者的自律，可焚身，也可暖身，更能照亮先前不知道的道路和可能。

技术落地之际，除了谁好，还有一个谁先的问题。回头看，莱特兄弟当时的竞争环境是相当激烈的。前面文中还应该有一个重要的细节，就是莱特兄弟对专利的保护和重视。"飞行者一号"研发的费用总共是1000美元，包括一架55美元的相机，占了相当的比重。而当时的中国，同时存在"窃书不算偷"与"无原则的知识共享"两个"传统"。这两个传统的阴影，到今天还都是中国进步的障碍。在深度学习这个局部战役中，因为开源软件、开源研究的盛行，学术界和工业界快步跟上世界先进水平，但真正的创新总是滞后。这种"零减"差距造成的繁荣假象，值得警醒。

在世界科学和技术的发明史中，作为一个曾经的文明大国，中国的缺席非常遗憾。《莱特兄弟》传记中，只有一处提到了古中国的发明：两兄弟在巴黎期间迷上了玩空竹，奥威尔抱怨耽误了他学法语，其痴迷程度可见一斑。

当然，对莱特兄弟，中国还贡献了自己的吉祥数字。在法国的示范飞行表演，最终让莱特兄弟毫无争议地征服了世界。那一天，是新世纪的第八年、八月的第八天。■

张　峥

国家千人计划特聘专家。上海纽约大学工程和计算机学部终身教授。主要研究方向为深度学习和系统研究等。zz@nyu.edu

机器能思考吗？——认知与真实

应行仁

美国华盛顿大学

关键词：认知　心智　人工智能

心智是大脑的功能，而脑与心智之间的桥梁就是认知，我们以为真实的世界不过是人对外界的认知反映。

2000年，美国国家科学基金会和美国商务部确认了在新的世纪，带头学科将是NBIC，即纳米技术、生物技术、信息技术和认知科学。研究报告说“聚合技术NBIC以认知科学为先导。因为一旦我们能够从如何(how)、为何(why)、何处(where)、何时(when)这4个层次上理解思维，我们就可以用纳米科技来制造它，用生物技术和生物医学来实现它，最后用信息技术来操纵和控制，使它工作。……这些突破用于加快技术进步的步伐，并可能再一次改变我们的物种，其深远的意义可以媲美数十万代人以前，人类首次学会的口头语言知识。”

认知科学的基本观点，20世纪40—50年代开始在不同学科里散见。最初动力来自计算机对人类智能的模拟。1975年，美国斯隆基金将哲学、心理学、语言学、人类学、计算机科学和神经科学，整合投入到“在认识过程中信息是如何传递的”研究中。其时在功能主义旗帜下，符号主义的人工智能已经取得巨大成就，被期许为解读心灵的工具。加州大学伯克利分校哲学教授约翰·塞尔(John Searle)是它的主要批评者。1980年塞尔设计了“中文房间”(Chinese room)思想实验，来说明这样的机器其实不会思考。在其后的几十年中，许多学者不断地在学术刊物上争论此事，推动了对这个问题的深刻理解与认识。以至于计算机科学家帕特·海耶斯(Pat Hayes)笑称，"认知科学其实应该改名为：'正在进行中的证明中文房间思辨错误的研究项目'(the ongoing research program of showing Searle's Chinese Room Argument to be false)。"

一直到2010年，塞尔本人对这一思辨也还在不断地更新。与莱布尼茨不同，塞尔并不反对机器具有意识和理解力的概念。毕竟科学进步了，人们不再认同身体与心智分离的二元论。塞尔起先不认为通过研究大脑可以了解心灵，后来承认大脑实际上也是个机器，但不相信形式的运算能够在大脑产生意识和理解力。最后他还是犹豫地说：如果神经科学分离出某种能够产生意识和理解力的过程，他才相信也许能制造出具有意识和理解力的机器。认知科学发展到今天，与过去已有很大的不同了，他也不无得意地说："认知科学中最重要的发展，是认知科学家从(经典)认知科学的(符号主义)计算模型，转移到认知神经科学模型。"

对知觉、学习、语言、记忆、注意和意识的研究，首先要探索人类如何获取、加工、保持和利用信息，以此作为行为及获取后续知识的基础。在方法上现在仍分为两派。"干认知科学"(Dry Cognitive Science, DCS)是在计算主义旗帜下，通过建立计算模型，在计算机上模拟运行，以运行的状态与人类的行为对比来理解心智，同时发展人工智能技术。"湿认知科学"(Wet Cognitive Science, WCS)则基于生化和医学，对人脑进行电刺激或化学刺激的效应来观察脑损伤的影响，或记录进行信息处理时人脑的活动。"湿认知科学"的研究表明，意识体验是神经系统的产物，即使在没有外部信息输入时，也能够被脑中化学或电刺激所诱发。它虽然还不能解释我们怎样或为什么拥有意识体验，但已明确，意识体验是由人脑的神经活动产生的。

如今认知科学已经包含心智哲学、认知心理学、语言与认知、文化进化与认知、人工智能和认知神经科学6个方向，并在其中产生了许多交叉学科。在工程应用上，今日的智能机器已有媲美于人类辨识语音和人脸的能力，具备与人类在棋类上争雄的智力。它的核心是人工神经网络，人们对其了解介乎"干"和"湿"认知科学之间，理解还有很大困难。

自工业革命以来，机器的设计都是在科学理论的指导下，对实现其功能的因果机制，有着从整体到细节都能说清楚的理解。几十年前盛行的符号主义人工智能也是如此。

可惜这种符号主义的人工智能，模仿的只是人类意识之上讲逻辑的理性智能，对下意识基于模式识别的感性智能十分笨拙。而且哥德尔定理指出了形式推理系统的局限性，它甚至不能无矛盾地覆盖理性智慧的领域。于是，研究者另辟蹊径，模仿人脑神经组织的触发机制和网络结构，走向了联结主义。但人们对这巨量单元构成的系统，如何稳定地涌现出某种宏观的性质，仍然知其然而不知其所以然。创造智能机器如同生养孩子，能否成才，一半靠先天，一半靠学习，创造者无法通过授予来掌控，只能依靠自然竞争的原始法则来汰弱存强。

科学研究的基础是还原论，从具体复杂的系统中区分并抽象出简单的本质，用逻辑建立起它们之间的因果关系，来理解现象，认识世界，指导技术。自工业革命的几百年来，科学引领着技术、军事和经济突飞猛进，几乎被认为是理解世界的唯一正确途径。对于简单的关联，我们不难知晓因果，也容易理解。对于系统，要从复杂的相互推动中得知其结果，唯有用综合的计算来分析。确定系统的数学模型，过去几乎是科研追求的终极目标。现在看来，这些成功不过是在它适用的主场上才所向披靡。对于混沌系统，虽然已经有着精确数学模型，但因为参数和初值变化对计算结果的敏感性，企图通过数值计算或理论分析来把握系统都是枉然。在联结主义描述的自然界的许多系统中，也遇到了类似的困难。我们建立了数学模型，可以从输入计算所有的联结得知输出的结果，但是联结参数的任何变化都可能影响结果，而联结参数的各种不同也可以产生相同的结果，我们了解具体的输入输出关系，却无法综合分析这具有巨多参数的系统，无法理解它的奥秘，也不知如何有效地设置这些参数取得满意的功能。我们似乎又回到缺乏理论，回到凭借经验的前工业革命时代。值此，科学何以深入机制来理解心智？

另一方面，在这新世纪，如果不了解认知科学，不仅与之相关的学科无法深入发展，连传统学科，诸如数学、物理、生物、政治都将受到影响。这不仅因为科学主场之外遍地泥泞，而且说到底，我们对世界的认识只是外界在意识中的影像，我们所理解的世界只是内心用逻辑建立起的因果联系，所谓的知识不过是通过语言交流，能够与他人意识产生共鸣的内容。认知的研究将改变我们对世界的视角和理论。

语言是认知的必经途径。逻辑是串行传递信息的基础规则。句法和语法是语言表达的约定。无论是人还是机器，都可以根据逻辑，通过语句形式分析和事先的各种约定进行形式推理，获得等价或蕴含的不同表达。这也是数学推理和符号主义人工智能的功能。逻辑和数学都只是用来准确交流的工具，通过逻辑推理和数学计算都不产生新的内容。

语义不能通过句法分析来获得，语言的能指和所指分别在两个不同的空间，一方是形式的符号，另一方是符号的含义，无论怎么搬弄符号，都不可能触及符号所指定在另一空间的对应。所以赛尔说，形式运算不可能产生对语言内容的理解。那么，人类为什么能理解语言的含义？人们对话的驱动来自联想，其"理解"可能不同，但都对应着自己经验的内容。因为神经元的输出是对输入的模糊判断，神经网络联系着抽象概念的符号和经验感觉，人们解读语言，则是基于对语言所指经验感觉空间中的判断，由体验含义产生的意向来驱动应答。形式运算不能跨越它所在空间的边界。而神经网络基于经验感受的联想，则会越出逻辑的藩篱，产生新的内容。模仿这个机制的人工神经网络也是如此。

公理化数学中基本概念的定义只是同语反复和举例，它们的含义对应着个人自己解读的经验，社会文化使得这些经验有着共同的交集。但是严谨的数学证明不能越过形式逻辑的约束。20 世纪数理逻辑里最亮丽的风景线，哥德尔不完备性定理、塔斯基不可定义性定理和图灵停机问题不可判定性定理，分别表达了数学形式证明能力的局限性、形式语言表达能力的局限性和机器计算能力的局限性。那么依赖于演绎推理的科学理论能够完美地反映外在世界吗？

一切历史都是思想史，历史真相和事变原因都是研究者根据记载，鉴别挑选、归纳整理，依自己观点演绎而成。流传到今则信以为真。自然科学也是如此。物理学是科学研究的典范。它原来只是根据观察，用简单数学计算测量数量间的关系。自从牛顿用力的定义联系时间、空间和质量的概念，建立起力学大厦，那种从定义和定律出发，建立数量关系公式和演绎推理，成为认识世界的范式；数学模型中的象征符号，便成为我们认识世界的基石。时间和空间原来是抽象的概念，不能被我们的感官所直接触知，它们被某种器械度量所规定，被引入描写世界的数学模型中，经过几百年的教化，便成为真实的存在。随之有了力、粒子、波、场等等，然后用这些基石继续构建我们想象中的真实世界。爱因斯坦把引力从世界的基本构件中抹去，变成了弯曲时空的属性，现代理论物理学家进一步质疑我们曾经引进的各种力，代之以高维空间中物体的属性。只是历史还不够久远，数学上过于高深，还未能植入大众的内心。很多人认为真实无疑的世界还残留着过去构建它的许多遗迹，诸如热、弹性、连续介质、有着中子和质子球的原子核、围着原子核旋转的电子等等。这如同古人与鬼神并存的世界一样的真实或不真实。

康德对此早有分析，我们对外界世界的理解是通过时间和空间的概念抽象出来的，这种抽象的理性理解与客观世界本身有距离，理性对世界的诠释是以思维逻辑为参照的，而不是以物体本身为参照物的。思想家齐泽克（Slavoj Zizek）继承拉康的结构主义精神分析学，认为对动物而言没有真实与虚假的分别。人类用象征符号来解释自然环境，在语言、法律、文化的规则下建立起的象征秩序，符合它的就被认为是真实的。另一方面，象征秩序用自己的系统与逻辑去解释一切事物，而自然世界却有自身的法则和规律。象征秩序充其量只能在可能的范围内，根据自己的逻辑以抽象思维的形式去理解事物的表面现象。

简言之，我们所理解的世界并不是世界的本身，只是用象征符号构成的幻象。世界如此的和谐，是因为我们对它的认识是用逻辑构建的，凡是不合适的模型都被剔除，不能纳入的存在和矛盾都已被科学意识形态所忽略。但是，运用演绎推理的科学理论体系的局限性，注定不能无矛盾地解释一切。粒子和波的运动模式已是力学坚实的模块，成为物理学者能够直观想象的真实，但量子却部分地兼有这互斥的模式，这在我们感到的真实的世界里无从想象；现代物理需要借助数学技巧来扩充系统，以便容纳冲突的解释。原来直观清晰的物理世界，坠入抽象复杂的数学迷宫。我们终于到了科学主场的边缘，面对越来越难以理解的世界了。

理性的认知沿着语言约束的一维逻辑推理的路径前进，它非常有效地传递知识，复制发展，造就今天的科技进步，却无法涵盖包括辨识、情感、直觉等人类也赖以生存的智能。如今进入大数据时代，推动着工程师寻找新技术。传统科学那种从统计数据，总结规律，逻辑分析，先了解“为什么”，再得出“是什么”的理性方法，已经不敷这多变、复杂、即时的应用了。市场需要类似于动物的本能，基于经验及时反应的智能，现在大数据深度学习的智能，从理性科学方法，转向直接从数据中在线学习模式反应的“感性”方法。我们的工程师也已经成为这个联结网络庞大机器中的一环，以仅仅部分理解和猜测的方式，为机器涌现出来的智能工作。这让我们反思，为什么我们还要坚持掌控一切，不能与无法完全理解的机器合作来认识和改变世界？随着机器智能的进化，也许正引导着人类思想模式的改变。

人的思维能够指向自身，这产生了自我意识。未来的智能机器，指向自身的思考和在世界中定位的认识，可能也会产生自我意识。但这并不意味着，我们能够在逻辑上理解它的产生。意识返视的肯定，得出是“我思故我在”。意识对自身的质疑则导致悖论。指向自身的理性思考，是个自我指涉的逻辑过程，必将陷入无穷的纠缠而无法明了。人类心智的奥秘，也许是上帝最后的秘密，我们可以猜测模仿，却无法用理性得到终极的答案。在群体语言交流中形成的自我，也许只是个无意识产生的幻象。■

应行仁

美国华盛顿大学系统科学与数学博士。主要研究方向为智能控制、博弈理论和复杂系统。

xingren_ying@hotmail.com

学术界谈“大数据”

袁晓如

北京大学

关键词：大数据

2012年3月，美国奥巴马政府公布了“大数据研发计划”(Big Data Research and Development Initiative)。该计划旨在提高和改进人们从海量和复杂的数据中获取知识的能力，进而加速美国在科学与工程领域发明的步伐，增强国家安全。美国国家科学基金会(the National Science Foundation, NSF)、国立卫生研究院(the National Institutes of Health, NIH)、国防部(the Department of Defense, DOD)、能源部(the Department of Energy, DOE)、国防部先进研究项目局(the Defense Advanced Research Projects Agency, DARPA)、地质勘探局(the United States Geological Survey, USGS)等六个联邦部门和机构宣布投资2亿美元，共同提高收集、储存、保留、管理、分析和共享海量数据所需核心技术的先进性，扩大大数据技术开发和应用所需人才的供给。

在美国宣布大数据计划后，世界其他国家以及各大商业公司也对大数据给予了极大关注。从高德纳(Gartner)公司新发布的2012年技术超周期图(见图5-7)来看，大数据和极大规模信息的处理与管理目前正处在技术的诱发期，进入主流应用还需要2～5年时间。如何抓住这一时机，是摆在学术界、工业界研究者面前的机会与挑战。

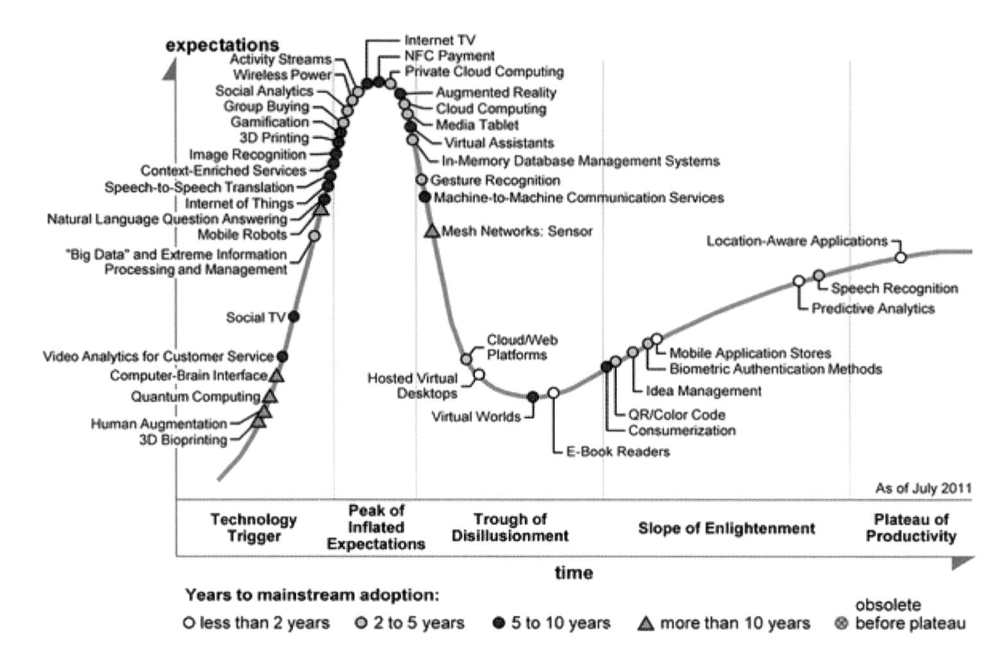

图 5-7　2012 年高德纳技术超周期图(源自 Gartner's 2011 Hype Cycle)

中国计算机学会(the China Computing Federation,CCF)作为国内计算机及相关领域的专业学术团体,也及时开展了相应的工作。2012 年 6 月 9 日,CCF 常务理事会决定成立大数据专家委员会(the CCF Big Data Task Force,CCF BDTF),并责成 CCF 名誉理事长、中国科学院计算技术研究所李国杰教授担任召集人,组建专家委员会。2012 年 6 月 29 日,中国计算机学会青年计算机科技论坛(the CCF Young Computer Scientists & Engineers Forum,CCF YOCSEF)在中国科学院计算技术研究所举办"大数据时代,智谋未来"学术报告会,邀请了国内外专家分别就大数据时代的数据挖掘、大数据体系架构理论、大数据基础、大数据安全、大数据平台开发和大数据现实案例应用,分层次展开了讨论。

在本刊(《中国计算机学会通讯》,CCCF)今年第六期专题栏目,我们组织了《数据密集业务的挑战和机遇——"大数据"在工业界》专题,邀请了来自中兴通讯、淘宝、百分点、华大基因、SAP、盛大在线等公司研发部门的技术骨干撰写了从工业界的角度对大数据时代的机遇和挑战的看法。在本期专题栏目,我们又邀请了部分来自大学和研究所的专家就"大数据"展开讨论。

李国杰院士是大数据研究的积极倡导者。在他撰写的《大数据研究的科学价值》一文中，针对基于大数据的科学研究及其价值阐述了自己的观点。他指出科技界在应对大数据的挑战中，需要解决以下问题：如何高效处理非结构化和半结构化数据；如何建立新的数据表示方法；寻找大数据的固定模式、因果关系和关联；个人、企业和政府机构的各种数据和信息能否方便地融合；数据的去冗余和高效率低成本的数据存储等。他特别提出需要关注“数据科学”研究的对象，理解数据背后的关系网络这一共性问题，通过关联分析开展社会科学的大数据研究等。

大数据的价值体现在对其管理和分析中。本期专题我们还邀请了来自中国人民大学和北京航空航天大学的学者分别阐述自己的看法。来自中国人民大学的周晓方教授等人撰写了《从数据管理视角看大数据挑战》，从大数据的异构性、处理速度、隐私保护和大数据分析等几个方面详细介绍处理大数据所遇到的挑战。他们强调数据是最重要的资产，具有独立的地位，提出学术界应当承担起下一阶段大数据管理与分析研究的重任。北京航空航天大学怀进鹏教授等人在《互联网大数据管理与分析》一文指出，在“数据科学”领域，大数据管理及处理能力已经成为引领网络时代 IT 发展的核心，需要解决可表示、可处理和可靠性三个科学问题，并对海量异构数据模型与管理、复杂数据智能分析、大数据处理、数据质量基础理论与关键技术以及大数据安全与隐私保护等问题进行了论述。

除了传统的分析方法，我们也注意到在大数据的挑战中，对于数据的理解是关键。在发挥人的主观能动性方面，可视分析手段日益得到重视。我们翻译了美国西北国家实验室计算与统计部门首席科学家 Pak Chung Wong 等人发表的《超大规模数据可视分析十大前沿挑战》。文章对原位分析（在数据仍在内存中时做尽可能多的分析）、极大数据中交互设计与用户界面、大数据可视化、数据库与存储、数据移动、数据传输和网络架构、不确定性的定量化，社会、社群(community)以及政府的参与等十大方面的挑战进行了阐述。

应当说，大数据时代的进化就发生在我们身边。大数据不仅仅是数据数量的差别，也不仅仅是相关信息技术的开发和应对，而可能是一次人类对客观世界（包括自然界和社会）认知飞跃的前奏。如托尼·海(Tony Hey)等人主编的《第四范式：数据密集型科学发现》(*The Fourth Paradigm: Data-intensive*

Scientific Discovery）所言，人类对数据的收集和处理能力的提升，引领科学研究的范式从实验描述，到理论归纳，到仿真计算，进而发展到数据密集的eScience模式。历史学家黄仁宇提出的在中国历史发展中帝国兴亡的数字化管理难题，也许能在数据更为密集的模式下得到解决。我们面对的，可能不只是数据在数量上的变化，而是由量变到质变引起的世界观察模式的变化，或如互联网以及信息高速公路的冲击，大数据可能会引起社会生活方式的变化或人类对世界认知的飞跃。我们设立此专题，是希望能够引起更多读者对这方面研究的关注和讨论。

袁晓如

CCF理事、CCCF专题栏目主编。北京大学研究员。主要研究方向为可视化与可视分析等。xiaoru.yuan@pku.edu.cn

大数据研究的科学价值

李国杰

关键词：大数据　数据科学　第四范式

近年来，“大数据”已经成为科技界和企业界关注的热点。2012 年 3 月 22 日，美国奥巴马政府宣布投资 2 亿美元启动“大数据研究和发展计划”，这是继 1993 年美国宣布“信息高速公路”计划后的又一次重大科技发展部署。美国政府认为大数据是“未来的新石油”，将“大数据研究”上升为国家意志，对未来的科技与经济发展必将带来深远影响。一个国家拥有数据的规模和运用数据的能力将成为综合国力的重要组成部分，对数据的占有和控制也将成为国家间和企业间新的争夺焦点。

与大数据的经济价值相比，大数据研究的科学价值似乎还没有引起足够的重视。本文试图对基于大数据的科学研究（包括自然科学、工程科学和社会科学）谈几点粗浅的认识，希望引起有关领域科技人员的争鸣。

推动大数据的动力主要是企业经济效益

数据是与自然资源、人力资源一样重要的战略资源，隐含巨大的经济价值，已引起科技界和和企业界的高度重视。如果有效地组织和使用大数据，将对经济发展产生巨大的推动作用，孕育出前所未有的机遇。O'Reilly 公司断言："数据是下一个'Intel inside'，未来属于将数据转换成产品的公司和人们。"

基因组学、蛋白组学、天体物理学和脑科学等都是以数据为中心的学科。这些领域的基础研究产生的数据越来越多，例如，用电子显微镜重建大脑中的突触网络，1 立方毫米大脑的图像数据就超过 1PB(拍)。但是，近年来大数据的飙升主要还是来自人们的日常生活，特别是互联网公司的服务。据 IDC 公司统计，2011 年全球被创建和被复制的数据总量为 1.8ZB(泽)(10^{21})，其中 75%来自于个人(主要是图片、视频和音乐)，远远超过人类有史以来所有印刷材料的数据总量(200PB)。谷歌公司通过大规模集群和 MapReduce 软件，每个月处理的数据量超过 400PB；百度每天大约要处理几十 PB 数据；Facebook 注册用户超过 10 亿，每月上传的照片超过 10 亿张，每天生成 300TB(太)以上的日志数据；淘宝网会员超过 3.7 亿，在线商品超过 8.8 亿，每天交易数千万笔，产生约 20TB 数据；雅虎的总存储容量超过 100PB。传感网和物联网的蓬勃发展是大数据的又一推动力，各个城市的视频监控每时每刻都在采集巨量的流媒体数据。工业设备的监控也是大数据的重要来源。例如，劳斯莱斯公司对全世界数以万计的飞机引擎进行实时监控，每年传送 PB 量级的数据。

数据为王的大数据时代已经到来，战略需求也发生了重大转变：企业关注的重点转向数据，计算机行业正在转变为真正的信息行业，从追求计算速度转变为大数据处理能力，软件也将从编程为主转变为以数据为中心。采用大数据处理方法，生物制药、新材料研制生产的流程会发生革命性的变化，可以通过数据处理能力极高的计算机并行处理，同时进行大批量的仿真、比较和筛选，大大提高科研和生产效率。数据已成为矿物和化学元素一样的原始材料，未来可能形成"数据探矿"、"数据化学"等新学科和新工艺模式。大数据处理的兴起也将改变云计算的发展方向，云计算正在进入以"分析即服务"(analysis as a service，AaaS)为主要标志的 Cloud 2.0 时代。

IBM、Oracle、微软、谷歌、亚马逊、Facebook 等跨国巨头是发展大数据处理技术的主要推动者。自 2005 年以来，IBM 投资 160 亿美元进行了 30 次与大数据有关的收购，促使其业绩稳定高速增长。2012 年，IBM 股价突破 200 美元大关，3 年之内翻了 3 倍。华尔街早就开始招聘精通数据分析的天文学家和理论数学家来设计金融产品。IBM现在是全球数学博士的最大雇主，数学家正在将其数据分析的才能应用于石油勘探、医疗健康等各个领域。易趣(eBay)通过数据挖掘可以精确计算出广告中的每一个关键字为公司带来的回报。通过对广告投放的优化，2007年以来eBay产品销售的广告费降低了99%，而顶级卖家占总销售额的百分比却上升至32%。目前推动大数据研究的动力主要是企业经济效益，巨大的经济利益驱使大企业不断扩大数据处理规模。

科技界要应对大数据带来的技术挑战

大数据研究的热潮激励基础研究的科研人员开始考虑“数据科学”问题。但必须指出，目前大数据的工程技术研究已走在科学研究的前面。当前的局面是各个学科的科学家都以自己为主处理本领域的海量数据，信息领域的科学家只能起到助手的作用。也就是说，各领域的科学问题还掌握在各学科的科学家手里，计算机科学家所提炼出的具有共性的大数据科学问题并不多。当技术上解决不了的问题越来越多时，就会逐步凝练出具有共性的科学挑战问题。在条件还不成熟的时候，计算机科学家应虚心地甘当一段时期的“助手”，虚心与各应用领域的科研人员合作，努力解决各领域大数据处理提出的技术挑战问题。对于网络大数据方面，计算机学者的主动性可能会较早发挥出来。

美国政府六个部门启动的大数据研究计划中，除了国家科学基金会的研究内容提到要“形成一个包括数学、统计基础和计算机算法的独特学科”外，绝大多数研究项目都是应对大数据带来的技术挑战，重视的是数据工程而不是数据科学，主要考虑大数据分析算法和系统的效率。例如，美国国防部高级研究计划署(DARPA)的大数据研究项目包括：多尺度异常检测项目，旨在解决大规模数据集的异常检测和特征化；网络内部威胁计划，旨在通过分析传感器和其他来源的信息，进行网络威胁和非常规战争行为的自动识别；Machine Reading项目，旨在实现人工智能的应用和发展学习系统，对自然文本进行知识插入。能源部(DOE)的大数据研究项目包括：机器学习、数据流的实时分析、非线性随机的数据缩减技术和可扩展的统计分析技术，其中，生物和环境研究计划的目标是大气辐射测量等气候研究设施，系统生物学知识库项目是对微生物、植物等生物群落功能的数据驱动的预测。国家人文基金会(NEH)项目包括：分析大数据的变化对人文社会科学的影响，如数字化的书籍和报纸数据库，从网络搜索，传感器和手机记录交易数据。国家科学基金会(NSF)的大数据项目的重点也是围绕突破关键技术，包括：从大量、多样、分散和异构的数据集中提取有用信息的核心技术；开发一种以统一的理论框架为原则的统计方法和可伸缩的网络模型算法，以区别适合随机性网络的方法。

现有的数据中心技术很难满足大数据的需求，需要考虑对整个IT架构进行革命性的重构。存储能力的增长远远赶不上数据的增长，设计最合理的分层存储架构已成为信息系统的关键。数据的移动已成为信息系统最大的开销，目前传送大数据最便宜的方式是通过飞机或地面交通工具运送磁盘而不是网络通信。信息系统需要从数据围着处理器转改为处理能力围着数据转，将计算用于数据，而不是将数据用于计算。大数据也导致高可扩展性成为信息系统最本质的需求，并发执行(同时执行的线程)的规模从现在的千万量级提高10亿级以上。

在应对处理大数据的各种技术挑战中，以下几个问题值得高度重视：

高效处理非结构化和半结构化数据　目前采集到的数据85%以上是非结构化和半结构化数据，传统的关系数据库无法胜任这些数据的处理，因为关系数据库系统的出发点是追求高度的数据一致性和容错性。根据CAP理论(consistency, availability, tolerance to network partitions)，在分布式系统中，一致性、可用性和分区容错性三者不可兼得，因而并行关系数据库必然无法获得较强的扩展性和良好的系统可用性。系统的高扩展性是大数据分析最重要的需求，必须寻找高扩展性的数据分析技术。以MapReduce和Hadoop为代表的非关系数据分析技术，凭借其适合非结构数据处理、大规模并行处理、简单易用等突出优势，在互联网信息搜索和其他大数据分析领域取得了重大进展，已成为大数据分析的主流技术。尽管如此，MapReduce和Hadoop在应用性能等方面仍存在不少问题，还需要研究开发更有效、更实用的大数据分析和管理技术。

新的数据表示方法　目前表示数据的方法，不一定能直观地展现出数据本身的意义。要想有效利用数据并挖掘其中的知识，必须找到最合适的数据表示方法。若在一种不合适的数据表示中寻找大数据的固定模式、因果关系和关联时，可能会落入固有的偏见之中。数据表示方法和最初的数据填写者有着密切关系。如果原始数据有必要的标识，就会大大减轻事后数据识别和分类的困难。但为标识数据给用户增添麻烦往往得不到用户认可。研究既有效又简易的数据表示方法是处理网络大数据必须解决的技术难题之一。

数据融合　数据不整合就发挥不出大数据的重大价值。网上数据尤其是流媒体数据的泛滥与数据格式种类太多有关。大数据面临的一个重要问题是个人、企业和政府机构的各种数据和信息能否方便地融合。如同人类有许多种自然语言一样，作为信息空间(cyberspace)中唯一客观存在的数据难免有多种格式。但为了扫清网络大数据处理的障碍，应研究推广不与平台绑定的数据格式。大数据已成为联系人类社会、物理世界和信息空间的纽带，需要通过统一的数据格式构建融合人、机、物三元世界的统一的信息系统。

数据的去冗余和高效率低成本的数据存储　数据中有大量的冗余，消除冗余是降低开销的重要途径。大数据的存储方式不仅影响效率也影响成本，需要研究高效率低成本的数据存储方式。需要研究多源多模态数据的高质量获取与整合的理论和技术、错误自动检测与修复的理论和技术、低质量数据上的近似计算的理论和算法等。

适合不同行业的大数据挖掘分析工具和开发环境　不同行业需要不同的大数据分析工具和开发环境，应鼓励计算机算法研究人员与各领域的科研人员密切合作，在分析工具和开发环境上创新。当前跨领域跨行业的数据共享仍存在大量壁垒，海量数据的收集，特别是关联领域数据的同时收集还存在很大挑战。只有进行跨领域的数据分析，才有可能形成真正的知识和智能，产生更大的价值。

大幅度降低数据处理、存储和通信能耗的新技术　大数据的处理、存储和通信都将消耗大量的能源，研究创新的数据处理和传送的节能技术是重要的研究方向。

“数据科学”研究的对象是什么

计算机科学是关于算法的科学，数据科学是关于数据的科学。从事数据科学研究的学者更关注数据的科学价值，试图把数据当成一个“自然体”来研究，提出所谓“数据界”(data nature)的概念，颇有把计算机科学划归为自然科学的倾向。但脱离各个领域的“物理世界”，作为客观事物间接存在形式的“数据界”究竟有什么共性问题目前还不清楚。物理世界在信息空间中有其数据映像，目前一些学者正在研究的数据界的规律其本质可能是物理世界的规律(还需要在物理世界中测试验证)。除去各个领域(天文、物理、生物、社会等)的规律，作为映像的“数据界”还有其独特的共同规律吗？这是一个值得深思的问题。

任何领域的研究，若要成为一门科学，研究的内容一定是研究共性的问题。针对非常狭窄的领域的某个具体问题，主要依靠该问题涉及的特殊条件和专门知识做数据挖掘，不大可能使大数据分析成为一门科学。数据研究能成为一门科学的前提是，在一个领域发现的数据相互关系和规律具有可推广到其他领域的普适性。事实上，过去的研究已发现，不同领域的数据分析方法和结果存在一定程度的普适性。IBM 的经验表明：电网数据分析的算法也可应用于供水和交通管理上。抽象出一个领域的共性科学问题往往需要较长的时间，提炼“数据界”的共性科学问题还需要一段时间的实践积累。计算机界的学者至少在未来5～10 年内，还需要多花一些精力协助其他领域的学者解决大数据带来的技术挑战问题。通过分层次的不断抽象，大数据的共性科学问题才会逐步清晰明朗。技术上解决不了的问题积累到相当的程度，科学问题就会浮现出来。

当前数据科学的目标还不十分明确，但与其他学科一样，科学研究的道路常常是先做“白盒研究”，知识积累多了就有可能抽象出通用性较强的“黑盒模型”和普适规律。数据库理论是一个很好的例子。在经历了层次数据库、网状数据库多年实践以后，柯德(Codd)发现了数据库应用的共性规律，建立了有坚实理论基础的关系模型。之前人们也一直在问数据库可不可能有共性的理论。现在我要做的事就是提出像关系数据库这样的理论来指导海量非结构化万维网(Web)数据的处理。

信息技术的发展使我们逐步进入“人-机-物”融合的三元世界，未来的世界可以做到“机中有人，人中有机，物中有机，机中有物”。所谓“机”就是联系人类社会(包括个人身体和大脑)与物理世界的信息空间，其最基本的构成元素是不同于原子和神经元的比特(bit)。物理空间和人类社会(包括人的大脑)都有共性的科学问题和规律，与这两者有密切联系的信息空间会不会有不同的共性科学问题？从“人-机-物”三元世界的角度来探讨数据科学的共性问题，也许是一个可以尝试的突破口。

目前，大数据的研究主要是将其作为一种研究方法或一种发现新知识的工具，而不是把数据本身当成研究目标。作为一种研究方法，它与数据挖掘、统计分析、搜索等人工智能方法有密切联系，但也应该有不同于统计学和人工智能的本质内涵。大数据研究是一种交叉科学研究，如何体现其交叉学科的特点需要认真思考。

在传统数据挖掘研究中，急用先研的短期行为较多，多数是为了某个具体问题研究应用技术，统一的理论还有待完善。传统的数据挖掘技术在数据维度和规模增大时，所需资源指数级增加，应对 PB 级以上的大数据还需要研究新的方法。统计学的目标是从各种类型的数据中提取有价值的信息，给人后见之明(hindsight)或预见(foresight)，但一般不强调对事物的洞察力(insight)，不强调因果逻辑。需要将其他方法和统计方法结合起来，采用多元化的方法来建立综合性模型。传统人工智能(AI)(如机器学习)可以接受 NlogN 甚至 N3 级复杂度的算法，但面对 PB 级以上的海量数据，NlogN 甚至线性复杂性的算法都难以接受，处理大数据需要更简单有效的人工智能算法和新的问题求解方法。

数据背后的共性问题——关系网络

观察各种复杂系统得到的大数据，直接反映的往往是一个个孤立的数据和分散的链接，但这些反映相互关系的链接整合起来就是一个网络。例如，基因数据构成基因网络，脑科学实验数据形成神经网络，万维网数据反映出社会网络。数据的共性、网络的整体特征隐藏在数据网络中，大数据往往以复杂关联的数据网络这样一种独特的形式存在，因此要理解大数据就要对大数据后面的网络进行深入分析。网络有不少参数和性质，如平均路径长度、度分布、聚集系数、核数和介数等，这些性质和参数也许能刻画大数据背后的网络的共性。因此，大数据面临的科学问题本质上可能就是网络科学问题，复杂网络分析应该是数据科学的重要基石。

目前，研究万维网数据的学者以复杂网络上的数据（信息）传播机理、搜索、聚类、同步和控制作为主要研究方向。图 5-8 是 1999 年画出的万维网分布，由此导出无尺度网络（scale free network）。最新的研究成果表明，随机的无尺度网络不是一般的“小世界”，而是“超小世界”（ultrasmall world），网络规模为 N 的最短路径的平均长度不是一般小世界的 $\ln N$，而是 $\ln\ln N$。网络数据科学应发现网络数据与信息产生、传播、影响背后的社会学、心理学、经济学的机理以及网络信息涌现的内在机制，同时利用这些机理研究互联网对政治、经济、文化、教育和科研的影响。

图 5-8 万维网分布

过去几个世纪主宰科学研究的方法一直是“还原论”，将世界万物不断分解到最小的单元。通过解构复杂系统，还原论带给我们单个节点和链接的理论。作为一种科研范式，还原论已经快走到尽头。尽管对单个人、单个基因以及单个原子等了解得越来越多，但我们对整个社会、整个生命系统、物质系统的理解并没有增加很多，有时可能距离理解系统的真谛更远了。例如，以解剖学为基础的现代医学离真正了解人体活动机理还有很大距离，据统计，医生对病因的判断有一半是错误的。而网络理论则反其道而行之，通过组装这些节点和链接，帮助我们重新看到整体。基于大数据对复杂系统进行整体性的研究，也许将为研究复杂系统提供新的途径。从这种意义上看，“网络数据科学”是从整体上研究复杂系统的一门科学。

发现无尺度网络的巴拉巴西（Albert-László Barabási）教授在 2012 年 1 月

的《自然物理学》(*Nature Physics*)上发表一篇重要文章 *The network takeover*。文章认为：20 世纪是量子力学的世纪，从电子学到天文物理学，从核能到量子计算，都离不开量子力学；而到了 21 世纪，网络理论正在成为量子力学可尊敬的后继，正在构建一个新的理论和算法框架。

因果关系与相互关系

与传统的逻辑推理研究不同，大数据研究是对数量巨大的数据做统计性的搜索、比较、聚类和分类等分析归纳，因此继承了统计科学的一些特点。统计学关注数据的相关性或称关联性，所谓“相关性”是指两个或两个以上变量的取值之间存在某种规律性。“相关分析”的目的是找出数据集里隐藏的相互关系网(关联网)，一般用支持度、可信度和兴趣度等参数反映相关性。两个数据 A 和 B 有相关性，只反映 A 和 B 在取值时相互有影响，并不能告诉我们有 A 就一定有 B，或者反过来有 B 就一定有 A。

严格来讲，统计学无法检验逻辑上的因果关系。例如，根据统计结果：可以说“吸烟的人群肺癌发病率会比不吸烟的人群高几倍”，但统计结果无法得出“吸烟致癌”的逻辑结论。我国概率统计领域的奠基人之一陈希孺院士生前常用这个例子来说明统计学的特点。他说：假如有这样一种基因，它同时导致两件事情，一是使人喜欢抽烟，二是使这个人更容易得肺癌。这种假设也能解释上述统计结果，而在这种假设中，这个基因和肺癌就是因果关系，而吸烟和肺癌则是有相关性。统计学的相关性有时可能会产生把结果当成原因的错觉。例如，统计结果表明：下雨之前常见到燕子低飞，从时间先后看两者的关系可能得出燕子低飞是下雨的原因，而事实上，将要下雨才是燕子低飞的原因。

也许正是因为统计方法不致力于寻找真正的原因，才促使数据挖掘和大数据技术在商业领域广泛流行。企业的目标是多赚钱，只要从数据挖掘中发现某种措施与增加企业利润有较强的相关性，采取这种措施就是了，不必深究为什么能增加利润，更不必发现其背后的内在规律和模型。谷歌广告获得巨额收入经常被引用作为大数据相关分析的成功案例，美国《连线》(*Wires*)杂志主编克里斯·安德森(Chris Anderson)在他的著名文章 *The end of theory* 的结尾发问：

“现在是时候问这一句了：科学能从谷歌那儿学到什么?”

因果关系的研究曾经引发了科学体系的建立，近代科学体系获得的成就已经证明，科学是研究因果关系最重要的手段。对于相关性研究是可以替代因果分析的科学新发展还只是因果分析的补充，不同的学者有完全不同的看法。我们都是从做平面几何证明题开始进入科学的大花园的，脑子里固有的逻辑思维模式少不了因果分析，判断是否是真理也习惯看充分必要条件，对于大数据的关联分析蕴含的科学意义往往理解不深。对于简单的封闭系统，基于小数据的因果分析容易做到，当年开普勒发现行星三大定律，牛顿发现力学三大定律都是基于小数据。与距离平方成反比的万有引力定律可以从开普勒三定律通过逻辑演绎得到，并没有采用大量的数据统计得到 1.999 次方或 2.001 次方的精确结果。但对于开放复杂的巨系统，传统的因果分析难以奏效，原因在于系统中各个组成部分之间相互有影响，可能互为因果，因果关系隐藏在整个系统之中。现在的“因”可能是过去的“果”，此处的“果”也可能是别处的“因”，因果关系本质上是一种相互纠缠的相关性。在物理学的基本粒子理论中，颇受重视的欧几里得量子引力学(霍金所倡导的理论)本身并不包括因果律。因此，对于大数据的关联分析是不是“知其然而不知其所以然”，其中可能包含深奥的哲理，不能贸然下结论。

社会科学的大数据

根据数据的来源，大数据可以粗略地分成两大类：一类来自物理世界，另一类来自人类社会。前者多半是科学实验数据或传感数据，后者与人的活动有关系，特别是与互联网有关。这两类数据的处理方式和目标差别较大，不能照搬处理科学实验数据的方法来处理万维网数据。

科学实验是科技人员设计的，如何采集数据、处理数据事先都已经想好了，不管是检索还是模式识别，都有一定的科学规律可循。美国的大数据研究计划中专门列出寻找希格斯粒子(被称为“上帝粒子”)的大型强子对撞机(LHC)实验。这是一个典型的基于大数据的科学实验，至少要在 1 万亿个事例中才可能找出一个希格斯粒子。2012 年 7 月 4 日，欧洲核子研究中心(CERN)宣布发现新的玻色子，标准差为4.9，被认为可能是希格斯玻色子(承认是希格斯玻色子粒子需要5个标准差，即99.99943%的可能性是对的)。设计这一实验的激动人心之处在于，不论找到还是没有找到希格斯粒子，都是物理学的重大突破。从这一实验可以看出，科学实验的大数据处理是整个实验的一个预定步骤，发现有价值的信息往往在预料之中。

万维网上的信息(比如微博)是千千万万的人随机产生的，从事社会科学研究的学者要从这些看似杂乱无章的数据中寻找有价值的蛛丝马迹。网络大数据有许多不同于自然科学数据的特点，包括多源异构、交互性、时效性、社会性、突发性和高噪声等，不但非结构化数据多，而且数据的实时性强，大量数据都是随机动态产生。科学数据的采集一般代价较高，大型强子对撞机实验设备花了几十亿美元。因此对采集哪些数据做过精心安排。而网络数据的采集相对成本较低，网上许多数据是重复的或者没有价值，价值密度很低。一般而言，社会科学的大数据分析，特别是根据万维网数据做经济形势、安全形势和社会群体事件的预测，比科学实验的数据分析更困难。

未来的任务主要不是获取越来越多的数据，而是数据的去冗分类、去粗取精，从数据中挖掘知识。几百年来，科学研究一直在做"从薄到厚"的事情，把"小数据"变成"大数据"，现在要做的事情是"从厚到薄"，要把大数据变成小数据。要在不明显增加采集成本的条件下尽可能提高数据的质量。要研究如何科学合理地抽样采集数据，减少不必要的数据采集。两三岁的小孩学习识别动物和汽车等，往往几十张样本图片就足够了，研究清楚人类为什么具有小数据学习能力，对开展大数据分析研究具有深远的指导意义。

近十年来增长最快的数据是网络上传播的各种非结构化或半结构化的数据。网络数据的背后是相互联系的各种人群，网络大数据的处理能力直接关系到国家的信息空间安全和社会稳定。从心理学、经济学、信息科学等不同学科领域共同探讨网络数据的产生、扩散、涌现的基本规律，是建立安全和谐的网络环境的重大战略需求，是促使国家长治久安的大事。我国拥有世界上最多的网民和最大的访问量，在网络大数据分析方面已经有较强的基础，有可能做出世界领先的原始创新成果，应加大网络大数据分析方面的研究力度。

数据处理的复杂性

计算复杂性是计算机科学的基本问题。对于科学计算，我们主要考虑时间复杂性和空间复杂性。对于大数据处理，除了时间和空间复杂性外，可能需要考虑解决一个问题需要多大的数据量，暂且称为“数据量复杂性”。数据量复杂性和空间复杂性不是一个概念，空间复杂性要考虑计算过程中产生的空间需求。

设想有人采集完全随机地抛掷硬币的正反面数据，得到极长的“0”和“1”数字序列，通过统计可计算出现正面的比例。可以肯定，收集的数据越多，其结果与0.5的误差越小，这是一个无限渐进的过程。基于唯象假设的数据处理常出现这类增量式进步，数据多一点，结果就好一点点。这类问题的科学价值可能不大。反过来，可能有些问题的数据处理像个无底洞，无论多少数据都不可能解决问题。这种问题有些类似NP(non-deterministic polynomial，非确定性多项式)问题。我们需要建立一种理论，对求解一个问题达到某种满意程度(对于判定问题是指有多大把握说“是”或“否”，对于优化问题是指接近最优解的程度)需要多大规模的数据量给出理论上的判断。当然，目前还有很多问题还没有定义清楚，例如，对于网络搜索之类的问题，如何定义问题规模和数据规模等。

对从事大数据研究的学者而言，最有意思的问题应该是，解决一个问题的数据规模有一个阈值。数据少于这个阈值，问题解决不了；达到这个阈值，就可以解决以前解决不了的大问题；而数据规模超过这个阈值，对解决问题也没有更多的帮助。我把这类问题称为“预言性数据分析问题”，即在做大数据处理之前，我们可以预言，当数据量到达多大规模时，该问题的解可以达到何种满意程度。

与社会科学有关的大数据问题(比如舆情分析、情感分析等)遇到许多过去没有考虑过的理论问题，目前的研究才刚刚开始，迫切需要计算机学者与社会科学领域的学者密切合作，共同开拓新的疆域。借助大数据的推力，社会科学将脱下“准科学”的外衣，真正迈进科学的殿堂。

科研第四范式是思维方式的大变化

2007年，已故的图灵奖得主吉姆·格雷(Jim Gray)在他最后一次演讲中描绘了数据密集型科研"第四范式"(the fourth paradigm)的愿景(图5-9是微软公司出版的纪念吉姆·格雷的关于第四范式的专著)。将大数据科研从第三范式(计算机模拟)中分离出来单独作为一种科研范式，是因为其研究方式不同于基于数学模型的传统研究方式。谷歌公司的研究部主任彼得·诺维格(Peter Norvig)的一句名言可以概括两者的区别："所有的模型都是错误的，进一步说，没有模型你也可以成功"(All models are wrong, and increasingly you can succeed without them)。PB级数据使我们可以做到没有模型和假设就可以分析数据。将数据丢进巨大的计算机机群中，只要有相互关系的数据，统计分析算法就可以发现过去的科学方法发现不了的新模式、新知识甚至新规律。实际上，谷歌的广告优化配置、战胜人类的IBM沃森问答系统都是这么实现的，这就是"第四范式"的魅力！

图5-9 《第四范式》封面

美国《连线》杂志主编克里斯·安德森2008年曾发出"理论已终结"的惊人断言："数据洪流使(传统)科学方法变得过时。"(The data deluge makes the scientific method obsolete.)他指出获得海量数据和处理这些数据的统计工具的可能性提供了理解世界的一条完整的新途径。PB(Petabytes)让我们说：相互关系已经足够(Correlation is enough)。我们可以停止寻找模型，相互关系取代了因果关系，没有具有一致性的模型、统一的理论和任何机械式的说明，科学也可以进步。

克里斯·安德森的极端看法并没有得到科学界的普遍认同，数据量的增加能否引起科研方法本质性的改变仍然是一个值得探讨的问题。对研究领域的深刻理解(如空气动力学方程用于风洞实验)和数据量的积累应该是一个迭代累进的过程。没有科学假设和模型就能发现新知识，这究竟有多大的普适性也需要实践来检验。我们需要思考：这类问题有多大的普遍性？这种优势是数据量特别大带来的还是问题本身有这种特性？所谓从数据中获取知识要不要人的参与，人在机器自动学习和运行中应该扮演什么角色？也许有些领域可以先用第四范式，等领域知识逐步丰富了再过渡到第三范式。我想，不管对"科研第四范式"的理解有多深，我们得承认：科研第四范式不仅是科研方式的转变，也是人们思维方式的大变化。

我对大数据的理解很肤浅，希望以上的"抛砖"能引来晶莹的"美玉"。■

李国杰

CCF名誉理事长，CCF会士。中国科学院计算技术研究所首席科学家，中国工程院院士。

社团的评价

杜子德

中国计算机学会

人无论是为自己做事，为别人做事，还是让别人为自己做事，都要接受评价：农民种不好庄稼收成就不好，工人造的产品不好就卖不出去，厨师做的饭难吃就招不来食客。在学校，学生要考试，研究生要答辩，都是评价。不管是情愿的还是不情愿的，是主动的还是被动的，评价无处不在。评价的目的是为了防止发散，是为了选择，是为了利益。社团既然代表了一群人的利益，也不例外，也要接受评价。

评价分自我评价和他人评价。如果是一个人行事，最直接和唯一的方式是结果评价，如走路不小心摔倒了，买东西买错了，或被别人行骗，自己会长叹一声：倒霉！所谓责任就是"担当后果"。所以，如果能让自己承担责任的，其他人可以不管，当事人自然会为结果"埋单"。但在现实生活中更多的是另外一种情形，人们常常会以某种形式结成一个团伙（生产关系）做事，或委托他人为自己做事，这就需要委托人对被委托人做事的结果进行评价。股份制公司的股东要对聘用的总经理评价，公民要对政府进行评价，会员要对学会治理者评价，等等。委托者是被服务者，被委托者是服务者，如果服务者不能很好地服务客户，客户有权选择新的服务者。因此，在开放环境中，在一种委托关系的情况下，客户是最好的评价主体，选择是最好的评价方式。在社团（本文主要指学会、协会等），治理层（理事会）是会员选举的，运营层的高管（CEO）是理事会聘任的，如果他们干得不好，会员（选民）就可以重新选择他们信得过的人。当然，当他们发现选择无效时，也会选择离开（退会）。

评价还分高低两种，即“多差”和“多好”。“多差”是底线，突破了就会损害他人的利益，这需要一个机构评价并制止，如公民违法就要受到司法机关的惩罚。而对于“多好”则没有上限，不同机构有不同的取向和评价标准，外部（包括监管机关）是管不着的。有的评价非常直接和简单，如本文开头的举例，但现实生活中，评价非刚性事物是一件非常困难的事，如对艺术和科学的评价就很难。在学术界，评价是否要唯论文到现在还争执不休。最近，《美国新闻与世界报道》对高校学术水平的排名就引起全世界的痛骂，而关于中国高考的争论到现在也没有停止过。可见把一件复杂的事简单化评价是多么有害！对于社团而言，评价“多差”容易而评“多好”难，如一个社团没有独立意志，不能独立运营，需要挂靠其他机构才能生存下去；没有真正的（个人）会员；治理层成员不是经过会员开放式选举，而是由个别人操控；没有对其会员的服务，都是对“多差”的评判标准。符合上面任何一条就可以认为这个社团差或不合格，这时，政府作为社团的登记管理机关就要出面干预，这是防止社团发散的最后一道关口。

舆论对“多差”能起到一定的监督作用，如当年的“中国牙防组”，如果不是它乱收费和太过招摇后被媒体发现是非法组织，或许它现在还活得挺好呢！2005年，由 CCF 主办的全国青少年信息学奥林匹克联赛因内蒙古赛区发生舞弊行为被新华社曝光，一时成为公众事件，这一事件促使 CCF 在信息学奥赛的管理上有了革命性的进步，并对敦促教育部取消联赛一等奖保送上大学制度产生了重要影响。但是，社团众多而且其行为比较隐蔽，靠舆论监督有一定的困难。

对于一个开放的社团而言，对“多好”的评价还是来自内部，会员的选择就是一种非常有效的评价方式，会员多，说明受欢迎程度高，反之则不受欢迎或存在的意义不大。在 CCF，理事会是通过公开选举产生的，这是一种选择性评价。也有理事及会员代表对理事长、秘书长及理事会的评价打分，对于极端情况，监事会可以弹劾理事长，理事会也可以罢免秘书长。CCF 每年都有对分支机构的评估，专委两次不合格就要被撤销或重组。CCF 监事会受会员代表大会的委托，有对理事和理事会进行监督和处罚的权力，但是如果监事会“放水”怎么办？CCF 目前没有规定，从完善制度的角度，应该设立一个会员代表委员会，其中一项职责就是对监事会进行监督。

内部评价的另一种形式是奖励。奖励是同行对本组织内作出突出贡献的成员表示肯定的一种形式，特别是在学术贡献方面的肯定。奖励尽管是对少数人的，不能覆盖全部，但是它是一个学会价值取向的集中体现，它告诉会员：这就是标杆(sample)，以此激励会员。

看一个社团有“多好”主要看这几方面：它有相当数量的真会员，对会员专业能力的提升有帮助；在所在专业领域有影响力；能承担社会责任。在学术社团内部，看一个分支机构有“多好”，主要看：是否有学术影响力；是否发展和服务会员；是否对所在的社团有财政贡献。看其“多差”，主要看：活动名称和形式是否规范、行为是否规范、财务是否规范等。

目前，中国有一些机构推出若干对社团的评价体系，但大多繁琐且多量化，很难反映社团的真实面貌。有些政府部门还推出 5A 级评价系统，不但指标不够科学，其合法性也存疑，因为作为政府部门，如没有得到法律的授权是不能随意对所管理的社团进行打分和等级排序的，正如政府不能对公民进行打分和排序一样。政府能做的就是严格按照法律的规定对社团进行合规性评价，这是底线，如果越过底线就可以对其进行处罚甚至关闭，至于一个社团有多好，和政府没有关系，政府也无权对社团分出三六九等。政府的重要职责是评“多差”而不是评“多好”。

社团的评价涉及社团的价值取向和定位、治理架构和制度建设、会员数及活跃度、行为及影响力、对行业的贡献及对社会的贡献，等等，比较复杂，很难搭建一个简单的模型进行评价。其实，作为管理机构，把住底线，开放 NGO 登记就算尽责了，其他的还是应该交给市场。■

杜子德

1996 年起任 CCF 专职副秘书长。1998 年创建 YOCSEF，2004 年 4 月起，任 CCF 专职秘书长。2005 年当选国际信息学奥林匹克竞赛主席，2009—2015 年担任世界工程组织联合会信息与通信委员会秘书长。zidedu@ccf.org.cn

数学：搜索引擎中的引擎

马志明

中国科学院数学与系统科学研究院

关键词：*网页排序　随机图*

数学和计算机科学与应用密不可分。在目前最热门的应用之一——搜索引擎中，也离不开数学。

请看图5-10所示的网页，这是笔者在谷歌（Google）搜索网页中键入关键词“中国科学院数学与系统科学研究院”后出现的界面。在此界面上显示，共有88000项与关键词有关的查询结果，搜索时间为0.08秒。在查询结果中，排在最前面的条目是中国科学院数学与系统科学研究院的主页，排在其后面的前几项条目也都是很重要的。谷歌可以把搜索出来的最重要的条目放在前面。

再看图5-11所示的这个界面，这是与关键词“Quasi regular Dirichlet form”[1]有关的查询结果。Quasi regular Dirichlet form是笔者在1994年世界数学家大会上报告的研究成果。现在的查询结果有26000项，搜索时间为0.36秒。这次查询，谷歌也是把最重要、最关心的条目排在前面。

计算机会识别哪些条目比较重要，哪些条目比较不重要吗？它能读懂这些页面的内容，然后根据内容来确定页面的重要性吗？显然不可能，现在的计算机

[1] 拟正则狄氏型。

图 5-10 谷歌搜索关键词“中国科学院数学与系统科学研究院”的网页

还没有发展到那么先进的程度。实际上，谷歌是利用一些数学原理来实现对页面的重要性进行排序。

网页排序的数学原理

我们可以把全球的互联网看成一个规模巨大的随机图，每一个网页就是图上的一个节点。如果从一个网页到另一个网页有超级链接，就相当于添加了一条有向边连接这两个节点。根据互联网形成的这个拓扑结构图可以确定页面的相对重要性。怎么知道某个节点是否重要呢？如果不看这个节点的内容，只看它的图，那么显然和这个节点连接的边越多就越重要；还有，要看指向它的节点是什么样的，如果指向它的节点是重量级的，那么这个节点就更重要。举一个不太恰当的例子，就好比在评职称时，一些评估专家并不是很清楚职称申请者的研究结果重要不重要，于是专家会了解申请者的文章的引用率有多高，有多少学术

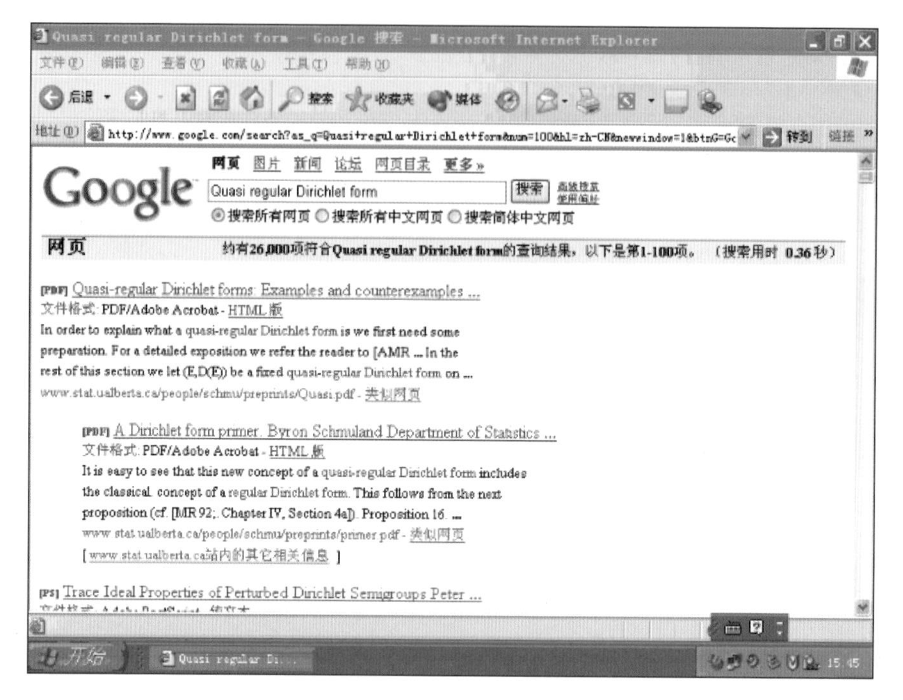

图 5-11 谷歌搜索关键词“Quasi regular Dirichlet form”的网页

权威引用申请者的文章。这样，尽管别人对申请者研究的内容并不了解，却仍然可以把文章引用情况作为评价研究成果重要性的一个参考[1]。把上述方法借用来确定互联网上的网页的相对重要性，我们用 v_i 代表互联网上的一个网页，给每一个网页分配一个权重 $x_i \geqslant 0$，并令越重要的网页权重也越大。x_i 应满足什么性质呢？就是上面所说的性质。若 x_i 的页面指向 x_j 的页面，那么 x_i 的权重就应该加在 x_j 上，指向 x_j 的所有页面的权重之和应该与 x_j 的页面的权重成正比，类似于所发表的文章的权重应该与引用申请者的文章的权重之和成正比。以 λ 记共同的比例系数，上述性质用数学式来表达，可以写成如下线性方程组：

$$\sum_{i \geqslant 1} x_i I_{\{i \to j\}} = \lambda_{x_j}, \forall j \tag{1}$$

如果对于每个页面都能给出这么一个权重 x_i，并且 x_i 满足上述线性方程

[1] 研究成果的重要性归根结底还是由其内容和社会影响、社会效益来决定，引用情况可以作为一个参考，但不是绝对的、唯一的指标。

组，我们就可以认为那些权重大的页面就是相对重要的，这样就可以依据网页的重要性对其进行排序。求解上述线性方程组比较容易，只需要具有大学本科的数学知识即可。我们可以把线性方程组用矩阵的形式表示：如果 x_i 指向 x_j 则令 $a_{ij}=1$，如果 x_j 不指向则令 $a_{ij}=0$，记 $A=(a_{ij})$。这个矩阵 A 在数学上被称为图的邻接矩阵。应用邻接矩阵的原理，可以把上述方程写成矩阵方程：

$$xA=\lambda x \tag{2}$$

这里 $x=(x_1, x_2, \wedge)$ 是由网页权重组成的行向量。大家看看，数学的神奇性就在这里！原来不知如何下手的互联网页的排序问题，现在已经轻而易举地变成了求解邻接矩阵 A 的非负特征向量问题。如果矩阵 A 具有唯一的非负左特征量 x，我们就可以用 x 作为网页的权重来排序。这个想法真可谓简单而又优雅！这一漂亮的想法出自斯坦福大学 1998 年在读的博士研究生谢尔盖·布林(Sergey Brin)与拉里·佩奇(Larry Page)。1998 年，在第七次国际万维网会议(WWW98)上，他们公布了题为 *The Page Rank citation ranking: Bringing order to the Web*[1] 的论文，而那时他们也正在用自己的宿舍作为办公室初创产业，这一产业后来发展为庞大的谷歌公司。

以上只是谷歌如何为网页排序的基本原理，其实还有许多细节没有涉及，包括数学上的细节处理，还有与数学无关的或不清楚该用什么数学工具的种种因素需要处理。

网页排序的数学细节

关于网页排序的一些数学处理的细节，其基本思想也是来源于布林与佩奇。为了保证非负特征向量存在且唯一，他们把互联网的邻接矩阵处理成某个不可约常返马氏链[2]的转移概率矩阵。此时唯一的非负特征向量就是马氏链的不变概率测度，可以用迭代法求出。

通常，在互联网中由超链接构成的有向图规模巨大。为了便于理解，这里考

[1] “页面引用排序，使万维网变得有序”。

[2] Markov chain。

虑一个由 6 个互联网页面组成的子图,图示如图 5-10(参见文献[1])。

由于马氏链的转移矩阵必须满足每行之和不大于 1,因此下面对有向图的邻接矩阵略作变化。在这里,页面 1 指向页面 2、3,就把页面 1 权重的 1/2 分别分配给页面 2、3,页面 3 指向页面 1、2 和 5,就把页面 3 的权重的 1/3 分别分配给页面 1、2 和 5。依此类推,由图 3 可写成如下矩阵:

$$
U=\begin{array}{c} \\ d_1 \\ d_2 \\ d_3 \\ d_4 \\ d_5 \\ d_6 \end{array}
\begin{array}{c} \begin{array}{cccccc} d_1 & d_2 & d_3 & d_4 & d_5 & d_6 \end{array} \\
\begin{bmatrix} 0 & 1/2 & 1/2 & 0 & 0 & 0 \\ 0 & 0 & 0 & 0 & 0 & 0 \\ 1/3 & 1/3 & 0 & 0 & 1/3 & 0 \\ 0 & 0 & 0 & 0 & 1/2 & 1/2 \\ 0 & 0 & 0 & 1/2 & 0 & 1/2 \\ 0 & 0 & 0 & 1 & 0 & 0 \end{bmatrix} \end{array} \tag{3}
$$

对矩阵 U 还需要作加工。请看第二行,它的全部元素都为 0,这并不表明页面 2 可以忽略不计,它可能是一个包含很多信息的源文件。为此,可以让页面 2 平均地指向每一个节点。这样就得到行和全为 1 的马氏链转移概率矩阵 P:

$$
P(\alpha)=\begin{bmatrix} 0 & 1/2 & 1/2 & 0 & 0 & 0 \\ 1/6 & 1/6 & 1/6 & 1/6 & 1/6 & 1/6 \\ 1/3 & 1/3 & 0 & 0 & 1/3 & 0 \\ 0 & 0 & 0 & 0 & 1/2 & 1/2 \\ 0 & 0 & 0 & 1/2 & 0 & 1/2 \\ 0 & 0 & 0 & 1 & 0 & 0 \end{bmatrix} \tag{4}
$$

对矩阵 P 可以有一个直观的解释,设(X_t)是具有转移概率矩阵 P 的马氏链,则该马氏链可以看成是对互联网页面的点击浏览过程。若 $X_t=i$ 当节点 i 有出度时,即节点 i 有指向其他页面的超链接时,X_{t+1}等可能地从 i 指向的网页节点里选择一个进行下一步浏览。当节点 i 的出度为 0,则从全部网络里随机地选择一个网页进行下一步浏览。此时,如果矩阵 P 具有唯一非负左特征向量,则此特征向量,除一常数差别外,是马氏链的唯一不变概率测度。记此不变概率测度为 $\pi=(\pi_1,\pi_2,\cdots,\pi_n)$,则由马氏过程的遍历原理,$\pi_i$ 正好是网页 i 的平均点击比率。这一直观解释进一步说明了用矩阵 P 的非负左特征向量来为网页排序的合理性。

还需要深入说明的是,现实的互联网是一个规模巨大的稀疏图。因此由以上程序做成的转移概率矩阵 P 的不变概率测度一般不具有唯一性。一个马氏链具有唯一不变概率测度的必要条件是它不可约。粗略地讲,要求从马氏链的任一状态出发,经过若干步转移后,总能以大于 0 的概率到达另一状态。从矩阵论的角度,相当于要求马氏链对应的转移矩阵 P 是本原的,即要求存在某个自然数 n,使得 P 的 n 次幂 P^n 的所有元素大于 0。一个在实践中经常使用的简单处理办法是对 P 作一个小的扰动,使它的每一个元素都大于 0。令

$$P(\alpha) = \alpha P + (1-\alpha) Ie \tag{5}$$

其中 I 是元素全为 1 的列向量,e 是元素全为 $1/n$ 的行向量(即 n 个状态的均匀概率测度),$0<\alpha<1$,就可以把 P 扰动为一个所有元素都大于 0 的不可约转移矩阵。例如,在本例中 P 的阶为 6,如果取 $\alpha=0.9$,则 $P(\alpha)$ 为:

$$P(\alpha) = \begin{bmatrix} 1/60 & 7/15 & 7/15 & 1/60 & 1/60 & 1/60 \\ 1/6 & 1/6 & 1/6 & 1/6 & 1/6 & 1/6 \\ 19/60 & 19/60 & 1/60 & 1/60 & 19/60 & 1/60 \\ 1/60 & 1/60 & 1/60 & 1/60 & 7/15 & 7/15 \\ 1/60 & 1/60 & 1/60 & 7/15 & 1/60 & 7/15 \\ 1/60 & 1/60 & 1/60 & 11/12 & 1/60 & 1/60 \end{bmatrix} \tag{6}$$

根据文献[1],在谷歌搜索中实际使用 $\alpha=0.85$。按照上述程序构造出 $P(\alpha)$ 以后,余下要做的事就是计算 $P(\alpha)$ 的唯一非负特征向量。这在计算机上运用迭代法容易实现。但由于互联网的规模很大,实际计算时也需要很长时间。

对于 $P(\alpha)$,也可以有一个直观的解释。设 X_t 是由转移概率矩阵 $P(\alpha)$ 确定的马氏链,视 X_t 为在互联网上的点击浏览过程,若 X_t 的当前状态为 i,那么 X_{t+1} 或者以概率 α 从 i 指向的网页节点中等可能地选择一点,或者以概率 $1-\alpha$ 从全部节点中等可能地选取一点。根据马氏过程的遍历原理,由迭代法求出的 $P(\alpha)$ 的非负左特征向量,正好是此点击浏览过程对网页的平均点击比率。在式(6)中也可以用状态空间$(1,2,\cdots,n)$上的一个严格正概率分布 μ 来代替均匀分布 e。行业里称 μ 为个性化分布,对它的直观解释是网页浏览者以概率 $1-\alpha$ 从全部节点中个性化地依分布 μ 随机地选取一点。个性化对网页的排序会有一定的

影响。

以上网页排序方法被称为页面分级(Page Rank)算法。笔者在此感谢微软亚洲研究院的朋友们,是他们向我们介绍了页面分级算法并吸引了我们的兴趣。作为数学工作者,自然会联想到与页面分级算法有关的一些数学问题。例如,扰动因子 α 对网页排序是否有影响? 如何度量影响的大小? 当 $\alpha \to 1$ 时,$P(\alpha)$的不变测度 $\pi(\alpha)$是否有极限? 如果有,是否用 $\pi(\alpha)$的极限作为网页排序会有更好的效果? 等等。在我提出这些问题后不久,刘勇(北京大学教师)和包莹(我的博士生)证明了当 $\alpha \to 1$ 时 $\pi(\alpha)$极限的存在。与微软的朋友们讨论后发现,用 $\pi(\alpha)$的极限作为网页排序效果并不好:当 α 接近 1 时对 $P(\alpha)$的迭代收敛速度缓慢,并且众多的网页在极限状态下权重都是 0,因而无法区分。但微软的朋友们提供的参考文献也令我们很受鼓舞,原来 WWW2005 上有一篇文章[2]猜测了当 $\alpha \to 1$ 时 $\pi(\alpha)$的极限,但未能证明。而刘勇和包莹的文章不仅证明了他们的猜测,而且包含了更多的结果,即对于个性化分布 μ 也证明了 $\pi(\alpha)$的极限结果。

在利用互联网的超链接拓扑结构作网页搜索方面,还应提到另外一位学者克莱因伯格(Jon Kleinberg),1998 年时他是康奈尔大学的助教。几乎与布林和佩奇同时,克莱因伯格提出了一个叫 HITS(Hypertext Induced Topic Selection,超文本感应主题选择)的搜索方法。HITS 搜索算法对网页的入度(被其他网页所指的超级链接)和出度(指向其他网页的超级链接)作了区分。入度被称为权威性(authority),出度被称为中心性(hub)。在搜索时先根据用户输入的关键词进行基于内容的搜索,构成一个关于此次任务的特定子图,然后用幂法(power method)求出网页的权威性和中心性。HITS 算法的基本思想及其推广,后来都被应用到大规模客户搜索引擎 Teoma 中。但克莱因伯格本人后来并没有涉足企业或商界,他迄今仍活跃在学术领域中。

以上是关于谷歌搜索的数学原理的简单介绍。需要补充强调的是,对实际的谷歌搜索,上面介绍的页面分级只是影响网页排序的诸多因素之一。除此之外还要考虑页面内容与关键词的联系等诸多其他因素。世界各大搜索引擎公司都在努力改进和提高网页搜索的质量。如何充分利用互联网挖掘有用的信息,这是一个非常有趣且有实用价值的研究课题。

真实网络世界与随机图理论应用

互联网只是随机复杂网络的一种。网络是由节点和(有向或无向)边组成。其中节点表示系统中的元素,边表示元素之间的相互作用。网络形式的系统在自然和社会的许多领域随处可见。在信息技术领域,局域网、万维网、有线与无线的通信网等是有待人们研究的最受关注的网络。在生态系统中,物种之间的相互关联可以描述为复杂的食物链网络,社会系统可以描述为个体之间或不同集团之间各种互相作用的网络。许多庞大的基础系统,如能源网、交通网、航空运输网,都是与我们日常的生活和工作息息相关的网络系统。在生命科学中,基因、蛋白质和其他分子之间的相互作用形成了一个复杂的网络,从而产生了细胞的组织与功能。但是,节点与边的集合仅是网络类型中最简单的一种。此外,还有很多远为更加复杂的网络存在。例如,网络中可能存在不止一种类型的节点或边,节点或边可能会有很多属性与之相关联,边可以具有距离或带有权重,两个点之间可以有多重边相连,等等。

随机图理论

真实世界的网络都具有随机性和复杂性,随机图理论是研究随机复杂网络的重要数学工具。经典的随机图理论肇始于埃尔德什(Erdos)与仁义(Renyi)在20世纪50年代末与60年代初发表的一系列文章。他们发现,概率方法在处理图论的某些问题时非常有用。如今,随机图理论已经成为一个重要的数学分支。在纯数学领域,随机图理论被成功地应用于研究图论(色数问题、团数问题、拉姆希(Ramsey)理论、K-sat理论等)、数论、组合论等分支的数学问题。在计算机领域,随机图理论正被成功地应用于研究随机算法、算法复杂性、蒙特卡洛(Monte-Carlo)方法等。同时,随机图理论本身也蕴含了许多有趣的深刻的数学难题,正在吸引国际一流的数学家研究与随机图理论有关的漂亮的数学问题。

数学的魅力之一就是,它从一些最简单的假设出发,可以推导出许多有趣的结论。下面以经典随机图为例说明。假如有 n 个节点,每两个节点以概率P的可能性连接一条边。不同的边相互独立,这样就是一个最简单的随机图了,这叫二项随机图。如果取 $P=cn^{-\alpha}$，其中 $c>0,\alpha>0$。当 n 充分大时会产生一些很有趣的现象。这些现象可以直接用计算机模拟观察到，也可以在理论上严格推导证明。我们发现，如果 $\alpha>3/2$，则 n 充分大时几乎所有的图只有孤立点或孤立线段，即：P(只有孤立点或孤立线段)$\to 1$，当 $n\to\infty$。当 $\alpha=3/2$ 时，出现有 3 个节点的树，没有 4 个节点的树。一般地，当 $\alpha=k/(k-1)$ 时，出现有 k 个节点的树。但只要 $\alpha>1$，在随机图中就几乎没有圈。而一旦 $\alpha=1$，具有各种节点的圈，包括三角形、四边形、五边形等，都会同时出现。而且这些圈的数目都是相互独立的、服从泊松(Poisson)分布的随机变量。进一步考察 $\alpha=1$ 的情况，这时 $P=c/n$。当 $c<1$ 时，在随机图中永远没有最大的分枝，图中所有分枝的节点最多是 $\log n$ 的阶。而如果 $c>1$ 就不一样了，这时当 n 充分大时在随机图中会出现唯一的巨大分枝，它的节点数与随机图的总规模 n 成正比，几乎所有其他的分枝其节点数最多是 $\log n$ 的阶。

上面所举只是经典随机图理论中许多漂亮数学结果之一。有兴趣的读者可以在文献[3]和[4]中发现更多的数学瑰宝。当然，真实世界的随机复杂网络与上述经典随机图有很大的不同。真实世界的随机复杂网络是动态的、演化的系统，它具有大量的不断增减的节点和边，我们所发现和观察到的网络是其演化过程中相对稳定的一个状态，它相当于统计物理学家所说的“稳态”。近年来，人们发现相差甚远的领域形成的随机复杂网络具有惊人的相同的统计特征。例如，互联网与蛋白质基因网的度(网络中一个节点的度是指它连接的边数)分布都呈现出幂律分布(统计物理学家称之为无标度)的特征。实证和理论研究发现许多随机复杂网络都呈现幂律分布，并且许多随机复杂网络具有“小世界网络”与高聚集的性质，即网络中平均拓扑距离随着节点数增加时相对地增长缓慢(不大于对数阶增长)，而聚集系数却相对地较大。最近几年来在《科学》(*Science*)、《自然》(*Nature*)、《物理》(*Physics*)、*Physical Review Letter* 等杂志发表了许多研究和探讨随机复杂网络的文章。

偏好连接

为什么相差很远的、不同领域的网络会出现相同的幂律分布特征？科学家发现主要有两个原因。其一是网络的节点不断增长；其二是不断增长的新的节点和网络中原有节点的连接不是均匀的而是偏好连接。偏好连接是什么意思呢？它和原来网络上的点的（出、入）度数相关。原来网络上的点的度数高，被连接的概率就高；原来的度数低，被连接的概率就低。这是一个比较常见的社会现象和自然现象。比如在互联网创建新网页，原有的网页超级链接越多，人们越比较愿意把新网页和它建立超级链接；写一篇文章要引用文献，哪一篇文章经常被引用，人们就比较愿意引用它；同台演戏，哪一个演员比较有名，年青的演员就比较愿意和他同台演戏；开办公司也一样，新开办的公司最愿意和资金比较雄厚的公司建立联系。这些都是偏好连接。这些现象在复杂科学中被称为“效益递增律”，在经济学中被称为“富者越富”现象。在数学上可以证明，如果一个随机网络具有不断增长和偏好连接两个特性，在经过长时间运转后，从网络中随机地选取一个节点，该节点的度为 k 的概率与 k-g 成正比，其中 g 为一常数。这就是幂律分布，在文献中被称为无标度网络。

互联网正好具有不断增长和偏好连接的性质。因此从总体来看，互联网的节点的度服从幂律分布，即互联网是无标度网络。互联网的无标度性质并不是基于理论推导，而是被大量的实证数据所验证。

对于随机复杂网络的研究，有助于我们了解在网络上的各种过程行为及其应用。例如，互联网上病毒的传播是一个令人头痛的问题。大家知道人类疾病的传播都有一个临界值。科学家发现，如果无标度网络的幂指数小于 3，疾病在网络中传播的临界值就为 0。由于互联网就是幂指数小于 3 的无标度网络，因此互联网只要出现病毒，哪怕出现的概率很小，也会传播开来。

结　　语

目前人们对于社会网络或计算机网络上的传染过程、网络节点故障对通信网络性能的影响、网络相变与网络动态系统、蛋白质基因的网络结构等方面的研究已经有了一些初步的结果。但是，现在关于随机复杂网络的研究仍处于初级阶段，至今还没有成熟的理论框架和系统的程序和方法来研究复杂网络，甚至关于随机复杂网络的哪些属性属于最重要的研究目标这样一个基本问题都没有清楚的答案。随机复杂网络蕴涵了很多深刻、有趣的科学问题，这些问题正吸引着不同领域科学家的关注，数学工作者在这一新兴的交叉领域大有用武之地。

通过互联网这个例子，我们又一次看到，数学是一个非常有用的学科，而且数学的应用就发生在我们身边。

参考文献

[1] A. N. Langville, C. D. Meyer. Deeper Inside PageRank, Internet Mathematics. 2004,1(3):355-400

[2] P. Boldi, M. Santini, S. VignaPageRank as a Function of the Damping Factor, In the 14th International World Wide Web Conference, 2005

[3] Bollobas, Random Graphs. Cambridge University Press, 2001

[4] Svante Janson, Tomasz Luczak and Andrzej Rucinski: Random Graphs. Wiley, New York, 2000

[5] M. E. J. Newman. The structure and function of complex networks, SIAM Review, 2003,45(2):167-25

马志明

博士，1995 年当选为中国科学院院士，1998 年当选为第三世界科学院院士。现任中国科学院数学与系统科学研究院学位评定委员会主席，应用数学研究所研究员。研究方向为概率论与随机分析、随机图与随机复杂网络。

电脑传奇（上篇）*：计算机出世

黄铁军

北京大学

关键词：冯·诺依曼架构　数理逻辑　大脑神经系统

你所不知道的电脑秘史　你应该知道的电脑未来

电脑，顾名思义，电子大脑是也。我们中国人把这样一顶帽子扣在计算机头上，名不副实。但从另一个角度看，“电脑”很好地概括了人类制造智能机器的梦想。2016 年是图灵提出计算机概念模型 80 周年，第一台计算机 ENIAC 发明 70 周年，人工智能概念提出 60 周年，深度学习 10 周年，神经网络再次发力，人工智能风云再起，各国“脑计划”脚步匆匆，人造神经元和突触竞争白热化，神经形态计算浮出水面……越来越多的迹象表明，经典计算机正在脱胎换骨为神经计算机，2016 年极有可能作为电脑涅槃元年载入史册，基于神经计算机的强人工智能有望在数十年内实现，人类社会将面临天翻地覆的沧桑巨变！在这个决定人类命运和电脑命运的历史关口，让我们静下心来，一起回溯曾经浇灌计算机的思想细流，回顾电脑发展的波折历程，寻找照亮智能未来的火把……

---

* 名为传奇，事实还是力求准确，若有出入，请不吝赐教至 tjhuang@pku.edu.cn。

这正是：

人工智能百年论争，史海钩沉，众说纷纭，依然莫衷一是；

电子大脑一旦苏醒，魂归何处，正道沧桑，唯有慨然前行。

我的计算机简史

众所周知，现代计算机产生的数学基础是数理逻辑，物理基础是开关电路，计算机实际上是自动执行计算和逻辑操作的开关电路系统。

1936 年，阿兰·麦席森·图灵（Alan Mathison Turing，1912—1954）为证明“不可计算数”的存在而提出图灵机模型[1]。这一“思想实验”抓住了数理逻辑和抽象符号处理的本质：一台仅能处理 0 和 1 二元符号的机械设备，就能够模拟任意计算过程——这就是现代计算机的概念模型。

1938 年，克劳德·艾尔伍德·香农（Claude Elwood Shannon，1916—2001）开创了开关电路理论，在数理逻辑和物理实现之间架起了桥梁。

1940 年，针对当时纷纷出现的计算机特别是模拟计算机，诺伯特·维纳（Norbert Wiener，1894—1964）提出计算机设计的五原则：(1)计算机负责运算的中心部件不应是模拟式，而应是数字式；(2)开关装置应该采用电子元件；(3)采用二进制，而不是十进制；(4)运算和逻辑判断都由机器完成，中间应该没有人的干预；(5)内部要有存储数据的装置，支持快速读写。

1945 年 2 月，图灵向英国国家物理实验室提交了 50 页的“自动计算机”（Automatic Computing Engine，ACE）设计报告，提出了详细的计算机设计方案。报告建议研制第一台计算机，预算为 11200 英镑，却未获批准。1950 年英国研制出了简化版自动计算机。这份报告却保密了 27 年后才被公开。

1945 年 6 月，冯·诺依曼（John von Neumann，1903—1957）公开了离散变量自动电子计算机（Electronic Discrete Variable Automatic Computer，EDVAC）逻辑设计报告草案[2]，提出了存储和计算分离的存储程序结构（即冯·诺依曼体系结构），这实际是图灵机的一种通用物理实现方案，同一套硬件（负责逻辑和计算的通用中央处理器）可以执行多种功能（存放在存储器中的程序）。

1946 年，宾夕法尼亚大学研制成功第一台电子数值积分计算机（Electronic

Numerical Integrator And Computer，ENIAC)，它实际上是用约1.8万个“电开关”(电子管)搭建的大型开关电路系统(尚未采用冯·诺依曼体系结构)。

1947年底至1948年初，贝尔实验室发明了晶体管，成为替代电子管的更小、更高效的开关。1954年，贝尔实验室组装出第一台晶体管计算机。

1958年，仙童半导体与德州仪器分别发明集成电路。

1964年，戈登·摩尔(Gordon Earle Moore)提出摩尔定律。

……

1984年，邓小平同志提出“计算机的普及要从娃娃做起”，苹果公司Apple Ⅱ个人计算机来到中国，其中五台来到我就读的县城高中。1986年，也就是计算机40岁那年，我16岁，与计算机相遇在高中二年级计算机兴趣班课堂上，计算机给我的见面礼是兜头一盆凉水：传说中的“电脑”竟然连一元二次方程都不会解，需要我用Basic语言一步一步告诉它怎么做，不仅要分解成最基本的加减乘除，而且连有根无根的边界条件都要帮它界定清楚，这算什么“电脑”？好在我甘愿“忍辱负重”，很快玩转了“锯齿獠牙”的编程，在河北省的计算机竞赛中取得了不错的成绩，因此还获得了一台Apple Ⅱ专用权。

接下来二十多年，我被计算机裹挟着一路飞奔，穿越计算机应用专业学士、文字识别硕士、计算机视觉和虚拟现实博士、图像识别和视频编码标准等关口，来到2014年的北京大学“计算机系统导论”课堂。

“计算机系统导论”是计算机科学技术专业主干基础课，从美国卡内基梅隆大学引进，采用大班授课、小班讨论的方式进行，我作为十多名小班教师之一，“啃”了这块“硬骨头”。

那年年底，我被推到计算机系主任的位置，开始认真思考计算机的前世今生和未来走向。

1. 逻辑大脑

1942年5月，在美国纽约，梅西基金会(Josiah Macy Jr. Foundation)邀请六位专家研讨“脑抑制”问题，会议有两个主题：催眠术和条件反射，但最吸引人的却是阿图罗·罗森勃吕特(Arturo Rosenblueth，1900—1970)的报告“机器和目标导向的生物之间的行为相似性”。当时罗森勃吕特是哈佛大学医学院访问学者，跟随生理学系主任沃尔特·坎农（Walter Bradford Cannon，1871—1945）教授，基于“动态平衡”（homeostasis）理念从反馈角度研究应激反应。他的报告内容来自他和麻省理工学院的维纳及其助手朱利安·毕格罗（Julian Bigelow，1913—2003）开展的合作研究。1943年1月，这份报告以《行为、目的和目的论》[3]之名发表，“控制论”就此萌芽，这次聚会也被追认为赫赫有名的“控制论组”（Cybernetics Group）核心成员第一次聚会[4]。

罗森勃吕特的报告非常吸引人，以至于参会的人类学家玛格丽特·米德（Margaret Mead）后来回忆说自己掉了一颗牙齿都没注意到。被报告深深吸引的还有伊利诺伊大学芝加哥分校精神病学系的神经生理学家沃伦·麦卡洛克（Warren Sturgis McCulloch，1898—1969），他马上把这个新观念和自己的研究领域联系起来。1943年底，麦卡洛克和数理逻辑学家沃尔特·皮茨（Walter Harry Pitts，1923—1969）共同发表了《神经活动中内在思想的逻辑演算》[5]，提出了神经元的数学模型，这个模型作为人工神经网络的重要基础沿用至今。

细心如你，可能已经注意到“数理逻辑学家”皮茨发表这篇论文时才20岁。其实，他12岁时就用三天时间读完了2000页的《数学原理》，还指出了其中的一些错误，并写信给伯特兰·罗素（Bertrand Arthur William Russell，1872—1970），得到罗素高度赞赏，并被邀请到英国读研究生。皮茨18岁那年，得知罗素要到芝加哥大学做讲座，就一头扎到芝加哥。旁听罗素讲座期间，他认识了医学院研究生杰罗姆·莱特文（Jerome Ysroael Lettvin，1920—2011），后者把他介绍给了麦卡洛克，两人一见如故[6]。基于两人合作的这篇论文，皮茨从已经混迹了五年的芝加哥大学获得“文科副学士”学位。

麦卡洛克和皮茨这篇开创性论文的思想是这样的：大脑是一台逻辑机器，神经元的发放行为就像一个“全或无”的逻辑门，大脑运行过程其实可以形式化为《数学原理》中的那些精确逻辑推理过程。一个信号进入一个神经元环路，就会一直循环，这不就是记忆吗？神经环路一层套一层，实现对信息的抽取和处理，这就是思维啊！

1943年秋，皮茨跟着莱特文到麻省理工学院见维纳。维纳慧眼识才，直接推荐没有正式上过大学的皮茨就读麻省理工学院博士。维纳认为皮茨和麦卡洛克的逻辑大脑模型意义重大，还直接告诉皮茨真空管就是实现他的神经元线路和系统模型的理想方法。维纳还认为在他们的逻辑大脑模型中还需要加入随机性：大脑神经连接开始是随机的，随着神经元阈值的不断调整，随机性让位于有序性，信息就会出现，也就是说，用这个扩展模型制造的机器就会有学习能力。

2. 冯·诺依曼的101页草稿

几乎与皮茨遇见维纳同时，冯·诺依曼在1943年9月20日正式来到新墨西哥州的阿拉莫斯参加"曼哈顿计划"，他的原子弹内爆模型需要大量计算。1944年春，哈佛大学的自动程序控制计算器（the Automatic Sequence Controlled Calculator，ASCC，代号Harvard Mark Ⅰ）启动，运行的最早程序之一就是冯·诺依曼的内爆模型可行性验证程序。

1944年夏，冯·诺依曼在火车站候车时遇到美国陆军弹道实验室的戈尔斯坦，后者告诉他正参与ENIAC计算机的研制，随后冯·诺依曼成了宾夕法尼亚大学ENIAC研制组顾问。

1945年6月，冯·诺依曼公开了101页的EDVAC计算机设计报告草稿，堪称经典计算机的"葵花宝典"。

冯·诺依曼是标准的数学家，图灵也是标准的数学家，为什么图灵的ACE计算机方案只有50页，而冯·诺依曼的报告写了101页还没写完？打开这个秘密的钥匙，就是麦卡洛克和皮茨的《神经活动中内在思想的逻辑演算》——这是整个报告的唯一参考文献。

EDVAC报告分15章（第15章还没写完）。第1章是"自动计算系统"的定义，1页左右。第2章是系统构成，首先简要介绍了三个部分：中央运算器、中央控制器和内存，之后，冯·诺依曼说"这三个部分对应人类神经系统中相互联结的神经元"，顺理成章，"还需要感知神经元（sensory or afferent neuron）和运动神经元（motor or efferent neurons）"，因此，自动计算系统也需要另外两个组成部分：输入和输出。这就是计算机教科书中标准的"冯·诺依曼体系结构"，至于"牵强附会"的神经元比拟，严肃的教科书就删去了。

第3章很短，是关于报告撰写的安排。

第4章标题是"基元、同步性、神经元类比（Elements，Synchronism，Neuron Analogy）"。4.1节定义"基元"：能够保持两个或两个以上稳定状态的器件，在接受“刺激”(stimuli)(最原始的刺激来自“输入”部分)时可以发生状态翻转，也能发射“刺激”给其他基元。基元可以是当时已经在使用的十进制数轮(wheel)和电报系统用的继电器，不过最好是电子管(晶体管三年后才发明出来)。4.2 节第一段开门见山：“高等动物的神经元毫无疑问就是上面定义的一种基元”，“神经元的‘全或无(all-or-none)’特性即(基元的)两种状态：休眠或兴奋”，对于基元接收“刺激”以及“传播”刺激的描述更是直接源于当时对神经系统的理解。第二段，冯·诺依曼干脆直接引用了麦卡洛克和皮茨的文章。

第 6 章是“电子基元(E-elements)”，是那个时代人们对神经元的认识，具体来说，是麦卡洛克和皮茨文章中所描述的神经元，其中 6.4 节再次引用麦卡洛克和皮茨的文章，其中充满了神经元、轴突、树图、突触等神经网络词汇。

很清楚，大脑和神经系统就是冯·诺依曼设计计算机时的基本隐喻！

3. 计算机非电脑

冯·诺依曼用“脑”类比计算机，并不是他个人的灵感，而是当时“圈内的共识”，维纳在 1948 年出版的《控制论：或关于在动物和机器中控制和通讯的科学》[7]的导言部分有详细记录。

“从那时起❶，我们已经清楚地认识到，以替续的开关装置❷为基础的快速计算必定会是神经系统中发生的各种问题的几乎合乎理想的模型。神经元兴奋的全或无的性质，完全类似于二进制中决定数字时的单一选择，……突触无非是这样一种机构，它决定来自别的一些选定元件的输出的特定组合是否将成为足以使下一个元件产生兴奋的刺激，而且这种决定的精确性要类似计算机。”“在这方面有兴趣的人们经常来往。我们得到了和同事们交流思想的机会，特别是同哈佛大学的艾肯博士、高级研究所的冯·诺依曼博士、宾夕法尼亚大学研究 ENIAC 和 EDVAC 计算机的戈德斯汀博士。只要我们碰在一起，我们就互相细心倾听，不久工程师们的词汇中就渗进了神经生理学家和生理学家的专门名词”。“到了进程的这个阶段，冯·诺依曼和我都感到需要召开一次所有对于我们现在叫做控制论的这门科学感兴趣的人全都参加的会议，这个会在 1943—

❶ 指 1943 年秋见到皮茨时。

❷ 类似继电器。

1944 年之间的冬末在普林斯顿召开。工程师们、生理学家们和数学家们全都有代表参加。……生理学家们从他们的观点对控制论问题提出了集体意见，同样地，计算机设计者们也提出了他们的方法和目标。会议后期，大家都明白了，在不同领域的工作中之间确实存在着一个实在的共同思想基础”。

尽管维纳是从控制论角度记录这段历史，但毫无疑问这个“共同思想基础”也是当时设计计算机的“思想基础”，维纳在《控制论》就明确地说“计算机，乃至大脑，是一种逻辑机器”，并对计算机和神经系统进行了不少类比。冯·诺依曼的 101 页报告，不过是这种“共同思想”的详细展开而已。

但是，冯·诺依曼很快就认识到这种思想的问题所在，这集中体现在 1946 年 11 月他写给维纳的一封信中[8]。冯·诺依曼先回顾说“为了理解自动机的功能及背后的一般原理，我们❶选择了太阳底下最复杂的一个对象❷”，但是神经系统的既有模型对发展自动机帮不上忙，“在整合了图灵、皮茨和麦卡洛克的伟大贡献后，情况不仅没有好转，反而日益恶化”，“这些人都向世人展示了一种绝对的且无望的通用性：所有、任何事物……都能按照某种机制完成，特别地通过一种神经机制，一种确定机制竟然是‘万能的’”。

因此，冯·诺依曼决定和神经系统模拟分道扬镳，因为“仅靠我们对生物功能的了解，如果不借助‘显微镜’，就不可能在细胞层次上更深入地认识神经机制”[8]，基于此，他决定转向研究更简单的生物系统，例如能够自我繁殖的病毒和细菌。也许正是因为这个原因，冯·诺依曼甚至不愿意再花时间修改那份充满了神经系统隐喻的 101 页设计草案，转向怎样用不可靠元件设计可靠的自动机，以及建造自己能再生产的自动机。

图灵当然更清楚计算机只是执行形式逻辑的机器，它的能力极限已经由哥德尔定理和“不可计算数”框定了，不能和“脑”相提并论。1950 年 10 月，图灵在《心智》(Mind)发表《计算机与智能》(*Computing Machinery and Intelligence*)[9]，提出“机器能思考吗？(Can Machines Think?)”这个经典问题。图灵认为真正的智能机器必须具有学习能力，他以人的成长为参照模型描述了制造这种机器的方法：先制造一个模拟童年大脑的机器，再进行教育训练。

---

❶ 据上下文，是指皮茨、麦卡洛克、维纳、罗森勃吕特以及冯·诺依曼自己。

❷ 据上下文，是指人类神经系统特别是中枢神经系统。

1952 年,图灵发表《形态发生的化学基础》[10],注意力转向数学生物学(Mathematical Biology):用“(化学)反应-扩散方程”解释生物体何以发展出各种形态,例如人体骨骼形态、树叶形状、老虎花纹等,这一假说在 60 年后得到实验证实,图灵因此成为形态发生理论(Morphogenesis)的奠基人。不幸的是,就在这一年,图灵因同性恋获罪。大洋彼岸,维纳突然中断与皮茨和麦卡洛克的联系,雪上加霜的是,皮茨也意识到用纯粹逻辑建模大脑存在根本性问题,因此拒绝在自己的博士论文上签字,把包括三维神经网络研究在内的所有作品付之一炬,陷入酒精的麻痹和抑郁中。

1954 年,图灵逝世。那一年,贝尔实验室组装出第一台晶体管计算机。

1957 年,冯·诺依曼与世长辞。那一年,贝尔实验室发明晶体管的“八天才叛逆”,创办仙童半导体。一年后,根据冯·诺依曼为耶鲁大学西列曼演讲准备的未完成讲稿整理而成的《计算机与人脑》一书出版[11]。同年,仙童与德州仪器分别发明集成电路,大幅度提高了晶体管集成度和性能,成为制造“大型开关电路”通用硬件方案。

1964 年,维纳去世,围绕控制论的争论告一段落,计算机基本原理尘埃落定。那一年,摩尔提出集成电路指数提升的摩尔定律,计算机大步踏入半个世纪的辉煌历程。这一年,计算机正好 18 岁。

1969 年 5 月,一蹶不振的皮茨郁郁而终,四个月后,麦卡洛克步其后尘,这对惺惺相惜的忘年之交所引发的关于大脑、逻辑、智能、计算机和控制论的争论,与应用上取得巨大成功的计算机相比,越发显得黯淡无光。但是,智能的种子一旦种下,就不可抑制,神经网络和人工智能这两股力量早已暗暗角力,如今开山高手悉数西去,再不需要遮遮掩掩,一位出身神经网络派的人工智能派顶级高手,运起理论内功,在麦卡洛克弥留之际向神经网络派新首领(虽然曾是自己的高中校友)发出致命一击……

这正是:

计算本有道,至简又至真;
零壹数不尽❶,真假理已分❷;

❶ “数”当名词讲,意味着 0 和 1 就可表示所有数;“数”当动词讲,表示图灵“不可计算数”之存在。

❷ 这里指发轫于布尔逻辑的数理逻辑,真、假二值是逻辑推理的基础,而且逻辑和计算本质上是统一的。

开关归一统[1]，软硬定乾坤[2]；

电脑七十载，智能尚浮云[3]。■

参考文献

[1] Turing A M. On Computable Numbers, with an Application to the Entscheidungsproblem[J]. Proceedings of the London Mathematical Society, 1937, 2 (42): 230-265.

[2] von Neumann J. First Draft of a Report on the EDVAC[R]. June 30, 1945.

[3] Rosenblueth A, Wiener N, Bigelow J. Behavior, Purpose and Teleology[J]. Philosophy of Science, 1943, 10(1): 18-24.

[4] Heims S J. The Cybernetics Group[M]. London: MIT Press, 1991

[5] McCulloch W S, Pitts W. A logical calculus of the ideas immanent in nervous activity [J]. Bulletin of Mathematical Biophysics, 1943,5: 115-133.

[6] Gerter A. The Man Who Tried to Redeem the World with Logic[OL]. http://nautil.us/issue/21/information/the-man-who-tried-to-redeem-the-world-with-logic.（中文译稿《逻辑与人生：一颗数学巨星的陨落》. 环球科学. 2016 年 1 月，http://www.huanqiukexue.com/a/qianyan/More_than_Science/2016/0113/25931.html）

[7] Wiener N. Cybernetics: Or Control and Communication in the Animal and the Machine [M]. MIT Press,1948

[8] Rédei M (edited). Letters to N. Wiener[M]//John von Neumann: Selected Letters. History of Mathematics, 27. American Mathematical Society, 2005.

[9] Turing A M. Computing Machinery and Intelligence[J]. Mind LIX , 1950(236): 433-460.

[10] Turing A M. The Chemical Basis of Morphogenesis[J]. Philosophical Transactions of the Royal Society of London B,1952, 237(641): 37-72.

[11] von Neumann J. The Computer and the Brain[M]. Yale University Press, 1958.

---

[1] 香农开关电路理论，即所有的计算和逻辑操作都可以用开关电路实现。

[2] 冯·诺依曼体系结构的突出特点是运算和存储分离，从而使得计算机成为一种可以执行任何程序的通用机器，为软件发展奠定了基础。

[3] 计算机发明和发展过程中，智能如影随形，但是前者的“至简至真”和后者的“动态涌现”存在云泥之别。

黄铁军

CCF 杰出会员。北京大学教授，计算机科学技术系主任、数字媒体研究所所长。主要研究方向为视觉信息处理和类脑计算。tjhuang@pku.edu.cn

机器学习：发展与未来

周志华

南京大学

关键词：机器学习　人工智能

发展背景

我们常说现在是大数据时代。但大数据其实只是矿山，想得到数据中蕴涵的价值还需要有效的数据分析技术。因为这个原因，这几年机器学习特别热门。

机器学习是从人工智能中产生出的一个学科分支，其经典定义是“利用经验来改善系统自身的性能”。在计算机系统中“经验”通常是以数据的形式存在，因此机器学习要利用经验，就必须对数据进行分析。事实上这个领域发展到今天，主要是研究智能数据分析的理论和方法，并已成为智能数据分析技术的源泉之一。图灵奖连续两年颁给机器学习领域做出卓越贡献的学者，一定程度上体现出大家对这个领域的重视(见图 5-12)。

那么，机器学习做的是什么呢？我们先看一个案例。

众所周知，优质医学资源总是稀缺的。为了缓解这个问题，医学界出现了“循证医学”(evidence-based medicine)的想法。简单来说，当有疑难病人问诊时，先不去找大专家，而是去查阅医学文献，因为可能已有类似病例被专家研究过、甚至发表过论文，把这些论文提供的思路汇集起来也许就能得到很好的解决

莱斯利·维利昂特
2010年图灵奖得主
“计算学习理论”奠基人

朱迪亚·珀尔
2011年图灵奖得主
“图模型学习方法”先驱

图 5-12　图灵奖连续两年颁给在机器学习领域做出卓越成就的学者

方案。为实现这个想法，就要从浩如烟海的医学文献中把相关的文章找出来。目前有许多技术可以提供这种帮助，例如通过输入关键词查询医学领域的 PubMed、谷歌学术或 Web of Science。然而，通过关键词获得的文献未必真的有用，因为它们也许仅仅是涉及到这个关键词而已。所以，还需要做第二步，即通过查看文献摘要来判断哪些文章需要深入研读，这一步的工作量巨大。例如，在一项关于婴儿和儿童残疾的研究中，美国塔夫茨(Tufts)医学中心的专家经过第一步操作，筛选出约 33000 篇文章。这个中心的专家效率很高，对每篇摘要只需 30 秒钟浏览就能判断是否需要进一步研读全文；即便如此，该工作仍需花费约 250 小时。也就是说，假设一位医学专家每天不间断地工作 8 小时，仍需一个多月才能完成。更麻烦的是，今后每项新的研究都需重复这个过程，而且随着医学发展，文献越来越多，工作量也就越来越大。若只能按照上面这个办法，循证医学将是难以实用的水中花。

为了降低昂贵的成本，塔夫茨医学中心引入了机器学习技术。他们先邀请医学专家审读少量摘要，将它们标记为“有关”(需要进一步研读)或“无关”(不需要进一步研读)，然后基于这些标记过的数据训练出一个“分类模型”(见图 5-13)，用它来对其余文献进行预判，判断为“有关”的再请专家审读，这样就大幅度减少了医学专家的工作量。实践结果显示，系统的性能指标已经接近甚至超过人类专家的水平；更重要的是，原来人类专家需要一个多月的工作量，现在一天就能完成，这就使得循证医学有可能真正发展起来。

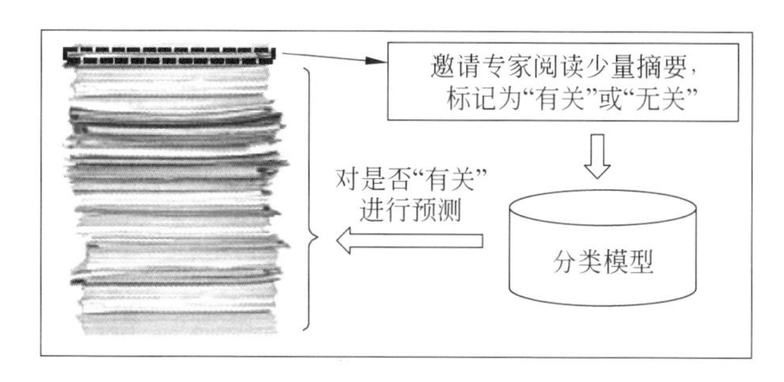

图 5-13　机器学习辅助文献筛选

这里的“分类模型”就是通过机器学习技术产生的。事实上，机器学习所研究的主要内容，是关于在计算机上从数据中产生“模型”的算法，即“学习算法”(learning algorithm)。有了学习算法，我们把经验数据提供给它，它就能基于这些数据产生模型；在面对新情况时(例如一篇新的摘要)，模型会做出相应的判断(例如是否需要研读全文)。有人说计算机科学是研究关于算法的学问，那么类似的则可以说机器学习是研究关于学习算法的学问。

机器学习源自人工智能。一般认为，人工智能从1956年夏天举行的美国达特茅斯会议开始正式成为一个学科领域，其主流技术的发展大致经历了三个时期。20世纪50年代到70年代初，人工智能研究处于“推理期”，那时人们以为只要赋予机器逻辑推理能力，机器就能具有智能。这一时期的代表性工作主要有卡内基梅隆大学赫伯特·西蒙和阿伦·纽厄尔研制的“逻辑理论家”及此后的“通用问题求解”等自动定理证明程序。这些工作在当时取得了令人振奋的结果，可以说已经达到了人类逻辑推理能力的高峰。赫伯特·西蒙和阿伦·纽厄尔也因此获得1975年图灵奖(见图5-14)。然而随着研究向前发展，人们逐渐认识到，仅有逻辑推理能力实现不了人工智能。斯坦福大学的爱德华·费根鲍姆(见图5-15)等人认为，要使机器具有智能，就必须设法使机器拥有知识，所谓“知识就是力量”。在他们的倡导下，从20世纪70年代开始，人工智能研究进入了“知识期”。在这个时期，大量专家系统问世，在很多应用领域取得了大量成果。“知识工程”之父爱德华·费根鲍姆在1994年获得图灵奖。但再到后来，人们逐渐发现，把知识总结出来再教给计算机相当困难，专家系统面临“知识工程瓶颈”。于是一些学者希望从数据中自动学习出知识，人工智能研究由此进入了

“学习期”。在这一时期，机器学习取得了大发展。恰在这个时期，人类收集、存储、传输、处理数据的能力取得了飞速提升，急需能有效地对数据进行分析利用的计算机算法，而机器学习恰恰顺应了大时代的这个迫切需求，因此受到高度关注，并由此掀起了新一轮人工智能热潮。如今机器学习已无处不在，只要有数据分析的需求，就能用到机器学习。

赫伯特·西蒙
1975年图灵奖得主

阿伦·纽厄尔
1975年图灵奖得主

图 5-14　人工智能“推理期”的杰出代表

图 5-15　“知识工程之父”爱德华·费根鲍姆，1994 年图灵奖得主

未来浅见

CNCC 2016 希望我谈谈机器学习的未来。我对机器学习仅略知皮毛，下面从技术、任务、形态这三个层面谈一些我个人粗浅的看法，很可能有错误，仅供大家批评。

技术

先谈“技术”。现在提到机器学习，很多人马上就会想到深度学习。深度学习有两个重要事件：2006 年，多伦多大学的杰夫·辛顿研究组在《科学》上发表了关于深度学习的文章；2012 年，他们参加计算机视觉领域著名的 ImageNet 竞赛，使用深度学习模型以超过第二名 10 个百分点的成绩夺冠，引起了大家的关注。目前深度学习在图像、语音、视频等应用领域都取得了很大成功。

从技术上看，深度学习模型其实就是"很多层"的神经网络。一个简单的神经网络模型如图 5-16 所示，每个小圆圈就是一个所谓的"神经元"。从生物机理来说，一个神经元收到很多其他神经元发来的电位信号，信号经过放大到达它这里，如果这个累积信号比它自己的电位高了，那这个神经元就被激活了，可以向外输出信号。这个现象在 1943 年的时候，就有芝加哥大学的两位学者创立了 M-P 模型，把它形式化，写出来就是图中那个简单的公式。我们可以看到，其实神经网络在本质上，是一个简单函数通过多层嵌套叠加形成的一个数学模型，背后其实是数学和工程在做支撑。而神经生理学起的作用，可以说是给了一点点启发，但是远远不像现在很多人说的神经网络研究受到神经生理学的"指导"，或者是"模拟脑"。再例如最著名的、今天仍使用最多的神经网络算法——BP，这个算法完全是从数学上推导出来的，它和神经生理学基本上没有联系。

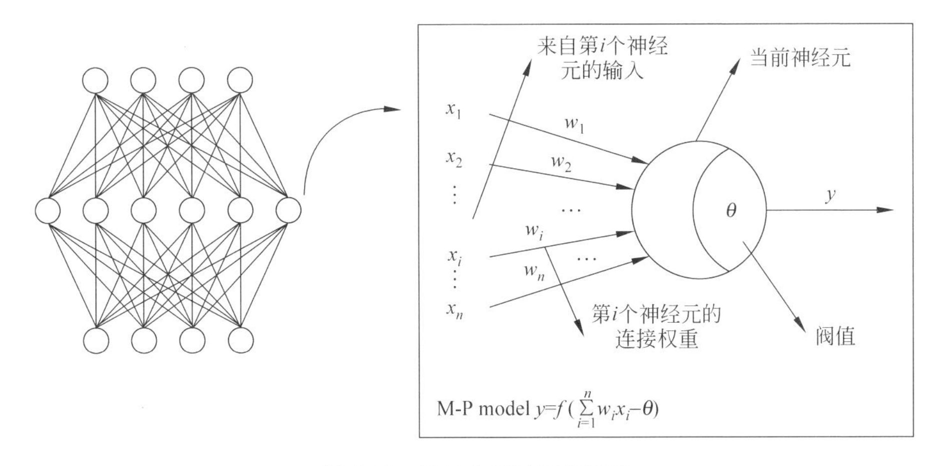

图 5-16 简单的神经网络模型

我们再看最有代表性的深度学习模型之一——卷积神经网络(CNN)。它也是有很多层，只不过在卷积神经网络里面，除了基本操作之外还引入了一些操作，比如说信号处理里面的卷积，卷积其实是起到了一定的时空平移不变性；还有采样，把一个区域用一个值代替，这是数据挖掘里对噪声进行平滑的基本技术，也是缩减计算量的基本技术。所以这些都是常见的操作，卷积神经网络把它们融合进去了。特别要注意的是，其实卷积神经网络并不新。第一次完整发表出来是在 1995 年。1998 年，已被用于手写体字符识别。那为什么 20 年前的技术到今天才热起来呢？这有一些原因，我们下面要继续探讨它。

在进一步探讨之前要说一点，现在有不少媒体，常说深度学习是模拟人脑，其实这个说法不太对。最早的神经网络受到一点点启发，但完全不能说是模拟脑。现在深度学习的层数很深了，是不是就模拟脑了呢？我在此引用国际深度学习领域最著名的三位学者之一颜·乐昆（Yann LeCun）的话，他说对深度神经网络，“我最不喜欢的描述是‘它像大脑一样工作’。我不喜欢人们这样说的原因是，虽然深度学习从生命的生物机理中获得灵感，但它与大脑的实际工作原理差别非常非常大。将它与大脑进行类比给它赋予了一些神奇的光环，这种描述是很危险的，这将导致天花乱坠的宣传，大家在要求一些不切实际的事情。”确实如此，如果我们从数学和工程的角度去探讨深度学习模型，可能还可以相对明白一些，而神经机理本身就说不清楚。

那么深度学习技术出现得那么早，为什么今天才特别热呢？我们来考虑几个问题。

第一个问题：我们今天用到的深度学习模型有多深？

举例回答这个问题比较容易：2015 年微软研究院在 ImageNet 竞赛夺冠的模型中使用了 152 层网络。现在有的网络甚至达到了上千层，包含几十亿甚至上百亿个参数，是非常庞大的模型。

第二个问题，为什么要做到这么深呢？

其实在机器学习理论里面，我们很早就知道，大致来说，如果你能够提升一个模型的复杂度，那么就可以提升其学习能力。比如说对神经网络这样的模型，我们怎么样提升它的复杂度呢？很明显有两个办法：一个办法，是把网络加宽；另外一个办法，是把它加深。但是如果从提升复杂度的角度来说，加深会更有用。因为加宽的话其实是增加了基函数的个数；加深的话，不只增加了函数个数，还增加了函数嵌套的层数，从泛函表达上它的能力会更好。所以“加深”对增强模型的复杂度和学习能力更有用。

第三个问题，既然你们早就知道“加深”能够提升学习能力，为什么不早一点去做？

这里很重要的一点是，提升模型的学习能力未必一定是好事！机器学习的目的，是希望从训练样本中学习出能用于未来新数据的“一般规律”；但有时会把训练样本的一些自身“特性”学出来，误以为是一般规律，这就会出错，这种现象称为“过拟合”(overfitting)。过拟合是怎么发生的呢？理论告诉我们，主要是因为模型过于复杂。这就好比我们在解决一个问题的时候，把这个问题想得过于复杂了，反倒会犯错误，这就是过拟合。所以以往大家都不希望用太复杂的模型。机器学习领域设计了很多技术来缓解过拟合，例如决策树剪枝、神经网络提早停止、支持向量机正则化等。但实际上最简单有效的是什么？就是使用更多的数据。比方说，你给我1000个数据，我可能学出来的是特性，不是一般规律；但是从1000万个数据里面学出来的，很可能就是一般规律了。

所以，为什么这么复杂的模型在今天特别有用呢？

第一个原因，是我们有了大量的训练数据。没有大数据的话，这个东西是不会有那么多用处的。

第二个原因，这么大的模型，我们一定要有很强的计算设备才能算出来。今天我们恰恰也有了，无论是GPU还是CPU集群，还包括今天有这么多人去研究机器学习的平台，做机器学习技术的底层支撑。如果我们只做简单模型的话，可能这些计算设备和技巧上的努力就不是那么重要了。

第三个原因，就是人们尝试出了大量的“窍门”。大家如果用过深度神经网络就会知道，某个人说，我在某模型上加了一层网络，性能更好；可能另一个人会告诉你，在他的任务上把这层网络减掉才更好。很多都是这样。而更关键的，什么时候有效、什么地方无效，却不知道。所以正统机器学习领域来看这些东西不能称为“方法”，因为道理不清楚，只能称为“窍门”(trick)。

深度学习里有大量的“窍门”，所以目前的状况就有点像老中医一样，虽然能治病，但是什么东西是有用的、什么是无用的、什么是起负作用的都不太清楚，笼统地混到一起。在这里，理论研究远远没有跟上。因为应用尝试比较容易，现在有很多深度学习架构让大家很方便，新手学个十天半月就能上手调试不同的模型做应用了，性能提高了就能很快发表文章。但是理论研究的门槛很高，先要训练好几年才能开始做事情。这就造成很多应用方面的尝试报道说这样好、那样好，但是能做理论的人很少，来不及去研究，而且因为很少有共性的东西，不同的人哪怕用的都是卷积神经网络，其实模型完全不同，做理论的也不知道从哪里去下手才不会浪费时间。这些问题要解决，需要有更多的人沉下心来研究基础问题，基础问题弄明白了，可以更显著地促进应用。

从以上讨论可看出，深度学习的成功有三个重要条件：大数据、强力计算设备、大量工程研究人员进行尝试。这些条件在20多年前不具备。另一方面，20多年前发明的技术到今天大显神威，这也给我们一个很好的启示：基础研究一定要超前，不能局限于看当时“是否有用”。

如果跳出技术细节来看，深度学习给机器学习带来了什么新变化呢？可能最重要的是“表示学习”(representation learning)。

传统利用机器学习技术解决问题的时候，拿到一个数据对象，首先要用一些特征把它描述出来。以往这些特征主要是人工设计的，称为“特征工程”，主要在计算机视觉、模式识别等应用领域研究，机器学习则主要关注如何基于已有特征建立学习模型。现在基于深度学习，只要提供足够多的数据样本，就能自动地把特征学习出来，这就是所谓的表示学习(见图5-17)，虽然这些特征的物理含义未必清楚，但是基于它们足以构建强大的学习模型。从某种程度上看，这是机器学习把自己的疆域向外推了一大步，原来一些应用领域研究的内容，现在可以通过机器学习技术解决了。有不少人说，深度学习里面还有一个重要的因素叫做“端到端学习”(end-to-end learning)，即把特征和学习模型的部分合起来看作一个黑箱整体，在前面给它一些东西，最后结果就出来了。这样做看起来有一个好处，就是这两部分在做一个联合优化。其实在机器学习里以往已经有类似的研究，把不同的部分合起来之后做“端到端优化”，有时候会好，有时候不好，这不是绝对的。所以深度学习里最关键的地方不是这个，而是在表示学习上。所以今天我们可以看到，很多人在用深度学习的时候，已经把深度神经网络的最后一层砍掉，把上一层的结果作为特征取出来，然后再把这个特征放到随机森林或者支持向量机之类的模型里面去用，其实就是在用它的表示学习能力。因此，当我们知道这个东西是关键之后，我们也可以知道一件事：那就是深度学习在什么时候更有用呢？它特别适用于这样的情况，就是这个数据的“初始表示”和解决问题需要的“合适表示”的距离非常远时。例如，对图像这一类的任务，它的初始表示是“像素”，而解决问题的时候往往需要的是“对象”“动作”，这里面的距离很远，这时候深度学习就特别帮得上忙。语音、视频之类的，都是类似的情况。

但是还有很多别的问题，可能它的这个“表示距离”不是这么远。这时候把

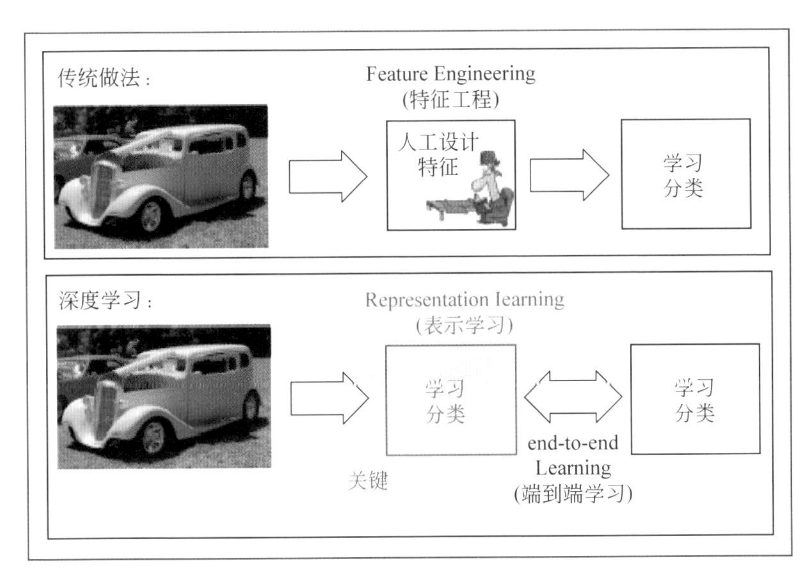

图 5-17 深度学习的关键——表示学习

深度学习放上去，花费的代价很大，起的作用并不是那么大。事实上，深度学习只是机器学习广袤领域中一个很小的分支，但它所适用的图像、语音、视频等任务恰恰和普通人的日常生活交集很大，很容易被宣传、被感知，所以容易吸引更多的关注。

很多人问，深度学习会不会长期这样占"支配"地位呢？鉴古知今，回顾神经网络的发展史可以看到，20 世纪 50 年代末开始神经网络第一次热潮，然后在 1969 年图灵奖得主马文·闵斯基发表名著《感知机》后进入"冰河期"，这个时期美国和苏联都停止了对神经网络研究的资助，绝大多数研究者改行；从 80 年代中期开始，神经网络掀起第二次热潮，状况与今天相似，几乎"席卷一切"，到 90 年代中期支持向量机和统计学习理论兴起，神经网络进入"沉寂期"，源于神经网络的 NIPS 会议在相当长的时间里不接收关于神经网络的文章；直到 2010 年代初"深度学习"兴起，神经网络又重新大热。这里面大致有一个"热十年、冷十五年"的交替模式。这是巧合呢，还是说神经网络本身就有一个这样的宿命？对此大家可以有各自的判断和思考。

另一个巧合注意到的人比较少，如果我们把神经网络每次热潮期往前看 5～10 年，每次都会看到计算设备发展的重大事件：20 世纪 50 年代中期现代电子计算机广泛应用;80 年代初英特尔系列微处理器与内存条技术广泛应用,在没有内存条技术之前要计算“内积”操作都是很麻烦的事情,所以有了内存条技术之后很多东西变了;21 世纪初 GPU、CPU 集群等广泛应用,有了 GPU 之后矩阵计算的效率大幅度提升,而这一次神经网络热起来和 GPU 的关系是非常大的。

从一定程度看,神经网络是相对最易利用新增计算资源的一类机器学习方法,因为神经网络最主要的就是求负梯度。其他机器学习方法要有效使用新增资源,往往需在理论和技术上跨出一大步,要进行新的设计。但这一步跨出之后,可能会由于理论上相对清楚、试错性大为减少而柳暗花明。所以在技术上,我个人觉得今后进一步发展的技术未必一定是深度学习,但应该是能够有效利用强力计算资源的技术。

任务

下面谈“任务”。前段时间 AlphaGo 下围棋战胜人类顶尖棋手,引起了轰动。AlphaGo 使用了很多机器学习技术,包括强化学习、深度学习等,所以人们欢呼机器学习的伟大胜利。首先要肯定的是,战胜人类顶尖围棋手确实是一个重大成就。但另一方面,人工智能学界早就有这样的认识:对于规则明确的棋类游戏,机器迟早能战胜人类。一般说围棋很难,是因为它所涉及的状态空间大致达到 10^{172} 的规模(作为参照,宇宙中原子总数大约是 10^{80}),这意味着传统搜索之类的技术已然失效,更不用说强力枚举绝不可能。但围棋虽是已知棋类游戏中最困难的,它并非人工智能领域所面临的最困难任务。简单说,下围棋时每个棋子落在哪里,双方都看得非常清楚;什么是“赢”,双方也有共识;……很多真正困难的任务会涉及不精确感知、不完备信息,乃至无共识目标,这样一些任务的状态空间规模甚至接近无限。

AlphaGo 获胜后出现了一些过度炒作,但严肃的机器学习界很清楚地认识到,AlphaGo 并未提供通用人工智能的“解决之道”,它还有很大缺陷和不足。例如在人机大战的第四局,李世石九段下出了被围棋界誉为“神之一手”的第 78 手,后来这局棋以 AlphaGo 失败告终。DeepMind 团队查看比赛日志,发现第 78 手后 AlphaGo 一直以为自己很好,直到第 87 手才发现前面是误判、下错了。那在这差不多10手棋里，从职业棋手角度看AlphaGo是什么状态呢？用国家围棋队刘菁八段的话来说“就跟不会下棋一样了……”所以这其实是一个什么现象？就是我们人类犯错的话，水平可能会从九段降到八段；而机器如果犯错的话，水平能从九段直降到业余！从这个角度来看，人工智能程序离所谓的超越人类还很远，这里的关键是缺乏足够的鲁棒性。

在机器学习里，我们以往的研究可以说主要是假设在封闭静态的环境下进行的，因为要假定很多东西是不变的，例如数据分布不变、样本类别不变、样本属性不变，甚至评价目标不变等。但现实世界是开放动态的，一切都可能发生变化。一旦某些重要因素变了，原有模型马上就会表现很差，而且没有理论保证最差到什么程度。所以，开放环境下的机器学习是一个很困难的挑战，这里鲁棒性很关键，就是好的时候要好，差的时候也不能太差。

我们不妨看看国际上对人工智能发展的讨论。2016年2月的国际人工智能大会上，AAAI学会主席汤姆·迪特里奇教授作了一个纵览人工智能全局、指引未来发展的主席报告，题目是“通往鲁棒人工智能”(Steps towards Robust AI)。报告强调，人工智能技术取得了巨大发展，接下来就不可避免地会在一些高风险领域应用，例如自动驾驶汽车、无人战机、远程自动外科手术等，这些应用有一个共同的要求，就是不仅正常情况下要做得好，而且出现意外时仍不能有坏性能，否则就会造成重大损失。要解决这个问题，他说人工智能技术必须“能应对未知情况”(unknown unknowns)，这就对应了我们所谓的“开放环境”。所以我个人以为，开放环境下的机器学习研究，是通往“鲁棒人工智能”途径上的关键环节之一，这非常重要，但给机器学习带来了重大挑战。熟悉计算学习理论的人士可知，传统学习理论研究是建立在概率近似正确意义上，为了保障鲁棒性，有巨大的理论障碍需要突破。

形态

再谈“形态”。今天大家提到机器学习的时候，会想到什么呢？可能有人会想到“算法”，有人会想到“数据”。今天机器学习正是以“算法＋数据”的形态存在的。在这个形态下，机器学习有哪些技术局限？容易列出很多：例如需要大量训练样本，模型难以适应环境变化，黑箱难以用于高风险应用……有一些平时谈得相对较少，例如不少人把机器学习看作“魔法”，因为很多时候即便用同样的模型、同样的数据，普通用户也很难得到专家所获得的性能；再如数据隐私和安全问题，严重制约了分享机器学习中积累的经验和有用信息。对这些问题可以逐一去寻找解决方案，但可能陷入头痛医头、脚痛医脚的境地。能否从整体的框架出发来考虑呢？

最近我们提出了“学件”(learnware)的概念。计算机学科的人都很熟悉硬件、软件，我们考虑机器学习在发展进程中也许会产生出“学件”。例如，假定有人构建了一个机器学习模型并很希望分享给他人，他可以把这个模型放到某个地方，这地方就像市场一样，摆放了许多已被训练好的机器学习模型；其他人在开发自己的机器学习应用时，可以先到这个市场上看看有没有可用的模型。就如同一个人想要切肉刀，肯定不会自己从头开始去采矿、打铁，而是先去市场上看看有没有合用的；即便没找到切肉刀，只找到西瓜刀，带回去用自己的数据打磨打磨也许就能用了。这里考虑的关键是：部分重用他人结果，不必从头开始。

学件由两个部分组成：预训练的模型和描述模型的“规约”(specification)。学件中的预训练模型需要满足三个性质：可重用(reusable)、可演进(evolvable)、可了解(comprehensible)(见图 5-18)。可重用是指学件的预训练模型仅需利用少量数据进行更新或增强即可用于新任务。这方面已有一些相关研究做技术支撑，例如我们关于“模型重用”方面的研究、“迁移学习”中的一些技术，以及最近的“贝叶斯程序学习”等。可演进是指学件的预训练模型应能感知环境变化，并针对变化主动自适应调整。因为不太可能有绝对精确的规约和需求说明，所以模型要能主动感知到新任务与规约描述的差异，并适应新任务环境中可能存在的变化。这方面已有一些相关研究，例如关于适应分布变化的工作等。可了解是指学件的模型应能在一定程度上被了解，包括其目标、学习结果、资源要求、典型任务性能等，否则将难以给出模型的功能规约，且通过重用、演进后获得模型的有效性和正确性也难以保障。这方面也有一些相关研究，例如我们在 2004 年曾发表过一个工作，试图通过“二次学习”来增强复杂模型的可了解性，把复杂模型透明化，甚至转变为符号规则；最近深度学习领军人物杰夫·辛顿等人也提出了相似想法，他们称为 Knowledge Distillation。学件中的“规约”则需能给出模型的合适刻画，在一定程度上说明这个模型的能力和适用范围等。规约也许可以基于逻辑、统计量，甚至精简数据，这方面我们也许可以从软件工程的规约研究中得到一些启发。

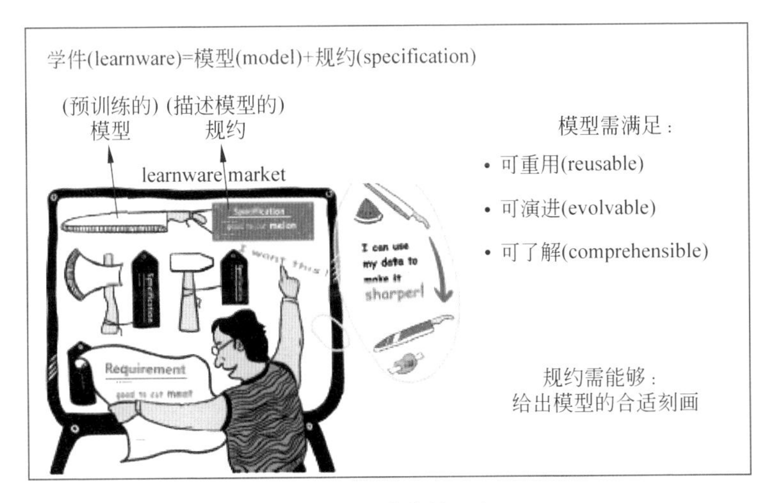

图 5-18　学件的要点

我们可以看到，有了“学件”这个框架之后，前面提到的很多局限可能得到全面的解决。例如可重用使得仅需少量数据去更新既有模型，不再需要巨量训练数据；可演进使得学件能适应环境的变化；可了解使得模型能力能被探查；模型可以从专家级模型基础上重用演进而来，使得用户较易获得专家级结果；分享出去的是模型而不是数据，回避了数据隐私和所有权的问题；……除了解决这些问题，大家把自己的模型放到市场上，可以为学件的分享和使用定价，由此甚至可能会催生出一个类似于软件产业的新产业。

小结

最后，对今天的报告内容做一个小结，主要有下面几点：

- 深度学习可能会有“冬天”，因为它仅是机器学习的一种技术，更“潮”的技术总会出现。
- 机器学习不会有“冬天”，因为只要有分析数据的需求，就会用到机器学习。
- 关于未来的思考：

(1) 技术上,应该是能有效利用强力计算设备的技术(未必是深度学习);

(2) 任务上,开放环境的机器学习任务尤为重要(鲁棒性是关键);

(3) 形态上,希望从现在的"算法+数据"发展到"学件"。

如果对这三点加上一个预计时间的话,可能是 5 年、10 年、15 年。

再次强调:以上仅是个人的粗浅看法,请大家谨慎参考,免受误导。■

(本文根据 CNCC2016 特邀报告整理而成)

致谢:感谢《中国计算机学会通讯》邀请将 2016 年 10 月中国计算机大会报告修整成文。报告视频见:http://www.iqiyi.com/v_19rr9nbim0.html#vfrm=2-3-0-1。由于是报告整理稿,时间匆忙,未详列参考文献,对相关情况感兴趣的读者可参考:周志华. 机器学习. 清华大学出版社,2016;Z.-H. Zhou. Learnware: On the future of machine learning. Frontiers of Computer Science, 2016, 10(4): 589-590,以及其中的参考文献。

周志华

CCF 会士,常务理事,人工智能与模式识别专委主任。南京大学教授,计算机软件新技术国家重点实验室常务副主任。ACM/AAAS/AAAI/IEEE Fellow。 zhouzh@nju.edu.cn

数字墨水技术：数字世界中的神来之笔

王长虎[1]　芮　勇[2]

1. 字节跳动

2. 联想集团

关键词：数字墨水

数字墨水技术

笔和墨，是人类知识和文化传承的重要媒介，是我们从孩提时代就熟悉、掌握并受用一生的工具。千百年来，人们用笔墨记录历史，用笔墨学习，也用笔墨进行艺术创作。从五岳独尊的泰山，到名传四海的黄鹤楼，无不承载着用笔和墨书写的历史。

虽然现在计算机已经非常普及，笔和墨时常被束之高阁，但是人们并没有忘记笔墨对文化的承载，巧妙地开发出了数字墨水技术。这种技术作为一种新的人机界面技术，更方便、也更智能地延续着笔墨的功能。

数字世界中的笔、墨、纸

类似于现实世界中的笔、墨和纸，数字墨水技术也包含数字笔、数字墨水以及承载和显示墨水的屏幕（纸）——触摸屏三个部分。其中笔和触摸屏是硬件，数字墨水是软件，例如线条的存储、识别与显示技术。

随着触摸屏的逐渐普及,可以预见,数字墨水技术有着广泛的应用前景。学生可以在平板电脑上用手指或笔来涂鸦,不必担心墨水洒得到处都是;商务人士可以快速地在手机或平板电脑上进行会议记录或讨论问题;漫画爱好者可以用笔在电脑上精确绘画,随画随擦。

硬件设备的发展

硬件设备的发展是数字墨水技术的基础。自计算机诞生之日起,研究人员便孜孜不倦地探索更加自然的人机交互模式。

早期的探索　在硬件设备发展初期,数字墨水的输入设备与显示设备是分离的。1957 年,汤姆·戴蒙德(Tom Dimond)发明了 Stylater 电子写字板。“Stylater”这个名字是由“stylus”(尖笔)与“translator”(翻译)组合而成,它允许用户用手写笔在电子板上按规则书写,可识别数字或者字母。Stylater 是最早的写字板设备,已具备当前流行的手写笔加写字板的输入模式。

20 世纪 60 年代,兰德公司(RAND)的 GRAIL 项目进一步完善了数字墨水设备:一只手写笔、一个写字板、一台显示器以及简单的手写识别技术。GRAIL 强调显示器与手写版笔迹的同步展示与识别,已经具备了数字墨水技术的初步功能。然而,由于受到易用性的限制,它只是一个研究项目,并没有真正转化为产品。

手写输入计算机的商用。从 70 年代开始,手写输入计算机逐渐进入市场,从 Applicon 公司的 CAD 系统,到 Pencept 公司的 Penpad,再到 GO 公司的 PenPoint 操作系统以及微软公司的笔式计算机、苹果公司的 Newton 系统等。然而,由于这些手写输入系统和计算机体型笨重,并且手写的识别率未达到用户期望,因此在市场上均未取得成功。

1989 年,杰夫·霍金斯领导制作了 GRiDPad,第一次把输入设备与显示设备合二为一,并在 1990 年销售了一万多台。GRiDPad 的主要用户群是商业公司,并未得到普通消费者认可。

1996 年,杰夫·霍金斯再次取得重要突破,他领导的 Palm 公司推出了一个划时代的产品 Pilot 1000,这是第一款真正成功的掌上电脑,同时也为后续的几款更加成功的产品，如 Palm V 打下了坚实的基础。Palm 系列产品体积小到可以放在衬衫口袋里，其操作简单，价格低廉，可实时手写和识别，受到消费者的欢迎。

智能手机与平板电脑。进入 21 世纪，智能手机与平板电脑逐渐成为手写输入电脑的中坚力量。微软公司在 2002 年和 2003 年分别推出了 Windows XP Tablet 和 Windows Mobile 2003 操作系统，利用数字笔和输入面板，用户可以直接在屏幕上写字，并且将自己的手写体方式保存或者转换为文本，输入到其他应用程序中。除了手写文字识别，手写公式识别也将成为可能。

尽管微软公司早期推出的智能手机和平板电脑操作系统优势明显，但随着 2007 年和 2010 年 iPhone 和 iPad 的推出，史蒂夫·乔布斯领导的苹果公司震撼了全球，成为消费者所拥戴的赢家。乔布斯完全抛弃了物理键盘，甚至抛弃了数字笔，用户可以直接用手指与计算机进行交互，极大地简化了操作过程。至此，数字笔也不再是数字墨水技术的必需品。

触摸屏外的尝试。乔布斯提出了数字笔的替代品——手指，并使触摸屏和多点触控技术成为智能手机和平板电脑的必备要素。然而，作为数字世界中的“纸”，触摸屏有没有更自然的替代品呢？

2005 年，微软亚洲研究院开发了一个名为“万能数字笔”的数字笔原型，集成了微型摄像头、压力传感器、蓝牙模块和存储器芯片，能够把在纸质文档上勾画的线条和文字通过蓝牙同步记录和显示在电脑屏幕上。因此，用户在纸上的书写自动地转为数字化形式，以供进一步识别。唯一的要求是，纸的表面要打印一些淡灰色条纹用于定位万能数字笔的坐标。

近几年，易方公司推出了易方数码笔，利用超音波和红外线对笔尖进行定位，实时地将用户用普通笔芯在普通纸张上书写的线条数字化。除了笔本身，用户只需要将接收单元夹在纸张上部即可。这使得在数字世界的书写和绘画变得与现实世界一样容易。

数字墨水中的“智慧”

硬件方面的进展使得人们在很大程度上可以自由地与机器进行交互，延续着现实世界中笔墨纸的功用。然而，数字墨水技术并不局限于简单的模仿，我们期望它能在理解用户的所写、所画、所思方面拥有“智慧”，进而提高用户的书写效率，并用数字化技术去整理和归档用户所写，以方便查询和其他应用。这种“智慧”也是现实世界中的笔墨纸所不具备的。

数字和文字识别　早期数字墨水技术关注的是数字和文字的识别，这也是人机交互中最重要、应用最广泛的部分。尽管线下的数字/文字识别技术可以追溯到19世纪，但是由于对硬件的依赖性，早期的在线识别技术往往与硬件的推出相关，并且其识别率在某种程度上决定了硬件设备的成败。

最早的电子写字板 Stylater 是具备数字/文字识别功能的。在 Stylater 上有3条铜导线，它们被两个黑点分成了7段，如图5-19所示。围绕这两个黑点，以特定模式书写数字，笔尖将划过不同的导线组合，从而记录下不同的通电模式以用于识别数字。同理，用4个黑点便可以识别出不同的字母。

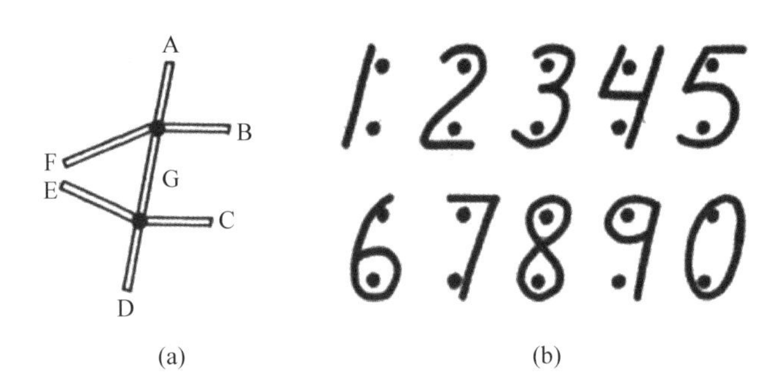

图5-19　Sytlater 中的数字识别。(a)被两个黑点分成的7段铜导线，笔尖划过的导线会通电，不同的通电模式对应不同的数字。(b)用两个黑点约束的数字的书写模式

手写识别在早期的手写板和手写输入计算机中非常重要，GRiDPad 和 Palm 之父杰夫·霍金斯便是以此起家。当他了解到某公司的手写输入识别系统可以要价100万美元的时候，他便以极快的速度写了一个自认为更好的识别算法，并因此成为 GRiDPad 项目的负责人，而其识别算法成为 GRiDPad 及后续几个项目的核心识别模块。

早期的手写识别系统的鲁棒性并不是很高，因此限制了手写输入计算机的实用性。Palm 公司发明了 Graffiti 手写字母表用于手写识别，如图5-20所示。

Graffiti 非常简单，每一个字符都有特定的一笔画书写模式，因此下笔和抬笔就意味着一个字符书写完成，非常易于识别。尽管初学者需要学习和适应 Graffiti 的书写模式，但是一旦适应，识别率比之前的无约束系统要高很多。

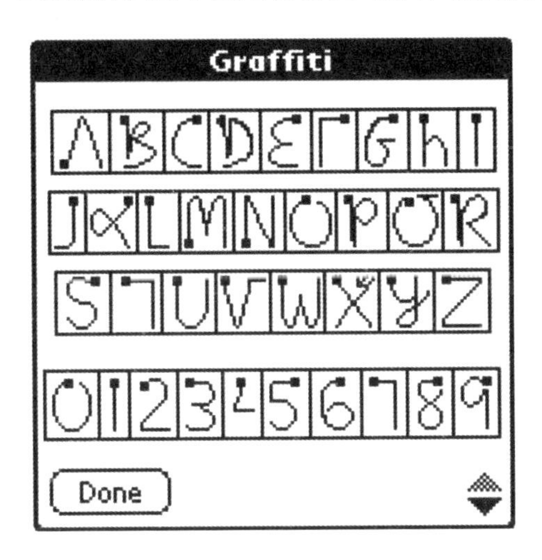

图 5-20 Graffiti 手写字母表

如今，手写识别技术已经比较成熟。在微软的 Tablet，Windows mobile/phone 以及 Windows 8 系统中，均有鲁棒的手写识别技术，而且不需要类似 Graffiti 的特殊书写方式，就能够以单词为单位进行识别。

手势识别 伴随着手写数字和文字识别技术的广泛应用和日益成熟，其他相关的手写识别技术也逐渐进入人们的视野。

在早期的硬件中就出现了手势识别技术，例如 20 世纪 60 年代的 GRAIL 项目。手势识别可以看作是在手写板和触摸屏上传递信息和命令的一种方式，现在已经广泛应用于触摸屏设备中。比如，在 Windows Phone 8.1 系统中，手指从屏幕顶端向下滑动，就会出现"通知中心"，来显示设定的主要应用的最新信息。触摸屏上的手势往往非常简单，容易记住，并且在识别后便隐去痕迹。某些手势，比如从右向左画短线，可以用来擦除文字；或者用圆圈聚合某些线条来形成一个形状或单词。

形状和流程图识别 手势识别实际上也可以看作是简单的形状识别，只是在识别之后便形成特殊的命令。形状识别自动识别用户所画的形状，识别一旦完成便选择用标准的形状来替换。在早期的手写输入系统中，形状识别只是作为流程图的一部分用来编写电脑程序。随着流程图的广泛应用，手写形状识别和复杂流程图识别的研究工作延续至今。

如图 5-21 所示，在线的复杂流程图识别不仅需要文字和形状识别技术，而且更重要的是，要首先根据线条顺序和空间位置关系，把用户画的线条合理地聚成若干组，使得每一组线条对应一个形状或一组文字。因此，流程图识别以及后续将要介绍的复杂线条识别都需要进行线条的分割，并根据相关领域的先验知识制定策略来简化算法。例如，在文献[1]中，流程图的构造规则（例如基本形状之间由箭头连接）对降低算法复杂度起到了至关重要的作用。

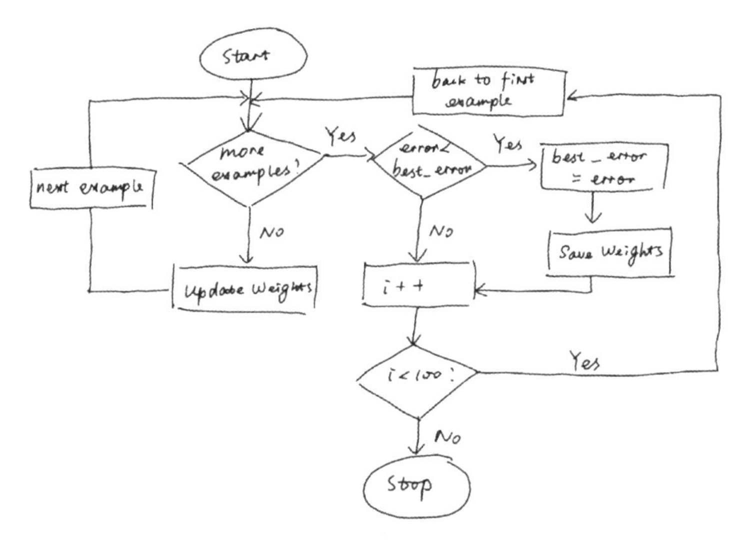

图 5-21　流程图示例[1]

其他领域线条图识别　除了流程图识别，在不同领域中均有数字墨水的用武之地。比如，手写公式识别、电路图识别、化学分子图识别、乐谱识别等技术，使得各行各业的人们都可以享受数字墨水的智慧。拿起微软亚洲研究院的万能数字笔，再利用乐谱识别技术，音乐人便可以在作曲的同时欣赏刚刚创作的音乐；化学系的学生画出不同的分子图，并可以实时地在电脑中模拟化学反应；准备毕业论文的研究生也可以直接在 Word 中写出数学公式……

数字墨水足够“聪明”了吗

我们一方面希望数字墨水技术使我们在数字世界中能够自然地用笔来记录、学习、交流和创作，另一方面期盼能充分利用计算机的智慧，使数字世界中的笔更加智能。数字墨水就像渴望知识的少年，在触摸屏时代，积极地学习知识，茁壮成长。

从写到画 小孩子总喜欢在纸上和墙上涂涂画画，那么，计算机能够识别小孩子画的简单的线条画和彩色画吗？前面介绍的数字墨水识别技术大多依赖很强的领域先验知识，因此算法往往只能应用在相关领域，却无法自动识别孩子们笔下无限可能的物体。

近几年，随着草图搜索技术[2]的发展，普通物体的草图识别研究也逐渐开展起来。我们通过数据驱动的方式，基于数百万张卡通图片，建立了一个草图识别系统 Sketch2Tag[3,4]，尝试识别任意物体的线条画，如图 5-22 所示。希望在不久的将来，数字墨水技术不仅可以鲁棒地识别线条画，还可以识别孩子们的彩色画。

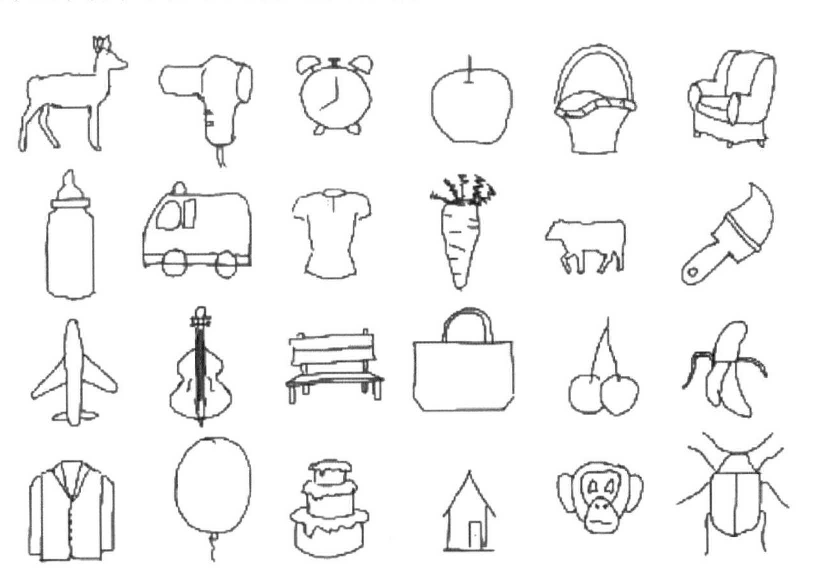

图 5-22　普通物体的线条画示例[3]

从在线到离线 随着智能手机的普及，用户可以随时用手机拍下自己在纸上记录的内容或者与他人在白板上的讨论过程，以备存档和查找。那么，计算机能自动分析用手机拍下的内容并将其数字化吗？

在线的手写线条是相对完整的，并具有时间信息，可以用来简化复杂线条的分割与识别。然而，离线拍下的线条没有时间信息，并且从背景中提取出来后可能变得不完整。那么，如何设计有效快速的识别算法来识别离线线条，成为数字墨水技术需要攻克的难题。

更智能 当前数字墨水识别技术大多可以识别用户手写的线条，并可以用标准的文字或形状替代。然而，如果遇到极其相似的形状还能有效区分吗？允许用户随意修改吗？它会猜测用户的想法，并补全用户未画的部分吗？

研究人员一直期望并努力使数字墨水技术变得更加智能。我们建立了一个名为 SmartVisio[5] 的系统，能有效区分极其相似或相关的形状，例如圆角矩形和尖角矩形，并允许用户自由修改编辑。为了让计算机帮助用户绘画，微软雷德蒙研究院建立了一个名为 ShadowDraw[6] 的系统，其在用户画线条的同时，在背景中显示阴影，阴影越深表明越可能出现线条，从而指导用户绘画，如图 5-23 所示。

图 5-23 ShadowDraw 系统，自动对用户所绘线条进行实时指导。每两行为一个例子，其中第一行是呈现给用户的结果，第二行是算法产生的用于推荐的阴影

数字墨水技术，就像一只神来之笔，为我们在数字世界中延续那笔尖划过纸张的感觉。更加自然，更加智能，将是数字墨水技术不懈追求的目标。■

参考文献

[1] A. Lemaitre, H. Mouch _ ere, J. Camillerapp, and et al.. Interest of syntactic knowledge for on-line flowchart recognition. In Graphics Recognition. New Trends and Challenges. Springer,2013: 89-98.

[2] 王长虎，张磊. 草图搜索的魅力与挑战. 中国计算机学会通讯，2012;12(8).

[3] Z. Sun, C. Wang, L. Zhang, and et al.. Query-adaptive shape topic mining for hand-drawn sketch recognition. Proceedings of the 20th ACM international conference on Multimedia. ACM, 2012: 519-528.

[4] Z. Sun, C. Wang, L. Zhang, and et al.. Free hand-drawn sketch segmentation. ECCV 2012. Springer, 2012: 626-639.

[5] J. Wu, C. Wang, L. Zhang, and et al.. Sketch Recognition with Natural Correction and Editing. AAAI 2014.

[6] Yong Jae Lee, Larry Zitnick, and Michael Cohen. ACM Transactions on Graphics, 2011.

王长虎

CCF高级会员，CCCF编委，字节跳动人工智能实验室总监，原微软亚洲研究院研究员。主要研究方向为新一代多媒体搜索、视觉识别、草图搜索与理解等。 chw@microsoft.com

芮　勇

CCF杰出会员。联想集团首席技术官、高级副总裁。原微软亚洲研究院首席研究员。主要研究方向为移动计算、无缝漫游及移动互动等。 yongrui@microsoft.com

黑客精神与开放架构：个人计算机 40 年

万 赟

美国休斯敦大学

关键词：个人计算机　开放架构　操作系统

2015 年是个人计算机问世 40 周年。如果说 20 世纪 50 年代大型机的发明是战争的需要，那么 70 年代个人计算机的问世则是出于黑客（Hacker）精神。

“黑客”一词最早被 20 世纪 60 年代活跃在美国麻省理工学院学生社团铁路模型技术俱乐部的成员用于自我称谓。尽管不同媒体对黑客有不同的描述，但对所感兴趣事物的高度专注和追求极致是所有黑客的共同特征。当自称为黑客的麻省理工学院的年轻学生把专注的对象从铁路模型转移到 PDP[1] 时，他们可以夜以继日地为 PDP 编写大量基础程序，并且追求代码的简洁度到极致，创造了软件黑客的黄金时代。当具有类似精神的另一批黑客专注于计算机本身的研制时，他们可以夜以继日地摸索最好的主板设计和芯片组合，于是就出现了加州硅谷的自制计算机俱乐部（HomeBrew Computer Club）这样的硬件黑客群体和后来的个人计算机。

70 年代中期，硅谷乃至全美的硬件黑客的终极梦想是攒一台个人计算机，这一梦想是伴随着 1969 年英特尔微处理器的问世而出现的。1969 年，刚成立一

---

[1] PDP 系列计算机是美国 DEC 公司的产品，其中以 PDP-11 小型机最为著名，流行于 20 世纪 70—80 年代。

年多的英特尔公司在接单为日本一家生产电子计算器的公司生产后者设计的计算器芯片时，发现对方需要的12个不同的数据处理芯片其实可以通过一个可编程的通用计算芯片和支持它的三个外围芯片来实现，由此诞生了计算机历史上第一个微处理器——Intel 4004。后来引发无数计算机爱好者关于组装属于自己的一台计算机的遐想的是英特尔在1974年推出的计算能力更强大的Intel 8080微处理器。

百花齐放

最早把Intel 8080微处理器与个人计算机联系在一起并作为产品推出的是美国新墨西哥州的一个名为MITS的小公司。该公司的创始人罗伯茨通过巧妙的手段以每个75美元的价格从英特尔公司获得了市场价格为350美元的Intel 8080芯片。MITS公司给该芯片配置了一个简单的总线和256比特的内存以及显示信号装置，搭配成零件组装上市，这就是牛郎星计算机。尽管从现代标准来看，牛郎星即便装配得再好也只是一台没有软件和操作系统，也没有有效的输入输出设备的计算机，但它却因为397美元的低廉价格和可以添加扩展功能卡的特点吸引了大批计算机爱好者。1975年2月牛郎星计算机上市后，订单蜂拥而至。

随着牛郎星的出现，美国进入个人计算机产业发展的萌芽阶段。市场上一夜之间出现了几十家与牛郎星有关的创业公司。其中最有声势的是旧金山米勒德创立的通过连锁店零售牛郎星兼容机的以姆赛公司(IMSAI)。相比于牛郎星，以姆赛兼容机的主要进步是安装了数位研究公司(Digital Research)提供的CP/M计算机操作系统。该操作系统在短短几年时间里成为最流行的个人计算机操作系统。除了以姆赛，得克萨斯州的西南技术产品公司(SWTPC)也开发了一款名为SWTPC 6800的个人计算机。它的外观设计和牛郎星差不多，不过芯片采用了比英特尔便宜的摩托罗拉6800，所以售价比牛郎星还要低。犹他州的维斯则研制出市场上第一台配备键盘和显示器的个人计算机——球形1号(Sphere 1)。这款计算机首次采用“Ctrl+Alt+Delete”键来刷新内存重启计算机。

为个人计算机的创新贡献最多的是自制计算机俱乐部的一些成员。例如两名斯坦福大学的博士格兰德和梅伦创立的克罗门克(Cromemco)公司专门为牛郎星计算机制作各种扩展功能卡,尤其是数码相机与牛郎星的接口功能卡。他们在1976年推出了自己的计算机(System Ⅰ)。另一对俱乐部成员马什和英格拉姆为牛郎星计算机研制出高达4000比特的静态内存卡。两人在1975年注册成立处理器科技公司(Processor Technology),后来又为牛郎星计算机设计出具有18个插槽、售价仅为35美元的主板。马什聘请了他的好友费尔森斯坦设计了VDM-1显卡,使得牛郎星计算机可以通过显示器来输出结果。1976年,他们也推出了可以搭配显示器的所罗门计算机。

后来创立了苹果公司的沃兹涅克和乔布斯也是自制计算机俱乐部的成员。沃兹涅克设计的苹果一号别具匠心,没有使用8080微处理器,而是在主板设计上采取了尽量简约的风格,比如通过巧妙的时钟借用来刷新显示信号,整体设计尽显黑客风格。苹果一号当时是继所罗门计算机之后又一款为数不多的可以直接装配显示器的计算机。

所罗门计算机和苹果计算机的共同特点是把用户对象定位在当时不具备计算机装配知识的普通大众。这标志着个人计算机产业逐渐从一个小众市场进入到大众市场。

1976年底,北美个人计算机市场一共销售出四万台个人计算机。从销量来看,MITS公司占25%,以姆赛公司占17%,处理器科技公司占8%,西南技术产品公司占8%。还有包括苹果在内的成立晚几个月的几十个小公司,因为销售量只有几百台所以没有具体的统计数据。

个人计算机市场出现两年后,两家更具实力的公司康茂达(Commodore)和坦迪(Tandy Corporation)也加入了竞争队列。康茂达最初是以设计和生产电子计算器起家,在收购了几个摩托罗拉工程师创立的设计和生产MOS微处理器的公司后,根据该公司的微处理器设计出PET个人计算机。得克萨斯州的坦迪公司在牛郎星计算机的启发下于1977年推出TRS-80计算机。该计算机也采取了廉价销售的方式,包含键盘的售价为399美元。另外该计算机还配备售价为199美元的黑白显示器和49美元的磁盘存储器。尽管TRS-80的设计不如康茂达PET,但是坦迪遍布全美国的3000多个Radio Shack电器销售分店,使得这款计算机很快成为全美销量最大的个人计算机。

康茂达和坦迪计算机进入市场后，很快占据了中低端个人计算机市场。虽然在此期间仍然有很多的创业公司进入这一市场，但是早期出现的曾经兴盛一时的小型创业公司因为创始人缺乏管理经验而纷纷退出市场。只有苹果公司及时引入风投资本并获得经验丰富的投资人点拨才从第一轮竞争中坚持下来，逐渐走入正轨，并于1980年上市。另外，乔布斯在苹果外观和用户体验设计方面的天赋与定位高端个人计算机市场的决策，也是苹果公司能够站稳脚跟的重要因素。

1980年，《大众计算》杂志做的市场调研发现，当时的个人计算机市场存在着100多家规模不一的个人计算机生产商。他们的计算机各成体系，互不兼容。像微软这样的为个人计算机提供BASIC编译器和开发各种应用软件的公司，往往要为市场份额前几名的公司同时开发不同版本的同一软件。这一百花齐放、百家争鸣的局面不久就因为个人计算机主导设计(dominant design)的出现成为历史。

主导设计的理念是1975年两位麻省理工学院和哈佛大学的学者厄特巴克和亚伯那齐在研究产品创新规律时提出的。他们发现一个新产品在最初问世时首先经历的是产品设计创新的竞争，当各种创新设计通过市场的检验和筛选形成一种主导设计后，竞争的焦点就会从创新转变为根据主导设计衍生出的生产和销售的流程竞争。最后当流程的主要技术手段成为业内常识后，该产品就会进入到成本竞争阶段。个人计算机主导设计是由1981年进入个人计算机市场的IBM完成的。

开放式体系结构

早就觊觎个人计算机市场的IBM在20世纪70年代由于深陷美国联邦政府的反垄断调查而未能如愿。80年代初，随着反垄断调查渐进尾声和个人计算机市场的急速发展，IBM下定决心以最快的速度进入这一市场。1980年7月，IBM总部将开发个人计算机的任务交给了佛罗里达州的博卡拉顿(Boca Raton)研发中心。由于IBM并不想投入很多开发资源，于是采取了开放式体系结构

(open architecture)的开发方式,也就是由 IBM 从当时众多的个人计算机流行设计中博采众长,提出一个优化后的公开设计标准,然后从市场上获得其他公司提供的主要部件,再由 IBM 组装成自己品牌的产品。

IBM 的开放式体系结构采用了当时市场上流行的英特尔微处理器、微软 BASIC 以及 FORTRAN 编译器。BASIC 编译器不需要操作系统,而 FORTRAN 编译器则需要,所以 IBM 项目人员请盖茨推荐一款操作系统。这时历史和他们开了一个小小的玩笑。起初,盖茨推荐的是数位研究公司的 CP/M 操作系统。但是由于各种阴差阳错,IBM 未能及时与后者达成意向。情急之下 IBM 提出由微软想办法解决操作系统问题。于是盖茨不得不先悄悄从西雅图的一个小公司那里购买一个并不完美的操作系统,然后将其转手卖给 IBM,这就是 DOS 操作系统。

1981 年 8 月,单机(不包括显示器)售价为 1565 美元的 IBM PC 进入市场,很快成为商业用户的首选。截止到 12 月底,一共卖出了 13533 台,超过了公司内部预测的 800 倍。IBM 在商用计算机市场接近垄断的地位和在业界的名声为 IBM PC 的开放式体系结构策略提供了重要的背书,其潜在的市场规模早就吸引了一大批为其平台提供软件的公司。软件种类的不断丰富与用户群的扩张形成了良性循环。1983 年,IBM PC 销售量达到 50 万台,占据了个人计算机市场 42%的份额。IBM PC 由此成为 80 年代个人计算机的主导设计和代名词。

开放式体系结构和使用第三方部件既为 IBM 带来了对个人计算机市场的迅速垄断,也为后来的竞争埋下隐患。IBM 预测到开放式体系结构策略成功后,会引来很多公司对 IBM PC 的克隆和模仿,于是在提出开放式体系结构的同时,也在设计中设置了一道门槛,这就是对 BIOS[1] 的控制权。BIOS 是 IBM PC 进行开机自检的核心部件。IBM 自主研发了该部件,但并没有将其作为开放式体系结构的一部分,这就使得很多试图克隆 IBM PC 的计算机制造商不得不使用反编译的方式来重新构造 BIOS 的设计方案。这一障碍或许对一般的克隆者来说是一个难以逾越的鸿沟,不过对 1982 年成立的康柏(Compaq)公司来说,却成为其超越 IBM 的关键一步。

---

[1] Basic Input/Output System,基本输入输出系统。

克隆居上

IBM PC 获得市场主导地位后，绝大多数计算机制造商都转向克隆 IBM PC。在这方面做得最成功的是康柏公司。康柏的三个创始人都是德州仪器的高级经理。德州仪器在 1979 年也推出了自己的个人计算机品牌，不过还没等站稳脚跟市场就被 IBM 占领了。1981 年他们三人看准了时机，决定通过设计与 IBM PC 软件兼容的便携机来进入市场，这一计划获得了包括凯鹏华盈在内的三家风投公司一共 150 万美元的支持。1982 年 2 月 16 日，他们在休斯敦注册成立了公司。

公司成立后，康柏的技术人员从达拉斯买回了一台 IBM 个人计算机，开始做兼容便携式计算机的设计工作。当时市场上已经有不少号称 IBM 兼容机的公司，但是都无法做到软件方面的真正兼容。这里主要有两个兼容问题没能得到完美解决，一个是连接硬件和应用软件的操作系统，第二个是 BIOS ROM 上的程序代码。

起初康柏试图使用微软公司提供的 MS-DOS 来直接实现操作系统的兼容，不过他们很快发现微软提供给 PC 兼容机厂商的 MS-DOS 与 IBM PC 使用的 PC-DOS 有很多地方不兼容。在 BIOS 的兼容方面，IBM 在 PC 的产品说明书中带有 BIOS ROM 的全部代码，但是如果直接使用或者是略加修改就使用，就会违反 IBM 的版权，从而引起法律纠纷。有些公司就是因为这一原因而被 IBM 起诉。唯一的合法反编译手段是在不阅读源代码的前提下，通过反复测试来编写出具有同样功能的 BIOS ROM 代码。为此康柏雇用了专门的知识产权律师来指导反编译工作。

经过 9 个多月的共同努力和与微软在后期的合作，1982 年 11 月，康柏公司终于成功地反编译出 IBM PC 的 BIOS ROM，并且实现了修改后的 MS-DOS 系统与 IBM 的 PC-DOS 系统的完全兼容。这时他们设计的便携式计算机也进入生产状态。由于康柏便携式计算机的全兼容性和得当的营销方式，产品很快打开了市场。公司在 1983 年产品上市第一年的销售额就达到 1.11 亿美元，创造了美国公司第一年销售额的历史纪录。

在后来的三四年时间里，以康柏为代表的 IBM PC 兼容机生产商一直以低于 IBM 计算机 30%左右的价位不断蚕食个人计算机市场。为了有效地遏制这一趋势，IBM 决定在未来 IBM PC 新机型上使用至少 50%的自主研发技术，试图防止非授权兼容机的竞争。在这一产品战略思路下，1986 年 IBM 宣布延迟推出基于英特尔 386 的第三代个人计算机。这对 IBM 来说显然是一步错误的战略调整，康柏抓住这一机会率先在 1986 年推出了基于英特尔 386 的 Deskpro 386 计算机，第一次取代了 IBM 在个人计算机市场的产品领先地位。

微英同盟

IBM 在 386 上的战略失误不仅仅让康柏获得了市场先机，还得罪了英特尔公司。英特尔公司在 80 年代中期在日本制造商的价格竞争下决定放弃内存市场，全面转向微处理器研发和生产。当英特尔一再催促 IBM 升级到 386 却一直没能获得承诺后，不得不把未来市场的希望寄托在与康柏等兼容机生产商的合作上。

IBM 在 1986 年与英特尔的关系出现裂痕后，1990 年又因为操作系统的问题与微软分道扬镳。微软在 80 年代中期就建议为 IBM PC 开发图形界面操作系统，和苹果的麦金塔计算机竞争，但是 IBM 迟迟不肯采取行动。盖茨不得不组织人员自己开发视窗系统。后来当 IBM 看到苹果麦金塔的成功后，才与微软合作开发 OS/2。但是微软此时并不想从视窗项目上分出很多人力去推进 OS/2 的开发。这一态度导致了 IBM 的不满，最终两个公司在 1990 年结束了在 OS/2 上的合作。

在与 IBM 决裂的前后时期，英特尔和微软发现，选择与康柏等兼容商合作不但能够带给他们更多的市场主动权和更大的利润，而且他们的联盟将主导整个 PC 产业的发展趋势。于是微英同盟(Wintel)从 1986 年开始萌芽，1990 年发展成熟。康柏后来能够在个人计算机市场取代 IBM，与英特尔和微软的高度配合是分不开的。

1986 年，康柏通过 Deskpro 386 取代 IBM 的领先地位后，市场占有率不断增加。1994 年，康柏超过 IBM 成为世界上最大的 PC 制造商。让 IBM 难堪的

是，康柏在这一时期的市场宣传主题是康柏计算机比 IBM 还要 IBM。事实也的确如此，无论从操作系统软件的向后兼容性还是硬件架构的公开性来看，康柏都超过了 IBM PC。

进入 90 年代后，康柏并没有因为进一步取代 IBM 而获得更多的市场利润，因为个人计算机产业的市场竞争已经逐渐进入成本控制阶段。PC 制造商只有通过不断优化整个供应链来控制成本，才能从价格上压倒竞争对手。这就意味着不但需要将生产供应链扩展到全球，而且需要在销售端尽量降低成本。在这一竞争环境下，康柏的市场地位逐渐受到另一个公司的威胁，这就是采用直销手段的戴尔。

1984 年，在德州奥斯丁大学学生宿舍里成立的戴尔公司，因为受到创业资本和条件限制不得不采取电话直销的方式。这一方式在 80 年代的个人计算机市场只适用于企业用户，因为后者不需要销售人员现场详细解释和传授计算机知识。但是到了 90 年代后期，随着个人计算机在家庭的普及，越来越多的用户已经具备基本的计算机知识，价格成为影响用户购买最重要的因素。于是戴尔的直销和网络配置计算机等服务吸引了越来越多的用户，后来逐渐成为主流销售模式。

后 PC 时代

戴尔从 2001 年到 2006 年成为全球个人计算机市场的最大制造商，在这之后它的地位被兼并了康柏的惠普所取代。惠普在这一市场地位占据 6 年后，又在 2012 年被收购了 IBM PC 分部的联想取代。但是，此时的个人计算机已经不再是家庭和企业个人计算的主角。2007 年苹果智能手机和 2010 年苹果平板计算机的问世将个人分布式计算带进了后 PC 时代。

后 PC 时代并不意味着个人计算机的消失，但却标志着 IBM PC 兼容机一统天下时代的结束。过去 5 年，在个人计算机销量一直下滑的情况下，苹果公司的麦金塔个人计算机销量却一路上升。2014 年其在全球个人计算机市场的份额攀升到第 5 位，利润则超过了前面 4 家的总和。

后 PC 时代还标志着微英同盟垄断个人计算机市场的终结。计算机的操作系统和微处理器的用户端的重要性和影响力，在后 PC 时代已经被各种移动智能设备和相关联的云端所取代。只有通过云端和移动端紧密耦合来为用户提供最佳体验的公司才能在这个时代的竞争中获得市场的优势地位。■

万 赟

美国休斯敦大学教授。主要研究方向为电子商务和互联网应用。wany@uhv.eduweibo.com/ebizhistory

现代几何学与计算机科学

丘成桐(Shing-Tung Yau)

哈佛大学

关键词：现代几何　共形映射　计算机图形学　计算机视觉　人工智能

我很荣幸受邀来到中国计算机大会上演讲。我本人主要从事微分几何等基础数学领域的研究。但最近十多年来，因为我的学生，美国石溪大学顾险峰教授及其他朋友的缘故，我进行了一些与计算机科学有关的研究。通过研究我发现，纯数学尤其是几何学在计算机科学中大有作为。

现代几何的历史及几何学重要概念

现代几何的历史

在历史上，几何学是数学的开始。古希腊数学家欧几里得(Ευκλειδης)[1](公元前330—前275年)将平面几何的所有定理组合，发现这些定理都可以由五个

---

[1] 欧几里得，也被称为亚历山大里亚的欧几里得，以便区别于墨伽拉的欧几里得。古希腊数学家，被称为“几何学之父”。他活跃于托勒密一世(公元前323年—前283年)时期的亚历山大里亚，也是亚历山大学派的成员。他在著作《几何原本》中提出五大公设，成为欧洲数学的基础。欧几里得也写过一些关于透视、圆锥曲线、球面几何学及数论的作品。欧几里得几何被广泛认为是数学领域的经典之作。

公理推导出来，这是人类理性科学文明的重要里程碑之一。所以我也鼓励大家把这个方法运用到人工智能上——从复杂多样的网络中找到其最简单的公理。如果能够实现，将会是人工智能的里程碑！

当时希腊人的数学工具不够，除了二次方程定义的图形（直线、圆、平面、球等），没有能力处理更一般的图形。直到古希腊哲学家、数学家、物理学家阿基米德（Archimedes）[1]（公元前 287—前 212 年）开始利用简单的微积分的无限算法计算体积，并开始发展射影几何理论。微积分的出现使得几何学进入了新纪元，微分几何由此诞生。几何学在瑞士数学家欧拉（Leonhard Euler）（公元 1707—1783 年）和德国数学家高斯（C. F. Gauss）（公元 1777—1855 年）手上突飞猛进，变分方法和组合方法被大量引用来描述几何现象和物理现象。

现代几何起源于德国数学家黎曼（Riemann）（公元 1826—1866 年）在 1854 年的博士论文，论文中首次将几何空间看成一个抽象而自足的空间，同时可以研究曲率和有关的几何问题。后来这个空间成为现代物理的基础，现在物理学中研究的引力波就是从这个空间开始的。没有这个空间，爱因斯坦（Albert Einstein）就不可能研究出广义相对论。黎曼的论文中认为离散空间也是一个重要的空间，它包含了我们现在研究的图论，或许可以用来研究宇宙万物可能产生的一切。因此，黎曼的这篇论文为现代几何奠定了基础，他的思想在现代几何学中具有不可替代的作用。150 年后，我们还是看得到他的智慧。

对称

几何学能够提供很多重要的想法，其影响无所不在。其中一个重要的概念是“对称”。我们中国人讲的“阴阳”就是一个对称的例子。数学上有一个叫庞加莱对偶的概念，其实也是阴阳，但比阴阳更加具体。19 世纪挪威数学家索菲斯·李（Sophus Lie）发展的李群，是物理学中的一个重要工具。现代物理中几乎没有一个学科可以离开李群。在几何学上，德国数学家克莱因（Klein）于 1870 年发表的《埃尔朗根纲领》中提出了用对称来统治几何的重要原理。随后，产生

[1] 阿基米德，古希腊哲学家、数学家、物理学家、力学家，静态力学和流体静力学的奠基人，享有“力学之父”的美称。阿基米德和高斯、牛顿并列为世界三大数学家。“给我一个支点，我就能撬起整个地球”是他的名言。

了许多重要的几何学分支，例如仿射几何、保角几何和投影几何等。这些几何都与图像处理有着密切的联系，近十多年来我们都是用保角几何等来处理各种图像问题。所以，当年被认为不重要的几何学，现在却有重要的实际用处。从大范围对称到小范围对称，都对20世纪的基础研究产生了重要的影响。

平行移动

另一个很重要的概念是平行移动。通俗地讲，平行移动就是空间中的一点与另外一点之间的一个比较的方法。这个概念在物理学和工程中已有广泛的应用，但至今还没有被引进到计算机科学中来。这是一个在数学中很重要、很广泛的概念，它影响了整个数学界两千年。所以，我期望平行移动能够在计算机科学中大放异彩。

几何学与计算机科学的相互影响

几何对于计算机科学的影响

现代几何为计算机科学奠定了理论基础，并且指导计算机科学未来的发展方向。

- 现代几何广泛应用于计算机科学几乎所有的分支，例如计算机图形学、计算机视觉和计算机辅助几何设计、计算机网络、数字几何处理、数字安全和医学图像等；
- 黎曼几何有助于理解社交网络；
- 现代几何理论有望用来理解人工智能的黑箱，例如深度学习、生成对抗网络和机器定理证明等；
- 所有与图像或者网络有关的问题都是几何问题的一部分。

计算机科学对于几何的影响

计算机科学的发展为现代几何提供了需求和挑战，并推动了跨学科的发展。例如：

- 人工智能中的机械定理证明推动了计算代数的发展；
- 数据安全、比特币和区块链的发展推动了代数数论、椭圆曲线和模型式的发展；

- 社交网络和大数据的发展，催生了持续同调理论的发展；
- 动漫和游戏的发展推动了计算共形几何学科的诞生和发展；
- 机器学习的发展推动了最优传输理论的发展。

几何学在计算机科学的应用案例

图论

图论在计算机科学中的重要性是根本的。图由顶点和边组成，允许重边和过单顶点的圈。我们通过研究定义在顶点和边上的函数，就可以研究图的组合问题。例如，如何将原图分解成很多简单的子图，如何衡量各个分支间的连接度，如何将图染色等，这些问题都与图上的特征函数紧密相连。

事实上，图上的特征函数与光滑流形上的特征函数具有很多相似的地方。我们将四十年前我和郑绍远[1]、李伟光[2]所做的关于黎曼流形的特征函数的工作推广到图上，得到了很好的结果。图上的拉普拉斯算子自然定义了图上的取平均的操作，其特征根及其特征函数与图的组合函数密切相关。我们研究了图上的热扩散过程，发现运用李-丘估计能够控制热核。通过研究图上的薛定谔方程，定义了图上的量子隧道概念。这些概念都是从物理上来的，被借用到图上。我们将流形的拓扑结构推广到有向图上，定义了图上的同调群。同调群可以用来研究图上密切的关系和它的内容。

---

[1] 郑绍远，1970 年毕业于香港中文大学联合书院数学系，师从国际著名数学家陈省身先生，在美国加州大学伯克利分校获得博士学位。后在普林斯顿大学、纽约州立大学石溪分校、加州大学洛杉矶分校等任教，之后在香港中文大学、香港科技大学数学系任系主任。他的卓越贡献是黎曼流形上的 Laplacian 特征值的比较定理。他与丘成桐教授合作解决了高级 Minkowski 问题，对 Monge-Ampere 方程、黎曼流形的特征值估计等方面作出了突出贡献。

[2] 李伟光(Peter Li)，美国加州大学尔湾分校数学系华裔教授，美国艺术和科学院院士。1982 年丘成桐与李伟光合著的论文，给出了线性热方程的逐点微分不等式，在沿曲线积分后可以给出经典的 Harnack 不等式。被称为"李-丘"的工作所得到的 Harnack 不等式也是汉米尔顿(Hamilton)开创早先解决方案进行分析的基础。李伟光 19 岁赴美国求学，先后获得加州大学弗雷斯诺分校数学学士，加州大学伯克利分校数学硕士和博士学位。

进化图论为表达种群结构提供了数学工具：顶点代表个体，边代表个体的交互作用。图可以用来代表各种具有空间结构的种群，例如细菌、动植物、组织结构、多细胞器官和社交网络。在进化过程中，每个个体依据自身的适应程度进行繁殖并侵占到邻近顶点。图的拓扑反映了基因的演化——变异和选择的平衡。特别地，互联网是一个非常复杂的网络。社交行为的进化可以用进化博弈论来研究。个体和邻居博弈，根据收益而繁殖。个体繁殖速率受到自身与其他个体的交互作用影响，从而产生进化博弈的动态演化。其核心问题在于，对于给定的图，如何决定哪种策略会取得成功。

2017年初，我们在 *Nature* 上发表了一篇文章[1]，得到了在任何给定的图上进行弱选择，自然选择从两种彼此竞争的策略中如何进行挑选的一个条件。这个理论框架适用于人类决策，也适用于任何集群组织的生态演化。我们从弱选择极限得到的结果，解释了何种组织结构导致何种行为。我们发现，如果存在成对的强纽带结构，合作就会大规模出现。我们用数学证明了社会学方面的一个结论：稳定的伙伴或者伴侣，对于形成合作型的社会起到了骨干作用。

计算机图形学：全局参数化

“基于共形几何的全局参数化”是我们研究了近20年的一个方向，自1999年顾险峰在哈佛大学读博士时就已经开始做这方面的工作了。曲面参数化问题就是如何将曲面整体光滑映射到二维参数区域，使得几何畸变最小。曲面参数化是纹理贴图和法向贴图等技术的基础。共形几何是从古典的黎曼几何中产生的一个很重要的几何分支。

我们将大卫雕像模型（如图5-24(a)）共形（保角）地映射到平面上（如图5-24(b)），看上去似乎变化很大，其实不然，因为这是保持角度不变的。如果我们在参数区域平面上画好网格点，然后将这些网格点映射到人脸上，就能在人脸上显示出很漂亮的网格图形（如图5-24(c)）。共形映射在工程中应用很广，因为它能将图上的无穷小圆仍然映射成无穷小圆，从而不会导致太大的变化。

上述应用中需要数学上一个很重要的定理，即庞加莱单值化定理。该定理

[1] Allen B, Lippner G, Chen Y T, et al. Evolutionary dynamics on any population structure[J]. Nature, 2017, 544(7649):227.

(a) 大卫雕像模型

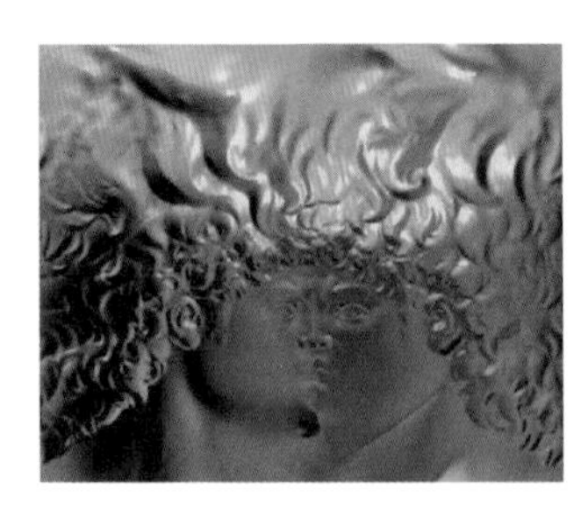

(b) 共形映射

(c) 网格贴图

图 5-24 曲面的共形映射

是说映射的几何图形只与它的拓扑性有关，任何几何本质上可以归结为三种几何，即球面几何、欧氏几何、双曲几何。这样，我们就可以将很多很重要但又很复杂的几何用很简单的方式描述出来。

但保角映射也有其不足，所以我们发展了第二类映射——保面元映射。保面元映射能使面元的面积被保持，但角度不一定被保持，如图 5-24(a)所示。保角映射有可能将一个面拉得很远(如图 5-25(b))，而保面元映射(如图 5-25(c))则不会产生这种情况。根据凸几何中的闵可夫斯基定理和亚历山大定理，保面元映射可以通过求解蒙日-安培方程得到。

(a) 三维模型

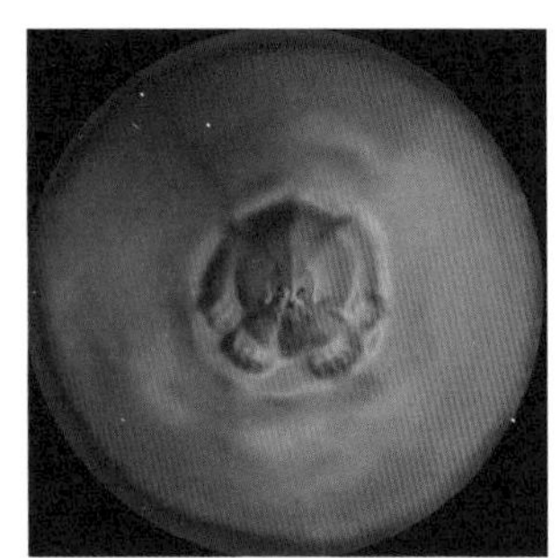

(b) 保角映射

(c) 保面元映射

图 5-25 曲面的保角映射和保面元映射

计算机视觉：动态曲面追踪

计算机视觉中一个很重要的问题是动态曲面追踪(如图 5-26)，即给定一系

列动态三维曲面，如何自动找到曲面间的光滑映射，使得特征点匹配，映射带来的几何畸变最小。共形映射也可以用来求解动态曲面追踪，并且应用到表情识别和追踪中，可以从一个人的各种面部表情得到他的重要面部特征。主要方法是用共形映射或保面元映射将它们映射到平面上，然后用拟共形映射来寻找最佳微分同胚。拟共形映射是一个很重要的数学工具，它在计算机数学上具有广泛应用。至今，数学家们仍在研究拟共形映射及其性质。它不是一个正则方程，而是一个伪正则方程，即 Beltrami 方程。在研究图形图像变形时这个方程非常重要，我们可以在微分同胚空间中进行变分，得到最优的映射。该方法在医疗和动漫中都有很重要的应用。

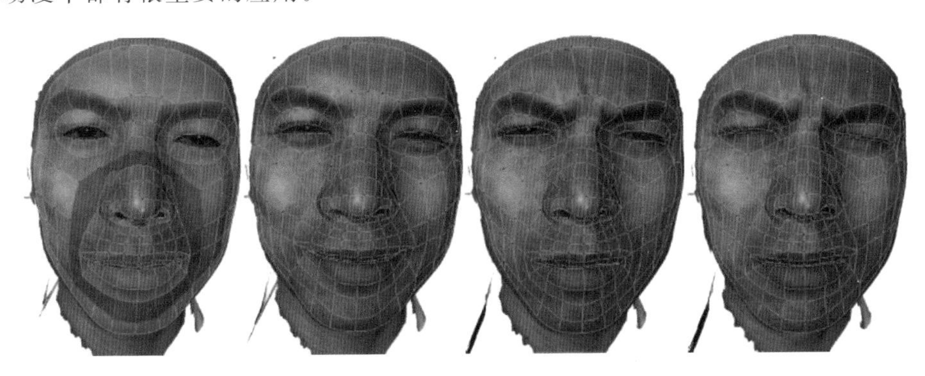

图 5-26　动态曲面追踪

计算力学：六面体网格生成

在计算力学中会经常用到六面体网格来进行有限元分析。我们也可以使用共形映射生成一个网格曲面的规则六面体网格，并且具有尽量少的奇异点和奇异线。图 5-27 是在一只兔子模型内部生成了比较好的六面体网格。根据拓扑学理论，生成六面体网格时通常会产生一些奇异点。基于叶状结构理论，我们对这些奇异点进行分类，并进行了一些深入的研究，从而得出了一些在计算机科学上有意义的结论。

数字几何处理：几何压缩

数字几何处理中一个很重要的问题是几何压缩。在进行几何压缩时需要用

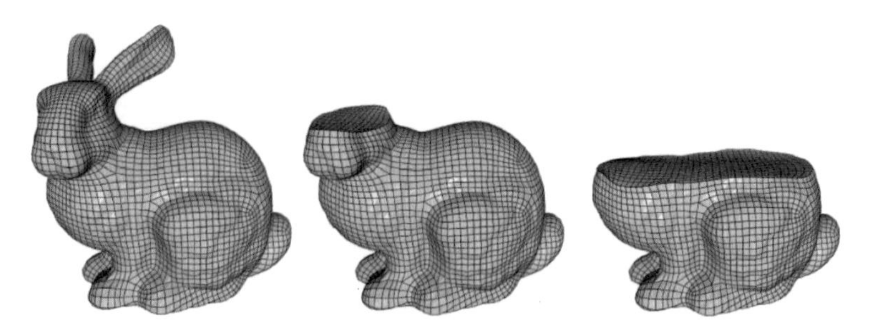

图 5-27　兔子曲面的六面体网格生成

到蒙日-安培理论和几何逼近理论。如何压缩复杂几何数据，保证几何误差最小，并同时保证黎曼度量、曲率测度和微分算子的收敛性，这就是几何压缩问题。我们采取的解决方法是用共形映射将曲面映射到平面，再用蒙日-安培理论，将高曲率区域放大，然后重新采样，并在共形参数域上进行 Delaunay 三角剖分。这样得到的简化多面体网格就能够保证黎曼度量、曲率测度和微分算子收敛。采用不同的几何压缩方法将图 5-28(a)所示的三角网格压缩到 4000 个顶点所得的结果如图 5-28(b)和图 5-28(c)所示。

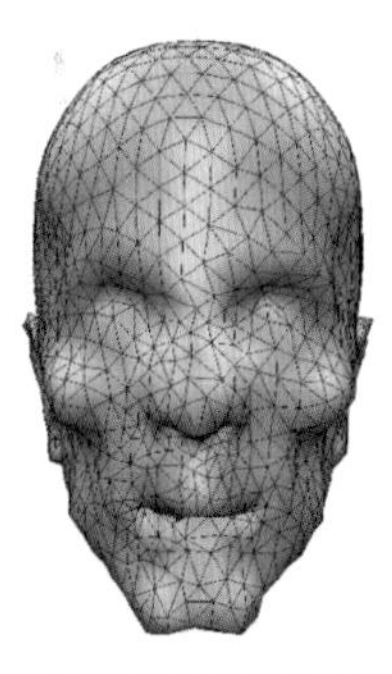

(a) 原三角网格曲面

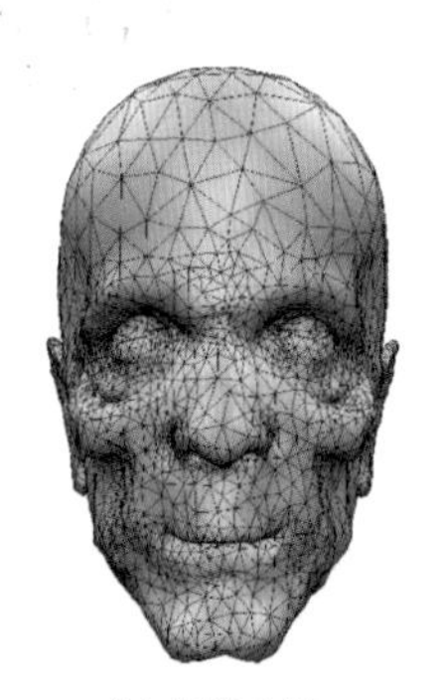

(b) 传统方法

(c) 曲率测度参数化方法

图 5-28　不同的几何压缩方法对比

人工智能

机器学习算法需要大量的有标注的样本数据。对于图像分类，经常需要使用上千万张有标注的图像来进行训练。对于语音识别，需要成千上万小时有标注的语音数据。对于机器翻译，通常是在千万量级的双语语对上进行训练。但是很多领域却无法收集大数据，一是因为实例过少，例如医疗方面的疑难杂症；二是由于过于抽象，例如几何研究中的高维流形等。

机器学习算法中的深度神经网络需要数十亿个参数，需要昂贵的硬件支持和漫长的计算时间，训练难度很大。机器学习算法等价于能量优化。由于规模庞大，无法用二阶优化，因而一般是用随机梯度下降法。由于深度神经网络层数过深，经常出现梯度消失和梯度爆炸的问题，因此训练过程收敛困难。

目前，以神经网络为代表的统计机器学习在工程实践中取得了成功，但是其理论基础非常薄弱，被人们称为黑箱算法。人工智能算法的不可解释性，极大地阻碍了这一领域的进一步应用和发展。深度学习理论的建立，应该是目前最为迫切的问题。

人类的智能主要包括归纳总结和逻辑演绎，对应着人工智能中的联结主义(如人工神经网络)和符号主义(如 Groebner Basis 方法)。人类对大量的视觉听觉信号的感知处理都是下意识的，是基于大脑皮层神经网络的学习方法；大量的数学推导和定理证明是有强烈主观意识的，是基于公理系统的符号演算方法。

虽然人工智能的算法原理目前没有被透彻理解，但我们相信其内在原理可以用现代几何原理来解释。例如，对于机器定理的证明，我们运用了希尔伯特定理；对于生成对抗网络，我们运用了亚历山大定理和蒙日-安培方程。

人工智能中，符号主义的一个代表就是机器定理证明。目前基于符号计算的机器定理证明的理论根基是希尔伯特定理：多元多项式环中的理想都是有限生成的。首先，我们将一个几何命题的条件转换成代数多项式，同时把结论也转换成多项式，然后证明条件多项式生成的根理想包含结论对应的多项式，即将定理证明转化为根理想成员判定问题。一般而言，多项式理想的基底并不唯一，Groebner 基方法可以生成满足特定条件的理想基底，因此可以自动判定理想成员问题。从计算角度而言，Groebner 基方法所要解决的问题的本质复杂度都是超指数级别的，所以即便对于简单的几何命题，其机器证明过程都可能引发储存空间的指数爆炸，这揭示了机器定理证明的本质难度。到目前为止，机器定理证明方法还没有发现深刻的定理。

生成对抗网络是联结主义的一个例子。生成对抗网络其实就是以己之矛克己之盾，在矛盾中发展，使得矛更加锋利，盾更加强韧。这里的盾被称为判别器，矛被称为生成器。通常生成器 G 将一个随机变量(例如高斯分布或者均匀分布),通过参数化的概率生成模型(通常是用一个深度神经网进行参数化)进行概率分布的逆变换采样,从而得到一个生成的概率分布。判别器 D 通常也采用深度卷积神经网络。例如,给定两个概率分布 u 和 v,其中 u 是随机白噪声,v 是人脸相片的概率分布。这样,生成对抗网络问题就是在两个概率分布 u 和 v 之间找到一个最优传输映射(见图 5-29)。我们可以通过对蒙日-安培方程进行求解来找到最优传输映射,从而节省很多生成对抗的时间。蒙日-安培方程本身就等价于微分几何中的亚历山大定理。

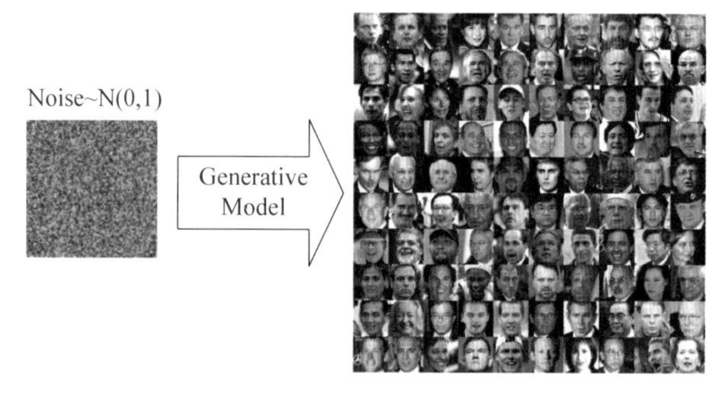

图 5-29　生成模型

生成对抗网络实质上是用深度神经网络来计算概率测度之间的变换。虽然规模宏大,但是数学本质并不复杂。应用相对成熟的最优传输理论和蒙日-安培理论,我们可以为机器学习的黑箱给出透明的几何解释,这有助于设计出更为高效和可靠的计算方法。

总结与展望

现代数学和计算机科学的发展紧密相关。共形几何的单值化定理、蒙日-安培理论、最优传输理论、凸几何的 Minkowski-Alexandrov 理论等现代几何中的深刻定理,已经应用到计算机科学的许多领域。特别地,数字金融中的区块链技术依赖于数论的现代成果,人工智能的理论解释依赖于现代代数中的希尔伯特理论等。

希望我们能够将更多的数学理论应用到计算机科学中，不仅能有效地提出各种计算机算法，而且能给出理论的基础。人工智能需要一个坚实的理论基础，否则它的发展会有很大困难。我们期待计算机科学与现代几何能有更为深刻和密切的结合，更多的跨学科领域被创立、成长和壮大。我们相信人工智能的理论基础，深度学习的几何解释和数字金融的理论近期会得到蓬勃发展！■

（本文根据 CNCC 2017 特邀报告整理而成）

丘成桐(Shing-Tung Yau)

哈佛大学终身教授。美国国家科学院院士，中国科学院外籍院士。菲尔兹奖及沃尔夫数学奖获得者。

刘利刚

CCF 专业会员、杰出演讲者，CCF 计算机辅助设计与图形学专委会常委。中国科学技术大学数学科学学院计算与应用数学系主任、教授。主要研究方向为计算机图形学与计算几何。lgliu@ustc.edu.cn

人机对话浪潮：语音助手、聊天机器人、机器伴侣

刘　挺

哈尔滨工业大学

关键词：人机对话　聊天机器人

语音助手

2011年10月，乔布斯临终前在iPhone4S中加入了语音控制功能——Siri，用户可以用语音对手机发号施令。国内厂商随即跟进，当时国内一位企业家对我说："以前的搜索方式都错了，Siri才是未来。"2012年，国内语音助手产品纷纷上线，然而，两年之后，经过市场的检验，大陆语音助手类产品从火爆到冷清，又纷纷下马。

导致这个后果的原因主要有两个：

(1) 技术尚未成熟。尤其是自然语言处理技术不成熟，用户以为他可以自由发问，但机器能够理解的广度、深度和精度都很有限。几次使用失效后，用户转而"调戏"他的语音助手了，以至于原来系统中支持闲聊的附属功能反而成了主角。过了一段时间，用户发现机器实在"太傻"，于是干脆弃之不用，以至于语音助手产品的用户总量巨大，而留存量很小。

(2) 语音并非总是最自然的沟通方式，当一个人没有独立的私人空间时，点击几下触摸屏比小声地跟机器说话要方便得多。

聊天机器人

正当第一轮人机对话技术实用化的冲击波震荡下行、几乎落幕之时，第二轮冲击波随即到来。2014 年 5 月，微软发布聊天机器人“小冰”，此后百度的“小度”也诞生了，腾讯的“小微”虽然还没有面世，在江湖中已经有了它的传说（见图 5-30）。

图 5-30　聊天机器人

“小冰”与语音助手有什么不同

（1）从实用化转向娱乐化。语音助手想帮你解决的是实际问题，比如预订饭店，而“小冰”是在陪你闲聊。聊天就可以不用对是否能够准确完成事务处理和知识服务任务负责。你说东、它说西，也无所谓。现实中的消磨时光不也常常如此吗？于是，用户的期望值大幅度降低了。

（2）放弃语音的使用，直接用文字沟通。对比一下可以看到，“小冰”的两个特点恰好规避了语音助手的两个弱项。但其功能模式的变化只是一个方面，更重要的是技术在进步，大数据、深度学习被充分运用到聊天机器人系统当中，技术水平也非三年前可比。由于用户期望值降低，技术水平提高，鸿沟在缩小，当然，也只能说是缩小，还远远谈不上填平。

那么，聊天机器人面临的主要困难是什么呢？我们先看一下搜索引擎和机

器翻译的情形：如果人们在搜索引擎中发出相同的查询请求，其答案往往也是相同的；在机器翻译中，尽管句子跟上下文有关系，但对翻译系统的准确率而言，不做篇章分析并不会致命。因此，我们如果有了“查询-点击对”大数据，就可以造出一个搜索引擎来；有了双语例句大数据，就可以造出一个机器翻译系统来。但有了人与人的聊天记录呢，我们能够快速构造出一个聊天机器人来吗？

答案是：聊天记录的大数据对聊天机器人系统肯定是有用的，但没有查询日志对搜索引擎，或者双语例句对机器翻译那么重要和有效，因为聊天是和语境紧密关联的，也是跟用户紧密关联的。另外，机器人自己还需要维护其自身统一的属性状态集，不能今天说自己结婚了，明天又说自己才5岁。

因此，聊天机器人需要对当前语境建模、对用户建模、对机器人自身建模。如果只借助聊天记录，尤其是单轮的聊天记录，那只能不断地制造出令人啼笑皆非的笑话。

机器伴侣

这一轮（聊天机器人）的努力会在短期（2～3年）内取得重大的商业成功吗？笔者的答案是否定的，因为技术仍然不够成熟，而普通用户的素质还没达到能够有效地配合“蹩脚”机器人的程度。预计这一轮会进一步培养用户，摸清人机对话的沟沟坎坎，把技术提升到一个新的高度，但由于目前的聊天体验仍然令广大用户失望，这一代产品将再次被抛弃，成为下一代产品的铺路石。

未来的人机对话产品会是什么样的？在探讨未来可能出现的新的产品形态之前，需要把人机对话的模式归纳一下，最主要的有两种：

模式1.以快速结束人机对话为目标（语音助手主要采用这种模式）

这里又包括两种，一种是命令执行，一种是信息查询。

命令执行是指用户发出一个祈使句，要求机器做一件事，可能是在虚拟世界中对数据库进行操作，比如预订机票、酒店等，也可能是在现实世界中要求机器人鞠个躬、走两步等。总之，机器响应用户的方式不是给出答案，而是实施某种行为、进行某种操作，准确地说是“半对话”。机器要做的是理解与行动，至多需要再次询问用户以确定用户的指令。

信息查询是指用户想要得到某种信息，机器有时是将用户的自然语言问句转化为结构化数据库的查询语句，有时是从开放的互联网自由文本中找到一个词、一句话或者一段话作为答案返还给用户。

无论是命令执行，还是信息查询，用户都希望快速达到其目的进而结束对话。

模式 2. 以尽可能延续人机对话为目标（聊天机器人模式）

对于聊天而言，不管机器对用户问题的回答是否正确，只要用户愿意跟机器一直聊下去，对话持续很多轮次，即构成多轮对话，机器就得到了用户的认可。认可机器具备了一定的人性，这是一种新的图灵测试。

在模式 1 中，机器是被动的，不断响应用户的请求，但在模式 2 中，机器有时是主动的，可以主动抛出话题。在模式 1 中，如果机器没有正确理解用户的话，那么其做出正确行为或给出正确答案的概率几乎为零；而在模式 2 中，即便没听懂用户的意思，也完全能磕磕巴巴地聊下去，还能卖个萌，甚至给用户一个惊喜。故两者评价标准确实不同。

未来的产品形态，姑且称其为“机器伴侣”，它将把模式 1 和模式 2 融为一体。需要发号施令或者查找信息的时候，就用模式 1；需要情感慰藉或者打发时间的时候，就用模式 2。机器伴侣既是你勤快利落的仆人、秘书，又是你体贴缠绵的妻子、恋人。机器伴侣，前期可能只是一个机器宠物，再后来是一个机器孩童，然后一点点成长，在使用中不断地向主人学习、向环境学习，直至长大成“人”。

我们无法预计这样的机器伴侣何时会真的为大众所接受，但我们知道如果模式 1 和模式 2 能够同时取得突破，需要以下几个条件：

(1) 句子级自然语言处理技术有原理性的突破，技术指标大幅度提升，突破应用门限；

(2) 机器对情境(时空、对话上下文、与当前对话相关的背景知识、用户个性、用户情绪等)的理解、建模能力取得实质性进展；

(3) 机器推理能力的提升。搜索只能“找”答案，推理可以“造”答案，这是从搜索引擎到问答系统的飞跃；

（4）文本生成技术的进步使机器摆脱只能从现有文本数据中挖掘答案的局限，从而能够面对特定的用户根据特定的场景产生出特殊的自由文本。

在商业上，机器伴侣注定是“入口的入口”，是总入口，是互联网大企业的必争之地。在技术上，只要你发挥想象，就会发现各种自然语言处理、模式识别、人机交互技术几乎都可以在机器伴侣上找到用武之地，比如上下文指代消解、情感分析、用户画像、文本生成等。

人机对话的风潮一浪高过一浪，每一个身处其中的技术家都有机会用激情、创意和汗水去满足其“继续称霸”或“造反成功”的野心，让我们拭目以待吧，同时，记住那句话：预测未来的最好方式是创造未来。■

刘　挺

CCF 理事、CCCF 前译文栏目主编。哈尔滨工业大学教授。主要研究方向为社会计算、自然语言处理、信息检索。tliu@ir.hit.edu.cn

自动驾驶：技术、产业和社会变革

吴甘沙

驭势科技（北京）有限公司

关键词：自动驾驶　特斯拉　人工智能

信息技术发展具有20年的周期律：1970—1990年是发轫于PC的数字化，1990—2010年是互联网推动的网络化，从2010年开始的20年，我们面临的将是机器智能的寒武纪大爆发。如果物联网是机器的“视觉”，互联网就如地壳运动一样导致“互联网＋”应用的涌现，而大数据是钙元素，演化出机器智能。

人工智能目前炙手可热，创业公司如雨后春笋般涌现。从业者开始思考，如何让技术形成涟漪效应，促使产业非线性、跃迁式增长。有人把人工智能和产业比喻成葡萄干和面包的关系，虽然葡萄干离开面包仍是葡萄干，但两者结合在一起就能创造出高价值的新品类。笔者近年来一直在探索人工智能的产业机会，并得出结论：最近5～10年，自动驾驶是人工智能带来的增值最大的产业，没有之一。

什么是自动驾驶

自动驾驶是个笼统的概念，涵盖驾驶辅助(driving assistance)和自动驾驶。驾驶辅助还是由人开车，智能体现在对环境的感知，并适时预警(比如车道线偏离以及与前车碰撞预警）。

从驾驶辅助到自动驾驶是很大的飞跃。自动驾驶在感知以外，加上了规划/决策和控制。驾驶辅助的感知强调低误报、低频触发，人是最终的决策者，所以驾驶辅助出错无伤大雅。自动驾驶的感知有极高的要求，因为把一段时间的控制权完全交与了机器，不仅要求低误报，而且要求零漏报，漏一次就会造成交通事故。

自动驾驶有三种不同的形态：

（1）辅助驾驶或半自动驾驶，特斯拉的 autopilot 即是此类。在某些场景下汽车可以进行自动驾驶，比如紧急刹车，在封闭、结构化道路上的自适应巡航和车道保持，自动泊车。必须注意的是，这类技术目前还有较大的局限性，特斯拉近日的多起事故都是出现在十字路口、入口/出口和双向路上，这超出了 autopilot 的处理能力。

（2）高度自动驾驶，在大街小巷多数场景下可以自动驾驶，还能支持多辆车的编队行驶。这类技术的环境感知和驾驶认知能力相比辅助驾驶有极大的提升，不仅能处理上述 autopilot 不会处理的路况，甚至还能在完全没有车道线的非结构化道路上畅行。高度自动驾驶汽车还能在复杂路况下与其他智能车辆或人驾驶的车辆共享或竞争路权。

（3）全自主驾驶或无人驾驶，完全由人工智能来驾驶，可以把方向盘、油门和刹车去掉。

未来 5 年，传统车厂和零部件供应商的主要努力方向是第一类和第二类自动驾驶，但这并不是以代替驾驶员为目的，而是让驾驶员更加安全和舒适。显然这是更稳妥的渐进道路。而一些“野蛮人”直接选择了无人驾驶作为切入点，剑指 2020 年。他们认为前两种自动驾驶是危险的，因为机器失效时，在突现危机的电光石火中驾驶员不一定能立刻进入状态，做出清醒的决策，所以终极办法是“消灭”驾驶员。这样的汽车是真正为出行者设计的，小孩、老人、宠物、残疾人都能够开车，出行权利得到极大释放。

自动驾驶的前世：科研开道

自动驾驶最早的原型可能要算“斯坦福车”，这个 20 世纪 60 年代获得美国

国家航空航天局(NASA)资助的项目在汉斯·莫拉维克(Hans Moravec)——被誉为"人工智能最坚定的支持者"——的努力下取得了巨大进展。莫拉维克通过远程图像来操控"斯坦福车"的运行,然而它逃脱了控制,直接驶上了繁忙的道路,追捕"叛逃机器人"成为无人车历史上诙谐的一笔。莫拉维克在机器视觉的探索中遭遇了很多挫折,后来有了著名的莫拉维克悖论(Moravec's Paradox)——人类的高阶智能,比如推理、规划和下棋,计算机都能够轻易实现。而只有几个月大的婴儿就能驾轻就熟的低阶智能,如感知和运动配合,计算机都遥不可及。

美国国防部高级研究计划署(DARPA)为降低未来战争中士兵的伤亡,在2004年举办了第一届无人车"大挑战"(Grand Challenge),可惜在沙漠中全军覆没。而随后的2005年成为了一段光辉岁月。卡内基梅隆大学的Red队是夺冠热门,其老大、机器人专家雷德·惠塔克(Red Whittaker)志在必得。在挑战者中,斯坦福大学的Stanley并不起眼,可是领队塞巴斯蒂安·特龙(Sebastian Thrun)矢志夺魁,这位同步定位与地图创建(SLAM)的先驱者从卡内基梅隆大学失意出走,试图在这场比赛中夺回尊严。卡内基梅隆大学的两辆车一路领先,可下半程几个松动的零件导致两辆车大幅减速,只获得第二和第三。Stanley虽然在比赛中出了几次事故,但未伤筋动骨,在删除了一些无关紧要的代码后竟然越跑越快,最终斩获200万美元奖金。在这次比赛中,很多车辆都使用了激光雷达、高精度的地理信息系统和惯性导航系统,直到今天仍然是很多无人车的标准配置。

2007年"城市挑战赛"(Urban Challenge)在卡内基梅隆大学卷土重来,这次他们准备充分,40人的队伍,除了两辆参赛的车辆,还有一辆补给车提供充足的零件替换。惠塔克终于摘得桂冠。在他的装备库里,第一次出现了一种新型的64线激光雷达,为了让这件装备投入使用,卡内基梅隆大学的工程师写了大量的驱动程序。这是由一家音箱厂商Velodyne的极客老板做出的,价值7万~8万美元。在其后的近10年间,64线激光雷达成为全世界绝大多数无人车必须配置的组件。

自动驾驶的今生: 企业精耕

谷歌的第一辆无人车是基于混电车Prius改装的,顶上装着64线激光雷达，以此建立高分辨率的三维环境模型或高精度地图。

谷歌的第二代无人驾驶车来自一个叫510 SYSTEMS的创业公司，其核心技术是Anthony Levandowski，是加州大学伯克利分校开发的，并非出自无人驾驶车三强（卡内基梅隆大学、斯坦福大学和麻省理工学院）。这家创业公司做的东西非常好，于是谷歌悄悄把这家公司买了下来，在其基础上开发出基于丰田Lexus的平台，一直到现在Lexus仍然是谷歌车队的主流车型，现在常在路上行驶的有20多辆。

谷歌的第三代无人驾驶车是真正的跃迁，这款车是完全重新设计的，做了很多思考和改进，比如移除了雨刷，因为并不需要有驾驶员在雨中看清路况。按照设计，这种车是没有方向盘的，但由于加州法律的限制，车里还是安装了一个游戏操纵杆作为方向盘。目前在路上行驶的这种车已有30多辆，同时谷歌还在进行大量的制造。

虽然谷歌的几十辆无人驾驶车累积的行程已达200多万英里，然而在实用性上面临着一定的问题：一是激光雷达等传感器太过昂贵，二是区区200多万英里不能证明无人驾驶足够安全或比人驾驶得更好。

另一条路线逐渐成为主流，他们从驾驶辅助和辅助驾驶开始，主攻以视觉为主的低价方案，试图实现快速商业化。其中翘楚是Mobileye和特斯拉，Mobileye的驾驶辅助系统已经安装在1000多万辆汽车上，而特斯拉的autopilot在短短7个月积累了1.3亿英里的自动驾驶里程。

Mobileye采用视觉地图，从视觉中提取的地图特别小，适合实时上传、通过众包的方式更新。事实上基于视觉的定位更接近于人的工作方式。我们根据道路上的标志来评估大致的位置，并且根据路面线条的变化做实时的决策（选哪一条车道，是否上匝道等）。那么，只须从视觉中提取出那些标志和线条，众包上传到地图（每公里只需10KB级别的数据），而行驶时可以通过视觉匹配来获得定位。

在视觉技术狂飙猛进的同时，其他技术也在飞速发展，比如视觉加雷达的多传感器融合，在很多场合下能够获得更好的感知能力。视觉的优势是分辨率高，包含丰富的语义，缺点是容易受天气和光照影响；毫米波雷达只能跟踪对象，而无法获知其大小形状，但受环境影响小。两者的融合已经成为目前辅助驾驶的标配，特斯拉的 autopilot 即是如此（它还有短距离的超声波雷达）。

值得一提的是，特斯拉出现了致死事故。在事故中纵然有 Mobileye 视觉未能识别出拖车横侧面的缘故，但也有雷达识别失误的问题。雷达安装较低，垂直扫描角度小，只能在较远的距离看到拖车（拖车底盘高，所以近距离时无法扫描到），在这起事故中拖车被认成“龙门”或横跨马路的交通标志。目前，各个传感器通常只能在各自识别完成后融合，而这时候的融合逻辑变得非常困难，因此，多传感器的底层、深层融合非常值得探索。目前已经实现雷达和摄像头的合体 RACAM，以及激光雷达和摄像头的“混血”版。

除了感知，在规划和控制方面也有了长足的发展。传统的规划考虑的是安全和舒适性，而现在把竞争性也加入了考量。自动驾驶的车辆如何预测行人和其他车辆的动机和动作？如何积极地并线来获得路权？谷歌和 Mobileye 等都在尝试新的算法，比如采用强化学习和递归神经网络，试图用深度学习的端到端学习，整体解决感知-规划-控制的所有问题。必须指出，机器学习和专家知识是可以互补的。年初曾发生谷歌自动驾驶车撞上大巴的事故，如果在规划中融入对大巴驾驶员判断的经验，则可能规避此事故。

网联的未来

在相当长的一段时间里，自动驾驶车将与有人驾驶车共享路权，单车智能是必要的基础。但自动驾驶的未来不是一辆车在战斗。随着 5G 通信网络的普及，V2X（包括车对车和车与基础设施的通信）将丰富自动驾驶的技术内涵和生态，并放大其作用。V2X 能做什么？首先是安全。假设车车之间有通信，第一辆车发生制动的瞬间，后车连续接到指令，自动刹车，就可以将大祸消弭于无形。

V2X 能提高能源利用效率。欧洲已经开始尝试大货车的编队行驶，领航车的执行动作通过 V2X 指令传播到跟随车辆，使整个车队的队形和操控保持一致，这样做最大的好处是后车风阻减少，可大大节省能源。

V2X 还能提升通行效率。现在高速公路上的一大问题是，只要有一辆车突然刹车，就将如地震波一般连绵传播数公里，使整条道路的通行效率剧减。麻省理工学院的教授发现，假设 V2X 允许每辆车的速度控制在前后车速度的平均值，某车瞬间减速的影响会向其前后两侧传播，并且迅速消失。如果 V2X 能够掌握路口各个方向的车辆运行状况，并且计算出每一辆车的通行顺序和速度，那么完全可以把红绿灯去掉，各车按序行驶，完全不用担心撞车。当这一天实现时，城区的通行速度将至少提升 1～2 倍。

自动驾驶产业和社会变革

自动驾驶风起汽车产业，这个被称为“工业之王”的产业过去 100 年在竞争格局上并没有大的变化，一辆车需要 3 万多零件，价值链和资金周转周期长，巨头林立，后来者只能知难而退。然而过去 5 年产生的四个趋势完全颠覆了这一格局：新能源化，像特斯拉这样的电动车将零件数降到了 1 万个，进入者的门槛极大地降低；出行多样化，尤其共享出行改变了汽车的消费模式；智能化和网联化改变了汽车的定义，电子和软件压倒传统机械和电气，汽车成为移动的智能化空间，在这里人与信息和服务产生无数的触点。

自动驾驶产业涉及三个万亿美元的市场：全球汽车市场万亿美元，出行市场万亿美元；在实际产业之外，自动驾驶为社会经济带来的额外收益也将是万亿美元。摩根士丹利的研究报告[1]指出，自动驾驶每年将为美国带来 1.3 万亿美元的收益，分别来自燃油节省、拥堵减缓、事故减少和生产力提升。

竞争格局的改变并不只是有利于后来者。传统的汽车产业巨头比以往任何时候都更勇于拥抱新趋势：通用汽车投资出行服务提供商 Lyft，掷下 10 多亿美元买下创业公司 Cruise Automation；国内长安汽车已有具有辅助驾驶功能的汽车行驶 2000 公里进京，并与谷歌等国外巨头积极接触。从这些都可以看出他们直面挑战的决心。

自动驾驶带来的变化远远不止是汽车产业，它的高级形态——无人驾驶——将彻底改变出行。10 年后，路上川流不息的出租车大多数是无人驾驶，汽车数量减少一半，但汽车的利用率得到极大提升，堵车将成为过去，天空重归于蓝，停车位被改成公园、活动空间和住所，车祸几近于零。

交通流、信息流、能源流三流合一，所有与人或物相关的交通将被重新定义，保险需要涅槃重生，而服务业将找到新的爆发点——上述的无人驾驶出租车是除了家和办公室的第三空间，是移动的商业地产、移动的影院、移动的办公空间、移动的咖啡馆。

自动驾驶：安全第一

汉语“安全”在自动驾驶语境里有两层意思。第一层是Safety（安全）。例如传感器360度无死角覆盖、多种传感器融合、感知算法精准、感知-控制反馈实时、软硬件多层冗余、温度范围大、防震、防尘等。汽车行业对功能安全也有ISO 26262标准，整个流程执行下来会让IT工程师“易筋洗髓”、脱一层皮。第二层是Security（保密）。一方面，日益复杂的算法和功能要求通用操作系统能够在车上使用；另一方面，联网的需求使汽车直接暴露在网络上，黑客通过车载联网娱乐系统可以轻松攻破并控制汽车。

如何破解安全风险？第一，要仔细梳理和定义自动驾驶系统的安全需求，进行风险分析，建立具有可信计算基础的软硬件平台，采用分域、虚拟化等机制隔离关键模块，通过加密保护端到端的数据通路。第二，要实践全新的安全设计方法学，安全始于设计，从确认设计到验证实现，都要考量安全性；在运行时，是否足够安全，能否抵御攻击，能否在线升级、保证软件最新，系统出现单点故障是否有足够的冗余，万一系统沦陷，有没有办法强力终止攻击，或重获控制权。第三，如果未来存在一个安全信息市场，安全研究人员或白帽黑客发现安全缺陷，可以通过市场将该信息卖给主机厂商或技术供应商。

特斯拉在致命车祸的抗辩中指出，autopilot已经行驶1.3亿英里，这是第一起致死事故，而世界范围内每行驶6000万英里就有一次致死事故，全美的平均数字是9400万英里，因此自动驾驶更加安全。虽然笔者是自动驾驶的拥趸，但必须指出，这一论据并不充分。1.3亿英里、不到一年的上路时间、10万辆左右的数量，这是非常小的数据样本。换言之，只要特斯拉明天再出一起致死事故，拿美国均值做标准就不及格了。

著名智库兰德公司的研究报告[2]指出，要在数学意义上证明自动驾驶比人驾驶更安全，需要测试上百亿英里、几百年的时间。这是全世界任何一个车厂都无法完成的任务。人们不会因为某家车厂没有达到理论上的低死亡率而不尝试自动驾驶。但如果某家车厂能够用更多的里程来证明自动驾驶更安全，则毫无疑问将获得更多的青睐。谷歌的自动驾驶团队开发出模拟器，一天能够虚拟行驶300多万英里，这可能是达到兰德公司目标的唯一途径。

法律、法规和政策是桎梏吗

制约自动驾驶迅速普及的因素包括技术成熟度、成本和法律法规，而第三者是最大的拦路虎。在美国和欧洲，巨大的游说力量在推动改革。美国交通部及国家公路交通安全管理局（NHTSA）已经开始建议无人驾驶的合法化。他们采用了一个绝妙的方法，在所有交通相关的法律里，"驾驶员"都可以用具有人工智能的机器替换，使整个法律体系为无人驾驶敞开大门。当然，各州需要各自制定可操作的法律法规框架。目前，美国有四个州和一个特区已经允许自动驾驶汽车上路，但多数仍然要求驾驶员在位。总体而言，未来走势非常乐观。

在世界范围内，《维也纳道路公约》也有了历史性的突破，原来《公约》要求驾驶员时刻保持对车辆的控制，而在2014年，《公约》批准了有关自动驾驶的修改，只要其能够"被驾驶员权限否决或接管"。修改的生效仍需时日，欧洲没有美国激进（因为欧洲的大车厂在短期内都回避无人驾驶）。中国并非《公约》的缔约国，但中央和地方政府都对自动驾驶寄予了厚望，对于法律法规的进展，我们的判断是先慢后快。

那么什么样的自动驾驶车可以上路测试和销售呢？在美国加州，车厂或技术公司如果要申请自动驾驶汽车上路测试，只须提交一些申请材料，准备500万美元的保险额度，以及有司机/操作员培训计划纲要即可。对于销售，美国国家公路交通安全管理局通常采取事后认证方式，自动驾驶汽车先入市，再颁布标准，如果事后发现产品有重大缺陷，管理局则要求召回。而欧洲和亚洲更加保守，在自动驾驶车型进入市场之前就需要认证，也就是说，自动驾驶汽车需要"考驾照"。欧洲和日本已经致力于建立统一的自动驾驶车型测试标准。但是特斯拉的汽车在销售时是没有自动驾驶功能的，所以并没有经过相关认证，但有一天这个车突然通过远程软件升级能自动驾驶了，那要不要召回并认证？这是摆在欧日管理当局面前的新问题。

自动驾驶的道德伦理问题

当我们谈论道德和伦理的时候，经常有这样的辩论。你说自动驾驶能够带来效率提升、事故减少，他说自动驾驶存在道德和伦理问题。面临危险时，自动驾驶汽车是撞左面的三个人还是右面的一个人，是撞老人还是小孩，是选择戴头盔的摩托车手还是不戴头盔的，是选择牺牲车外的人还是牺牲车里的人？这些问题都有一些逻辑上的陷阱，比如你说撞戴头盔的，原因是戴头盔的比不戴头盔的生存的可能性更大，而别人就会质疑你歧视守法公民。

而对于从业者来说，有更重要的伦理和道德问题需要考虑，比如要正视潜在的利益冲突方和反对者。对于这样一种统计上更安全，但仍有可能犯低级错误的技术，一定有人赞成、有人反对。多数人对“更安全”并没有直接的感受，但只要有一次事故就有可能变为反对者。

1975 年，芝加哥大学教授萨姆·佩兹曼(Sam Peltzman)研究指出，安全带和安全气囊实际上导致了更多的交通事故。在新技术发展初期，无论是汽车厂商还是消费者都要有勇气和耐心。对于汽车厂商来说，还需要敬畏和尽责。技术不必完美，先让用户试用，在迭代中慢慢改善。特斯拉是具有极大勇气的先行者，第一次尝试了通过远程升级赋予汽车自动驾驶功能，但是在尽责上可以做得更好，比如在宣传上区分 autopilot 和无人驾驶，在告知义务上强调 beta 版软件的不可靠性，在告警义务上更加严格——将注意力不在路上的司机拉回决策环等。

大数据时代，所有企业都会有数据饥饿感，但是收集数据对用户要有告知义务，不能以用户的隐私为代价。这一点特斯拉做了有益的尝试，对于每一段旅程，开始 5 分钟和最后 5 分钟的数据是不记录的，这涉及用户的准确住址或去处。当然不排除在某些地区因为监管需要或不可说的原因而存在软硬件后门，但厂商必须守住底线，有所为有所不为。

自动驾驶是智能感知与传统汽车相结合的创新产物，是汽车行业发展的未来。作为一项变革性的技术，自动驾驶既是创业创新又是社会创新，感知手段和人工智能将是自动驾驶技术决胜的关键。无论是法律、法规和政策，还是道德伦

理争论，我们都要有勇气和耐心，呵护无人驾驶的健康发展。热切期待道路不堵、天空很蓝、自由出行的那一天早日到来。■

参考文献

[1] Autonomous Cars: Self-Driving the New Auto Industry Paradigm. Morgan Stanley. 2013.

[2] Driving to Safety: How Many Miles of Driving Would It Take to Demonstrate Autonomous Vehicle Reliability? [M]. RAND Corporation, 2016.

吴甘沙

CCF 高级会员。驭势科技（北京）有限公司联合创始人、CEO。创业前为英特尔中国研究院院长、首席工程师。致力于研发最先进的自动驾驶技术，以改变这个世界的出行。gansha.wu@uisee.com